◎ 全国粮油作物大面积单产提升系列丛书

全国水稻大面积单产提升
路径与技术模式

农业农村部种植业管理司
全国农业技术推广服务中心
农业农村部水稻专家指导组　　组编
中 国 水 稻 研 究 所

中国农业出版社

北　京

图书在版编目（CIP）数据

全国水稻大面积单产提升路径与技术模式／农业农村部种植业管理司等组编．-- 北京：中国农业出版社，2025．5．--（全国粮油作物大面积单产提升系列丛书）．
ISBN 978-7-109-33201-0

Ⅰ．S511

中国国家版本馆 CIP 数据核字第 2025ZP0887 号

中国农业出版社出版

地址：北京市朝阳区麦子店街 18 号楼
邮编：100125
责任编辑：郭银巧　　加工编辑：何　楚　郝小青
版式设计：杨　婧　　责任校对：吴丽婷
印刷：中农印务有限公司
版次：2025 年 5 月第 1 版
印次：2025 年 5 月北京第 1 次印刷
发行：新华书店北京发行所
开本：787mm×1092mm　1/16
印张：23.75
字数：492 千字
定价：158.00 元

·全国粮油作物大面积单产提升系列丛书·

《全国水稻大面积单产提升路径与技术模式》

编辑委员会

主　任　万建民

副主任　胡培松　谢华安　陈温福　张洪程　吕修涛
　　　　王积军　鄂文弟

成　员　潘国君　丁艳锋　陈光辉　方福平　陈明全
　　　　冯宇鹏

编撰人员名单

主　编　万建民

副主编　方福平　万克江

主要编写人员（以姓氏笔画为序）
　　　　丁艳锋　万克江　万建民　马　群　方福平
　　　　冯宇鹏　朱速松　刘阿康　严永峰　李经勇
　　　　李俊周　吴文革　汪新国　张　涛　张文忠
　　　　张玉屏　陈丹阳　陈光辉　林青山　周广春
　　　　郑家国　赵正洪　赵全志　姜照伟　贺　娟
　　　　徐世宏　徐春春　黄见良　黄庭旭　鄂文弟
　　　　章秀福　梁　健　梁天锋　程在全　曾勇军
　　　　游艾青　潘国君　潘晓华　霍立君

前　言

　　我国是世界上最大的稻米生产国和消费国，年均稻谷产量和消费量均占世界的近三成，全国 60％以上的居民以稻米为主要口粮，水稻是粮食安全的重要基石。新中国成立以来，矮秆水稻、杂交水稻品种的成功选育和推广应用以及超级稻品种的大面积推广应用，叠加良田、良制、良法、良机共同释放品种产量潜力，推动我国水稻单产不断创出新高，从 1949 年的 126 公斤/亩提高到 2024 年的 477.0 公斤/亩，提高了 2.79 倍；同期稻谷总产从 4 864.5 万吨增加到 20 753.5 万吨，增加了 3.27 倍。2011—2024 年，我国稻谷总产已经连续 14 年稳定在 2 亿吨以上，为确保国家口粮绝对安全发挥了重要作用。

　　党的十八大以来，以习近平同志为核心的党中央始终把粮食安全作为治国理政的头等大事，提出了"确保谷物基本自给、口粮绝对安全"的新粮食安全观，确立了"以我为主、立足国内、确保产能、适度进口、科技支撑"的国家粮食安全战略，走出了一条中国特色粮食安全之路。在中央各项强农惠农富农政策支持下，我国水稻生产发展态势良好，单产不断提高，总产稳定增加，国内库存充裕，库存消费比远高于世界平均水平。尽管随着居民消费结构不断优化升级，未来一段时期我国稻谷消费量将先增后降，其中食用消费的绝对量和占比稳中有降，但基于我国庞大的人口基数，以及灾害类型多、范围广、突发性强，必须始终坚定不移地将提高稻谷综合生产能力放在首要位置，特别是随着我国耕地和水资源数量越来越紧，依靠扩大面积增加产量的空间已经十分有限，产能提升的途径主要是提高单产。当前，我国水稻生产还存在重大突破性品种短缺、轻简型高产高效技术储备不足、标准化技术落实难到位难、灾害防控技术创新不足等科技短板，持续稳定增产的难度越来越大。

　　为更有力地推进全国水稻大面积单产提升，农业农村部水稻专家指导组在部种植业管理司、全国农业技术推广服务中心等部门的悉心指导下，组织专家组成员开展深入调研分析，系统梳理了全国及各主产省水稻单产提升的技术体系与实现路径，以期形成全国范围内大面积均衡增产格局，推动全国水稻综合生产能力稳步提升。全书共分为十八部分，第一部分主要概述分析了全国水稻亩产500公斤技术体系与实现路径；第二至十八部分分别概述分析了辽宁、吉林、黑龙江、江苏、浙江、安徽、福建、江西、河南、湖北、湖南、广东、广西、重庆、四川、贵州和云南等17个主产省水稻单产提高的技术体系与实现路径。

　　受编者时间和水平限制，加上水稻单产提升研究的范围广、内涵丰富，书中难免存在不少疏漏之处，恳请读者指正。

编　者

2024 年 12 月

前言

全国水稻亩产 **500** 公斤技术体系与实现路径 ………………………………… 2

辽宁水稻亩产 **590** 公斤技术体系与实现路径 ………………………………… 30

吉林水稻亩产 **580** 公斤技术体系与实现路径 ………………………………… 44

黑龙江水稻亩产 **530** 公斤技术体系与实现路径 ………………………………… 66

江苏水稻亩产 **620** 公斤技术体系与实现路径 ………………………………… 92

浙江水稻亩产 **520** 公斤技术体系与实现路径 ………………………………… 112

安徽水稻亩产 **465** 公斤技术体系与实现路径 ………………………………… 130

福建水稻亩产 **465** 公斤技术体系与实现路径 ………………………………… 148

江西水稻亩产 **430** 公斤技术体系与实现路径 ………………………………… 174

河南水稻亩产 **580** 公斤技术体系与实现路径 ………………………………… 200

湖北水稻亩产 **580** 公斤技术体系与实现路径 ………………………………… 212

湖南水稻亩产 **470** 公斤技术体系与实现路径 ………………………………… 228

广东水稻亩产 **435** 公斤技术体系与实现路径 ………………………………… 250

广西水稻亩产 425 公斤技术体系与实现路径 ·························· 270

重庆水稻亩产 515 公斤技术体系与实现路径 ·························· 290

四川水稻亩产 560 公斤技术体系与实现路径 ·························· 304

贵州水稻亩产 460 公斤技术体系与实现路径 ·························· 326

云南水稻亩产 470 公斤技术体系与实现路径 ·························· 352

全国水稻亩产 500 公斤
技术体系与实现路径

一、我国水稻产业发展现状与存在问题

（一）发展现状

1. 生产

（1）种植面积基本稳定，单产持续提高，总产稳步增长　2011—2023 年，全国水稻面积稳定在 4.3 亿～4.6 亿亩①，其中 2016 年、2018 年、2019 年、2021 年、2022 年、2023 年面积同比减少，主要是国家主动调整种植结构，减少部分东北地区寒地井灌稻和长江流域低质低效水稻面积，部分年份、部分地区因灾种植面积略有减少；亩产先后于 2012 年、2017 年、2019 年突破 450 公斤、460 公斤和 470 公斤；总产连续 13 年稳定在 2 亿吨以上，人均占有量稳定在 150 公斤左右，确保口粮绝对安全。2023 年，全国水稻种植面积 43 423.7 万亩，比 2011 年减少 2 083.9 万亩，减幅 4.6%；亩产 475.8 公斤，提高 30.0 公斤，增幅 6.7%；总产 20 660.3 万吨，增产 372.0 万吨，增幅 1.8%。其中，2021 年全国水稻总产达到 21 284.3 万吨，创历史最高（表 1）。

表 1　2011—2023 年全国水稻生产情况

年份	面积（万亩）	单产（公斤/亩）	总产（万吨）
2011	45 507.6	445.8	20 288.3
2012	45 714.0	451.8	20 653.2
2013	46 064.6	447.8	20 628.6
2014	46 147.7	454.2	20 960.9
2015	46 176.1	459.4	21 214.2
2016	46 118.8	457.7	21 109.4
2017	46 120.8	461.1	21 267.6
2018	45 284.2	468.4	21 212.9
2019	44 541.0	470.6	20 961.0

---

① 亩为非法定计量单位，15 亩=1 公顷。下同。——编者注

（续）

年份	面积（万亩）	单产（公斤/亩）	总产（万吨）
2020	45 114.0	469.6	21 186.0
2021	44 881.9	474.2	21 284.3
2022	44 175.2	472.0	20 849.6
2023	43 423.7	475.8	20 660.3

数据来源：国家统计局。

（2）双季稻面积持续下滑，再生稻生产快速发展　受种植效益低下、劳动力成本快速上涨以及"双抢"期间请工难、用工贵问题突出等因素影响，南方双季稻种植面积持续下滑，一季稻面积稳步增加。2022 年，全国早稻、一季稻和双季晚稻面积分别为 7 132.7 万亩、29 383.0 万亩和 7 659.5 万亩，分别占全国水稻总面积的 16.1%、66.6% 和 17.3%；与 2011 年相比，早稻、双季晚稻面积占比分别下降了 2.4 和 2.8 个百分点。其中，湖南、江西、广东、广西双季稻面积分别占全国的 25.2%、24.9%、18.7% 和 16.5%。此外，由于在成本投入、生态效益等方面具有明显优势，近年来再生稻生产快速发展。据各省统计，2023 年我国再生稻种植面积 1 800 万亩。其中，四川 570 万亩、湖北 320 万亩、湖南 320 万亩、江西 195 万亩、安徽 220 万亩、重庆 100 万亩、河南 85 万亩、福建 18 万亩，浙江、广西、云南等地也有零星种植。湖北再生稻平均亩产 225～350 公斤、福建大面积再生稻平均亩产 280 公斤以上、四川省大面积再生稻平均亩产 140 公斤以上、重庆再生稻平均亩产 130 公斤以上、河南大面积再生稻平均亩产 250 公斤以上。

（3）水稻占粮食种植比例略有下降，生产重心逐步北移　随着种植结构持续调整优化，水稻播种面积、产量占粮食的比例略有下降。2023 年，水稻面积占粮食面积的比例为 24.3%，比 2011 年下降 2.5 个百分点；产量占比 29.7%，比 2011 年下降 4.8 个百分点。从空间分布看，水稻生产呈现"南退北进"的特征，生产重心逐步北移。2011—2022 年，长江中下游稻区水稻面积和产量占全国水稻的比例基本保持稳定，均占全国 50% 左右；东北稻区水稻面积和产量比例逐年提升，面积占比从 15.9% 升至 17.2%，提高了 1.3 个百分点，产量占比从 17.7% 升至 18.8%，提高了 1.1 个百分点；华南、西南稻区水稻面积和产量占比逐年下降，其中华南稻区面积占比从 16.4% 降至 14.7%，下降了 1.7 个百分点，产量占比从 13.4% 降至 12.4%，下降了 1.0 个百分点；西南稻区面积占比从 14.1% 降至 13.4%，下降了 0.7 个百分点，产量占比从 14.2% 降至 13.9%，下降了 0.3 个百分点。

（4）新型经营主体快速发展，农业社会化服务领域不断拓展　随着我国市场经济深入发展，农业生产服务分工更加精细，农民专业合作社、家庭农场等各类新型农业生产经营主体数量快速增加。据农业农村部统计，2023 年全国有种粮家庭农场 176.5 万个、种粮合作社 54.2 万家。新型农业经营主体发展适度规模经营，种粮家庭农场场均种粮面积 148.8 亩，农民合作社社均拥有土地经营权作价出资面积 460.1 亩。新型农业经营主体积极参与粮油作物大面积单产提升，促进技术集成组装应用和在地熟化推广，在稳粮扩油中发挥了骨干作用。

2. 品种

（1）审定品种数量快速增加，结构类型逐步优化　我国水稻品种知识产权保护体系不断完善，逐步形成了国家统一试验、绿色通道试验、联合体试验等并行发展的局面，极大地拓宽了品种试验渠道，品种审定数量快速增加、类型更加丰富、结构持续优化。2023 年，全国通过省级以上审定的水稻品种数量为 1 723 个，比 2011 年增加 1 267 个，增长了 2.78 倍；其中国家审定品种 409 个，比 2011 年增加 380 个，增长了 13.1 倍。2023 年，通过国家审定的水稻品种中，杂交稻品种 365 个，占国家审定数量的 89.2%；常规稻品种 44 个，占 10.8%。通过国家审定的杂交稻品种中，籼型三系杂交稻品种 169 个，占杂交稻品种的 46.3%；籼型两系杂交稻品种 182 个，占 49.9%；粳型三系杂交稻品种 12 个，占 3.3%；籼粳交三系杂交稻品种 2 个，占 0.5%。常规稻品种中，常规粳稻 22 个，占常规稻品种的 50.0%；常规籼稻 22 个，占 50.0%。

（2）大面积推广品种数量和面积均呈减少趋势，稻米品质优质率明显提升　据全国农业技术推广服务中心统计，2022 年，全国年推广面积 10 万亩及以上的水稻品种有 729 个，其中杂交稻品种 449 个、常规稻品种 280 个，与 2011 年相比，杂交稻品种减少 55 个、常规稻品种增加 1 个，总量减少 54 个；10 万亩及以上水稻品种推广总面积 29 477 万亩，其中杂交稻品种 15 592 万亩、常规稻品种 13 885 万亩，与 2011 年相比，杂交稻品种推广面积减少 4 660 万亩、常规稻减少 1 765 万亩，总体减少了 6 425 万亩（表 2）。年推广面积 100 万亩及以上水稻品种数量 58 个，比 2011 年减少 16 个，其中杂交稻品种 28 个、减少 11 个，常规稻品种 30 个、减少 5 个；100 万亩及以上水稻品种推广总面积 13 571 万亩，其中杂交稻品种 5 877 万亩、常规稻品种 7 694 万亩，与 2011 年相比，杂交稻品种推广面积减少 1 071 万亩、常规稻品种减少 802 万亩，总体减少了 1 873 万亩。"十二五"以来，我国稻米品质达标率持续回升，水稻品种品质得到不断改善。据农业农村部稻米及制品质量监督检验测试中心统计分析，2023 年抽检的水稻品种样品按照《食用稻品种品质》（NY/T 593）进行全项检验，总体达标率为 52.5%，比 2011 年提高 19.8 个百分点。其中，粳稻达标率 36.7%，提高 11.1 个百分点；籼稻达标率 57.1%，提高 23.0 个百分点。

表 2　2011—2022 年全国杂交稻和常规稻品种推广情况

年份	杂交稻		常规稻	
	推广数量（个）	推广面积（万亩）	推广数量（个）	推广面积（万亩）
2011	504	20 252	279	15 650
2012	556	20 836	257	15 617
2013	534	18 821	284	16 441
2014	571	19 197	298	16 694
2015	532	18 134	294	16 464
2016	534	18 024	295	16 556
2017	522	17 741	309	16 118
2018	482	16 507	285	15 098
2019	449	16 163	274	14 872
2020	460	15 761	292	14 649
2021	422	15 150	285	14 772
2022	449	15 592	280	13 885

数据来源：全国农业技术推广服务中心。

3. 耕作与栽培

（1）机插秧、机直播应用面积逐年扩大　近些年，水稻机插秧及其配套栽培技术得到快速发展，水稻叠盘出苗育秧、钵毯苗机插等技术在主要稻区逐步推广。在北方稻区，集中育秧、机插秧比例较高，占据主导地位，如黑龙江大棚育秧或集中育秧的比例超过 98％，机插秧比例超过 95％，只有少数农户采用直播、抛秧等栽培方式，直播方式主要采用水直播，极少部分采用旱直播。在南方稻区，机插秧比例总体低于北方稻区，部分地区机直播、抛秧等轻简化栽培方式应用面积较大。如江苏、湖北机插秧比例在 50％左右，安徽机插秧比例仅为 15％左右、机直播比例 50％以上，江西机插秧比例不到 10％，抛秧比例 50％左右。

（2）绿色高效防控技术应用面积逐年扩大　近年来绿色生产发展理念深入人心，绿色防控、节肥节药技术等得到广泛应用。如黑龙江在施肥、除草、防病等生产管理环节，由于无人机航化作业的快速普及，几乎代替了大部分人工劳动，水稻生产实现了从育苗、插秧、田间施肥、植保、收获和加工等环节的全程机械化标准化技术模式。江苏集成推广因地因苗施肥、侧深施肥、种肥同播、一次性施肥、病虫草害绿色防控等技术，因地制宜推广稻田综合种养模式、"水稻＋N"种植模式，降低肥药用量、节约生产成本、减少面源污染，促进绿色发展。

4. 成本收益

（1）种植成本快速上涨　受土地、农资、机械等投入和劳动力价格上涨等因素影响，我国水稻种植成本逐年上升。据《全国农产品成本收益资料汇编》统计，2011—2023 年，我国水稻亩均种植成本从 897.0 元增长至 1 358.1 元，增加了 461.1 元，增幅为51.4%（表3）。其中，土地成本、人工成本和物质与服务费用分别增长67.3%、38.5%和55.6%；物质与服务费用和人工成本上涨对总成本增长的贡献最大，贡献率分别为49.3%和27.4%。物质与服务费中，机械作业费增量最多、增幅最大，种子费用投入的增幅仅次于机械作业费。2011—2023年，亩均机械作业费从125.0元增长至225.5元，增长了100.5元，增幅80.4%；种子费从42.5元增长至76.6元，增长了34.1元，增幅80.2%。

表3　2011—2023年全国水稻种植成本收益变化情况

单位：元/亩

年份	总成本	生产成本	物质与服务费用	人工成本	土地成本	净利润
2011	897.0	737.3	409.3	328.0	159.7	371.3
2012	1 055.1	880.1	453.5	426.6	175.0	285.7
2013	1 151.1	957.8	468.5	489.3	193.3	154.8
2014	1 176.6	970.5	469.8	500.7	206.1	204.8
2015	1 202.1	987.3	478.7	508.6	214.8	175.4
2016	1 201.8	979.9	484.5	495.3	221.9	142.0
2017	1 210.2	980.9	498.0	482.9	229.3	132.6
2018	1 223.6	988.5	514.7	473.8	235.1	65.9
2019	1 241.8	1 000.7	526.5	474.2	241.1	20.4
2020	1 253.5	1 009.5	542.1	467.4	244.1	49.0
2021	1 281.3	1 031.3	568.8	462.5	249.9	60.0
2022	1 361.9	1 101.9	644.7	457.1	260.1	−22.7
2023	1 358.1	1 091.0	636.8	454.2	267.1	58.2

数据来源：《全国农产品成本收益资料汇编》。

（2）种植效益仍然偏低　受国内大米供需总体宽松、大米价格相对稳定，生产成本不断上涨等因素影响，农户种稻效益持续偏低。据《全国农产品成本收益资料汇编》统计，2011—2023年，我国水稻亩均净利润从371.3元持续下降至2022年的−22.7元，减少了106.1%；2023年亩均净利润略有恢复，达到58.2元（表3）。其中，早籼稻已经连续6年亏损且亏损额呈增加趋势，从2018年亩均亏损50.4元增加至2022年的126.0元，2023年亏损95.1元；中籼稻、晚籼稻和粳稻亩均净利润分别从428.4元、325.5元和519.3元降至228.3元、−23.5元和125.0元，分别减少了46.7%、107.2%和75.9%。

5. 市场发展

（1）市场价格小幅波动，优质优价特征日趋明显　我国不断推进稻米市场化改革，优化稻谷最低收购价政策，但由于国内稻米市场总体供过于求，加上低价大米进口持续增加，国内最低收购价政策调整等因素影响，稻米市场价格相对平稳，波动较小。据国家发展改革委价格监测统计，2023 年，我国早籼稻、晚籼稻和粳稻市场收购价分别为每吨 2 543.0 元、2 756.5 元和 2 794.6 元，与 2011 年相比，早籼稻和晚籼稻收购价分别上涨了 14.2% 和 10.8%，粳稻价格下跌了 1.9%。随着居民生活水平提高、消费结构升级，以及国家优质粮食工程深入推进，国内优质稻和普通稻价格分化特征逐步明显。据调研，尽管普通稻市场持续低迷，但优质稻、专用稻等市场走势持续向好、价格优势明显，主产省陆续对本地优质食味稻加价收购。2023 年黑龙江大米加工企业圆粒粳稻收购价 2 720 元/吨，长粒粳稻收购价 3 360 元/吨；湖南、江西黄华占稻谷到厂主流价 3 000~3 240 元/吨，普通中晚籼稻到厂主流价 2 700~2 840 元/吨，实现按质定价；江苏部分地区的南粳 9108 优质粳稻价格达到 3 200 元/吨。

（2）消费总量趋于稳定，需求结构发生显著变化　我国稻谷消费中口粮约占 80%，其余为饲料、工业、种子等。2011 年以来，我国稻谷需求总量趋于稳定、年际间变化较小，主要是增加了肉、蛋、奶消费，人均口粮消费减少。但由于总人口保持稳定增长，消费总量保持基本稳定或小幅增加。根据国家粮油信息中心数据，2014—2023 年我国稻谷消费总量稳定在 1.95 亿~2.15 亿吨。从与我国消费习惯相近的日本、韩国看，稻米消费变化趋势并非不断增加或长期稳定，而是达到中等收入阶段之后，人均口粮消费呈下降趋势。2023 年日本和韩国人均大米年度消费量分别为 58.1 公斤和 59.2 公斤，而我国仍在 100 公斤左右。据统计，2010—2023 年我国城镇和农村居民人均原粮消费量分别减少 7% 和 33%，中高档优质大米、米制方便食品、功能保健大米等需求快速增加，消费潜力巨大。

6. 主要经验

（1）落实藏粮于地战略，提升耕地产出水平　加快推进高标准农田建设和农田水利设施建设，持续改善农田基础设施，提高水稻生产抗风险能力和水资源利用效率。截至 2023 年，全国已累计建成 10 亿亩高标准农田，项目区耕地质量可提升 1~2 个等级，产能平均提高 10%~20%，农田灌溉水有效利用系数达到 0.576。深入开展耕地保护与质量提升行动，加大东北黑土地保护力度，因地制宜推广保护性耕作，有序扩大耕地轮作休耕试点规模，实施重金属污染耕地治理，不断加大耕地质量建设力度。2015 年东北黑土地保护利用试点项目实施以来，中央财政累计投资 55 亿元，试点总面积 880 万亩，试点区耕地质量提升 0.29 个等级。2016 年开始在东北冷凉区、湖南重金属污染区、黑龙江寒地井灌稻区、长江流域稻谷小麦低质低效区等区域实施耕地轮作休耕制度试点，中央财政累计投资 200 多亿元，实施面积超过 1 亿亩次，有效促进了用地养地相结合。

（2）落实藏粮于技战略，提高科技支撑能力　实施种业振兴行动和农业关键核心技术攻关，围绕突破性新品种培育、智能农机装备研发、绿色投入品创制等重点领域加大研发力度，不断提升水稻生产科技水平。截至 2023 年，国家农作物种质库保存各类水稻资源近 9 万份，已基本建立起国家级和省级、短中长期、原生境和异生境保存相结合的种质资源安全保存体系；选育了多个亩产超过 1 000 公斤的超级稻新品种，年推广面积超过 1.3 亿亩；创新超高产育种理论与方法，创制高产、优质、多抗、广适新种质，培育并推广中嘉早 17、龙粳 31、晶两优华占等优质高产水稻新品种。坚持科技服务生产，深入开展绿色高质高效行动，聚焦稳口粮提品质、推进"三品一标"增效益等重点任务，建设一批绿色高质高效生产示范片，示范推广优质高产、多抗耐逆新品种，集成组装耕种管收全过程绿色高质高效新技术。加强农业技术推广体系和农业社会化服务体系建设，开展大规模科技下乡、科技入户、科技培训，促进多渠道多形式的产学研、农科教相结合，提高农业科技成果的转化应用率。

（3）完善支持保护政策，调动农民和地方政府两个积极性　坚持并完善稻谷最低收购价政策，合理确定并适当提高稻谷最低收购价格，实行限量收购，给最低收购价政策腾出特定"黄箱"补贴空间，既确保补贴水平符合世贸规则和入世承诺，又发挥市场价格的托底作用，稳定农民种稻预期。完善耕地地力保护补贴政策，调整优化补贴方式，提高补贴的精准性，探索形成与粮食生产挂钩的补贴机制，让多生产粮食者多得补贴，并将新增补贴资金向粮食生产功能区倾斜。健全利益补偿机制，完善中央财政对产粮大县的奖励政策，提高奖励标准。2005 年产粮大县奖励制度设立以来，奖励资金规模由初期的 55 亿元增加到 2021 年的 482 亿元，累计安排 4 966 亿元，成为调动地方政府重农抓粮积极性、稳定粮食生产供应最为重要的政策。完善金融保险政策，推动农村商业银行、农村合作银行、农村信用社逐步回归本源，为本地"三农"服务。稻谷完全成本保险实现全覆盖，从 2018 年开始在部分产粮大县试点，2019—2021 年共计在 8 省累计为 227 万户粮农种植的 2013 万亩粮田提供了 179 亿元风险保险；2023 年稻谷、小麦、玉米三大粮食作物完全成本保险和种植收入保险实施范围扩大至全国所有产粮大县，2024 年中央财政预算 200 亿元在全国全面实施三大粮食作物完全成本保险和种植收入保险政策，为全国种粮农户和农业生产经营组织提供覆盖农业生产完全成本或种植收入的保险保障。

（4）优化生产经营方式，提升水稻生产综合效益　完善水稻生产体系，用现代设施设备、技术手段武装水稻生产，提高水稻生产的规模化、机械化、标准化、绿色化、信息化水平。健全社会化服务体系，通过土地托管、代种代收、统防统治、代储代烘干等生产性服务，促进小农户和现代农业发展有机衔接。通过加强社会化服务，提高水稻生产组织化程度，做到节种节肥节药节水，减少人工投入，降低生产成本。完善水稻经营体系，发展多种形式适度规模经营，培育壮大专业大户、家庭农场、农民合作社、农业企业等农业新型经营主体，推动家庭经营、集体经营、合作经营、企业经营共同发展。充分发挥新型经营主体资金、技术、人才优势，推动先进生产要素向水稻生产领域集聚，探索构建"公司＋合作社＋农户"等粮食产业化经营模式，实行标准化生产、订单化种植、品牌化营销，做到产供销一体化，实行优质优价。完善水稻产业体系，充分利用社会资源，以市场需求为导向，大力推行农业供给侧结构性改革，调优、调高、调精稻米产业，增加适销对路的稻米产品，做强生产、加工、储藏、包装、流通、销售各环节，发展壮大稻米新产业、新业态，延长产业链、提升价值链，提高水稻质量效益。

（二）存在问题

1. 政策支持仍然不够

（1）支持力度不够　从总量上看，2023 年我国财政支农资金总额 2.4 万亿元，占全国财政总支出的 8.7％，占比降至 2011—2022 年的最低点。按 WTO 协议计算口径，发达国家财政支农水平一般占当年农业总产值的 30％～50％。从人均值看，我国农民人均收入中财政补贴仅占 10％左右，明显低于美国、欧盟等 40％的财政补贴水平。

（2）支出结构不合理　价格支持和农业补贴是现代农业支持保护制度的核心，国内农业支持政策中，"黄箱"政策手段单一、主要集中于特定产品，而非特定产品"黄箱"空间运用不充分；"绿箱"政策中，粮油储备支出占比偏高，而农业保险保费补贴、农业科技创新、农业资源环境保护支出占比较低；"蓝箱"政策则刚刚起步，支持水平还较低。此外，由于财政农业农村资金涉及多个行业领域、多个层级、多个地区，政策间的协同配合还需进一步加强。

2. 种业发展水平有待提高

（1）育种创新能力有待增强　我国水稻种质资源丰富，但缺乏大规模的精准鉴定与评价利用，资源材料利用效率也有待提高；育种基础研究能力已经达到国际领先水平，但是在已克隆的基因中，真正能用于育种的基因少，育种利用率仅为 3％～5％，具有重大育种应用前景的优异种质缺乏；审定水稻品种数量快速增加，但品种间同质化现象突出，突破性品种选育不足。

（2）企业竞争力有待提升　种子企业多，但竞争力不足，缺乏航母级企业；企业经营品种同质化严重，种子库存高，积压严重，经营风险较大。水稻种子市场集中度与全球相比仍有差距。2020 年全球种业市场 CR5（业务规模前 5 名公司所占市场份额）达到 52％，市场份额主要集中在拜耳、科迪华、先正达、巴斯夫与利马格兰；我国水稻种子市场的 CR5 达到 31.0％，比全球低 21.0 个百分点，市场份额主要集中在中国种子集团、隆平高科、北大荒垦丰种业、江苏大华种业和北京金色农华等少数企业。

（3）种子生产水平有待提高　种子生产集中、连片生产基地较少，无法达到规模化杂交种生产严格隔离、单品种成片种植的要求，导致种子质量无法保证且成本较高。大多数种子生产基地基础设施薄弱，抗自然灾害风险能力差；机械化水平低，劳动力成本大，制种企业负担重。杂交稻制种成本高，对采取机插、直播等轻简栽培方式的农民来说，用种成本压力大。

3. 化肥农药施用量依然偏高

2015 年开始，农业农村部组织实施到 2020 年化肥农药使用量零增长行动，推动水稻化肥农药用量持续下降、利用效率不断提高。2022 年，我国化肥折纯施用量为 5 079.2 万吨，连续 7 年下降；水稻、小麦和玉米三大粮食作物化肥和农药利用率均超过 41%。尽管农业生产的化肥和农药施用量及施用强度有所下降，但主要体现在果蔬方面，水稻的化肥和农药施用量仍居高不下。2023 年，我国水稻生产亩均化肥施用量 22.6 公斤，比 2015 年增加 1.8%，比 2011 年增加 5.7%；水稻生产的农药费用亩均 71.1 元，比 2015 年增加 38.9%，比 2011 年增加 59.7%。

4. 新型经营主体竞争力有待提升

（1）经营主体市场竞争力有待提升　新型经营主体仍面临基础设施落后、经营规模偏小、集约化水平不高、产业链条不完整、经营理念不够先进等问题，产品供给以大路货为主，优质绿色产品占比较低；社会化服务组织服务能力不足、服务领域拓展不够。

（2）政策扶持力度有待加强　各类新型农业经营主体和服务主体融资难、融资贵、风险高等问题仍然突出，财税、金融、用地等扶持政策不够具体，倾斜力度不够，各地农业农村部门指导服务能力亟待提升。

（3）经营主体职业素养有待提高　当前新型经营主体年龄偏大、文化水平偏低等问题较为突出，导致其对新品种、新技术、新装备缺乏必要的了解和认识，技术接受能力和经营能力不高，重生产、轻营销；重产量、轻品质的苗头时有出现，开拓创新的精神和能力明显不足。

5. 水稻单产提升的技术储备不足

（1）重大突破性品种短缺　缺乏突破性种质资源，现代生物育种技术与常规育种技术结合不够，整体育种创新能力仍然薄弱；适宜直播、稻渔综合种养等轻简型、新型生产经营方式的品种专用性不足，难以兼顾优质高产、耐肥抗倒等多种农艺性状、品质性状；兼顾优质食味和高产的品种不多。

（2）轻简型高产技术储备不足　资源节约型稳产高产技术缺乏，在减少化肥、农药投入后，现有技术体系促进水稻增产难度增大；南方地区直播稻面积超过 8 000 万亩，但适宜品种少、技术规范难、生产风险大，单产潜力降低；技术协同性差，现有生产技术往往重视单项技术突破，技术模式集成创新不足，缺乏协同性。

（3）标准化技术落实难到位难　稻农老龄化突出，个体素质差，高产稳产技术普及应用难度大，增产技术难到位；随着种粮大户等新型经营主体规模不断扩大，技术和管理粗放化现象严重，不利于水稻高产稳产。稻渔综合种养面积持续扩大，但围沟占比往往超出 10% 的标准设计，同时针对性、标准化的水稻增产技术缺失。

（4）灾害防控技术创新不足　近年来全球极端天气事件明显增多，高温干旱、洪涝、低温等自然灾害发生频率增加、威胁加重。在面对重大灾害时，仍然缺乏有效的防灾减灾措施。

二、区域布局

综合考虑资源禀赋、技术条件、市场区位、生产规模、产业基础等方面的要素，兼顾相对集中连片的原则，依据水稻生产现状与未来产业发展变化趋势，全国稻谷区域布局调整方向是稳固北方粳稻产区，稳定南方双季稻生产，扩大优质专用稻种植面积，调减东北寒地井灌稻区、南方重金属污染区稻谷生产。全国水稻生产总体划分为东北、华北、西北、长江中下游、西南和华南等六大稻区，考虑分析方便，分区时按整建制省份计算。

（一）东北稻区

东北稻区包括辽宁、吉林、黑龙江和内蒙古等 4 省（自治区）。该区域地势平坦、土壤肥沃，水稻生长季雨水充沛、日照充足、昼夜温差大、污染少，是我国粳稻优势产区和重要的商品粮基地。2022 年，该区水稻种植面积 7 602.3 万亩，总产 3 914.4 万吨，分别占全国水稻种植面积和总产的 17.2% 和 18.8%。

1. 主要目标

稳定水稻面积，着力发展优质粳稻，不断提高粳稻单产和品质，进一步提高优质粳稻商品化率，增加优质粳米出口。力争到 2030 年，该区水稻种植面积稳定在 7 700 万亩左右、产量 4 110 万吨左右；到 2035 年，水稻种植面积稳定在 7 700 万亩左右、产量 4 200 万吨左右。

2. 主攻方向

在保证一定基本穴数和基本苗数的基础上，构建合理的群体结构，保证足够的收获穗数；加强水、肥、病、虫、草的综合管理，提升群体穗数和粒重，提高水稻单产。加强耐低温、耐盐碱、抗稻瘟病的优质高产粳稻品种选育，加强早熟优质粳稻品种选育，大力发展大中棚育秧和机插秧技术，推广智能化育秧、激光平地、全程机械化、控制灌溉、无人机飞防等标准化生产技术；开展保护性耕作等绿色高效技术的示范推广，遏制黑土地退化、恢复提升黑土地耕地地力；大力实施"三江联通"工程，改井灌为自流灌，提高地表水灌溉比例；充分利用生态区位优势，发展绿色有机稻米，创世界稻米名优品牌，供应东北、华北、西北及南方大城市粳米市场，积极开拓国际大米市场，增加粳米出口。

3. 品种结构

东北稻区粳稻产量潜力大、米质优、商品率高，内销外贸前景广阔。国内外稻米市场对东北大米的需求日益增加，推动粳米价格持续上涨。2022 年，东北粳稻分别占全国粳稻面积和总产的 52.2% 和 51.0%。该区主要种植常规粳型优质稻品种，包

括龙粳 31、绥粳 27、绥粳 28、绥粳 18、盐丰 47、龙粳 1624、五优稻 4 号等，2022
年推广面积分别为 1 044 万亩、843 万亩、290 万亩、268 万亩、229 万亩、222 万亩
和 132 万亩。

4. 技术模式

东北稻区由于冬季温度低，夏季生长季节短，水稻常年实行一年一熟制。目前，
东北稻区主要采用的技术模式有工厂化集中浸种催芽技术、旱育稀植"三化"栽培技
术、绿色稻米标准化生产技术、抗病保优栽培技术、水稻节水控灌技术、水稻机插侧
深施肥技术。此外，还有测土配方施肥、秸秆还田、无人机飞防技术。

（二）华北稻区

华北稻区包括北京、天津、河北、山西、山东、河南等 6 省（直辖市），该区域
拥有全国最大的冲积平原，土地资源丰富，夏季光热资源丰富，秋季昼夜温差大。除
河南信阳一带种植籼稻外，其余地方均种植粳稻，但水稻生产受干旱气候影响较大，
夏季育秧和栽秧期间用水不足、水稻单产起伏较大。2022 年，该区水稻种植面积
1 263.9 万亩，总产 673.0 万吨，分别占全国水稻种植面积和总产的 2.9% 和 3.2%。

1. 主要目标

华北稻区重点是选育推广节水抗旱、优质高产水稻新品种，稳定单产，提高优质
稻米比例，主打优质大米名优品牌，稳定区域稻米自给率。力争到 2030 年，该区水
稻种植面积稳定在 1 250 万亩以上、产量 700 万吨左右；到 2035 年，水稻种植面积稳
定在 1 250 万亩以上、产量 720 万吨左右。

2. 主攻方向

加强节水、抗稻瘟病的优质早熟粳稻新品种选育，尤其是品质优 2 以上、食味
好、综合性状优异、生育期适宜的麦茬稻品种；大力发展标准化、规范化的保优节本
高产增效的栽培管理技术，配套集成推广集中育秧、机械化插秧、无人机飞防及机械
化收获等全程机械化生产技术；科学布局种植区域，走高科技发展之路，推进品牌战
略，加大品牌稻米系列产品开发。结合平原引黄蓄水工程建设、灌区改造、高标准农
田建设，优化和提升稻区引黄灌溉功能，稳定水稻种植面积。

3. 品种结构

华北稻区水稻种植品种以杂交稻为主，有少量常规稻。杂交稻推广品种主要包括
晶两优 534、晶两优华占、隆两优 534、隆两优华占等，2022 年推广面积分别为 64 万
亩、43 万亩、37 万亩和 32 万亩。常规稻推广品种主要包括盐丰 47、津原 89、临稻
16 等。

4. 技术模式

华北稻区水稻种植方式以机插秧为主，部分地区因地制宜发展抛秧稻、直播稻。
主要推广应用水稻叠盘出苗育秧技术、水稻精确定量栽培技术、水稻机插秧侧深施肥

技术、病虫害绿色防控技术、节水灌溉技术、平衡施肥技术等。

（三） 西北稻区

西北稻区包括陕西、甘肃、宁夏、新疆等 4 省（自治区），该区域水稻安全生育期为 100～120 天。生长期间日照时数 1 400～1 600 小时，降水量 30～350 毫米；该区水稻种植面积较小，主要是一年一熟的早、中熟耐旱粳稻。2022 年，该区水稻种植面积 262.0 万亩，总产 133.1 万吨，均占全国水稻种植面积和总产的 0.6%。

1. 主要目标

西北稻区昼夜温差大，积温高，稻米干物质积累丰富。主要目标是提高水稻单产，改善稻米品质，发展高端优质稻和特色稻，提高稻米加工水平，推动水稻产业不断转型升级。力争到 2030 年，该区水稻种植面积稳定在 270 万亩左右、产量 145 万吨以上；到 2035 年，水稻种植面积稳定在 270 万亩左右、产量 150 万吨以上。

2. 主攻方向

集成推广节水种稻技术，改造中低产田。支持专业化施肥服务组织发展，提高配方肥到田率；加快高效缓释肥、水溶性肥料、生物肥料、土壤调理剂等新型肥料的应用，集成推广种肥同播、机械深施等科学施肥技术。大力培育优质安全特色稻米品牌，鼓励地方政府、行业协会、合作联社、企业等申报地理标志产品，创建一批绿色稻米、富硒米、保健米等品牌。

3. 品种结构

西北稻区水稻种植品种中，常规稻包括徐稻 10 号、黄华占、宁粳 50 等，2022 年推广面积分别为 14 万亩、12 万亩和 10 万亩；杂交稻有川优 6203、宜香优 2115 等，2022 年推广面积分别为 20 万亩和 8 万亩。

4. 技术模式

西北稻区水稻种植方式以直播稻、人工插秧为主，收获基本实现机械化。主要技术模式有水稻超高产强化栽培技术模式、水稻精量旱直播高产栽培技术模式等。

（四） 长江中下游稻区

长江中下游稻区包括上海、江苏、浙江、安徽、江西、湖北、湖南等 7 省（直辖市），该区域高温期与多雨期一致，水热资源丰富，比北方地区更适宜发展水稻生产，太湖平原、里下河平原、皖中平原、鄱阳湖平原、洞庭湖平原、江汉平原等，历来是我国著名的稻米产区，区域内双季稻三熟制和单季稻两熟制并存。2022 年，该区水稻种植面积 22 628.1 万亩，总产 10 663.0 万吨，分别占全国水稻种植面积和总产的 51.2% 和 51.1%。

1. 主要目标

长江中下游稻区的栽培重点是稳定籼稻种植面积，扩大优质籼稻比例、提高单产；因地制宜推进"籼改粳"，发展优质粳稻；鼓励传统双季稻适宜产区恢复双季稻面积，在适宜地区发展再生稻，推进稻—稻—油和稻—再—油等多熟制发展，实现粮油生产皆丰。力争到 2030 年，该区水稻种植面积稳定在 22 550 万亩以上、产量 11 050 万吨以上；到 2035 年，水稻种植面积稳定在 22 400 万亩以上、产量 11 200 万吨以上。

2. 主攻方向

加快培育推广绿色优质食用型、加工专用型早籼稻品种，以及食味好、外观佳的高档优质双季晚稻品种，构建茬口适宜、光温利用率高、气候风险低的早晚稻品种组合，提高双季稻单产和品质，鼓励江西、湖南等传统双季稻适宜产区恢复双季稻面积；科学规划再生稻发展区域，加快专用品种培育和配套技术研究，加快专用机械的研发与推广，扩大机收再生稻面积，提高单产和品质；加强适宜长江流域种植的优质粳稻品种培育和配套技术研发集成，加强"籼改粳"试验示范，形成早籼晚粳、单季粳稻的发展模式，适度推进长江流域"籼改粳"；加快直播稻专用品种筛选和选育，加强关键技术集成与示范，进一步规范直播稻发展，降低安全生产风险；提高水稻全程机械化生产水平，减轻劳动强度，大力发展稻米产业化，培育优质稻米品牌，提升全产业链效益。

3. 品种结构

长江中下游稻区水稻种植品种丰富，单季、双季稻共存，籼、粳、糯稻品种，常规稻和杂交稻均有种植。常规稻品种主要有黄华占、南粳 9108、中嘉早 17、湘早籼45、中早 39、淮稻 5 号、南粳 5055 等，2022 年推广面积分别为 486 万亩、505 万亩、381 万亩、300 万亩、252 万亩、247 万亩和 230 万亩；杂交稻品种主要有晶两优华占、隆两优华占、晶两优 534、隆两优 534、荃优丝苗、徽两优 898、泰优 390、荃优822 和荃两优丝苗，2022 年推广面积分别为 434 万亩、208 万亩、283 万亩、277 万亩、205 万亩、146 万亩、187 万亩、224 万亩和 156 万亩。

4. 技术模式

长江中下游区域内水稻主要种植方式有机插秧、抛秧、精量直播等。主要技术模式有江淮农田地力与产能协同提升关键技术、水稻叠盘出苗育秧技术、机插水稻盘育毯苗壮秧精准化集中培育技术、水稻育秧中心机械化集成技术、多熟制地区水稻机插高产栽培技术、水稻机插秧平衡栽培高产关键技术、水稻钵苗机插高产优质栽培技术、杂交稻单本密植大苗机插栽培技术、双季稻机插高产栽培技术、水稻"三定"栽培技术、双季稻"早专晚优"全程机械化绿色生产技术、再生稻头茬壮秆促蘖高效栽培技术、再生稻全程机械化高产栽培技术、稻田高效生态综合种养模式等。

（五）西南稻区

西南稻区包括重庆、四川、贵州、云南和西藏等 5 省（直辖市、自治区），该区域是我国各类自然灾害的多发区和集中地，特别是旱灾频繁发生，对农业和水稻生产影响较大。2022 年，该区水稻种植面积 5 785.9 万亩，总产 2 807.6 万吨，分别占全国水稻种植面积和总产的 13.1% 和 13.5%。

1. 主要目标

在稳定现有水田面积的基础上，挖掘梯田水稻和再生稻发展潜力，保障区域口粮安全。力争到 2030 年，该区水稻种植面积稳定在 5 700 万亩以上、产量 2 920 万吨以上；到 2035 年，水稻种植面积稳定在 5 550 万亩左右、产量 2 900 万吨左右。

2. 主攻方向

加快以灌溉水源为主的中型水库建设，提高灌溉水资源保障能力，加强外观好的优质杂交籼稻品种选育与推广，提高籼稻单产和品质，加快特色大米品牌的开发和利用，提高区域稻米供给能力。发挥水稻种质资源和杂交稻制种优势，加强杂交稻制种基地建设。

3. 品种结构

西南稻区以杂交稻品种种植为主、常规稻品种为辅。杂交稻品种主要有宜香优 2115、晶两优 534、川优 6203、C 两优华占、晶两优华占和晶两优 1377，2022 年推广面积分别为 220 万亩、75 万亩、82 万亩、53 万亩、36 万亩和 21 万亩；常规稻品种主要分布在云南，包括楚粳 28、楚粳 40、德优 8 号和滇屯 502，2022 年推广面积分别为 38 万亩、14 万亩、13 万亩和 11 万亩。

4. 技术模式

西南稻区水稻主要种植方式有机插秧、钵苗摆栽、机械直播等。在四川东南地区冬水（闲）田/绿肥——一季中稻优先推广耐淹机直播生产技术，田间管理开展无人机追肥和植保技术的应用；贵州等地开展杂交水稻绿色高效精确栽培技术、杂交水稻五五精确定量栽培技术、水稻无纺布旱育秧技术、湿润育秧技术、营养盘育秧技术、水稻温室两段育秧技术、稻田综合种养技术等的推广应用。

（六）华南稻区

华南稻区包括福建、广东、广西和海南 4 省（自治区），该区域是我国降水最多、光照与热量最充足、最适宜水稻生长的区域，气候条件满足单季、双季或三季种植，稻田主要分布在沿海平原和山间盆地。2022 年，该区水稻种植面积 6 633.0 万亩，总产 2 658.5 万吨，分别占全国水稻种植面积和总产的 15.0% 和 12.8%。

1. 主要目标

稳定水稻面积，大力发展优质籼稻，提高单产和品质，提高区域稻米自给率；广东、广西适度恢复双季稻生产，福建推进再生稻发展，稳定区域稻谷产能。力争到 2030 年，该区水稻种植面积稳定在 6 600 万亩以上、产量 2 750 万吨以上；到 2035 年，水稻种植面积稳定在 6 500 万亩以上、产量 2 800 万吨以上。

2. 主攻方向

执行严格的耕地保护制度，确保水田面积不减少、用途不改变、质量不降低；加快培育米质优、丰产性好、适应性广、抗多种病虫害的早、晚稻新品种，构建茬口适宜、光温利用率高、气候风险低的早晚稻品种组合，提高籼稻单产和品质；鼓励销区到产区投资建设稻米生产供应基地和物流仓储设施，降低物流成本，稳定市场价格，保障稻米供应安全。

3. 品种结构

华南稻区杂交稻和常规稻品种并存。常规稻品种主要有美香占2号、南晶香占、象牙香占和19香，2022年推广面积分别为153万亩、59万亩、76万亩和77万亩；杂交稻品种主要有野香优莉丝、吉丰优1002、中浙优8号、泰丰优208和昌两优8号，2022年推广面积分别为144万亩、96万亩、80万亩、81万亩和65万亩。

4. 技术模式

华南稻区水稻播种以机插秧、抛秧为主，机械化水平较高，耕作、排灌、植保等机械化设备较多。主要技术模式有水稻—马铃薯（甘薯、蔬菜）种植模式、水稻-鱼（虾、鸭）种养模式、杂交水稻制种母本机械化育插秧技术、稻飞虱绿色防控新技术、水稻制种田穗茎病害绿色防控技术等。

三、发展目标、发展潜力与技术体系

（一）发展目标

1. 全国目标

2011—2023年，我国水稻产量连续13年稳定在2亿吨以上。2023年，我国水稻种植面积43 423.7万亩、亩产475.8公斤、总产20 660.3万吨。

到2030年，全国水稻种植面积稳定在4.4亿亩左右，水稻亩产稳定达到490公斤以上，产量稳定在2.15亿吨以上；到2035年，全国水稻种植面积稳定在4.37亿亩以上，水稻亩产稳定达到500公斤以上，产量稳定在2.2亿吨以上，稻米自给率基本保持在100%。

2. 分省份目标

结合近10年全国及各省份水稻生产情况以及全国水稻生产功能区划定数据，分析面积扩大、单产提高的主要影响因素，尤其是水稻主推品种更新换代、主要技术路径调整优化、耕地质量提升、农机农艺融合、技术推广策略调整、防灾减灾等关键措施对水稻单产大面积提升的影响，提出到2030年和2035年全国及各省份水稻面积、单产的预期指标，以期实现2035年全国水稻亩产500公斤的目标（表4、表5）。

表4　2030年和2035年全国及各省份水稻种植面积预期目标

单位：万亩

省份	2012 年	2015 年	2022 年	2020—2022 年平均	2030 年预计	2035 年预计
全国	45 714.2	46 176.1	44 175.1	44 723.4	44 128.5	43 697.5
北京	0.3	0.3	0.5	0.5	0.5	0.5
天津	27.9	33.2	82.9	83.6	80	80
河北	123.9	119.9	114.9	116.8	110	110
山西	1.6	1.2	3.2	3.6	3	3
内蒙古	146	132	175.8	216.6	175	175
辽宁	898.5	703.8	774.6	778.7	750	750
吉林	1 067.4	1 168.2	1 249.8	1 253.8	1 300	1 300
黑龙江	5 446.1	5 877.5	5 402.1	5 670.4	5 500	5 500
上海	176.4	165.2	155.6	155.8	150	150
江苏	3 343.4	3 375.5	3 332.1	3 321.7	3 300	3 300
浙江	1 050.2	951.4	943.8	949.3	950	950
安徽	3 500.4	3 714.6	3 744.7	3 760.4	3 700	3 700
福建	1 102.1	989.9	899.2	900.3	900	900
江西	5 214.8	5 312	5 104.5	5 132	5 050	5 000
山东	186.8	175.8	159.6	166	160	160
河南	932.7	924.5	902.6	913.5	900	900
湖北	3 129.6	3 575	3 395.9	3408.6	3 400	3 350
湖南	6 314.3	6 431.6	5 951.5	5 966.3	6 000	5 950
广东	2 847.3	2 707.1	2 753.9	2 748.9	2 750	2 700
广西	2 968.6	2 807.1	2 637	2 637.4	2 600	2 600
海南	449.5	398.6	343	341.4	350	300
重庆	982.2	970.6	988.8	987.7	980	950
四川	2 894.6	2 818.1	2 811	2 807.7	2 800	2 700
贵州	1 060.5	1 066.6	920.7	962.1	900	900
云南	1 415.8	1 363.9	1 064.2	1 141.1	1 050	1 000
西藏	1.5	1.4	1.2	1.3	1	1
陕西	170.8	161.2	159.1	158.6	160	160
甘肃	7.8	6.1	3.7	4.5	4	4
宁夏	126.5	111.5	44.1	70.5	45	45
新疆	126.7	112.3	55.1	64.3	60	60

表5 2030年和2035年全国及各省份水稻单产预期目标

单位：公斤/亩

省份	2012年	2022年	2020—2022年平均	2010—2022年最高单产	2030年预计	2035年预计
全国	451.8	472.0	471.9	475.0	491.7	503.8
北京	429.6	337.5	372.6	464.8	450.0	460.0
天津	510.5	634.9	628.3	634.9	640.0	645.0
河北	386.6	425.4	420.6	483.3	435.0	445.0
山西	396.0	450.0	452.5	465.7	460.0	470.0
内蒙古	453.3	513.0	505.7	564.8	520.0	535.0
辽宁	511.5	549.4	555.1	574.3	580.0	590.0
吉林	505.8	544.8	540.0	601.3	560.0	580.0
黑龙江	477.5	503.1	501.3	503.1	520.0	530.0
上海	565.4	531.9	540.3	573.3	570.0	580.0
江苏	561.9	597.7	596.3	598.1	610.0	620.0
浙江	487.0	490.5	490.6	493.8	500.0	520.0
安徽	419.0	422.8	419.7	440.4	450.0	465.0
福建	405.8	437.9	436.4	437.9	450.0	465.0
江西	395.3	399.0	400.2	408.1	420.0	430.0
山东	556.4	567.4	576.1	585.4	580.0	590.0
河南	506.9	530.9	536.0	555.0	560.0	580.0
湖北	532.4	549.4	549.0	552.6	570.0	580.0
湖南	428.3	443.6	444.8	451.6	460.0	470.0
广东	385.3	402.6	401.7	402.9	420.0	435.0
广西	370.1	389.9	386.7	389.9	410.0	425.0
海南	321.5	372.9	372.2	369.9	375.0	400.0
重庆	484.0	490.7	495.3	505.7	510.0	515.0
四川	512.7	520.2	526.1	531.0	550.0	560.0
贵州	402.4	429.0	425.6	431.2	450.0	460.0
云南	396.9	436.6	432.8	436.6	455.0	470.0
西藏	371.1	387.1	381.3	401.4	405.0	410.0
陕西	472.2	460.8	476.4	510.8	515.0	530.0
甘肃	475.5	402.0	369.1	500.9	480.0	490.0
宁夏	563.8	536.9	539.1	568.7	570.0	580.0
新疆	532.5	628.3	612.3	628.3	630.0	640.0

（二）发展潜力

通过适度恢复双季稻、扩大再生稻生产、稳定东北水稻面积、加大抛荒撂荒整治力度，提高单产水平。从各稻作区生产现状来看，我国水稻产量仍有潜力可挖。

1. 东北稻区

黑龙江通过轮作休耕、种植制度调整等措施压缩第四、第五积温带低质低产区、地下水位下降较快地区的寒地井灌水稻面积，优化水稻生产布局。此外，2013—2022 年东北地区水稻单产增幅较小，年均仅提高 0.05% 左右，主要是受光温资源限制，单产已经达到了较高水平，且年度间波动频繁，继续提高难度较大，预计 2030 年和 2035 年该区水稻亩产将分别达到 532.6 公斤和 544.4 公斤。

2. 华北稻区

华北地区地下水超采严重，近年来正逐步开展地下水超采区综合治理工作，调整优化种植结构，但受光照和水资源等自然条件限制，该区域水稻种植面积稳定难度较大，其中河南省水稻种植面积力争能够稳定在 900 万亩以上。华北地区通过加快优良品种的更新换代和农业耕作栽培新技术的推广应用，可以稳步提高水稻单产，预计 2030 年和 2035 年该区水稻亩产将分别达到 556.4 公斤和 573.3 公斤。

3. 西北稻区

受水资源限制，西北地区水稻扩面难度很大，加上地块小、不平整、土地流转难，水稻生产机械化水平低，预计 2030 年、2035 年该区水稻种植面积稳定在 270 万亩左右。西北地区生产应用品种多，但优质品种不突出，加上技术到位率不高，限制单产水平提升，2013—2022 年水稻单产年均增长 0.71%，预计 2030 年和 2035 年该区水稻亩产将分别达到 549.3 公斤和 562.3 公斤。

4. 长江中下游稻区

长江中下游地区水稻面积扩大潜力主要在于推进"单改双"，鼓励江西、湖南等传统双季稻适宜产区恢复双季稻面积；推进湖北、安徽等适宜地区发展再生稻。长江中下游地区水稻单产在品质提升、区域均衡条件下有一定提升空间。但是基础设施薄弱、极端自然灾害频发重发等因素，制约该地区水稻单产进一步提升，2013—2022 年该区水稻单产年均增长 0.70%，预计 2030 年和 2035 年该区水稻亩产将分别达到 490.4 公斤和 501.7 公斤。

5. 西南稻区

西南地区水稻面积稳定难度大，主要是云南光温资源好，水果、花卉等经济作物效益显著；四川、重庆等地高温干旱、洪涝、连阴雨、大风冰雹等自然灾害和各类病虫害频发重发，2013—2022 年该区水稻面积减少 400 万亩左右，预计 2030 年、2035 年该区水稻种植面积分别稳定在 5 700 万亩和 5 500 万亩左右。2022 年西南地区水稻亩产 485 公斤左右，与区域试验产量存在较大差距，有一定提升空间，当前主要制约因素在于耕地质量总体不高、基础设施条件薄弱、生物灾害风险高等，预计2030年和2035年该区水稻亩产将分别达到510.0公斤和519.8公斤。

6. 华南稻区

华南地区光温资源丰富，耕地资源稀缺，果蔬等经济作物效益好，水稻面积稳定难度较大，预计2030年和2035年该区水稻种植面积分别稳定在6600万亩和6500万亩。水稻生产主要制约因素包括品种多乱杂、良种覆盖率不高、中低产田占比大、农田水利建设不完善等。预计2030年和2035年该区水稻亩产将分别达到417.8公斤和433.5公斤。

（三） 技术体系

在保证水稻优质的前提下，基于各区域水稻单产提升潜力，构建东北、华北、西北、长江中下游、西南和华南6大水稻生产功能区种植技术体系，推动全国水稻亩产突破500公斤。

1. 东北稻区

（1）开发利用界江界河水资源，实施跨流域引调水工程，减少"井灌稻"面积。黑龙江重点搞好"两江一湖"水利工程建设，加快大中型灌区续建配套和节水改造，逐步减少地下水灌溉面积。吉林重点建设"引嫩入白"等水源工程，改良中西部盐碱地以种植水稻。

（2）加强耐低温、耐盐碱、抗稻瘟病的优质高产粳稻品种选育，大力发展大中棚育秧和机插秧技术，推广智能化育秧、激光平地、全程机械化、控制灌溉、无人机飞防等标准化生产技术。

（3）加强农田基础设施建设，改善生产条件，加快中低产田改造，进一步提高粳稻生产水平及抵御自然灾害的能力，促进均衡增产。

（4）适时早播早育，争抢更多的光温资源，稀播旱育以培育健壮秧苗，合理稀植和强化田间管理以塑造健康高质量群体，实现高位增产。

2. 华北稻区

（1）在华北地区有计划地建设一批大中型地表水控制工程，增强地表水供水能力，置换部分地下水的用水，提高优化配置水资源的能力，在有条件的地区适当扩大水稻种植面积。

（2）推广适于不同积温区的优质、高产和抗逆性强的新品种，逐步发展超级稻。在北方水稻种植集中成片连块、优势区域，抓住区域适应品种，优化品系。

（3）推广水稻增产增效的超稀植技术，实行测土配方平衡施肥，促进水稻健康生长，充分挖掘现有机械潜力，加快机械改造配套，进一步提高水稻机械整地、插秧、收获的机械化程度。

（4）大力推广水稻综合节水技术，推广水稻地膜覆盖栽培技术，在灌溉用水紧张地区实行水旱轮作制度，保持灌溉用水的供需平衡，有效控制地下水位。

3. 西北稻区

（1）加强高标准农田建设，对田间机耕道路、灌溉排水渠系、电路进行改造整治，同时土地坡改平整、旱地改水培肥、化零为整连片进行集中统一治理以提高土地利用率。

（2）充分利用辐射育种、分子标记、基因技术等手段，不断适应生产新动向、新需求，培育高产、优质、高效和营养、保健、功能发展的水稻生产用种。

（3）大力推进高产创建、测土培肥、病虫综合防治、免耕栽培、秸秆还田、抗灾防灾、机械插秧等高产栽培技术措施，推动水稻机械化精量穴播技术，提升技术标准，推动大面积单产水平提升，确保总产稳中有增。

（4）加大土地流转力度，引导以水稻生产为主体的种粮大户、专业合作社和龙头企业积极投资水稻产业，加强绿色防控、有机认证、品牌创新，扩大优质稻面积，提高水稻单产。

4. 长江中下游稻区

（1）加大政策扶持力度，鼓励江西、湖南等传统双季稻适宜产区恢复双季稻面积，推进湖北、安徽等适宜地区发展再生稻。

（2）稳定水稻面积在 2.2 亿亩左右，稳定优质籼稻种植面积、提高单产；因地制宜推进"籼改粳"，扩大优质粳稻生产，就近满足需求。

（3）主推品种更新换代，早稻选育推广早熟、加工专用高产品种，中稻选育推广优质、高产、抗病品种，晚稻选育推广早熟、优质、高产品种，改善品质结构。

（4）积极推进农机农艺相结合，集成推广集中育秧、精确定量栽培、双季稻机插（抛）秧、侧深施肥、无人化作业等关键技术，提高水稻单产。

5. 西南稻区

（1）稳定水稻面积，提高灌溉水资源保障能力，提高籼稻单产和品质；稳定云南、贵州高原粳稻生产，提高优质粳稻生产能力；选育推广一批强再生力一季中稻品种、突破头季稻机械收获难等技术瓶颈，推进重庆、四川等地"两季不足、一季有余"地区适度发展再生稻，提高单产和品质。

（2）发挥水稻种质资源和杂交稻制种优势，加强杂交稻制种基地建设，选育推广耐高温、抗稻瘟病的高产优质品种。

（3）集成推广集中育秧、强化栽培、免耕抛秧、机插（抛）秧、侧深施肥等关键技术，提高水稻单产。

6. 华南稻区

（1）抓早促晚稳定水稻面积，适度发展再生稻，优化结构提品质。改革耕作制度扩大水稻面积，如广东等地利用蔬菜生产休闲期，开展一季中晚稻的试验示范。

（2）加快培育米质优、丰产性好、适应性广、抗多种病虫害的早、晚稻新品种，构建茬口适宜、光温利用率高、气候风险低的早晚稻品种组合，提高籼稻单产和品质；大力发展"丝苗米"等优质特色品种，不断优化品种结构。

（3）加快集成推广区域性、标准化水稻绿色高质高效技术模式，加强绿色生态栽培技术研究，推进农机农艺融合发展，提高区域水稻生产全程机械化水平，提高水稻单产。

四、典型绿色高质高效技术模式

（一）东北稻区

1. 抗病抗倒优质栽培技术模式

在黑龙江第一、第二积温带，针对长粒香型品种出米率低、易倒伏、抗病性差等特点，加强超早钵体育苗、工厂化集中浸种催芽、大棚钵育机械摆栽、旱育稀植"三化"栽培、抗病保优栽培和稻田综合种养等技术的集成应用，着力提高稻米的出米率和食味，增强抗倒性和抗病性。

2. 全程机械化栽培技术模式

在黑龙江第三积温带，围绕圆粒型品种产量高、抗倒性和抗病性强等特点，加强"三化一管"栽培、绿色稻米标准化生产、水稻机插侧深施肥、测土配方施肥、秸秆还田、无人机飞防等技术应用，推动全程机械化，节本增效。在辽宁，针对育苗营养土质量差、平毯盘育苗质量差，氮肥施用不合理、利用率低、施用量普遍偏高等一系列问题，创新集成水稻基质半钵毯苗氮高效机械化栽培技术模式。在吉林，积极推广机插同步侧深施肥和"分蘖模式"水稻高产高效栽培技术。

3. 水稻秸秆秋季湿耙还田丰产栽培技术模式

在辽宁，改"春还"为"秋还"，改"干还"为"湿还"，有效解决水稻秸秆春季还田过程中秸秆打团阻耙和稻茬漂浮压苗等严重影响插秧进度和质量的问题，以及"干还"导致的腐解效果差、不彻底等问题。

（二）长江中下游稻区

1. 机械化轻简化高效栽培技术模式

在江苏，根据机插水稻生育和产量形成规律，在生产中用适宜的作业次数、在最适宜的生育时期、给予最适宜（相对最少）的投入数量（简称"三适宜定量"），使栽培管理"生育依模式，诊断看指标，调控按规范，措施能定量"，实现技术轻简节本，达到丰产、优质、高效、生态、安全的科学栽培技术模式。在浙江，推行1个育秧中心＋N个育秧点的"1＋N"育供秧模式，大幅提高供秧规模，提升机插服务能力，实现水稻机插育秧规模化、专业化和集约化。通过采用机械精量穴直播、盲谷播种（只浸种不催芽）、肥料定量高效施用、好氧栽培等技术，实现超级稻有序精量高效栽培，在充分发挥直播稻省工节本高效优势的同时，实现高产稳产。在安徽，针对传统稻—麦、稻—稻生产周年茬口衔接不紧，光温资源浪费严重，周年秸秆还田、耕作质量差等问题，优化集成以品种搭配、秸秆还田与耕整地新机具、新技术创新等为核心技术的优质粳稻（籼稻）机插—小麦机条播全程机械化绿色丰产增效模式。

2. 机收再生稻生产技术模式

在安徽、江西、湖北等种植单季稻光温资源有余而双季稻光温资源紧张的地区发展机收再生稻，发挥再生稻省种、省工、省肥、省药、米质优等特点，提高稻田综合生产力，实现增产增收和提质增效。

3. 稻田综合种养技术模式

示范推广稻虾、稻鳅、稻蟹、稻鸭等稻田综合种养模式，实现一田两用、一水双收，提高种稻效益。

4. 优质稻米全产业链技术模式

在江苏，分别建立优质水稻生产基地与企业品牌相匹配的开发模式，筛选推广优良食味水稻品种，因地制宜引进吸收、集成应用国内外先进适用技术，形成中高端优质稻米产业技术体系加以规模化推广，助推稻米产业高质量发展。在江西，以优化施肥、优化管水和增加基本苗等为核心，构建双季优质稻标准化栽培技术模式，有效克服优质稻高产易倒伏、产量不稳定、品质易下降等突出问题，实现优质稻丰产、增效。采用早籼晚粳优质高效栽培技术，在晚稻季改种优质籼粳杂交稻，发挥籼粳杂交稻产量潜力大、耐冷的优势，实现双季稻增产增效。

（三）西南稻区

1. 机械化轻简化高效栽培技术模式

在四川，水稻机直播生产技术，解决了低播量直播技术实现难度大、生产风险高、产量低而不稳，相对于传统人工直播技术，具有机械化程度高、规范性强、稳产性好、产量潜力大的优势，迎合了当前规模化经营的要求，很好地解决了"谁来种田"的问题。创新集成的水稻机械化种植同步侧深施肥技术，具有促进秧苗早生快发、提高肥料利用率、省工节本、增产增效等优势，能够满足水稻规模化种植产量、效率、效益协调提高的要求。在贵州，筛选了适宜机插的水稻品种并制定了品种评价标准，解决了品种与机插方式不配套的问题；建立了以"合理播期＋精确播量＋水分调控"为核心的育秧技术，解决了杂交籼稻机插育秧出苗全苗难、适龄成毯难的问题；建立了以"高质量整田＋合理移栽秧龄＋精确机插规格"为核心的机插技术，解决了机插漏秧率高、基本苗严重不足的难题；研发了机插同步一次性施用缓混肥技术，减少了肥料用量和施肥次数，提高了肥料利用率和稻米食味品质。

2. 节肥节药绿色高效栽培技术模式

在贵州，以稻田生态系统和健康水稻为中心，以抗（耐）病虫品种、生态调控为基础，优先采用农艺措施、昆虫信息素、生物防治等非化学防治措施，增强稻田生态系统自然控制灾害的能力，降低病虫发生基数。应用高效、生态友好型农药应急防治，控制危害。推进绿色防控专业化服务，适时开展应急防治，促进水稻重大病虫害可持续治理，保障水稻生产绿色高质量发展。以水稻测土配方施肥、长期定位监测点和田间试验等数据为基础，应用大数据技术，示范推广有机肥替代化肥、绿肥种植、秸秆腐熟还田和测土配方施肥等核心技术，减少化肥施用量，提高水稻产量，促进化肥减量增效，降低农业面源污染。

3. 高产高效栽培技术模式

在四川，针对再生稻产量低、年度和地区间产量不平衡等技术问题，形成了以充分利用冬水田秋季光温资源为核心的川东南杂交中稻—再生稻绿色丰产增效技术，具有一种两收、省时、省工、省种、省肥、节水、提升稻米品质、增产增效、促进资源节约及高效利用等优点，是区域稻田特色种植模式和增加复种的重要增产技术途径。在贵州，针对水稻大面积生产中栽培密度不够、施钾量不足、氮肥一头轰的问题，研究形成了水稻"两增一调"高产高效技术体系，实现了水稻增密、增钾、调氮，提高氮肥利用率，增加水稻分蘖，促进水稻大穗，防止早衰，进一步增加水稻单产。

（四）华南稻区

1. 综合高效种养技术模式

在广东，推广应用"高端丝苗米-禾虫"种养模式，即实施"五四二"工程（集成五大技术：高端丝苗米品种、禾虫工厂化育苗技术、水稻绿色栽培技术、禾虫健康养殖技术、再生稻或免耕栽培技术；实现四大目标：国家粮食安全、绿色生态发展、农民增收、乡村振兴；提供二类优质产品：绿色高端丝苗米产品、高蛋白禾虫产品），大幅提高种养效益，实现亩增收2万元目标。在广西，以稻田养鱼、养鸭为突破口，继续优化种养技术，扩大种养面积，立足广西螺蛳粉产业发展需求，大力发展稻田养螺，提高稻田养螺产量和品质。以水稻生产为基础，在广西南部、中部地区大力推广"早稻—晚稻—马铃薯"或"早稻—再生稻—马铃薯"一年三造粮技术模式，开展高产攻关，全力推进"万斤粮技术模式"。

2. 节肥节药绿色高效栽培技术模式

在福建，将稻飞虱行为干扰技术、稻飞虱卵寄生蜂人工释放技术和植物载体系统进行集成，建立水稻主要害虫褐飞虱绿色防控新技术体系，可有效防治水稻稻飞虱，减少农药施用量、降低水稻种植成本，促进水稻绿色生产。针对制种田特殊的生态体系与栽培模式，确立"改善稻田生态、强化健身栽培、种子消毒、适时适期科学使用农药"的防控策略。在广西，推广应用"稻—稻—肥"用地养地相结合技术模式，即通过种植绿肥翻压还田，改善土壤理化性状、培肥土壤，减少化肥施用，实现用地养地相结合以及促进水稻稳产高产和可持续发展的目标。

五、重点工程

（一）耕地保护与质量提升工程

1. 严格划定耕地和永久基本农田红线

严格按照耕地和永久基本农田红线、生态保护红线、城镇开发边界的优先序，统筹划定落实三条控制线，尤其是保护好东南沿海经济发达地区城市周边的优质稻田，稳定水稻面积基础。

2. 严格落实耕地占补平衡

强化政策扶持，压实地方政府考核责任，积极拓宽补充耕地途径，严格落实占一补一、占优补优、占水田补水田。鼓励长江中下游和华南稻区因地制宜恢复双季稻生产，扩大水稻种植面积；支持四川、重庆、湖北等"两季不足、一季有余"地区适度发展机收再生稻。

3. 稳妥实施耕地"进出平衡"

建立耕地"进出平衡"制度，引导优化耕地布局，引导陡坡山地种植果树、林木，平原上种植果树、林木的逐步恢复为耕地，实现区域置换。严格管控"进出平衡"耕地质量，将难以稳定利用的耕地逐步置换为稳定利用耕地，总体提升耕地质量。

（二）农田基础设施建设工程

1. 水稻生产功能区改造

加快完成 3.4 亿亩水稻生产功能区划定任务，按照集中连片、旱涝保收、节水高效、稳产高产、生态友好的要求，优先在稻谷生产功能区建设一批一季千斤、两季吨粮的高标准农田。

2. 启动优质标准化项目

加大田间道路建设、土壤改良、高效节水、农田防护、科技服务和建后管护等方面的支持力度，切实提升耕地蓄水保肥、抗旱防涝能力。

3. 加快建设大型水利配套设施

东北稻区要加大灌区骨干工程和田间配套工程建设力度，改进灌溉方式，扩大地表水灌溉面积，减少井灌稻面积；长江中下游稻区要围绕大中型灌区续建配套工程，增加灌溉面积，恢复增加双季稻种植面积；西南稻区要加快以灌溉水源为主的中型水库建设，解决季节性、工程性缺水问题，强化水稻生产防灾减灾能力。

（三）水稻产业重大科技创新工程

1. 强化技术集成创新

针对水稻生产发展存在的突出问题和制约因素，强化技术集成创新研究，集中力量攻克影响水稻单产提高、品质提升、效益增加、环境改善等方面的技术瓶颈，形成一批适宜不同区域、不同季节，可在更大范围普及推广的成熟技术模式，加快技术的集成推广应用。

2. 强化农机农艺融合

以先进适用的农机装备为载体，以绿色增产的农艺技术为内容，优化农机装备，主攻薄弱环节，重点提高水稻深松整地、精量播种、机械插秧、高效植保、机械收获、秸秆处理等环节的作业水平，形成一套适用于水稻生产的农机农艺集成配套的全程机械化生产模式，实现农机农艺深度融合。

3. 强化产后加工技术研究

加快商品大米加工中薄弱工序关键技术和装备的开发，尤其是针对稻谷干燥技术设备、米质调理技术设备和配米技术设备等的研发，提高我国大米的国际市场竞争力；积极开发大米新产品和米制食品，提高稻米加工过程中副产品综合利用率，增加稻谷资源产值，促进稻米加工业发展。

4. 强化基层农技推广服务体系改革

完善县乡农业技术推广网络体系，改善工作条件，增加工作经费，进一步稳定基层农技推广队伍；鼓励科技人员到基层工作，加强科研与推广的紧密衔接，提高农技公共服务能力。

（四）新型经营和服务主体培育工程

1. 新型经营主体培育项目

加快种粮大户、合作社、家庭农场等新型经营主体培育进程，综合运用税收、奖补政策，鼓励金融机构创新产品和服务，加大对新型经营主体的政策扶持和教育培训力度，提升水稻生产经营效率。

2. 新型服务主体培育项目

积极扶持一批育秧、植保、农机等专业化服务组织，通过对代耕、代育、代插、统防防治、代收代储等环节提供低成本、便利化、全方位的服务，不断提高生产环节规模化水平，发展具有中国特色、适度规模经营的新模式。

3. 产加销一体化主体培育项目

培育认定一批规模种粮主体，支持其开展产加销一体化经营，促进实现"卖稻谷"向"卖大米"转型，实行自产自销和服务周边，帮助创建品牌、质量认证等市场准入，增加全产业链增值收益。

（五） 防灾减灾体系建设工程

1. 准确研判灾情趋势

利用大数据、卫星遥感、人工智能等科技手段，构建实时动态监测预警体系，提高灾害预报预警能力。

2. 加强自然灾害防御能力建设

创新农业保险查勘定损和承保理赔模式，建设农业保险数据信息服务平台，开展农业生产风险监测、灾损评估，辅助核验受灾情况，提高定损效率和理赔准确性。

3. 因地制宜制定主动避灾预案

建立健全政府储备和市场储备相结合的农业救灾物资储备体系，科学确定储备种类和规模，制定分区域、分灾种的防范预案和技术意见，落实水稻集中育秧，南方双季晚稻增施肥促早熟等防灾减灾、稳产增产关键技术措施，做到有效防灾。

4. 加强灾害应急处置能力建设

及时调剂调运救灾物资和技术力量，搞好生产自救，促进灾后恢复生产，做到科学抗灾。

（六） 稻田生态环境综合治理工程

1. 东北地下水超采治理项目

加快三江平原等 14 处大型灌区田间配套工程建设进度，推进三江连通水利工程项目建设进程，提高地表水灌溉保障能力；加强沟渠管网等中小型水利工程建设，切实解决"最后一公里"问题，减少井灌稻面积。

2. 南方耕地重金属污染治理项目

继续集中力量开展水稻产地重金属等土壤污染的综合防治和生态修复工作，在轻中度污染区实施以农艺技术为主的修复治理，改种重金属低积累水稻品种；在重度污染区采取休耕或改种非食用作物，降低产地稻米产品重金属含量，提高稻米品质。

3. 稻米质量安全综合治理项目

推行水稻标准化生产，加强生产、加工、储存、流通、消费等各个环节的质量安全关键点控制，开展稻米农药残留和污染的风险评估，完善水稻技术标准体系，研发快速、微量的检测技术，全面提高稻米产品质量安全水平。

六、保障措施

（一） 强化组织领导

坚持"部里总牵头、省里总负责、市县抓落实"的原则，在具体工作中行政主导、部门主抓、行业主推。强化各级党委政府主体责任，各省成立粮油单产提升专项行动领导小组，由农业行政主管部门负责具体组织，在政策制定、工作部署、资金投入上动真格、出实招。研究制定本地区水稻大面积单产提升的工作方案，层层量化目标，分解落实任务，建立目标责任制，列出路线图和时间表，确保水稻单产提升工作有力有序推进。

（二） 强化政策保障

农业农村部已经明确加大资金整合支持力度，扩大绿色高产高效行动、农业社会化服务等项目资金规模，并明确要求现有的高标准农田建设、种业振兴行动、农业关键核心技术攻关等政策项目，都要向单产提升工作集中。各省在用足用好项目资金的基础上，要加强与本省财政、发展改革等部门沟通协调，积极争取单产提升工作的资金投入，形成中央和地方共同支持单产提升行动的合力，进一步完善大规模单产提升工程涉及的中央地方支持政策、保险、基地建设等各类农业支持政策，同时要加大对粮油类新型农业经营主体和农业社会化服务主体支持力度，建立健全现代化生产经营体系。

（三） 强化监督考核

健全考核制度，明确水稻单产提升实施方案的年度任务清单和工作台账，确保任务落实，将方案实施效果与工作绩效考核挂钩；加强督促检查，充分发挥考核的导向作用，切实加强粮食生产，确保各地水稻播种面积和产量只增不减；健全工作机制，整合农业农村系统优势资源，向水稻生产聚焦，确保实现单产提升的预期目标。

（四） 强化宣传引导

充分利用广播、电视、报刊、网络等媒体有针对性地开展宣传，大力宣传水稻单产提升的重要意义，充分调动各方面积极性；大力宣传主导品种、主推技术和增产模式，大力宣传单产提升典型，形成强势舆论，为实施水稻单产提升工程创造良好氛围。

辽

守

辽宁水稻亩产 590 公斤
技术体系与实现路径

一、水稻产业发展现状与存在问题

（一）发展现状

1. 生产

水稻是辽宁省第二大粮食作物，常年种植面积、总产分别占全省粮食作物面积和总产的 15％和 20％左右。2011 年以来，辽宁省水稻产量与种植面积总体呈先减后增态势，单产水平稳步提升（表 1）。2022 年，辽宁省水稻种植面积 774.6 万亩，比2021 年减少 6.3 万亩，占全省粮食作物种植面积的比例下降 0.2 个百分点；亩产549.4 公斤，提高 5.7 公斤；总产 425.6 万吨，增加 1.0 万吨，占全省粮食作物总产的比例提高了 0.4 个百分点。

表 1　2011—2022 年辽宁省水稻种植面积与产量变化情况

年份	面积 （万亩）	占全省粮食作物 种植面积比例（％）	产量 （万吨）	占全省粮食作物 产量比例（％）	单产 （公斤/亩）
2011	910.5	18.6	461.3	21.9	506.6
2012	898.5	17.8	459.6	21.1	511.5
2013	866.9	16.9	451.2	19.2	520.5
2014	738.2	14.1	395.3	21.1	535.5
2015	703.8	13.0	402.7	18.4	572.2
2016	714.6	13.6	410.4	17.7	574.3
2017	739.1	14.2	422.0	18.1	571.0
2018	732.6	14.0	418.0	19.1	570.6
2019	760.7	14.5	433.6	17.9	570.5
2020	780.6	14.8	446.5	19.1	572.0
2021	780.9	14.7	424.6	16.7	543.7
2022	774.6	14.5	425.6	17.1	549.4

数据来源：国家统计局。

2. 品种

2011—2015 年，辽宁省水稻新品种审定数量年平均为 16.8 个，2017—2020 年平均增加 32.3 个，增加了约 1 倍（图 1）。2021 年为 16 个，其中部颁标准 2 级以上优质水稻品种占 43.75%，2022 年水稻新品种审定数量达到 41 个，其中部颁标准 2 级以上优质水稻品种占 43.90%。

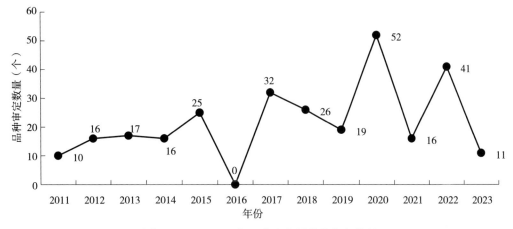

图 1　2011—2023 年辽宁省水稻品种审定情况

注：2016 年无（隔年审定）。

从品种推广面积看，2015—2019 年年均推广面积前 10 位的水稻品种中，只有排名第一的盐丰 47（盐碱地特殊生态区主栽品种）稳定在 180 万亩左右，占辽宁水稻种植面积的 24.7%，第 2 名以后的品种均在 20 万～50 万亩，占总面积的 2.7%～6.2%（表 2）。品种多而不强，杂而不特，小而不优，不利于规模化、优质化、专用化、品牌化生产，不利于打造区域稻米品牌和特色。调研表明，当前辽宁省水稻生产仍以常规粳稻为主，杂交稻只有少量种植。对常规稻来说，主要种植辽粳系列、沈农系列、盐丰系列和港育系列。关于优质稻和普通稻，生产上种植的所谓普通稻品种，品质也较为优良，而且受市场选择、生态适应性和种植偏好等影响，相对比较固定，占种植面积的比例较大，而用于各类中高端市场开发的优质稻品种，只占一小部分，常以订单形式或大米企业基地定点形式生产。

表 2　2015—2019 年辽宁省主要水稻品种推广情况

序号	品种	年均推广面积（万亩）
1	盐丰 47	180.61
2	盐粳 927	45.00
3	辽河 5 号	39.74
4	辽星 20	35.43
5	辽星 1 号	30.89
6	富田 2100	22.24
7	港育 6 号	21.23
8	铁粳 14	20.15
9	美锋稻 67	21.05
10	隆粳 852	20.00

2020 年，沈稻 529、辽粳 433、盐粳 219 等一批优质高食味水稻新品种已接近日本水稻品种越光的食味值，并先后在第二届、第三届全国优质稻品种食味品评中荣获金奖，但种植面积不足 10 万亩（表 3）。

表 3　2020 年辽宁省水稻主栽优质品种调查

序号	主栽优质品种	栽培面积（万亩）
1	锦稻 109	10
2	铁粳 11	10
3	稻源香久	10
4	天隆优 619	7
5	盐粳 219	5
6	沈稻 529	3
7	辽粳 433	1

3. 耕作与栽培

2012 年，辽宁省提出水稻全程机械化发展目标，2023 年已经基本实现以旱育机插、机械收获为主要内容的全程机械化（表 4）。大棚工厂化集中旱育苗、毯苗机插以及水稻联合收获机作业技术已经非常成熟，在相当长的时间内都将占据主导地位（半钵毯苗机插或将取代传统毯苗机插，时间决定于半钵毯苗秧盘的推广普及速度）。水稻直播栽培和钵苗机插技术，也已完成了相关技术研究和储备，并呈规模化发展趋势。在水肥药管理技术上，全省范围已实行浅、湿、干间歇灌溉技术为主的水分管理制度，但肥料管理上仍然是重化肥轻农肥、重前期施肥轻后期补肥，氮肥用量呈现由北向南递增的趋势。北部稻区开原、铁岭每亩施纯氮 10～12 公斤，南部稻区盘锦、营口每亩施纯氮达 20 公斤以上。施用方式也以前期基肥和大头肥为主，后期穗粒肥较少或没有。在植保技术上，以前主要以化学农药防治为主，少量绿色增产模式攻关项目区、绿色或有机生产基地应用生物农药和生物防治、杀虫灯、性诱剂等绿色防治技术；在施药方式上，主要以人力背负式小型机械为主，尚无大型自动化植保机械的应用，2023 年形成了水稻绿色抗逆栽培技术以及无人机喷施农药防治水稻病虫害技术，无人机具备断点续喷、可变量喷雾、自动避障、精准定位、自主作业、仿地飞行等功能，飞行轨迹数据可实时监测且可追溯。总体看，辽宁省在水稻植保技术应用方面相对滞后，在综合防治技术、预警预测能力等方面均有较大发展空间。

表 4　2013—2023 年辽宁省水稻栽培主要技术模式

年份	技术模式
2013	水稻工厂化育秧技术
2014	水稻联合收获机械作业技术
2015	水稻盘育秧机械化播种
	水稻工厂化育苗大棚建设技术
2016	水稻无纺布覆盖育苗技术
2017	辽宁黄海晚熟稻区水稻高产栽培技术
	水稻工厂化生物炭基质育苗技术
	水稻秸秆还田机械化作业技术
	水稻抗稻曲病鉴定技术
	水稻工厂化育苗床土（秧盘土）配制机械化作业技术
	水稻品种抗稻瘟病鉴定技术
	水稻抗稻瘟病分子标记辅助育种技术
	水稻抗稻瘟病鉴定技术
	水稻氮肥高效利用轻简施用技术
	水稻机械旱（条）直播栽培技术
	滨海盐碱地水稻高产栽培技术
2018	辽宁省水稻生长动态监测技术
2020	水稻基质半钵毯苗氮高效机械化栽培技术
	水稻麻膜稀播毯苗机插栽培技术
2021	水稻工厂化育秧技术
	水稻秸秆秋季湿耙还田培肥丰产技术
	水稻机插秧同步侧深施肥技术
2022	水稻联合收获机作业技术
2023	水稻钵苗机械化栽培技术
	水稻绿色抗逆栽培技术
	水稻机械旱直播栽培技术
	植保无人机喷施农药防治水稻病虫害技术

4. 成本收益

2019 年以来，辽宁省水稻单产稳步提高，种植总成本持续增长，净利润年度间波动较大。根据《全国农产品成本收益资料汇编》，2023 年辽宁省水稻种植总成本每亩 1 862.25 元，比 2019 年增加 238.54 元，增幅 14.7%；其中，物质与服务费用、土地成本、人工成本分别增加 21.6%、25.3% 和 25.3%。2019—2023 年，辽宁省水稻种植净利润年度间波动较大，最低的 2021 年每亩净利润仅为 -21.87 元，2023 年每亩净利润为 213.93 元，比 2019 年增加 184.66 元，增幅 630.9%（表 5）。

表5 2019—2023年辽宁省水稻种植成本及利润变化情况

单位：元/亩

年份	总成本	物质与服务费用	土地成本	人工成本	净利润
2019	1 623.71	644.84	506.24	506.24	29.27
2020	1 628.68	654.89	509.40	509.40	197.47
2021	1 683.04	717.91	539.38	539.38	−21.87
2022	1 807.46	776.12	589.84	589.84	47.50
2023	1 862.25	784.17	634.15	634.15	213.93

数据来源：《全国农产品成本收益资料汇编》。

5. 市场发展

2023年，辽宁省稻谷平均销售价格3.02元/公斤，比2019年提高0.28元/公斤；优质品种价格比常规稻价格高0.2～0.5元/公斤，订单生产和有机稻价格则更高。从调研市县来看，大多稻米加工企业运行良好，开工率少则30%～35%，多则80%～90%。优质稻谷收购价情况各有不同，中高端市场品种如越光、秋田小町、稻花香等以订单形式定价收购，高的可达5元/公斤。对于其他一般优质品种（外观优质、加工优质、食味优质等）来说，收购价格比普通稻谷收购价高0.2～0.4元/公斤。稻谷加工成本一般在100～150元/吨不等，每吨利润在50～100元。

（二）主要经验

1. 加强土地流转补贴支持政策，促进水田流转，推进规模机械化生产，提高规模种植效益

辽宁水田流转面积在20%～30%，其余70%～80%的面积仍是一家一户的小单元（10～20亩）生产方式，很难实现大面积规模化、机械化生产，难以降低人工、机械、物料等成本，无法通过规模种植实现效益增值。因此，应该探索租赁双方共享补贴的支持政策，以秋后申报、集中公示的方式进行补贴，扩大水田流转规模和加快流转进度。

2. 加强"水稻＋"绿色高质高效生产模式的政策扶持和研发投入，促进"水稻＋"模式的多样化、技术成熟化和应用规模化

辽宁"水稻＋"模式相对单一，除辽河下游三角洲稻区的稻蟹种养模式相对成熟和成规模外，其他模式存在技术成熟度差、规模小、效益差等突出问题，亟须政策引导和立项研发。应该探索政策性补贴引导，国家、地方投资、企业自筹等多途径并举的研发投入机制，促进"水稻＋"模式的多样化、规模化和技术成熟化。

（三）存在问题

辽宁水稻产业发展主要面临突破性标志品种短缺、优质稻发展缓慢、秸秆还田培肥技术亟待熟化推广等一系列问题。

1. 缺乏突破性标志品种

当前品种方面存在的问题主要是审定数量多、增加快，但同质化严重，没有突破性的品种。生产上种植的品种呈现多、杂、小的特点，既不利于产量的稳定提高，也不利于品质的均衡提升。

2. 优质稻发展偏慢

与吉林、黑龙江相比，辽宁优质稻产业发展缓慢。主要体现在优质米品种缺乏、优质品牌数量少、知名度弱、市场认可度不高等。2023 年，辽宁生产上主栽的优质稻主要是外来品种，包括日本的越光、秋田小町、一目惚，黑龙江的稻花香（五优稻 4 号）等。曾经知名的本地品种京租、沈农 315、沈农 15、盐粳 48 等几乎销声匿迹。近几年，各育种单位潜心攻关，相继育成一系列优质稻品种，省品种审定委员会也于 2019 年采取绿色通道方式审定了一批优质稻品种，并于 2020 年恢复设置了优质稻区域试验，正式启动了优质稻品种审定程序。2020 年，辽宁省沈农 508、沈稻 529、辽粳 433、盐粳 219 获得第三届全国优质稻品种食味品质鉴评金奖，沈农 9816 被全国农业技术推广服务中心评为 10 大优质超级稻品种。这些都预示着辽宁稻作在优质稻产业发展上有了良好开端。

3. 秸秆还田培肥技术亟待熟化推广

秸秆焚烧现象仍较普遍，秸秆还田培肥技术尚不成熟，亟待破解集成熟化。经过不断探索和试验示范，水稻秸秆秋季湿耙还田技术日趋成熟，且已经日益被农户接受和推广应用，市场前景广阔。

4. 稻作产业链发展不均衡，稻谷早收早储能力偏弱

受气候特点限制，北方秋季脱水慢、稻谷收获迟是常态，这一特点决定了收获前后的农事规则，如霜后才能收获以确保水分安全，需要抢收以防雨雪侵袭致灾，秸秆湿耙还田要抢抓作业以防冻结等。辽宁稻谷早收早储能力总体偏弱，体现在烘干条件、设备、能力明显欠缺，新粮新米上市动力不足等方面。但近年来随着新型农业经营主体的日益兴起，有条件的合作社和农事企业开始投入资金购买烘干设备，提升粮食早收早储能力，这对促进辽宁稻作产业链均衡发展，提升产中与产后协同能力，发挥了重要作用。

5. 种稻产量、效益天花板凸显，亟须突破

经过近些年的稻作大发展，辽宁稻作机械化水平持续提升，产量、效益已经上升到平台期，进一步发展亟须突破产量、效益天花板，在更高空间上实现平衡。从品种、技术和高效综合种养等方面看，当前已经具备突破的基础，如能协力攻关，互补集成，就可能实现突破。近年来超级稻品种的高位重启，优良食味品种的批量育成，稻蟹稻虾"水稻＋"以及以机械化收割、秸秆粉碎均匀抛洒、秋季湿耙还田、钵毯基质育苗、全程机械化为关键技术的水稻种植技术模式的日臻成熟，氮肥高效施用、钵苗移栽、直播栽培等技术的配套应用，都将发挥重要合力作用。

二、区域布局

（一）东南沿海稻区

1. 基本情况

该区域主要是指位于辽宁省东南部的大连市以及丹东市南部的部分地区。此区域靠近黄海海域，受季风影响，该区域的气候条件较为暖湿。水稻生长季节的降水量为450～600毫米，雨量充沛，气候温暖。水稻生长季节的日照时数为1 000～1 200小时，相对于辽宁中西部地区有所减少，此地区夏季降水较多，日照时长相对较短，相对湿度较高。该区域2015—2019年水稻单产逐年增加，2020—2021年单产有降低趋势；2022年水稻种植面积99.6万亩，比2021年减少1.92万亩，总产提高0.91万吨，单产提高了1.19%（表6）。

表6 2015—2022年东南沿海稻区水稻种植面积及总产量

年份	大连			丹东		
	面积（万亩）	总产量（万吨）	单产（公斤/亩）	面积（万亩）	总产量（万吨）	单产（公斤/亩）
2015	31.20	11.00	352.56	74.70	37.10	496.65
2016	33.21	14.10	424.57	77.91	38.22	490.57
2017	26.82	11.50	428.78	75.96	37.65	495.66
2018	31.01	13.74	443.08	75.96	41.91	551.74
2019	28.20	12.66	448.94	72.27	40.00	553.48
2020	27.72	12.14	437.95	71.62	37.53	524.02
2021	29.07	9.68	332.99	72.45	37.71	520.50
2022	27.60	9.30	336.96	72.00	39.00	541.67

2. 技术模式

该区域水稻主要种植方式为机械插秧。

（二）辽河平原三角洲稻区

1. 基本情况

该区域位于辽宁省南部的辽河三角洲地区，主要包括盘锦、营口、锦州南部的部分沿渤海区域。此区域地势平坦，气候资源优越，热量资源充足，水稻生长季节平均温度在21℃以上，≥10℃活动积温在3 700℃以上。生长季节的日照时数在1 100小时以上，光照资源充足。生长季节降水量450～500毫米，并且由于上游有河流和水库，因此该地区灌溉条件良好，水资源充足。该区域2022年水稻种植面积为280.65万亩，比2021年增加2.35万亩，总产增加1.60万吨，单产基本保持稳定（表7）。

表 7 2015—2022 年辽河平原三角洲稻区水稻种植面积及总产量

年份	盘锦			营口			锦州		
	面积（万亩）	总产量（万吨）	单产（公斤/亩）	面积（万亩）	总产量（万吨）	单产（公斤/亩）	面积（万亩）	总产量（万吨）	单产（公斤/亩）
2015	157.05	97.50	620.82	66.15	44.90	678.76	45.90	27.90	607.84
2016	156.84	96.70	616.55	66.47	45.26	680.91	49.01	28.55	582.53
2017	157.32	98.01	623.00	63.20	43.48	687.97	46.98	27.65	588.55
2018	161.73	103.62	640.70	68.93	47.31	686.35	46.74	26.21	560.76
2019	159.84	103.48	647.40	69.14	46.97	679.35	46.88	26.39	562.93
2020	162.20	106.40	655.98	62.00	43.80	706.45	53.40	26.50	496.25
2021	162.60	104.30	641.45	61.70	38.90	630.47	54.00	28.70	531.48
2022	164.55	105.00	638.10	61.35	39.70	647.11	54.75	28.80	526.03

2. 技术模式

该区域水稻主要种植方式为机械插秧。

（三）辽宁中北部平原稻区

1. 基本情况

辽宁中部平原稻区主要是辽河平原流域，北至铁岭，南至辽阳鞍山，地势平坦，土壤肥沃。该区域热量资源充足，生长季节平均温度在 21℃以上，≥10℃活动积温为 3 300～3 800℃。日照时数 1 100～1 200 小时，日照充足，降水量 450～550 毫米，并且此区域河流众多，有辽河、淮河、秀水河等诸多河流，水资源丰富。北部平原稻区主要包括沈阳。该区域生长季节平均温度为 20～22℃，≥10℃活动积温为 3 300～3 500℃，热量资源充足。日照时数为 1 100～1 300 小时，降水量在 400～500 毫米。中北部平原稻区 2022 年水稻种植面积 288.45 万亩，比 2021 年减少 5.35 万亩，总产减少 3.50 万吨（表 8）。

2. 技术模式

该区域水稻主要种植方式为机械插秧。

表 8 2015—2022 年辽宁中部及北部平原稻区水稻种植面积及总产量

年份	鞍山			沈阳			铁岭		
	面积（万亩）	总产量（万吨）	单产（公斤/亩）	面积（万亩）	总产量（万吨）	单产（公斤/亩）	面积（万亩）	总产量（万吨）	单产（公斤/亩）
2015	53.70	29.50	549.35	163.35	100.40	614.63	81.75	45.40	555.35
2016	58.23	29.38	504.55	176.39	102.27	579.79	89.60	47.88	534.38
2017	47.36	24.14	509.71	170.73	100.02	585.84	53.09	28.66	539.84
2018	46.91	25.03	533.57	176.33	98.01	555.83	52.70	29.95	568.31
2019	51.12	27.23	532.67	177.15	92.74	523.51	53.28	30.30	568.69
2020	47.90	25.90	540.71	188.30	102.30	543.28	60.00	34.80	580.00
2021	53.00	23.80	449.06	183.00	94.50	516.39	57.80	33.00	570.93
2022	51.60	24.50	474.81	180.75	92.00	508.99	56.10	31.30	557.93

三、发展目标、发展潜力与技术体系

（一）发展目标

1. 2030 年目标

到 2030 年，水稻面积稳定在 750 万亩，单产达到 580 公斤/亩，总产达到 435.0 万吨。

2. 2035 年目标

到 2035 年，水稻面积稳定在 750 万亩，单产达到 590 公斤/亩，总产达到 442.5 万吨。

（二）发展潜力

1. 面积潜力

2019—2022 年，辽宁水稻种植面积一直徘徊在 750 万～800 万亩，要力争到 2030 年、2035 年水稻种植面积稳定在 750 万亩左右，维持在辽宁第二大粮食作物上，确保 13 个粮食主产省地位不动摇（花生面积 500 万亩左右，玉米面积 4 000 万亩左右，玉米与水稻争地严重）。除了农户由于水稻与其他作物净收益差异而做出的主动调整外，由农业结构的战略性调整所带来的粮食与非粮食作物种植结构调整对于水稻面积变化的影响也不容忽视。随着城市化进程不断推进，大量耕地被占用，而耕地面积总量有限、人均水平低，农业生产的稳定性受到严重影响。

工业化与城镇化进程加快对辽宁水稻种植面积造成双重影响：一方面，受到第二三产业挤占而导致耕地减少，促使水稻种植面积减少；另一方面，工业化与城镇化提供了更多的非农就业机会，非农活动的增多造成农业生产劳动力不足，导致水稻种植面积下降。此外，耕地也存在质量问题，现有耕地中高产田比例不高，中低产田比例较大，生产过程中农民对生产资料的不合理投入和对耕地的粗放型经营方式等，都造成了耕地质量日益退化。在全部耕地中满足旱改水的基本条件、有灌溉设施且质量相对较好的耕地仅占 39%，其余近 60% 的耕地受到各种限制因素的影响，质量相对较差，很难实现"旱改水"。

2. 单产潜力

从当前辽宁水稻生产种植实际情况看，制约生产的主要因素有 3 个方面，分别是农业资源紧缺、突破性品种缺乏和机械作业化水平较低。

在水稻种植中，土地资源较少严重影响水稻种植，甚至会导致极大的资源矛盾。辽宁地区气候寒冷、农资成本不断增长等导致出现大量撂荒土地，不能做到土地资源的充分利用。

从当前情况来看，辽宁省在水稻生产上，无论是推出的品种还是组合都越来越多，但仍缺乏突破性品种，优质水稻品种较少。导致这一现象的原因是水稻种植都是以高产作为目标，对于水稻品质没有严格要求。同时，虽然稻米供给基本满足了社会民众需求，但是结构性却存在极大矛盾，在地区上也有着较大差异，必然导致各地水稻发展不平衡，制约辽宁水稻产业发展。

辽宁省农业机械化生产取得了一定成果，但是从整体情况来看仍处于较低水平。之所以会出现这一情况，首先是由于地区经济问题，机械化生产需要投入大量资本购买机械或技术，然而地区之间的经济发展差异使得部分地区没有充足资金购买机械设备或技术，影响水稻种植；其次，城市化进程的加快吸引了大量农村青壮年劳动力进城务工，农村剩余的劳动力多为老弱妇孺。由于历史遗留问题，这部分人的受教育程度较低，很难操作较为复杂的机械。

（三）技术体系

1. 规模化种植条件下关键技术创新与模式集成

重点解决水稻集中育秧、机插秧同步侧深施肥、水稻群体整齐度水肥调控等关键技术，集成创建适合水稻规模化机械化生产的高产高效栽培技术模式并示范推广。

2. 优质稻产质协同提升关键技术创新与模式集成

针对不同种植模式筛选适宜的优质稻品种、优质稻群体建成与调控、优质稻丰产保优栽培、优质稻病虫草害综合防控等关键技术，集成创建水稻优质高产栽培技术模式并示范应用。

3. 水稻直播栽培关键技术创新与模式集成

筛选适宜直播栽培的水稻品种、研发有序直播装备和配套技术、直播稻高效杂草防控技术、直播稻水肥精准管理、直播稻抗倒技术等，集成创建适应主要种植模式的直播栽培技术并示范应用。

4. 水稻抗灾减灾关键技术创新应用

探明气候变化对品种、栽培耕作方式变化的影响，建立辽宁省水稻不同种植模式气象灾害发生预警平台和手机联动 App，创新应对水稻高温、低温、干旱和洪涝灾害的抗灾减损关键技术，提前预警并提供抗灾技术指导。

四、典型绿色高质高效技术模式

（一）水稻主要病虫害高效绿色防控技术模式

辽宁省水稻主要病虫害包括稻瘟病、纹枯病、稻曲病和二化螟，这些病虫害发生普遍、危害严重、防治难度较大。多年来一直采取以种植抗性品种为主，加强肥水管理和进行药剂防治的综合治理措施，但病原菌变异频繁、发生规律复杂、地区间差异大，给防治带来了极大困难，尤其是生产中的品种频频丧失抗性，同时新的抗源又极度匮乏、品种布局不当，导致药剂防治效果不佳，亟须探索新的防治措施。以抗性品种应用、清除菌源、物理防治、生物防治、科学用药等为核心的水稻主要病虫害绿色防控技术应运而生（表9）。通过抗性品种合理布局，加强病虫害预测，抓住用药关键时期，实现科学防控，不仅能够高效、安全、经济地防控水稻病虫害，而且可以最大限度减轻危害损失，降低稻谷农药残留量。

表9 技术模式关键点

关键技术	技术内容
减少纹枯病源	打捞浪渣后，用菌核收集网打捞菌核，进行灭菌处理
水稻纹枯病药剂防治	水稻分蘖末期，用井冈·蜡芽菌或申嗪霉素＋吡唑醚菌酯，针对水稻中下部喷施
水稻二化螟物理防治	采用太阳能杀虫灯诱杀二化螟成虫，每盏灯控制40～50亩
水稻二化螟生物防治	在二化螟始见卵期开始释放人工繁殖的赤眼蜂，总释放量为18 000头/亩（松毛虫赤眼蜂10 000头/亩、螟黄赤眼蜂3 000头/亩）
水稻品种选择	检测病原菌种群毒性变化，抗病品种合理布局

（二）水稻基质半钵苗氮高效机械化栽培技术模式

辽宁水稻主产区已基本实现全程机械化，但存在育苗营养土标准化差，与工厂化育苗不相适应；平毯盘育苗质量差成为提高机插秧产量的瓶颈；氮肥施用不合理、利用率低、施用量普遍偏高等一系列问题。针对这些问题，通过集成水稻专用育苗基质、半钵毯盘育秧、氮肥高效利用轻简施用、全程机械化等技术，创新形成了水稻基质半钵毯苗氮高效机械化栽培技术模式。该技术模式的应用和推广，进一步提升了水稻育秧作业效率，提高了水稻秧苗质量，减少了氮素资源浪费，降低了生产成本，增加了水稻产量，促进了农机农艺进一步融合，实现了抗倒、抗病、耐盐碱、丰产增效、降低病虫害损失等目标。

（三）水稻秸秆秋季湿耙还田丰产栽培技术模式

水稻秸秆秋季湿耙还田一是改"春还"为"秋还"，二是改"干还"为"湿还"，能有效解决水稻秸秆春季还田过程中秸秆打团阻耙和稻茬漂浮压苗，严重影响插秧进度和质量的问题，以及"干还"导致的腐解效果差、不彻底等问题。该技术要点是联合收割机在收获时，将秸秆切碎并均匀抛洒至田面，田间水层保持似有似无状态，使用普通灭茬打浆机（采用新型专用耙浆机更好）耙浆作业，将稻茬与土壤充分混合成泥浆或水浆状态，利用入冬前2～3周适宜的温湿条件启动生物腐解过程，软化秸秆纤维化结构；同时，秸秆经过吸水膨胀和冬春季节的冻融交替，造成物理性崩解破碎，更加有利于提高当季腐解率。秸秆秋季湿还由于提高了腐解率，大大改善了土壤质量，使有机质提高20%左右；增加了土壤的疏松程度，有效阻止了滨海稻区春季土壤的返盐，使盐度降低0.1%左右。

五、重点工程

（一） 耕地质量提升工程

采取各种措施预防和消除危害耕地及环境的因素，稳定和扩大农作物种植面积，维持和提高耕地的物质生产能力是保证农用地可持续利用的基本条件。采取有效的农地保护制度，通过完善土地管理制度保护好农用地资源。辽宁省存在大量的土地撂荒现象，应采取合理的农地保护制度，加大耕地整治与复垦。增强农村耕地制度执行力，严格执行"谁损坏、谁复垦"的土地利用原则，对于因环境污染而导致不能耕种的田地，要及时还垦使用。对于瘦薄耕地，要培育土壤，改良结构，积极探索科学耕地、种植和施肥方法，增强粮食产出能力。

（二） 品种创新工程

加强水稻育种理论和方法研究，创新种质资源，加快突破性、标志性大品种的创新培育速度，消除品种多、杂、乱和同质化、低水平重复现象，力争选育广适性、综合性好的高产优质主栽品种和宜直播、宜机收（如耐低氧、拱土强、穗位齐、脱水快等）的品种。

（三） 多元化种植模式创新工程

辽宁省以大棚集中育苗为基础的毯苗机插（或半钵毯苗机插）种植模式，技术成熟，产量稳定。随着农业现代化进程加快和劳动力日趋紧张，轻简高效的直播栽培和高产高效的钵苗机插技术日益受到欢迎，成为辽宁水稻多元化种植的新模式，未来应进一步推进直播和钵苗机插技术的研究和示范应用，丰富多元化种植模式。

（四）"水稻＋"绿色综合种养创新工程

辽宁省稻田综合种养产业集中在辽河三角洲稻区，这与当地气候、环境条件、种养水平等密不可分。因此，发展稻田综合种养应根据区域特点合理布局。稻田养蟹是最成熟的种养模式（在全国最早开展），稻田养虾、养鱼、稻鸭共育则相对较少，稻田小龙虾养殖更是刚刚起步。因此，未来应进一步创新"水稻＋"绿色综合种养技术，提高水田综合效益。

六、保障措施

（一） 加强优质优价政策引导，实行分类分级设置稻谷最低保护价机制

目前，国家每年只是根据早籼稻、晚籼稻和粳稻等几个大类设置稻谷最低保护

价，无法推动优质优价的实行。探索不同大类下根据加工优质、外观优质、食味优质、功能优质等特性设置小类，在小类下设置不同级别，制定简单易行的分级标准，设置不同级别的最低保护价，在国储库中也配套实行分库收储，以促进市场上优质优价的真正落实。

（二） 加强水稻生产农技部门和水利部门的统一协调，促进水利与农艺农时的协调一致

生产上经常出现水利供水不及时影响春季插秧农时，错过最佳产量期，或断水过早造成后期植株早衰，穗粒灌浆不足，或供水质量不高，造成秧、本田稻株受害，最终致灾减产。为此，应该建立农技管理部门与水利供水部门协调机制，对于前期缺水、后期涝洼地区，可根据情况适当发展直播稻种植。筛选适宜当地的早熟旱直播品种、配套相关生产机械和生产工具。以水稻高产优质生育需求为指针，形成农艺和水利配套的管理机制。

（三） 推广智能机械化、智慧精准化稻作技术的研究与示范应用

在互联网＋、农业大数据的背景下，推广"水稻＋"绿色综合种养技术，加强水稻产业精准化发展。在水稻生产关键季节，组织开展现场观摩、交流、培训，充分发挥基地示范引领作用。

（四） 进一步推广应用"十三五"项目成果，促进减肥减药技术和提质增效、规模机械化等技术在适宜地区的大力推广

围绕绿色生态环保、产品品质提升、资源高效利用，在稻作生产上全面推广水稻减化肥、减农药、减除草剂，加强水稻轻简化栽培等技术的示范应用。促进关键技术试验研究与本地生态结合，充分发挥水稻种植技术的实际效果。

（五） 加大水田施肥施药机械的农机补贴力度，建立一站式信息化平台

对稻作生产的新型经营主体，在专用品种应用、配方肥、绿肥种植和绿色防控等生产环节予以支持，同时积极争取各级政府对产业发展的政策支持，进一步加大惠农资金投入。建立健全一站式信息化平台，促进水稻种植技术及成果、土地、农资等的交流和交易。

吉林水稻亩产 580 公斤
技术体系与实现路径

一、水稻产业发展现状与存在问题

（一）发展现状

1. 生产

（1）水稻面积、单产和总产　吉林省水稻主要种植区分布在长春、吉林、通化、白城、松原、延边等地区的松花江、辉发河、饮马河、洮儿河、嫩江、鸭绿江、图们江等流域。据《吉林省统计年鉴》，2011 年以来吉林省水稻种植面积整体呈现波动增加趋势，2023 年水稻种植面积 1243.2 万亩，比 2011 年增加 206.3 万亩，增幅 19.9％；2011—2023 年，年际间水稻种植面积占粮食面积的比例平均为 15.2％；受近年来频繁出现的极端天气等影响，水稻单产在年际间略有波动，导致年际间水稻总产上下波动，年际间水稻平均单产 539.8 公斤/亩，平均总产 637.8 万吨，水稻总产占粮食总产比例平均为 17.2％（表 1）。

表 1　2011—2023 年吉林省水稻面积、单产和总产

年份	水稻面积 （万亩）	粮食面积 （万亩）	占粮食面积 比例（％）	单产 （公斤/亩）	水稻总产 （万吨）	粮食总产 （万吨）	占粮食总产 比例（％）
2011	1 036.9	6 817.6	15.2	601.3	623.5	3 171.0	19.7
2012	1 051.8	6 915.5	15.2	505.8	532.0	3 343.0	15.9
2013	1 090.0	7 184.9	15.2	516.8	563.3	3 551.0	15.9
2014	1 120.7	7 501.1	14.9	524.3	587.6	3 532.8	16.6
2015	1 142.6	7 616.9	15.0	551.5	630.1	3 647.0	17.3
2016	1 171.0	7 532.5	15.6	558.6	654.1	3 717.2	17.6
2017	1 231.2	8 315.9	14.8	555.9	684.4	4 154.0	16.5
2018	1 259.6	7 814.8	16.1	513.1	646.3	3 533.8	18.3
2019	1 260.6	7 791.2	16.2	521.3	657.2	3 769.5	17.4
2020	1 255.7	7 865.6	16.0	529.9	665.4	3 698.6	18.0
2021	1 260.0	8 582.0	14.6	545.2	684.7	4 039.2	17.0
2022	1 249.8	8 677.7	14.4	544.8	680.9	4 080.8	16.7
2023	1 243.2	8 738.4	14.2	548.6	682.1	4 186.5	16.3

数据来源：《吉林省统计年鉴》。

（2）新型经营主体发展情况 近年来，吉林省大力支持培育新型农业经营主体和服务主体，农业生产托管服务快速发展。2021 年，全省农业生产托管服务面积已超过 2 300 万亩，服务小农户超过 120 万户；吉林省家庭农场、农民合作社分别发展到14.6 万个、8.1 万个，每年培训高素质农民 3 万多人，土地流转近 4 000 万亩，占家庭承包面积的一半以上，高于全国平均水平。

2. 品种

2011—2024 年，吉林省共审定水稻品种 525 个，其中常规稻 477 个、优良食味水稻 23 个、糯稻 15 个、旱直播品种 7 个、黑稻 1 个、杂交稻 2 个，生产上种植的品种为常规粳稻（表2）。

表 2 2011—2024 年吉林省水稻品种审定情况

单位：个

| 年份 | 审定品种数量 | 审定品种类型 | | | | 品质结构 | | |
		优良食味	常规稻	糯稻	杂交稻/黑稻/旱直播	1级米	2级米	3级米
2011	21		18	3		4	6	8
2012	16		16				5	7
2013	25		22	2	1（杂）	2	7	6
2014	26		25		1（杂）	1	5	6
2015	16		16				3	4
2016	11		11				1	5
2017	39		35	4		4	18	15
2018	44	4	40			3	17	24
2019	48		47		1（黑）	5	23	20
2020	56	7	49			4	33	19
2021	69		61	6	2（旱直播）	7	32	30
2022	50	8	42			4	22	24
2023	51		51			7	27	17
2024	53	4	44		5（旱直播）	20	20	13

注：部分年份没有审定优良食味稻、糯稻、杂交稻和1级米，因此用空白表示。

品种育成单位主要由科研单位、教学单位、民营企业构成，或科教单位与民营企业联合审定。其中，2011—2024 年科研与教学单位审定品种 260 个、民营企业审定品种 216 个、科研或教学单位与民营企业联合审定品种 49 个（表3）。

表3　2011—2024年吉林省各育种机构品种育成情况

年份	品种数量（个）	选育单位		
		科研与教学单位	民营企业	科研或教学单位与民营企业联合
2011	21	14	6	1
2012	16	11	3	2
2013	25	20	5	
2014	26	14	10	2
2015	16	8	4	4
2016	11	10	1	
2017	39	21	15	3
2018	44	21	15	8
2019	48	22	16	10
2020	56	24	27	5
2021	69	28	39	2
2022	50	22	24	4
2023	51	20	27	4
2024	53	25	24	4
合计	525	260	216	49

注：部分年份没有科研或教学单位与企业联合育成品种，因此以空白来表示。

品种审定渠道主要包括吉林省农委组织的统一试验审定、绿色通道、联合体。绿色通道和联合体是2018年增设，自增设绿色通道和联合体后，水稻品种审定数量快速增加，最多的2021年达到69个，比2019年增加21个。

通过绿色通道审定的品种为优良食味品种。2018年审定优良食味水稻品种4个，占当年审定品种总数（44个）的9.1%；2020年审定优良食味水稻品种7个，占当年审定品种总数（56个）的12.5%；2022年审定优良食味水稻品种8个，占当年审定品种总数（50个）的16.0%；2024年审定优良食味水稻品种4个，占当年审定品种总数（53个）的7.5%。

2018—2024年，吉林省水稻联合体由2个增加到6个，各水稻联合体试验中审定的品种有147个。其中，2018年开设2个联合体，2019年联合体审定品种12个，占审定品种总数（48个）的25.0%；2019年增至3个联合体，2020年联合体审定品种16个，占审定品种总数（56个）的28.6%；2020年联合体增至5个，2021年联合体审定品种36个，占审定品种总数（69个）的52.2%；2021年联合体增至6个，2022年联合体审定品种20个，占审定品种总数（50个）的40.0%；2022年联合体增至6个，2023年联合体审定品种33个，占审定品种总数（51个）的64.7%；2023年联合体增至7个，2024年联合体审定品种30个，占审定品种总数（53个）的56.6%（表4）。增加绿色通道和联合体之后民营企业审定品种数量明显增多，除

2019 年民营企业比科研与教学单位品种审定数量少 6 个之外，2020—2023 年已超过科研与教学单位品种审定数量。2024 年品种审定数量基本相当。

表 4　2011—2024 年吉林省水稻品种审定渠道

年份	试验渠道	
	省统一试验	联合体
2011	21	
2012	16	
2013	25	
2014	26	
2015	16	
2016	11	
2017	39	
2018	44	
2019	36	12
2020	40	16
2021	33	36
2022	30	20
2023	18	33
2024	23	30
合计	378	147

注：2018 年后才增设联合体审定品种通道。

2011—2024 年，吉林省生态条件下的审定品种生育期上极早熟品种有 1 个、早熟品种有 3 个、中早熟品种有 64 个、中熟品种有 179 个、中晚熟品种有 202 个、晚熟品种有 76 个。其中中熟和中晚熟品种共有 381 个，占总审定品种的 72.6％以上。适宜吉林省种植地区的中熟和中晚熟品种种植面积占吉林省水稻种植总面积的 80％以上（表 5）。

表 5　2011—2024 年吉林省水稻育成品种熟期类型

年份	极早熟	早熟	中早熟	中熟	中晚熟	晚熟
2011			2	7	10	2
2012			4	3	5	4
2013			5	3	9	8
2014			3	7	12	4
2015	1	1	2	1	7	4
2016			1	4	5	1

（续）

年份	极早熟	早熟	中早熟	中熟	中晚熟	晚熟
2017		1	6	7	19	6
2018			6	6	20	12
2019		1	7	12	18	10
2020			5	16	23	12
2021			5	31	29	4
2022			4	21	18	7
2023			9	29	11	2
2024			5	32	16	
合计	1	3	64	179	202	76

注：部分年份没有育成极早熟、早熟品种。

吉林省按照地域和临储标准来区分普通稻和优质稻。按种植地区划分优质稻主要是指一些已经叫响的地方大米品牌，如吉林大米、梅河口大米、公主岭大米；临储标准主要是按照长宽比和香味来划分，如近年来市场占有率上升较快的优质稻品种吉粳816、吉粳830、五优稻4号、通院香518等，它们都是长粒、小粒或香味型品种。预计2023年吉林省优质稻播种面积占比在85%左右，常规稻产量型播种面积占比在15%左右。2011—2024年已审定的品种达到优质2级以上的有280个，其中1级61个、2级219个，占审定品种总数的53.3%左右。

根据吉林省优质稻米产业发展及大米品牌建设需要，2015年吉林省水稻新品种审定委员会采纳吉林省农业科学院水稻所提出的建议，水稻品种区域试验增设优良食味水稻品种试验组，截至2024年，已审定吉农大168、吉粳816、吉粳830、通禾77、通系933等23个优良食味品种，其中吉粳816、通系933、通系943、通禾861等品种在全国农业技术推广服务中心和中国水稻研究所举办的"全国优质稻品种食味品质鉴评（粳稻）"活动第一、二、四、五届中，获得金奖。

吉林省农委组织相关科研和推广机构对水稻进行了品种试验、示范及鉴评，经专家评定，优选出适合不同区域种植的水稻品种，以此作为次年吉林省水稻生产的主导品种，2011—2023年共选出水稻主导品种246个。

2021年，吉林省种植面积超过10万亩的品种有五优稻4号、白粳1号、中科发5号、吉粳816、吉粳830、长白23、吉农大511等18个品种，其中常规稻17个，粳型常规糯稻1个，合计种植面积394.05万亩，约占吉林省当年水稻种植面积的31.4%。此外，18个品种中，部标1级米2个、2级米6个，国标2级米1个，占比50%。

3. 耕作与栽培

（1）大力推进集中育供秧模式　吉林省水稻集中育供秧始于国家农业综合开发办

公室经营财政补助项目。"十二五"至"十三五"期间每年农发办批准立项 3～5 项，建设连栋日光温室，育苗规模在 4 万～20 万盘。在此基础上，吉林省农委"十三五"期间利用国家农机补贴资金，批准建设了 30 余个水稻智能催芽车间，平均一次可催芽稻种 30 吨。

集中育供秧温室设施多为项目建设单位大米企业、合作社自用。由于建设成本较高，除了国家农发资金补贴外，很少有企业自筹资金建设集中育苗温室。水稻催芽车间市场化应用较多，为企业周边农户提供催芽服务。总体上看，吉林省水稻集中育供秧虽然现在规模不大，但因连片种植及劳动力短缺，该模式具有较大发展空间。

（2）绿色高质高效栽培技术集群　2011—2017 年，吉林省水稻主推技术以增产、抗逆、减灾为主，增产保证粮食总产是当时吉林省水稻产业发展的主要方向。2018年以来，随着"吉林大米"品牌建设工作不断推进，具有吉林特色的优质圆粒香型品种不断涌现，主推技术以提质增效为主，机插秧同步侧深施肥技术、"三减一增"分蘖诊断施肥技术、稻渔综合种养技术、病虫草害绿色防控与飞防技术等成为吉林省水稻生产的主推技术。插秧机保有量由 2011 年的 1.97 万台（套）增至 2022 年的 12.0万台（套），推动吉林省水稻机插面积比例在 10 年间大幅提升。氮肥用量由原来的12.7 公斤/亩（最高 15 公斤/亩）减少到 10.7 公斤/亩左右。

（3）黑土水稻产区保护性生产技术　吉林省位于东北黑土区的中南部，黑土面积占全国黑土覆盖总面积的 15%；黑土区耕地面积占全省耕地面积的 65.5%，占东北黑土区耕地总面积的 24.8%。现阶段，吉林省黑土区土壤有机质含量下降趋势明显，中低产田面积约占 65%。2011 年以来，着重研发和推广水稻秸秆机械化粉碎还田技术、秸秆微生物菌剂促腐技术、有机肥部分替代化肥技术及秸秆—有机肥—化肥三肥配施提升耕层土壤肥力技术、水稻节水控肥精准调控技术、稻田合理耕层构建指标体系集成、免耕直播栽培技术等，推进全省黑土地保护，达到水稻增产、保护环境且提高经济效益的目的。

4. 成本收益

2019 年以来，吉林省水稻单产稳步提高，种植总成本持续增长，净利润年度间波动较大。根据《全国农产品成本收益资料汇编》，2023 年吉林省水稻种植总成本每亩 1 553.36 元，比 2019 年增加 99.27 元，增幅 6.8%；其中，物质与服务费用、土地成本、人工成本分别增加 10.4%、7.9% 和 2.1%。种子费、农药费、农膜费整体处于增长趋势，但增长幅度不大，占生产成本比例波动较小，增长原因主要是物价上涨；排灌费整体处于下降状态，在水稻生产成本中所占比例较小，且基本处于持续降低状态。2019—2023 年，吉林省水稻种植净利润年度间波动较大，最低的 2022 年每亩净利润仅为 27.05 元，2023 年每亩净利润 226.87 元，比 2019 年增加 198.66 元，增幅 704.2%（表 6）。

表6 2019—2023 年吉林省水稻种植成本及利润变化情况

单位：元/亩

年份	总成本	物质与服务费用	土地成本	人工成本	净利润
2019	1 454.09	533.10	423.74	497.25	28.21
2020	1 477.31	519.33	435.57	522.41	160.73
2021	1 465.99	517.37	453.13	441.26	101.12
2022	1 575.57	581.65	467.66	526.26	27.05
2023	1 553.36	588.28	457.23	507.85	226.87

数据来源：《全国农产品成本收益资料汇编》。

5. 市场发展

2011 年以来吉林省稻米价格的变化可以划分为两个阶段，一个是 2011—2015 年以稻谷最低保护价收购为主；另一个是 2016 年至今以市场价收购为主。2015 年 7 月 16 日，习近平总书记视察吉林省，做出"粮食也要打出品牌"的重要指示。吉林大米区域公用品牌建设全面发力。凭借优越的自然条件、突出的品质、严苛的管理标准，吉林大米实现了从"好米"到"名米"的华丽转身，在国内市场树立了中高端品牌地位，成为吉林农业的新名片。"吉林大米"这一闪亮的"白金名片"已经成为吉林农业的第一品牌，荣膺第九届、第十届、第十一届中国粮油影响力公用品牌的榜首，获得中国农产品区域公用品牌最佳市场表现奖，并成功入选新华社民族品牌工程，被誉为中国粮食供给侧结构性改革的"鲜活样本"。2016 年以来吉林省优质稻品种种植面积一直保持在水稻种植面积的 80% 以上，实现了优质优价。近年来吉林省虽然没有启动最低保护价收购稻谷，但稻米企业以高出国家最低保护价 0.3～0.4 元/公斤的价格收购优质稻谷，带动农民增收 10 亿元以上。

（二）主要经验

1. 飞防作业补贴有力促进水稻病虫害统防统治

自 2017 年起国家出台水稻生产者补贴政策，近年来吉林省补贴额度稳定在 8.7 亿元左右。吉林省高度重视农作物病虫害统防统治工作，从 2015 年开始，省财政每年安排专项资金用于开展水稻病虫害飞防作业试验试点项目。2018 年农作物病虫害航化作业被省政府列为重点推广的"五大新技术"之一。在项目引领下，吉林省农作物病虫害航化作业面积逐年增长，据统计，2020 年吉林省航化作业面积达到 3 941 万亩（植保无人机作业面积 3 519.7 万亩，直升机作业面积 421.3 万亩）。

2. "吉林大米"品牌创建促进产业高质量发展

吉林省在发展水稻生产中最重要的经验是各级领导的重视。为全面落实"粮食也要打出品牌"的重要指示，省委、省政府领导多次做出重要批示，各部门全力配合发展优质稻米产业。省财政厅每年拨出 5 000 万吉林大米品牌打造专项资金。吉林省粮食与物资储备局在北京、浙江、上海、福建等销区召开吉林大米推介会。吉林省农业科学院等科研院校加强优良食味新品种培育，制定品种标准，研究品种配套栽培技术。吉林省种子管理总站增设优良食味水稻品种区域试验组。吉林省农业技术推广总站、省粮食行业协会下发文件，推介优良食味水稻新品种。吉林省市场监督管理厅下发文件，保护优良食味品种权。吉林大学制定优质稻谷收储作业 5T（熟收时期、田场时期、干燥时期、收仓时期以及仓储时期）管理技术规程。基本实现了优质稻米生产全产业链关键技术的配套，有力支撑了吉林优质水稻产业高质量发展。

（三）存在问题

1. 育种技术落后，商业化育种体系不健全

大米品牌打造的起点是产地，落脚点是品种。大米品牌打造涉及"从种到收，从田间到餐桌""从品种到栽培，从收储到加工"等整个稻米产业链。育种技术落后，优质高效稳产水稻新品种有效供给不足，因此需要进一步加快商业化育种体系建设。

2. 水田面积增加缓慢

吉林西部仍具备新开发 200 万亩水田资源的潜力，但需要加快西部三大水利骨干工程配套工程设施的建设，以确保工程投入使用。

据吉林省土壤肥料总站 2020 年调查结果及相关资料显示，吉林省盐碱耕地面积为 1 334.4 万亩，占全省耕地面积的 12.7%。主要分布在白城市（洮北区、洮南市、大安市、通榆县、镇赉县）、松原市（宁江区、扶余市、长岭县、前郭县、乾安县）、四平市（四平市区、双辽市、梨树县）、长春市（长春市区、九台区、公主岭市、德惠市、榆树市、农安县）等 4 地市 19 个县（市、区）。耕地盐碱化的主要土壤类型为黑钙土、栗钙土、草甸土、风沙土等。其中，白城市盐碱耕地面积最大，为 483.9 万亩，占盐碱耕地总面积的 36.3%；其次是松原市，面积为 441.5 万亩，占盐碱耕地总面积的 33.1%，两地盐碱耕地面积占全省盐碱耕地总面积的 69.4%，长春市和四平市两地盐碱耕地面积仅占全省盐碱耕地总面积的 30.6%。根据土壤含盐量分析，全省轻度盐碱耕地面积 882.3 万亩，中度盐碱耕地面积 285.3 万亩，重度盐碱耕地面积 166.8 万亩，分别占盐碱耕地总面积的 66.1%、21.4% 和 12.5%。随着我国人口持续增长，粮食需求量不断增加，改良并有效利用盐碱地资源，使其成为潜在耕地是一种必然趋势。吉林省西部地区是吉林省盐碱地最大的集中分布区，该区拥有能为国家增产千亿斤*粮食的后备土地资源，是当前和今后一段时间土地开发的重点。

3. 肥料利用率低

随着市场经济发展，吉林省种植业逐步由单一化向多样化发展，水稻生产在粮食生产中所占的比例也逐渐加大。水稻种植面积不断扩大，稻田施肥中的一系列问题也

---

* 斤为非法定计量单位，2 斤＝1 公斤。下同。——编者注

逐渐显现出来。在水稻施肥上，普遍存在地区和不同水稻品种间分配不平衡、盲目过量施肥、表施、撒施及"三重三轻"现象（重化肥、轻有机肥，重氮磷、轻钾肥，重产量、轻质量）。20世纪80年代，吉林省配方施肥主要是根据第二次全国土壤普查结果，即土壤养分"缺氮、少磷、钾有余"的情况，确定全省肥料使用主要是氮肥和磷肥，特别是磷酸二铵肥料用量很高。20世纪90年代初，中国农业科学院牵头开展了北方耕地土壤钾素研究，吉林省农业科学院在全省进行了土壤钾素与钾肥肥效课题研究，发现全省耕地土壤钾素肥力不断下降。近几年吉林省每年有机肥施用总量近1.5亿吨，化肥用量350万吨左右，其中氮肥所占比例超过了70%，磷肥所占比例约20%，钾肥所占比例不到10%，钾肥投入明显不足。全省测土配方施肥工作重视程度不高，农民认为水稻施用复混肥就是配方施肥了，不了解土地到底缺少哪种营养、缺多少，多数还是凭经验、随大流地施肥。

4. 技术储备不足

（1）机械育插秧技术整体水平偏低　水稻机械育插秧技术由于简便快捷、解放劳动力、作业效率高等优点受到农户追捧，现已被大规模推广应用。但是机械育插秧技术整体水平偏低，导致机播用种量大，秧苗素质差，出苗不齐，苗根不壮，牛毛秧普遍发生，移栽期大幅度提前，遇春季冷害常出现大面积僵苗不发、成片死苗，缓苗时长甚至可达1个月以上。此外，由于播种量大，每穴基本苗多达7株以上，加之插植过深，严重影响分蘖。

（2）氮肥运筹不合理、土壤磷素过量累积　水稻氮肥前施重施，大多于6月20日前后结束全生育期追肥，氮肥运筹不合理，导致水稻群体过大、无效分蘖过多，后期穗肥和粒肥不足，水稻穗变小，穗粒数少，品种产量潜力难以发挥。土壤磷素过量累积，自1980年至2010年的30年间，吉林省农田土壤速效磷含量显著上升，这种变化趋势主要与人为因素有关。在水稻生产中，普遍重施氮、磷肥而忽视钾肥投入，磷素因其复杂的化学及生物转化作用而大多数被土壤固定，所以磷肥利用效率偏低，过量施用磷肥导致农田土壤磷素大量富集，水稻田青苔大面积发生，尤其以吉林省西部地区更为严重，影响水稻稳产高产。

（3）功能性水稻品种选育及配套栽培技术研发滞后　虽然吉林省功能性稻米研究起步较早，但研究与开发落后于国内发达地区，仍停留在稻米营养品质的分析上，其内含生理活性物质的研究没有得到足够重视，功能性稻米品种选育针对性、目标性不强，深加工利用明显不足，与医疗保健、功能食品等的产业链接比较薄弱。从基础研究开始，农业与食品、药业、加工业等多学科协同攻关，加大研究深度和广度，培育和推广具有更高营养价值或保健功能的水稻新品种，摸索高产栽培技术，提升功能性水稻生产科技含量。

（4）水稻育苗土短缺难取、育苗基质质量参差不齐　水稻育苗床土短缺，开发新型替代育苗基质无突破性进展。以吉林省西部为例，以往西部盐碱区水田面积不大，水稻育苗床土大多取自林地和嫩江河床。现集中开发 20 多万公顷水田，每年至少需要 50 多万吨育苗床土，如果没有合适的土源，势必造成生态环境的破坏，也不利于黑土地保护。近年来，新型替代育苗基质层出不穷但质量参差不齐，假冒伪劣产品居多，甚至以碱性渠土为原料进行简单复配生产，严重威胁水稻苗期安全生长。

二、区域布局

吉林省地处长白山脉，位于世界三大寒地黑土带上，是我国主要的优质粳稻生产基地，东部为山区、半山区，土质多由森林腐殖质和火山灰构成，松软肥沃，透气性好；中部为松辽平原区，黑土层深厚，有机质含量高；西部为草原湿地，土质多为偏碱性黑油土。黑土层深达 40～100 厘米，富含氮、磷、钾和各种有机物，有机质含量约是黄土的 10 倍，被誉为土壤中的"乌金"，最适宜优质水稻的栽培。除延边水稻区为海洋性气候外，其他区域为大陆性气候类型。春夏秋冬季节明显，年平均气温 5～6℃，稻区有效积温在 2 000～3 200℃，无霜期 110～147 天。

（一）东部山区、半山区单季粳稻优势区

1. 基本情况

该区域包含延边州、白山市、辽源市、通化市、吉林市，水田面积约 387 万亩。土壤以白浆土和草炭土等酸性土壤为主。年降水量 600～700 毫米，≥10℃活动积温 2 400～3 000℃，5—9 月的日照时数为 1 000～1 200 小时，生育天数 120～150 天。

2. 主要目标

东部稻区曾是吉林省最大的稻区，但截至 2023 年水田面积已经从高峰的 470 万亩下降到 387 万亩。到 2030 年，水稻种植面积稳定在 395 万亩，单产达到 550 公斤/亩，总产达到 217.3 万吨。到 2035 年，水稻种植面积稳定在 388 万亩，单产达到 568 公斤/亩，总产达到 220.4 万吨。

3. 主攻方向

一是加强选育抗稻瘟病、低温冷害等逆境的食味优良的水稻新品种，提升市场竞争力；二是加强集约化经营以弥补劳动力不足导致的面积缩减；三是扩大绿色防控及飞防作业面积，降低稻瘟病高发风险；四是通过打造高端大米品牌、订单种植等手段实现优质优价，激发种植热情。

4. 种植结构

该区域种植一季稻。

5. 品种结构

该区域种植品种以吉粳 830、中科发 5 号、五优稻 4 号、通院香 518、吉宏 6 号、通禾 899、通禾 885、庆林 998 等为主。

6. 技术模式

区域内水稻主要种植方式为毯苗手插、钵苗机插、直播、抛秧等；主要技术模式有机插侧深施肥技术、病虫草害绿色防控与飞防技术、稻田综合种养技术、稻田覆膜除草技术、秸秆还田技术、集中育供秧技术、中高端优质稻米全产业链技术模式、稻田认购技术模式等。

（二） 中部平原单季粳稻优势区

1. 基本情况

该区域主要包含长春市和四平市，水田面积约 342 万亩。土壤以中性黑壤土为主，年降水量 500～600 毫米，≥10℃活动积温 2 800～3 200℃，5—9 月日照时数 1 100～1 200 小时，生育天数 150～160 天。

2. 主要目标

到 2030 年，水稻种植面积稳定在 350 万亩，单产达到 568 公斤/亩，总产达到 198.8 万吨。到 2035 年，水稻种植面积稳定在 342 万亩，单产达到 590 公斤/亩，总产达到 201.8 万吨。

3. 主攻方向

一是选育适应市场需求的圆、长粒型水稻新品种，提升市场竞争力；二是加强广适性的高产、优质、高（多）抗新品种选育，确保大面积均衡增产；三是依托企业、合作社、家庭农场等新型农业经营主体，发展研、产、加、销一体化规模化经营模式；四是研发推广一系列绿色高质高效栽培技术体系。

4. 种植结构

该区域种植一季稻。

5. 品种结构

该区域种植品种以吉粳 830、吉粳 816、中科发 5 号、五优稻 4 号、吉粳 88、吉宏 6 号、吉农大 511、通禾 899、通禾 885、庆林 998 等为主。

6. 技术模式

区域内水稻主要种植方式有毯苗手插、钵苗机插、直播、抛秧等；主要技术模式有"三减一增"水稻分蘖诊断栽培技术、机插侧深施肥技术、秸秆还田技术、病虫害绿色防控与飞防技术、稻田综合种养技术、水稻全程机械化种植技术等。

（三） 西部盐碱单季粳稻提升区

1. 基本情况

该区域主要包含松原市和白城市，水田面积约 526.7 万亩。土壤以改良后的碱性盐碱土为主，也有部分河流冲积扇形成的黑壤土。年降水量 300～500 毫米，≥10℃活动积温 3 000～3 200℃，5—9 月日照时数 1 200～1 400 小时，生育天数 150～160 天。

2. 主要目标

到 2030 年，水稻种植面积稳定在 555.0 万亩，单产达到 562 公斤/亩，总产达到 311.9 万吨。到 2035 年，水稻种植面积稳定在 570 万亩，单产达到 582 公斤/亩，总产达到 331.7 万吨。

3. 主攻方向

一是加强耐盐碱新品种选育，聚合优质性状，提升品种品质；二是通过秸秆还田、有机、无机、菌肥等配合施用、化学改良剂、耕整地措施等降盐降碱，改良土壤；三是研发育苗替代基质，降低播种量，提高秧苗素质；四是减氮增效，实现养分合理利用；五是建立重—中—轻度盐碱地阶段性综合生产技术体系。

4. 种植结构

该区域种植一季稻。

5. 品种结构

该区域种植品种以吉粳 816、白粳 1 号、中科发 5 号、宏科 181、五优稻 4 号、吉粳 305、长白 23、吉农大 511 等。

6. 技术模式

该区域内水稻主要种植方式有毯苗手插、钵苗机插等、主要技术模式有"三减一增"水稻分蘖诊断栽培技术、机插侧深施肥技术、秸秆还田技术、病虫害绿色防控与飞防技术、稻田综合种养技术、缩行增密技术、水稻全程机械化种植技术等。

三、发展目标、发展潜力与技术体系

（一）发展目标

1. 2030 年目标

到 2030 年，水稻面积稳定在 1 300 万亩，单产达到 560 公斤/亩，总产达到 728.0 万吨，种植面积超 10 万亩的品种优质化率达到 51%。

2. 2035 年目标

到 2035 年，水稻面积稳定在 1 300 万亩，单产达到 580 公斤/亩，总产达到 754.0 万吨，种植面积超 10 万亩的品种优质化率达到 53%。

（二）发展潜力

1. 面积潜力

吉林省水田面积增加的区域主要集中在西部地区。引嫩入白工程、哈达山水利枢纽工程及其配套的输水工程、中部引松供水工程共同构成的土地整理开发工程，使西部盐碱地区作为吉林省后备耕地资源，具有新增 200 余万亩水田的潜力。其中镇赉县 25 万亩，大安市 45 万亩，乾安县 30 万亩，松原灌区 100 万亩。按照单产 400 公斤/亩计算，通过面积增加可以增产稻谷 80 万吨。

2. 单产潜力

2001—2003 年吉林省审定水稻品种平均亩产 548.9 公斤，2015—2017 年平均亩产 600 公斤左右，年均增加 3.1 公斤/亩。截至 2023 年吉林省水稻种植的主导品种基本上是"十三五"前期育成的品种，这些品种区域试验平均亩产 600 公斤左右，而 2021 年吉林省水稻平均亩产仅为 545.2 公斤，通过黑土稻田保护性耕作、盐碱稻田土壤改良培肥等途径，吉林省中低产水田单产提高存在较大空间。

（三）技术体系

保证优质的前提下，突破全省水稻亩产 580 公斤的目标，需要稳定或合理增加种植面积，并不断挖掘单产潜力，主要技术体系如下：

1. 稳定吉林省中部和东部，扩大西部水稻种植面积

聚焦水稻优势产区，以永久基本农田为基础，深化资源调查评价，加快推进粮食生产功能区和重要农产品保护区划定建设，保护和提高稻农生产积极性，推进现代化、规模化、集约化、标准化经营，确保将优质耕地稳定用于粮食等重要农产品生产。

加快西部盐碱土壤改良升级，2022 年，摸清全省盐碱地等耕地后备资源底数，编制《吉林省盐碱地等耕地后备资源综合利用工程建设方案（2022—2035 年）》；到 2025 年，建立规划引领、科学有序、技术完备、生态安全的盐碱地等耕地后备资源综合利用体系，盐碱地综合利用水平明显提升，开发盐碱地等耕地后备资源实现新增耕地 166 万亩。

2. 不断挖掘水稻单产潜力

（1）制定东、中、西部水稻目标产量和技术体系　根据吉林省东、中、西部生产生态特点及发展目标，确定不同区域主导品种与主推技术，制定水稻区域目标产量及生产技术规范，稳固生产能力，保障粮食安全。

（2）加强新品种选育，打造独有品牌　建立种质资源创新平台、生物育种研发中心、种业创新生产基地、智慧种业服务系统，着力提升种质资源保护能力、种业科研创新能力、企业竞争能力和基地保障能力。加强种业知识产权保护，抓好种业创新，依托相关科研院所，培育具有良好应用效果和自主知识产权的产量高、品质好的水稻新品种。选择综合性状优良的品种并优化布局，大力推广吉粳 816、吉粳 830 等圆粒香水稻品种，打造吉林省独有的"吉林圆粒香"大米品牌。

（3）加快重大技术研发和推广　继续加强水稻基础性、应用性科研创新，在绿色高质高效、全程机械化、保护性耕作、病虫害防控等方面研发并推广一批重大实用技术成果。围绕绿色、高产、高效和可持续发展方向，巩固升级原有重大增产增效、资源节约技术，提升水稻产业发展潜力。

（4）推进耕地质量建设　在全省水稻主产区建立黑土地、盐碱地质量监测体系，采取工程、生物、农艺、物理及化学改良等多种措施，提高黑土地保护、盐碱地改良培肥水平，结合增施有机肥、秸秆还田技术模式的推广，提高全省水稻适种区土壤有机质含量，维护和保障黑土地资源安全，开发和利用盐碱后备耕地，全面提升产量水平。

（5）加强绿色科技引领　大力推广水稻病虫害统防统治航化作业技术，实现连年常态化统防统治航化作业，年航化作业面积达到 240 万亩以上；优化稻田养蟹、养鸭、养鱼等综合种养技术，年均推广 70 万亩以上。

（6）提高灾害预警与抗灾能力　加快构建现代化水稻防灾减灾体系，研发相关抗御技术，做好气象服务，及时发布重大自然灾害的监测预报预警信息，指导农民做好相应防灾减灾工作，降低自然灾害带来的损失。

四、典型绿色高质高效技术模式

（一）水稻机插同步侧深施肥技术模式

1. 技术概述

通过在水稻插秧机上加挂侧深施肥机或使用侧深施肥插秧一体机，在插秧的同时，将基肥和分蘖肥一次性精准施用或全生育期用肥一次性精准施用在距水稻秧苗根部一侧 3 厘米、深 5 厘米的耕层中，实现插秧同步施肥，改变传统基肥全层分布、追肥表施的施肥方式，是一项轻简、环境友好、可持续发展农业的高质高效栽培技术，已入选农业农村部 2021 年农业主推技术之一。

2. 提质增效情况

应用该技术可实现返青、分蘖不追肥或全生育期一次性精准施肥，减少人工作业次数，节约劳动投入成本，节约化肥 10% 以上，氮肥利用率提高 9.5%，磷肥利用率提高 8.6%，钾肥利用率提高 15.1%，水稻增产 7% 以上。

3. 技术要点

（1）选用专用机械和专用肥料　选用带有侧深施肥装置的施肥插秧一体机或在已有插秧机上加挂侧深施肥装置，可调节施肥量，量程需满足当地施肥量要求。肥料选择粒径为 2~5 毫米的圆粒型复合肥料，含水率≤2.0%，手捏不碎、吸湿少、不黏不结块。

（2）区域量化施肥技术　根据吉林省东、中、西部稻区土壤供肥能力及目标产量，确定控释肥施用量。每亩氮（N）施用总量为东部山区 6.7 公斤、东部半山区 8.3 公斤、中部地区 10.0 公斤、西部地区 11.7 公斤。

（3）配套绿色高效栽培技术　一是品种选择。依托吉林大米品牌建设，选择通过审定的吉林省主导优良品种，覆盖率超过 80%。二是旱育稀植，中苗移栽。适期播种，适时移栽，降低播种量育壮苗，干籽 70～75 克/盘，秧龄 3.5 叶，3～5 苗/穴。三是稻蟹综合种养技术。田面平整，高低差小于 3 厘米，水层控制在 2 厘米左右。移栽密度 30 厘米×20 厘米，每 8～12 行空 1 行。以"春浅、夏满、秋勤"为原则，在不影响水稻生长的前提下，尽量加深水层，一般情况下 7～10 天换一次水。河蟹于 5 月下旬至 6 月上旬放养，每亩投放 400～500 只。四是水稻病虫害无人机飞防技术。通过大面积集中服务，采购低毒高效、绿色环保的农药，实施水稻病虫害统防统治专业化服务。

（二）水稻"三减一增"分蘖诊断施肥技术模式

1. 技术概述

以"减少播种量、减少单位面积插秧苗数、减少前期施氮量、增加穗肥施氮量"为核心，培育壮苗，促进早生快发，降低前期氮肥用量以控制过多无效分蘖，通过获得适当的分蘖，提高有效分蘖率和结实率，增加成熟度和穗重，创造大穗进而获得高产。该技术模式主要包括适期减量播种、适时控苗移栽和分蘖诊断施肥等关键技术环节。

2. 提质增效情况

采用该技术模式可节肥 15％以上，增产 10％以上，有效减少倒伏和病虫害发生。

3. 技术要点

（1）适期减量播种　吉林省水稻播种时间建议在 4 月 10 日以后。种田大户若 5 天内无法完成插秧，则每隔 5 天进行分期播种。平盘育苗推荐播种量，14 穴插秧机播催芽湿种子 80～100 克/盘，16 穴插秧机 100～120 克/盘；钵盘育苗每孔 3～4 粒种子。

（2）适时控苗移栽　移栽的最佳时间应是平均气温达到 17℃之前 5 天左右。移栽密度应在 30 厘米×13 厘米至 30 厘米×20 厘米之间。每穴 2～3 株苗。插秧后只要每穴有 1 株苗成活就不必补苗，如连续缺 2 穴就补 1 穴即可。

（3）分蘖诊断施肥

①基肥。基肥的最佳施用时间是在泡田后耙地前。30 厘米×13 厘米至 30 厘米×20 厘米密度下，基肥的亩施肥量如下：

一般地块：N 1.2 公斤，P_2O_5 3.1 公斤，K_2O 1.7 公斤；

草炭地：N 1.2 公斤，P_2O_5 3.1 公斤，K_2O 2.5 公斤；

盐碱地：N 1.5 公斤，P_2O_5 3.9 公斤，K_2O 2.5 公斤，$ZnSO_4$ 0.3 公斤。

②调节肥。出穗前 55 天（叶龄指数 50）。一般在 6 月 10 日前后进行分蘖调查，如每穴分蘖数少于或等于 7 个，每亩应立即施用 N 1.5 公斤；如每穴分蘖数多于 7 个，则不施任何肥料。

③穗肥。出穗前 35 天（叶龄指数 70）。一般在 6 月 30 日前后进行分蘖调查，如

每穴分蘖数少于或等于 25 个，每亩应立即施用 N 4.6 公斤、K_2O 1.7 公斤；如每穴分蘖数在 26～30 个，则 5 天后（7 月 5 日）每亩施用 N 3.8 公斤、K_2O 1.7 公斤；如每穴分蘖数在 31～35 个，则 10 日后（7 月 10 日）每亩施用 N 3.1 公斤、K_2O 1.7 公斤；如每穴分蘖数超过 35 株，说明前期没有按照本模式施用肥料，则后续不可按照本模式进行施肥。

④保粒肥。出穗前 15 天减数分裂期（叶龄指数 95）。一般在 7 月 15—20 日进行分蘖调查，如每穴分蘖数少于或等于 20 株，每亩应立即施用 N 1.5 公斤；如每穴分蘖数多于 20 株，则不用施肥。

⑤粒肥。出穗前后，如发现叶片颜色很淡或发黄，每亩应立即施用 N 0.8 公斤；如叶色正常，则不用施肥。

（4）配套高产技术　一是品种选择。选择大穗、少蘖、高产、抗倒、抗病、在当地能够安全成熟的品种。二是气象及衍生灾害防御技术。加强气象监测预报预警，灾害天气提前应对；培育壮苗，提高秧苗耐冷防风能力；适时育苗移栽，缩短返青时间。洪涝过田，分级应对，小苏打溶液无人机飞喷清洗稻株污泥；调整施肥方案，增强群体抗御能力。三是机械化节粮减损栽培技术。降低播种量，精量定位播种，每盘播 65～75 克干籽，节约用种；机插精确取秧，机插漏苗率≤3%；机收减损率≤2%。

（三）水稻秸秆秋季水耙浆还田技术模式

1. 技术概述

充分利用高纬度高寒地带的寒冷资源和春季土壤冻融交替的作用，在秋季封冻前让土壤含水量达到饱和，利用水田耙浆平地机旋翻、滑切和旋压的工作原理，将浸泡后的水田土壤切碎、搅拌成浆，同时将根茬、茎秆或杂草压入泥浆中。破坏各种真菌性土传病害、当季越冬虫蛹、老幼熟虫、水田一年生杂草种子和多年生根茎等恶性杂草越冬生境，使其产生冻害，失去萌发和繁殖发芽的能力，达到灭杀杂草、减轻病虫害的目的；通过冬春冻融和春闲期间土壤回温，破坏秸秆纤维、提前完成部分腐解，避免与水稻争夺环境资源。

2. 提质增效情况

水稻秸秆秋季水耙浆还田处理的 CH_4 排放总量约为秸秆春季还田处理的 1/2，秸秆失重率相比春季还田处理提高 7.1%，秸秆断裂拉力为春季还田处理的 83.8%。连续 2 年秸秆秋季水耙浆还田后，土壤有机质含量增加 6.1 克/公斤，有效磷含量也有显著提升，相比秸秆春季还田处理，地力培肥效果更加明显。相比秸秆不还田处理，秸秆秋季水耙浆还田处理插秧后大田的禾本科杂草株数明显减少，水稻产量提高 4.9%。

3. 技术要点

（1）秋搅浆秸秆还田　在秋季水稻收获后至耕层冻结前，采用联合收割机收割、粉碎水稻秸秆，将粉碎后的水稻秸秆均匀铺撒在田间。收割后的残茬高度≤20 厘米，粉碎后的水稻秸秆长度≤10 厘米，铺撒于田间的水稻秸秆厚度≤10 厘米；灌水泡田3～5 天，达到 5 厘米以上的土层变软；进行旋耕作业，旋耕前田间不保持明显水层，以不能看到水田土面 80% 以上为准，旋耕深度为 20 厘米以上，至地面平整，高差≤4 厘米，水稻秸秆全部混于泥浆中。翌年春季泡田 2～3 天后进行极浅水耙地。在保证插秧质量的前提下，搅浆不宜过深，深度 5～10 厘米为宜，沉淀 2～3 天后插秧。

（2）水分管理　插秧后至分蘖期保持 3～5 厘米浅水层。拔节期至齐穗前，开始浅—湿—干水层管理，前水不见后水，充氧壮根，释放有害气体。齐穗 30 天后撤水，过早撤水容易造成早衰。

（3）肥料管理　每亩施用肥料总量为 N 10.0～11.7 公斤、P_2O_5 2～3 公斤、K_2O 2～3 公斤。秋搅浆作业前，磷肥作基肥全量施入，春季不再施用磷肥。翌年耙地前，将氮肥的 45% 和钾肥的 50% 作为基肥一次性施入。蘖肥为水稻 3.5～4.5 叶时追施氮肥的 30%。穗肥为穗分化始期（倒 3 叶）追施氮肥的 25% 与钾肥的 50%。连续全量秸秆还田 2 年以后减氮 10%～20%，连续全量秸秆还田 10 年以上减氮 20% 以上。

五、重点工程

（一）盐碱地等耕地后备资源综合利用

认真落实习近平总书记视察吉林时的重要讲话的重要指示和关于"开展盐碱地综合利用对保障国家粮食安全、端牢中国饭碗具有重要战略意义"的重要指示精神，坚持最严格的耕地保护制度，科学开展盐碱地等耕地后备资源综合利用，切实保障国家粮食安全。坚持统筹规划、有效衔接，坚持以水定地、有序开发，坚持技术引领、创新驱动，坚持保护生态、永续利用，坚持政府主导、社会参与。

（二）多方面提升粮食生产科技水平

推进农业科研体制改革，开展科研成果使用、处置、收益管理和科技人员股权激励改革试点。引导和支持高校、科研机构与企业联合组织重大粮食生产科技攻关，力争在生物育种、智慧农业、农机装备、生态环保等领域取得重大突破。实施重大农业科技成果转化计划，依托农业产业化龙头企业和各类农业生产经营主体，集成转化一批高新技术成果。加快发展现代种业，培育发展育繁推一体化种业集团。

（三）健全气象及其衍生灾害抗御技术体系

根据吉林省近几年旱涝并存，降水空间分布不均，区域特点明显，牢固树立"抗灾夺丰收"和"减灾就是增产"的理念，坚持问题导向，加强灾害监测，准确研判发生趋势，突出关键环节，加强分类指导，落实科学减灾措施，努力减轻灾害损失，大力推进主动防灾、科学减灾、及时救灾，以及保障生产安全的水稻抗灾减灾技术措施。重点防范倒春寒、区域性阶段性低温冷害、局地洪涝和风雹、台风。根据气象灾害和水稻生育进程，在关键农时和灾害多发季节，组成联合工作组和专家组，深入田间地头，指导科学抗灾救灾和灾后恢复生产，努力减轻农民因灾造成的损失。

（四）　培育壮大新型农业经营主体

把培育新型农业经营主体作为助推农业现代化建设的一个重要抓手，同时实施新型农业经营主体培育工程，并加强对新型农业经营主体的指导和服务，有助于加快推进吉林省农业现代化建设。一方面，要促进新型农业经营主体带动小农户共同发展。以"新型农业经营主体＋农户"模式为载体，发挥新型农业经营主体组织、示范和服务功能，引导组织小农户以土地、资金、技术等入股，参与股份合作，实现产业化经营，推进小农户与新型农业经营主体共同发展。在这个过程中，政府、企业、社会组织应合力、多举措鼓励支持新型农业经营主体发展，并将带动小农户数量和利益联结程度作为支持培育新型农业经营主体的重要指标。另一方面，要积极把小农户改造成为新型农业经营主体。加大对小农户的培育力度，为小农户提供生产服务，努力把小农户培育升级为具有较强市场意识、较高生产技能、一定管理能力的现代农业经营者。

六、保障措施

（一）　加快推进种业振兴

强化种业人才激励机制，打破企事业单位种业人才流动障碍。鼓励科研院校研究团队或个人到企业兼职兼薪或入职，鼓励和支持科研单位和种业企业突破现有人才政策，自行制定国内外种业高端人才引进等更为灵活的人才激励机制。依托长春国家农业高新技术产业示范区与"三江"实验室，统筹建设水稻品种创新平台。支持省内外育种优势单位整合资源要素，利用生物育种等先进技术，通过"揭榜挂帅""军令状"等方式，开展突破性种源协同攻关，加快培育生产急需的新品种。推动平台共创共享共用。加强吉林省南繁科研育种服务能力建设，逐步推进分散的南繁单位育种基地集中管理，高标准建设省内水稻制种基地。遴选国内适合吉林省粮食主产区推广种植的优异品种，实施好国家重大品种研发推广应用一体化补助。开展有组织的聚力推广，强化种业知识产权保护，加大对假冒伪劣、套牌侵权等违法行为的处罚力度，实施全链条、全流程监管，坚决净化种业市场。

（二）　着力推进智慧农业发展

完善一个"吉农云"省级云平台，不断强化顶层数据汇聚和系统应用集成等功能，制定建设标准，实现数据、服务、应用、标准"四统一"。建设一个省级农业农村大数据中心，不断提升数据汇集、分析与应用能力。建设完善数据库群，重点构建基础资源数据库、生产过程数据库、生产主体数据库等，为数据叠加、分析、共享、应用提供支撑。建设黑土地保护"一张图"，建立健全数字化档案，编制数字化土壤类型、养分分布图、耕地地力等级图等，对土地实行数字化动态管理，利用数字化档案建设成果指导黑土地保护精准度。建立高标准农田"一张网"，实现高标准农田建设有据可查、过程监控、动态监管。建设耕地后备资源"一张图"，切实提升耕地后备资源管理水平，为科学开展盐碱地等耕地后备资源综合利用工作提供有力支撑。实施"十百千"工程，加快农业转型升级。拓展种业资源管理数字化应用场景、农业机械智能化应用场景、特色产业数字化应用场景、农产品质量安全数字化应用场景、农业生产经营主体数字化应用场景、"龙头企业＋"数字化应用场景，创新智慧农业实施路径。

（三） 落实粮食安全省长责任制推动粮食工作健康发展

切实增强维护国家粮食安全的意识，明确粮食安全责任，强化粮食行政管理职能，因地制宜落实粮食事权；坚决守住耕地红线。落实最严格的耕地保护制度，确保现有耕地面积基本稳定，划定永久基本农田，确保土壤质量不下降。规范耕地占补平衡，严格实行耕地"占一补一""先补后占"和"占优补优"。完善耕地质量保护机制，采取综合措施提高耕地基础地力，提升产出能力。提高粮食可持续生产能力，扩大中部地区黑土地保护治理试点，深化西部地区草原"三化"治理。加强农业面源污染治理，推广生物有机肥、高效低毒低残留农药，开展秸秆资源化利用和农田残膜回收区域性示范。改进土地整治项目实施方式，大力推进机械深松整地、保护性耕作，加快实施土壤有机质提升补贴项目。加快建设高标准农田，实施好高标准农田建设总体规划，落实配套措施，大规模改造中低产田。加强农田水利建设，实施农业节水重大工程，抓紧解决好农田灌溉"最后一公里"问题，提高农业综合生产能力。建立健全粮食生产经营体系，提高粮食生产机械化和信息化水平。

（四） 落实和完善粮食扶持政策，切实保护种粮积极性

认真完善和落实粮食补贴政策，提高补贴精准性、指向性。加强补贴资金监管，确保资金及时、足额补贴到粮食生产者手中。引导和支持金融机构为粮食生产者提供信贷等金融服务。完善农业保险制度，对粮食作物保险给予支持。完善农业保险体系，逐步减少产粮大县对主要粮食作物保险的保费补贴，扩大财政财险保费补贴险种覆盖面，尽快实现水稻应保尽保。开展互助农业保险试点，建立"政保银"联合融资机制，探索建立中央财政支持的农业保险大灾风险分散机制。抓好粮食收购，加强和完善地方粮食收储保障体系建设，坚持收储能力与农民售粮需求相匹配，探索建立严

格的仓储设施保护管理制度。落实好国家政策性粮食收储政策，统筹做好政策性粮食收购库点布设，鼓励和引导符合条件的多元市场主体参与政策性粮食收购，方便农民售粮。改进和创新粮食收储方式，扩大"粮食银行"试点范围，鼓励国有粮食企业为新型粮食经营主体提供烘干、仓储服务。加强粮食收购市场监管，严厉打击"转圈粮""以陈顶新""打白条"和压级压价、抬级抬价等坑农害农和损害国家利益的行为。

（五） 推进农业生产托管

以农民需求为导向，探索发展以全程托管为主、单环节（多环节）托管为辅、土地股份合作等为补充的农业生产托管模式，培育壮大多元服务主体。搭建区域性服务平台，促进服务信息对接，推动服务资源合理流动，提高服务效率，降低管理成本，提高行业管理的信息化水平。制定标准服务规范，建立服务主体名录库，落实好中央扶持项目。准确把握农业生产托管基本要求，支持"一小两大"（突出支持小农户、大宗农作物、产粮大县）发展，合理确定补助标准和方式，推进服务带动规模经营，公平选择服务主体，支持重点服务环节。

黑龙江

黑龙江水稻亩产530公斤
技术体系与实现路径

一、水稻产业发展现状与存在问题

（一）发展现状

1. 生产

黑龙江省是我国最重要的口粮保障基地，水稻种植面积和总产分别占全省农作物面积和总产的 27% 和 37% 左右；稻米品质优良，粳米品质 90% 达国标 2 级；商品率和外销率 80% 以上；口粮比率高，粳稻产量占全国粳稻产量的 40% 以上，其中 98% 以上为口粮；比较效益高，种植水稻每亩增效 200～300 元。

（1）水稻种植面积变化情况　2011 年黑龙江水稻种植面积 4 418.3 万亩，占全省粮食面积的 25.6%，2011—2017 年黑龙江水稻种植面积整体呈增加趋势，2017 年达到 5 923.3 万亩，占全省粮食面积的 27.9%，比 2016 年增加 1 100 多万亩（表 1）。2018 年以来，受种植结构调整、比较效益偏低等因素综合影响，特别是 2022 年以来国家在黑龙江调增大豆面积，压缩水稻面积，导致黑龙江水稻面积出现大幅下滑，2023 年水稻面积降至 4 902.8 万亩，比 2017 年减少 1 020.5 万亩，减幅达到 17.2%。

（2）水稻单产变化情况　2011 年黑龙江水稻单产为 466.7 公斤/亩，2011—2019 年水稻单产持续徘徊在 465～476 公斤/亩；受低温寡照影响，2019 年水稻单产仅有 465.7 公斤/亩，2022 年水稻单产大幅提高，比 2019 年提高 37.5 公斤/亩，达到 503.2 公斤/亩，创历史最高水平。

（3）水稻总产变化情况　2011 年，黑龙江水稻总产 2 062.1 万吨，占全省粮食总产的 37.0%，2011—2017 年水稻总产呈逐年增加趋势（2015 年略有减少），2017 年达到 2 819.3 万吨，占全省粮食总产的 38.0%，比 2016 年增加 564 万吨，主要是由于种植面积的扩大。2018 年开始受稻谷保护价下调、种植结构调整等因素影响，水稻种植面积逐步下降，导致水稻总产下降，2021 年由于水稻单产大幅提升，总产达到 2 913.7 万吨，占全省粮食总产量的 37.0%（表 1）。

表 1 2011—2023 年黑龙江粮食和水稻种植面积和产量情况

年份	粮食面积（万亩）	粮食总产（万吨）	水稻面积（万亩）	水稻总产（万吨）	水稻单产（公斤/亩）	水稻面积占粮食面积比例（%）	水稻总产占粮食总产比例（%）
2011	17 254.4	5 570.6	4 418.3	2 062.1	466.7	25.6	37.0
2012	17 279.3	5 761.5	4 604.6	2 171.2	471.5	26.6	37.7
2013	17 346.5	6 004.1	4 763.4	2 220.6	466.2	27.5	37.0
2014	17 544.6	6 242.2	4 808.2	2 251.1	468.2	27.4	36.1
2015	17 647.8	6 324.0	4 721.7	2 199.7	465.9	26.8	34.8
2016	17 707.1	6 058.5	4 805.0	2 255.3	469.4	27.1	37.2
2017	21 231.4	7 410.3	5 923.3	2 819.3	476.0	27.9	38.0
2018	21 321.8	7 506.8	5 674.7	2 685.5	473.3	26.6	35.8
2019	21 507.0	7 503.0	5 718.8	2 663.5	465.7	26.6	35.5
2020	21 657.0	7 541.0	5 808.0	2 896.0	498.8	26.8	38.4
2021	21 826.5	7 867.7	5 800.0	2 913.7	502.3	26.6	37.0
2022	22 024.5	7 763.1	5 401.5	2 718.0	503.2	24.5	35.0
2023	22 114.5	7 788.2	4 902.8	2 440.0	497.7	22.2	31.3

数据来源：《黑龙江统计年鉴》。

（4）黑龙江省水稻区域分布 黑龙江水稻种植区域广泛，第一、二、三、四、五积温带均有水稻种植，种植面积 100 万亩以上的有 11 个县，50 万亩以上的有 29 个县，已形成稻谷的集中产区。其中，第一积温带（2 700℃以上）水稻种植面积占全省总面积的 9.1%；第二积温带（2 500～2 700℃）水稻种植面积占 32.8%；第三积温带（2 300～2 500℃）水稻种植面积占 35.1%；第四积温带（2 100～2 300℃）水稻种植面积占 16.7%；第五积温带（1 900～2 100℃）水稻种植面积占 6.3%。优势稻作区主要包括松嫩平原稻作区、中部平原及牡丹江流域稻作区、三江平原稻作区。

2. 品种

（1）品种审定情况

①品种数量。1954—2024 年，黑龙江省合计育成水稻品种 1 594 个，其中 2011—2015 审定了 100 个，2016—2020 年审定了 309 个，2021—2024 年审定了 899 个，是 1954—2020 年审定品种总和的 1.29 倍（表 2）。从育种单位构成来看，随着种业企业科研实力提高，审定品种数量逐年增加，企业育成品种占总数的 51.1%，特别是从"十三五"开始育种数量已经接近传统的国有科研单位和大专院校，到"十四五"已经远远超过了国有科研单位育种数量，占比达到 66.7%（表 3）。2011 年以来共育成 1 308 个水稻品种，占总数的 82.1%，其中 2011 年、2012 年黑龙江分别审

定了 11 个和 16 个水稻品种，均为粳型常规稻，2013—2015 年品种审定数量在 20~27 个，2016 年审定 22 个，2017—2018 年每年审定数量达到 40 多个，2019 年品种审定 65 个。2018 年、2019 年分别审定了 2 个和 1 个粳型三系杂交稻，其余还是以粳型常规稻为主。2020—2024 年水稻品种审定数量快速增长，分别达到 140 个、170 个、222 个、290 个和 217 个（表 4）。

表 2　黑龙江省不同阶段水稻品种审定数量

单位：个

年份区间	科研单位	种业企业	日本品种	省外品种	合计
1954—1990	68	18	12	2	100
1991—2000	41	5	6	3	55
2001—2005	35	8	3	0	46
2006—2010	74	10	1	0	85
2011—2015	75	25	0	0	100
2016—2020	158	148	0	3	309
2021—2024	299	600	0	0	899

数据来源：黑龙江省农业农村厅。

表 3　黑龙江省不同阶段水稻审定品种育成单位构成

单位：%

年份区间	种业企业	科研单位	省外单位
1954—1990	18.0	68.0	14.0
1991—2000	9.1	74.5	16.4
2001—2005	17.4	76.1	6.5
2006—2010	10.7	88.1	1.2
2011—2015	25.0	75.0	0
2016—2020	47.7	51.3	1.0
2021—2024	66.7	33.3	0

数据来源：黑龙江省农业农村厅。

表 4　2011—2022 年黑龙江省水稻品种审定数量及类型

年份	审定数量	类型
2011	11	粳型常规稻
2012	16	粳型常规稻
2013	26	粳型常规稻
2014	27	粳型常规稻
2015	20	粳型常规稻
2016	22	粳型常规稻

（续）

年份	审定数量	类型
2017	39	粳型常规稻
2018	41	粳型常规稻
	2	粳型三系杂交稻
2019	64	粳型常规稻
	1	粳型三系杂交稻
2020	140	粳型常规稻
2021	170	粳型常规稻
2022	222	粳型常规稻
2023	290	粳型常规稻
2024	217	粳型常规稻
合计	1 308	

②品种品质。黑龙江省水稻品种品质在全国处于领先地位，1 594 个品种中国标 2 级优质米率高达 86.6%，特别是 2019 年以来所有的审定品种品质 100% 达到国标 2 级优质米（表 5）。

表 5　黑龙江省不同阶段水稻审定品种品质情况

单位：%

年份区间	国标 1 级	国标 2 级	国标 3 级
1954—1990	0.0	2.0	98.0
1991—2000	0.0	25.5	74.5
2001—2005	0.0	73.9	26.1
2006—2010	0.0	67.1	32.9
2011—2015	1.0	81.0	18.0
2016—2020	0.3	95.2	4.5
2021—2024	0.0	100.0	0.0

数据来源：黑龙江省农业农村厅。

③品种产量。黑龙江省审定的 1 594 个品种平均产量为 577.1 公斤/亩，从 1990 年前水稻品种平均产量为 343.0 公斤/亩，到"十三五"期间单产达到 590.5 公斤/亩，其后品种培育向优良食味和香稻品种方向发展，水稻单产有所下降；从各积温区来看，第一积温区到"十四五"后期水稻单产水平低于全省平均水平，单产水平较高的是第三、四积温区，最高单产超过了 600 公斤/亩，2016—2020 年，第四积温区水稻单产达到 621.7 公斤/亩。从增产幅度看，20 世纪水稻品种增产幅度较大，全省最高增幅达到 14.4%，但随着品种绝对产量的提高，品种的增产幅度逐年下降，目前已经降至 7.3%；从不同积温区来看，增幅最大的还是第三积温区，超过了全省平均水

平达到 7.6%。

（2）稻米品质情况

黑龙江省生产上种植的品种主要以粳型常规稻为主，粘稻、糯稻和功能专用水稻等较少，种植的水稻品种多数都是优质稻。2019 年常规稻价格较低，糯稻价格较高，导致 2020 年糯稻面积有较大幅度增加。黑龙江省主栽水稻品种中，适宜第一、二积温带种植的品种品质均达国家标准《优质稻谷》2 级以上，其中龙稻 18、松粳 28 为黑龙江省品质达到国家标准《优质稻谷》1 级的优质品种。适宜第三、四积温带种植的品种，国家标准《优质稻谷》1 级达标率由 2015 年以前的 38%，逐年上升至 2020 年的 100%，进一步提升了黑龙江省优质稻谷的发展进程。

黑龙江省出产稻米的食味品质为北方粳稻中的佼佼者，在国内外市场受到极大欢迎。黑龙江省优质米栽培的自然优势明显，政府部门非常重视优质米育种及生产，优质米育种起步较早，在政策层面上引导水稻育种不仅面向高产，同时也面向优质育种，使得黑龙江省水稻优质米育种走在国家前列。

3. 耕作与栽培

黑龙江省在水稻生产上主要应用技术是以大棚旱育秧全程机械化种植为核心的栽培技术模式，在育秧方式上几乎 98% 以上采用标准大棚或超级大棚进行集中育秧或工厂化育秧，在种植方式上 95% 以上采用的是机插秧，只有 5% 左右采用直播和抛秧等其他栽培方式。直播采用水直播为主，极少采用旱直播。在施肥、除草、防病等生产管理环节，由于无人机航化的快速普及，几乎代替了大部分人工劳动，实现了水稻从育苗、插秧、田间施肥、植保、收获和加工等环节的全程机械化标准化技术模式。黑龙江省是全国水稻生产机械化程度较高的省份之一。

全省水稻种植面积 100 万亩以上的县有 11 个；50 万亩以上的县有 29 个。随着水稻种植面积持续扩大，稻作栽培技术也不断发展创新。三膜覆盖、两段式和隔离层增温等超早育苗技术，工厂化集中浸种催芽技术，精确定量栽培技术，叶龄诊断栽培技术，"三化一管"栽培技术，绿色稻米标准化生产技术，大棚钵育机械摆栽技术，水稻机插侧深施肥技术，水稻节水控灌技术，病虫草害绿色防控技术等大面积推广应用，为黑龙江水稻高质高效发展奠定了坚实基础。截至 2023 年在五常、庆安、桦川等 20 个县（市、区）示范推广稻鱼共作、稻鸭共作、稻蟹共作等"一水两用，一地双收，一季双赢"稻田综合种养技术，建设核心示范区 24 个，全省绿色、有机水稻种植面积达 3 200 万亩以上。

全省 2021 年有水稻加工企业 911 家，年加工能力 4 000 万吨，其中规模以上水稻加工企业 603 家。加工产品主要有大米、即食米饭、休闲食品、稻米油等。2020 年实际加工 2 205 万吨，营业收入 729.8 亿元。

4. 成本收益

根据当前农户生产调研数据，2023 年水稻直接生产成本合计约为 598.80 元/亩，主要包括秋翻地 40.00 元/亩、育苗 132.93 元/亩、种子 43.60 元/亩、化肥 100.93 元/亩、农药 34.67 元/亩、耙地 26.67 元/亩、插秧 100.00 元/亩、田间管理 46.67 元/亩和收获 73.33 元/亩等费用（表 6）。间接生产成本（租地费）在 500～600 元/亩，租地费用高低与上年水稻价格高低和地力好坏都有较大关系，例如，在 2015—2017 年水稻收购价格高，农户种稻积极性高，种植面积大幅度增加，导致租地价格不断上涨，好的地块租赁费甚至超过 666.67 元/亩。2011 年水稻直接生产成本和间接生产成本（租地费）约为 2023 年的 80%，10 年间生产成本上涨 20% 左右，其中直接成本中人工费用上涨 20% 以上，生产资料和机耕油费上涨 15% 以上，租地费上涨 20% 以上。2018 年水稻保护价格下调，成本不断上涨，收益减少，农户种稻热情下降，种植面积开始下滑，导致租地费开始回落，为 466.67 元/亩左右，但种植效益较好的五常等区域租地还维持在高位 666.67 元/亩以上。

表 6　水稻生产成本统计表

单位：元

序号	项目	名称	亩成本	亩小计	计算依据
1	秋翻地	秋翻地	40.00	40.00	
2	种子	购种费	40.00	43.60	
		种衣剂	3.60		
3	育苗	保温膜、透气膜	4.80	132.93	
		棚膜折旧	7.46		折旧 4 年，14 元/公斤
		秧盘折旧	4.00		折旧 3 年，0.3 元/盘
		壮秧剂、育根菌	10.00		
		清雪、扣棚、取土、筛土、平整苗床、拌土、播种、装盘、管理等人工费	80.00		
		修旱埂、车费、播种器、喷灌、苗床封闭除草等	26.67		
4	化肥	复合肥（基肥）	60.67	100.93	地力不同肥料有些差异
		尿素（追肥）	20.00		
		硫酸钾（追肥）	14.93		
		叶面肥	5.33		
5	农药	杀虫剂（本田）	2.67	34.67	
		除草剂（本田）	20.00		除草剂 2～3 次
		杀菌剂（本田）	12.00		防稻瘟病、纹枯病等 2～3 次
6	整地	耙地	26.67	26.67	
7	插秧	挑苗、运苗人工费	40.00	100.00	因大棚与本田地距离远近不同而费用有差别
		机械插秧	60.00		

（续）

序号	项目	名称	亩成本	亩小计	计算依据
8	田间管理	打药人工费	13.33	46.67	
		基肥、追肥、割池埂子等人工费	13.34		
		水利费	20.00		
9	收获	机械收获	53.33	73.33	
		拉粒及运输人工费	20.00		
总合计				598.80	

2021年黑龙江水稻平均单产502.3公斤/亩，亩产突破500公斤；2022年亩产503.2公斤，创历史最高产量。实际上根据黑龙江水稻生产区域特点，主要分为三种情况，一是以种植特优稻五常稻花香为主的第一积温带区域，农户实际稻谷单产水平400～450公斤/亩，出售稻谷价格4.40～4.60元/公斤，每亩毛收入1 760～2 070元；二是以种植香型优质稻绥粳18为主的第二积温带区域，农户实际稻谷单产水平500～550公斤/亩，出售稻谷价格3.00～3.20元/公斤，每亩毛收入1 500～1 760元；三是种植高产出米率高品质好的龙粳31为主的第三、四积温带区域，农户实际稻谷单产水平550～650公斤/亩，出售稻谷价格2.40～2.60元/公斤，每亩毛收入1 320～1 690元。

根据上述三种情况的单产、稻谷价格算出了不同种植区域的毛收入情况，扣除当前统计成本最低费用（1 100元/亩，含租地费），得到了不同种植区域收益变化情况。第一积温带种植特优稻五常稻花香为主的区域，农户收益在660～970元/亩，第二积温带种植香型优质稻绥粳18为主的区域，农户收益在400～660元/亩，第三、四积温带种植高产、出米率高、品质好的龙粳31为主的区域，农户收益在220～590元/亩。以2020年稻谷出售价格估算，黑龙江省不同区域农户收益普遍在220～660元/亩这一较低区间，只有在不受灾的年份，产量和价格都达到较高水平，三个条件都保证的条件下，才能获得统计中的较高收益，但这种情况只有极少数精通种植技术的农户才能达到。在收益较高的第一、二积温带的农户由于种植面积较少，以及种植的长粒香型品种特性限制，虽然种植模式较精细，但产量潜力仍较低，而三、四积温带单位面积收益较少，只能靠扩大种植规模增加总收益，种植面积过大导致种植管理略为粗放，单产水平也很难大幅度提高。

黑龙江省农户种植效益最好的年份是2013—2017年，当时国家稻谷保护收购价格在3.0～3.1元/公斤，农户普遍收益在500元/亩以上，高的甚至能达到700元/亩。新型经营主体由于水稻种植规模增加，种植技术提升，相应减少了投入成本，收益普遍较普通农户高10%～20%。

5. 市场发展

2011 年黑龙江省粳稻最低收购价为 2.56 元/公斤，此后粳稻最低收购价格持续提高，2014 年达到 3.10 元/公斤，2014—2016 年一直保持不变，2017 年小幅度下调至 3.00 元/公斤，2018 年大幅下调至 2.60 元/公斤，一直保持到 2021 年，从 2022 年起略上调到 2.62 元/公斤，此后保持不变（表 7）。在收购企业扣水、扣杂、核定出米率的情况下，农户实际售出价格在最低收购价格的 90% 左右。

表 7　2011—2024 年黑龙江省水稻最低收购价格

单位：元/公斤

水稻类型	2011	2012	2013	2014	2015	2016	2017	2018	2019	2020	2021	2022	2023	2024
粳稻（三等）	2.56	2.80	3.00	3.10	3.10	3.10	3.00	2.60	2.60	2.60	2.60	2.62	2.62	2.62
早籼稻（三等）	2.04	2.40	2.64	2.70	2.70	2.66	2.60	2.40	2.40	2.42	2.44	2.48	2.52	2.54
中晚籼稻（三等）	2.14	2.50	2.70	2.76	2.76	2.76	2.76	2.52	2.52	2.54	2.56	2.58	2.58	2.58

黑龙江省普通大米的市场批发价格一般在稻谷最低收购价格基础上上调 1 元左右，2020 年普通圆粒大米的出售价格在 4.60 元/公斤，2013—2017 年普通圆粒大米的一般出售价格在 5.00 元/公斤左右。黑龙江省第一积温带生产的长粒香型特优质大米一般批发价格在 10.00 元/公斤以上，绿色生产或有机生产稻米的批发价格在 12.00 元/公斤或 16.00 元/公斤以上。黑龙江省第二积温带生产的优质大米一般批发价格在 7.00 元/公斤以上。

（二）主要经验

近年来，黑龙江省把做大做强水稻产业经济作为争当农业现代化建设排头兵的一项重点工作任务来抓，优化生产布局，强化科技支撑，完善市场服务，有力促进了水稻产业绿色高质量发展。

1. 加大财政投入力度

健全粮食主产区利益补偿机制，落实国家产粮大县奖励政策，着力保护和调动地方各级政府重农抓粮的积极性。落实国家最低收购价，耕地地力保护补贴，耕地轮作补贴，稻谷补贴和玉米大豆生产者补贴等政策，引导农民大力发展高产优质粮食作物，调动农民种粮积极性。继续开展农业大灾保险试点，探索开展玉米、水稻、大豆三大作物完全成本保险和收入保险试点。

2. 支持农业基础设施建设

将省域内高标准农田建设产生的新增耕地指标调剂收益优先用于农田建设再投入和债券偿还、贴息等。相关农业资金向粮食生产功能区倾斜，优先支持粮食生产功能区内目标作物种植，加快把粮食生产功能区建成"一季千斤"的高标准粮田。

3. 加强对种粮主体的政策激励

支持家庭农场、农民合作社发展粮食适度规模经营，支持粮食产后烘干、加工设施、仓储物流、市场营销等关键环节建设。大力推进代耕代种、统防统治、农业生产托管等农业生产社会化服务，提高种粮规模效益。积极开展粮食生产薄弱环节机械化技术试验示范，着力解决水稻机插等瓶颈问题，加快丘陵山区农田宜机化改造。积极向国家争取粮食产后烘干、加工设施支持政策，延长产业链条，提高粮食经营效益。

4. 发展绿色有机种植

选择五常、庆安、桦川、富锦等9个县整县开展水稻绿色高产高效创建，集成推广抗逆品种、智能浸种催芽、大棚旱育稀植、侧深施肥、钵育摆栽、全程机械化等技术模式，集成推广优质高产水稻良种、新基质旱育苗以及"减肥、减药、减除草剂"三减技术、测土配方施肥、秸秆还田、病虫草害综合防治等技术。全省建设612个"互联网＋"绿色（有机）高标准示范基地，面积198.2万亩，按欧盟有机标准种植示范基地7个，面积1.02万亩，实现了生产全程可视。通过产品质量可追溯，示范带动全省绿色有机水稻种植面积达到3 000多万亩，确保了产品外观与内在质量的一致性，实现了黑龙江大米"外在有颜值、内在有品质"的目标。全省共设立水稻绿色防控示范县25个，建设核心示范区2 500亩，辐射带动12.5万亩，通过集成应用生态、物理、生物等绿色防控技术，最大限度减少化肥农药使用。在兰西、桦川等20个县（市、区）示范推广稻鱼共作、稻鳅共作、稻蟹共作等稻田综合种养技术，建设核心示范区24个，示范面积18 270亩，辐射面积44万亩。

5. 强化品牌建设和市场推广

近年来，黑龙江省农业委员会坚持把大米品牌建设工作作为实施质量兴农、绿色兴农的有力抓手，用品牌引领生产，打造出一批叫得响、信得过、价值高的大米品牌。五常大米、响水大米、庆安大米、方正大米等品牌享誉全国，已成为黑龙江现代农业的一张靓丽名片和金字招牌。通过多层次、立体化宣传推介，积极扩大黑龙江名优大米品牌受众群体，提高知名度，提升品牌效益。通过与新浪、阿里巴巴合作开展"我在龙江有亩田"等大米品牌的网络众筹活动，宣传大米品牌，积极发展农产品电子商务，促进水稻等农产品销售，目前全省各类农村电商主体达3万余家。依托黑龙江大米网，开展拍卖活动，有效引领带动龙江大米价格，扩大品牌知名度和影响力。在首届中国大米品牌大会评选中，黑龙江省3个大米区域公共品牌、5家品牌核心企业的好吃米饭、6家大米区域公用品牌核心企业榜上有名，分别占"2016中国十大大米区域公用品牌""中国十大好吃米饭"和"2016中国大米区域公用品牌核心企业"数量的三成、一半和三分之一。五常大米品牌价值达670亿元，位列大米类第1位，靠五常大米品牌价值提升拉动，稻农收入显著提高。

（三）存在问题

1. 政策支持方面

（1）财政投入力度不足，国家产粮大县奖励政策、国家最低收购价保护、耕地地力保护补贴、耕地轮作补贴、稻谷补贴等政策虽然有但尚未全部落实到位，稻谷现有收购保护价格偏低，农民种粮积极性不高。

（2）农业基础设施建设支持力度不够。水稻的高标准粮田建设资金支持不足，高效节水灌溉工程建设推进较缓。渠道防渗、管道输水、喷灌、微灌等节水灌溉技术到位率尚有待提高。

（3）种粮主体的政策激励机制尚不完善。对家庭农场、农民合作社发展粮食适度规模经营和粮食产后烘干、加工设施、仓储物流、市场营销等关键环节建设支持不够。代耕代种、统防统治、农业生产托管等农业生产社会化服务推进较缓，种粮规模效益不高。

（4）农业清洁生产重视程度不够。化肥、农药减量行动有待深入推进，如开展测土配方施肥和有机肥替代化肥试点示范，建设病虫监测网点、开展农药使用风险监测，更新改造施药机械，加强农业投入安全管理，提升有害生物科学监测防控能力和农药安全使用水平等。

（5）稻渔综合种养产业沿尚有待规范。利用永久基本农田发展稻鱼、稻虾、稻蟹等综合立体种养，应当以不破坏永久基本农田为前提。严格执行沟坑占比不高于总面积 10% 的标准，积极推进稻渔综合种养规范发展。加强监督检查，对超过国家规定沟坑占比的，一律进行整改。

2. 种业发展方面

（1）品种选育

①种质资源遗传基础狭窄，选育突破性大的品种难度增大。寒地稻作区特殊的生态环境决定了品种的特殊性，由于水稻生育期短、活动积温少，国内外许多品种很难正常成熟，种质资源明显少于国内其他地区。主要表现在：第一，种质资源数量少，现有保存的更少。黑龙江目前共保存水稻种质资源材料 2 060 份（审定品种 302 份，农家品种 177 份，品系 1 510 份，国外品种 71 份），仅占全国 5 万份的 4.1%。第二，对现有种质资源有利基因挖掘的少，只是停留在保存状态。第三，育种过程中创制的许多中间材料随着新品种的育成而被丢弃，没有很好保存，有许多品种在审定 1~2 年后，原品种种子都难以找到。第四，品种同质化程度相对较高，可用于育种的关键新种质材料缺乏，选择亲本难度大。

②优质、高产、多抗、广适性品种缺乏。黑龙江省的自然生态环境使稻瘟病和低温冷害频发，同时存在机械化生产经常大面积倒伏影响产量和品质等问题，水稻难以稳产和进一步高产。目前黑龙江省品种单一化种植现象突出，主要以龙粳 31、绥粳

27 两个品种为主，种植占比达 50％以上，严重威胁水稻产业安全健康发展。今后超级稻品种的选育和推广是提高产量的重要基础。

③品种与水稻产业发展需求有差距，食味品质与日本的部分品种还有差距。第一，五优稻 4 号（稻花香类）虽然食味很好，在国内处于领先地位，但与日本品种越光相比还有差距，还需进一步提高口感和冷饭的食味品质。在黑龙江省优良食味专用高端米品种需求大，但生产上可应用品种极少，主要因其综合性状差，整精米率低，抗倒能力差。第二，近年来品种审定数量越来越多，但品种同质化现象比较严重，生产上可应用的高产、优质、多抗、突破性大的品种极少。第三，区域分布不均衡，突出问题也不一致，黑龙江省第一积温区水稻品种食味优良，但抗倒性差、产量和整精米率低；第二积温区水稻品种品质优良，但抗稻瘟病性差、产量较低；第三积温区水稻品种综合性状优良，抗性好、产量高，外观品质和加工品质优良，但食味品质与五优稻 4 号相比还有差距。

（2）品种推广

①水稻优良高产品种和高产栽培技术的不配套。当前寒地水稻生产过量施肥灌水，管理水平粗放，导致经常发生倒伏减产 15％～20％，稻田氮肥吸收利用率仅为 30％～35％，农业灌溉水利用率仅为 53％。水稻种植机械化存在农机与农艺措施配套性差，水稻施肥和植保机械化水平较低。当前稻作技术和生产方式的转型，更加需要良种良法配套，使不同类型品种适用于适宜生态区、种植制度和种植方式，进一步提高单产。

②企业整体实力不强，企业多、小、弱。黑龙江省种子企业总数 445 家，但注册资本 3 000 万元以上的企业只有 55 家，仅占 12.4％，种子产业发展聚集度低，资源分配不合理，专业化程度不高。黑龙江省具有资质的种子生产企业多，但在科研生产经营中低水平重复、市场混乱，影响了有创新能力的大中型企业在科研投入上的积极性。种子市场存在大量企业靠侵犯他人知识产权、以未审定品种替代审定品种进行生产经营。他们以购买或自己研发审定的品种号作为合法外衣，包装其他种子进行销售，或者直接制作假包装进行生产经营。这些都严重制约了具有自主研发能力的大中型企业的科研投入积极性和发展壮大。

③研发能力不足，优势品种不突出。黑龙江省绝大部分的种子企业没有品种研发能力，许多中小企业所经营品种完全依靠购买新品种，以至于形成了"育种不如买种、搞科研的不如搞经营的"怪现象。目前企业的科研经费投入基本上是企业的纯利润，国家或省级政府在科研经费上的支持很少。一方面是企业在科研项目的争取上与科研单位相比，往往处于弱势；另一方面是更多的项目本身只有科研单位才能申报。企业的利润要用于扩大再生产，对数年以后才有可能见效、也有可能不产生效果的科研，投入不会太多。这也是目前种子企业绝大多数采用购买品种开发的重要原因。

④市场秩序不规范，种子市场管理弊端多。在种子市场化进程加快和竞争日益激烈的情况下，现在的种子市场混乱，非法种子生产问题严重，主要原因在于生产控制不力，且经营范围控制不到位。目前，种子管理存在职能重叠和管理上的错位、越位和缺位，弊端很多。

⑤企业有效服务不到位，品种生命周期缩短。作物品种的优良只是相对的，没有十全十美的产品。再优秀的品种，在不同地块、不同年份间表现也不一致。由于农业科技服务体系不健全，过去的种子公司、乡镇农技站已转化为农资经营单位，县乡农业管理部门技术人员少、技术人才缺乏，农业主管部门的服务体系处于瘫痪状态，科技服务很难深入村、户、田间地头；国家出台的一些惠农补贴政策得不到较好落实，有的成效不显著，没有达到应有效果；"预防为主、综合防治"和绿色生产等科学管理技术得不到有效应用，农业病虫害防治滞后。在有利于病虫害发生的年份，由于不能做到提前预防，造成了水稻后期稻瘟病、纹枯病为主的病害大发生，形成了农民埋怨品种有问题，怨年份天气差，商家在分析天气原因的同时，责怪农户不科学管理的"怪圈"。此外，很多优秀的品种表现不稳定，远低于经销商和农户期望的优异表现，导致品种的生命周期缩短，影响粮食生产的产量和质量安全。

3. 耕地使用与管理方面

（1）自然灾害频发，水稻灾害防控能力差　黑龙江稻区水稻生长期间经常发生延迟性冷害和障碍性低温，每年减产 10%～30%。生产上水稻灾害的预警措施较少，抗性品种少，针对性的防御措施也较少。增强水稻对灾害气候的防御能力是进一步提高水稻产量的重要措施之一。重点是建立水稻高低温和干旱灾害品种耐性鉴定方法、评价标准和灾害损失评估方法，选育抗灾品种，创新避灾抗灾水稻种植制度，研究水稻高低温和干旱等灾害的预警及抗灾减灾技术，建立品种、环境和技术结合的灾害防控技术体系。

（2）生产成本不断提高　受农村劳动力大量转移，劳动力老龄化等因素影响，导致用工荒和种地人工成本费用不断提升，促使水稻生产成本持续增加，急需轻简化栽培技术的支撑。

（3）为了追求高产，盲目多施化肥　近年来水稻生产化肥投入量不断增加，平均达到 33.3 公斤/亩以上，其中氮肥投入量平均达到 16.7 公斤/亩以上，但利用率只有 35%左右，明显偏低。近年来随着优质和绿色生产技术的推广，农药使用量不断下降，2014 年农药用量约为 74 104 吨，利用率达到 34.4%，2019 年农药用量降至 59 734 吨，利用率提高到 45.0%。黑龙江省水稻生产所用的化肥、农药、除草剂量不足南方省份的 20%，产品安全性较高。

4. 新型农业经营主体发展方面

黑龙江省新型经营主体包括专业大户、家庭农场、农民专业合作社以及农业龙头企业等 4 种类型。主要存在问题：

（1）新型农业经营主体规模偏小　黑龙江省新型经营主体发展规模偏小，处于初级阶段。主要原因在于：一是土地流转速度慢且周期短。全省多数农户土地经营规模小、分散、成本高，限制了新型经营主体发展。二是新型经营主体的产品属于初加工，单一且简单。全省大部分新型经营主体均是以水稻、大豆、玉米等初级加工为主的小型企业，其产业链条短，产品单一、深加工不足、科技含量低，抵抗自然灾害和市场风险的能力较弱。全省大部分种养合作社和大户均以直接出售农产品为主，并未实现农产品再加工。

（2）主体成员文化素质低、年龄偏大且管理不规范　农民受教育程度普遍偏低，多数为中小学文化水平，难以实现对现代化农业先进管理经验和农业技术的掌握。部分合作社和农业企业管理运行不够规范，主要表现在规章制度不完善、组织结构不合理、管理不够民主，导致小农户的利益无法有效保障。农业企业尚未建立现代企业管理制度，没有与农户建立有效的利益联结机制，带动农户发展生产的能力不强。

（3）主体质量不高且功能不健全　新型农业经营主体在拥有的土地规模、企业资金、生产装备、农业技术等方面与发达地区的新型农业经营主体存在较大差距，所以其在带动农业农村现代化发展上、农村基础设施公共服务上都有局限性，致使其在发展现代化农业上存在功能缺失，一定程度上阻碍了黑龙江省农业现代化的发展。特别是农业防灾、减灾能力弱，使农村农业受损严重。

（4）主体资金匮乏、扩张发展力量不强　黑龙江省农业新型经营主体资金缺口大，融资困难制约其快速发展。农业新型经营主体需要扩大生产规模，延伸产业链条，发展农产品深加工，引入先进的农业生产技术，因此资金需求远远大于普通农户。一是随着新型经营主体的发展壮大，资金需求也逐年增加，单靠主体自身盈利很难实现较快发展。二是融资难的问题。农业生产经营周期长、收效慢，受自然和市场等多种不确定因素影响，每年的农业收益难以估计，所以金融机构对涉农贷款相对谨慎，出台的涉农贷款产品也比较少。三是新型农业经营主体缺乏有效的抵押物。其主要资产如土地、厂房、农具等均不符合金融机构放贷要求，所以难以从金融机构贷款融入资金。

5. 技术储备方面

（1）水稻种植机械化水平偏低　主产区水稻生产耕作和收获基本实现机械化，但存在种植机械化水平和程度还较低、不同区域间差异大、水稻施肥和植保机械化水平还较低等问题。水稻新品种的选育速度较快，有时会同时推广不同生态类型的几个品种，而配套栽培技术研究很难跟上，针对性不强，往往滞后于品种推广，从而导致品种推广时因配套技术不到位而使品种的特征特性没有充分展现，影响品种的应用效果，制约其种植面积扩大。

（2）化肥农药投入量高、利用效率低　水稻生产过量施肥灌水，管理水平粗放，导致经常发生倒伏减产 15%～20%，稻田氮肥吸收利用率仅为 30%～35%。另外，灌溉基础设施薄弱，灌溉用水浪费严重，工程配套差，灌溉水利用率低，农业灌溉水利用率仅为 53%，与发达国家 70%～80% 的利用率差距很大。

（3）水稻灾害防控能力差　低温冷害、寡照和台风经常发生，严重威胁水稻生产的安全性。但是，针对水稻灾害的预警措施较少，抗性品种少，针对性的防御措施也较少。增强水稻对灾害气候防御能力是进一步提高水稻产量的重要措施之一。

（4）农机研发滞后于农艺栽培　农机生产厂家在水稻生产机具上投入不足；农机研究部门研制出的先进生产机具在生产上的适应性需要较长周期验证和改进。农机研发在产、学、研方面各自发展，没有形成合力，制约了水稻生产机械的发展速度。在生产上钵苗移栽机、施肥机械、条穴直播机械等还需要进一步研发和应用。

二、区域布局

黑龙江稻区是一年一熟的粳稻区，属于温带大陆性季风气候区，虽然年平均气温低、无霜期短、夏季高温时间短、秋季气温下降快，但夏季气温高、昼夜温差大、光照充足、雨热同季、日照时间长、水资源充足、土质肥沃、地势平坦，有利于水稻生产。

（一）第一积温带粳稻区

1. 基本情况

第一积温带生长季日平均气温 ≥10℃ 活动积温 2 700℃ 以上，无霜期 130～145 天，年降水量 400～600 毫米。主要土壤为黑土、黑钙土、白浆土和部分新积土，中西部为沙盐渍土。主要种植水稻的县市有五常市、肇源县、哈尔滨市辖区、泰来县等。其中五常市水稻种植面积 238 万亩，年产量 70 万吨左右；肇源县水稻种植面积接近 100 万亩，年产量 60 万吨左右；泰来县水稻种植面积接近 200 万亩，年产量 110 万吨左右。第一积温带粳稻区主要受优质稻谷价格较高、收益较好的影响，各县市水稻面积近几年有不断增加的趋势，并逐渐趋于饱和。

2. 主要目标

第一积温带是黑龙江省高端、长粒香型大米的主产区，稻米食味普遍优于其他各积温带。今后主要目标是生产高端优质食味稻米。此区域市场定位较高，品牌影响力大，种植效益好。

3. 主攻方向

该区域内水稻生产主攻方向是优质、抗倒、防病和全程机械化生产技术。

4. 种植结构

该区域全部种植早稻品种，叶片数 13～14 片，生育期 140 天以上，活动积温要求 2 700℃以上。

5. 品种结构

该区域全部种植的是常规优质稻品种,主要是五优稻 4 号(稻花香 2 号)、龙稻 18、松粳 28、中科发 5 号和龙洋 16 等,五优稻 4 号种植面积达到 120 万亩,龙稻 18 种植面积达到 100 万亩,中科发 5 号超过 100 万亩,松粳 28 种植面积达到 50 万亩。在前三届中国·黑龙江国际大米节上,黑龙江省五优稻 4 号(稻花香 2 号)连续 3 次获得金奖。

6. 技术模式

该区域内水稻主要种植方式是机插秧。主要技术有:水稻超早钵体育苗技术、两段式和隔离层增温等超早育苗技术、工厂化集中浸种催芽技术、超稀植栽培技术、旱育稀植"三化"栽培技术、抗病保优栽培技术、水稻节水控灌技术、测土配方施肥技术、秸秆还田技术、病虫草害综合防治技术等,以及稻鱼共作、稻鳅共作、稻蟹共作等稻田综合种养技术。

(二)第二积温带粳稻区

1. 基本情况

第二积温带生长季日平均气温≥10℃活动积温 2 500~2 700℃,无霜期 125~140 天,年降水量 450~650 毫米。主要土壤为黑土、草甸土、白浆土、盐渍土、风沙土等。主要种植水稻的有绥化市(北林区、庆安县、方正县、甘南县、龙江县、通河县)和牡丹江市等地。其中绥化市北林区水稻种植面积达 130 万亩以上,常年总产量达 80 万吨以上;方正县水稻种植面积 100 万亩,年产量 55 万吨左右;庆安县水稻种植面积 160 万亩以上,年产量 90 万吨以上;甘南县水稻种植面积达到 160 万亩,年产量 85 万吨左右。第二积温带粳稻区稻谷销售价格较高、收益较好,各县市近几年符合水田建设要求的地块均改种水稻,稻田面积趋于稳定。

2. 主要目标

第二积温带是黑龙江省中、高端优质大米的主产区,稻米食味佳。今后主要目标是生产中高端优质食味稻米。

3. 主攻方向

该区域内水稻生产主攻方向是优良食味、防病、抗倒和全程机械化生产技术。

4. 种植结构

该区域全部种植早稻品种,叶片数 12 片,生育期 130 天以上,活动积温要求 2 500~2 700℃。

5. 品种结构

该区域全部种植的是常规优质稻品种,主导品种是绥粳 18,年推广面积在 800 万亩以上,以其为主打品种的庆安大米、方正大米、通河大米在全国稻米市场具有较高影响力，在市场上深受好评。

6. 技术模式

该区域内水稻主要种植方式是机插秧。主要技术有：水稻两段式超早钵体育苗技术、工厂化集中浸种催芽技术、旱育稀植"三化"栽培技术、绿色稻米标准化生产技术、抗病保优栽培技术、水稻节水控灌技术、水稻机插侧深施肥技术、测土配方施肥技术、秸秆还田技术、病虫草害综合防治技术等，还有稻鱼共作、稻鳅共作、稻蟹共作等稻田综合种养技术。

（三） 第三、四积温带粳稻区

1. 基本情况

第三积温带是生长季日平均气温≥10℃活动积温 2 300～2 500℃，无霜期 120～135 天，年降水量 400～700 毫米。主要土壤为黑土、草甸土、白浆土、暗棕壤土、盐渍土等。第四积温带是生长季日平均气温≥10℃活动积温 2 100～2 300℃，无霜期 105～123 天，年降水量 400～600 毫米。主要土壤为黑土、白浆土、暗棕壤土等。第三积温带粳稻区受稻谷销售最低保护价格下调的影响，种稻收益降低，各县市水稻种植面积有所下滑。

2. 主要目标

第三、四积温带是黑龙江省水稻主产区，面积超过 3 000 万亩。一直承担着维护我国粮食安全的重任，主要种植产量高、出米率高、品质好的优质稻谷。今后主要目标是在保障产量的前提下不断提高稻米食味品质。

3. 主攻方向

该区域内水稻生产主攻方向是高产、优质、抗倒和全程机械化生产技术。

4. 种植结构

该区域全部种植早稻品种，叶片数 10～11 片，生育期 120 天以上，活动积温要求 2 100～2 500℃。

5. 品种结构

该区域主要以高产、优质、抗倒的龙粳 31 作为主导品种，年实际种植面积在 1 500 万亩以上，以其为主打品种的佳木斯大米在多省市受到广泛欢迎。

6. 技术模式

该区域内水稻主要种植方式是机插秧和少部分机直播。主要技术有：工厂化集中浸种催芽技术、旱育稀植"三化"栽培技术、叶龄诊断栽培技术、"三化一管"栽培技术、绿色稻米标准化生产技术、精确定量栽培技术、稳健高产栽培技术、抗病保优栽培技术、水稻节水控灌技术、水稻机插侧深施肥技术、测土配方施肥技术、秸秆还田技术、病虫草害综合防治技术等。

三、发展目标、发展潜力与技术体系

（一）发展目标

1. 2030 年目标

到 2030 年，黑龙江省水稻面积稳定在 5 500 万亩，单产达到 520 公斤/亩，总产达到 2 860.0 万吨，品种品质指标 100％达到国标 2 级优质米标准以上。

2. 2035 年目标

到 2035 年，黑龙江省水稻面积稳定在 5 500 万亩，单产达到 530 公斤/亩，总产达到 2 915.0 万吨，品种品质指标 100％达到国标 2 级优质米标准以上。

（二）发展潜力

1. 面积潜力

由于稻谷最低收购价格保持在 2.62 元/公斤，部分地区有少数农户"水改旱"，2021 年黑龙江省水稻种植面积降至 5 800.5 万亩，实际上 2017 年黑龙江最高种植面积达到 5 923.3 万亩，但受国家发展玉米和大豆生产的相关政策影响，2023 年黑龙江水稻面积不足 5 000 万亩。综合考虑国家稳粮政策及不同作物品种的市场发展趋势，预计到 2030 年、2035 年水稻种植面积能够稳定在 5 500 万亩左右。

2. 单产潜力

2011 年黑龙江水稻单产 466.7 公斤/亩，2011—2019 年水稻单产一直徘徊在 465.0～475.0 公斤/亩；从 2020 年起水稻单产大幅提高，并超过 500 公斤/亩，2022 年达到 503.2 公斤/亩，比 2019 年提高 37.4 公斤/亩，为历史最高水平。但近年来黑龙江水稻品种生产试验平均产量超过 600 公斤/亩，单产提升仍有潜力。

（三）技术体系

实现水稻总产稳定在 2 900 万吨以上的目标，关键在于从单产提高方面着手。

1. 积极开展水田高产竞赛

按照"绿色、高产、高效"的要求，积极在黑龙江省第一、二积温带优质粳稻区以保证优质为前提，实施高产竞赛等项目，集成应用机耕机插、工厂化智能育秧、配方施肥、节水灌溉、秸秆还田、绿色防控等绿色高产高效栽培技术，积极推广水稻钵苗育秧、精确定量栽培、水稻轻简化栽培、农药减量控害等技术。全面选用五优稻 4号、松粳 28、松粳 22、龙稻 18、绥粳 18 等达国标 2 级以上的优良品种。集中打造一批规模化、集约化、标准化的高产高效示范区，促进农机农艺结合、良种良法配套，进一步挖掘增产潜力，带动平衡增产，全力提高黑龙江省第一、二优质粳稻区水稻单产水平，保障粮食安全。深入开展技术指导。落实技术人员包片责任制，成立技术实施小组，在水稻育秧、栽插、病虫害绿色防控等关键环节组织专家和技术人员分片区深入田间地头开展技术培训和技术指导，提高农户种粮技术水平。

2. 加强水田基础设施建设

建立规范化的育苗大棚。钢骨架大棚能够为水稻幼苗提供更好的生长发育条件，但是现在生产中还存在大量的老式小棚、中棚，造成苗期立枯病、青枯病严重发生。因此，开展规范化的育苗大棚建设工作对保证水稻秧苗安全生长，降低自然灾害损失，保证水稻安全生产具有重要意义。

强化水田灌渠设施建设。推动全省水稻有效灌溉面积达到 5 500 万亩左右，水稻灌溉面积中地表水与地下水的灌溉比例由 1∶2 调整为 2∶1。西部（松嫩平原）全区水田面积不超过 2 000 万亩，占全省水稻面积的 30% 左右；中部（南、北两大山区）全区水田面积控制在 600 万亩左右，占全省水稻面积的 10% 左右；东部（三江平原）全区水田面积控制在 3 500 万亩左右，占全省水稻面积 60%。发展农业节水灌溉新技术，在渠道灌溉上采用矩形渠道、梯形渠道、竹塑渠道及塑钢渠道、防冻胀技术。在管道灌溉上采用超高分子量聚乙烯膜片复合管材、竹缠绕复合管材，解决大型灌区渠系水利用率低、用水精量控制能力差、明渠占地等问题。

推进高标准生态农田建设。围绕农业生产结构调整和现代化大农业建设，不断改善农业生产基本条件，推进中低产田进一步改造，扩大高标准生态农田建设面积，加强中型灌区节水配套设施改造，为持续提高粮食生产能力提供保障。

3. 加强优质、高产、多抗、广适性品种选育

根据黑龙江省自然生态特点和水稻生产存在的主要问题，拓宽水稻育种遗传基础，大量创制和保存中间材料和有利亲本，在新品种选育、关键优异种质创新、育种理论探索与技术体系创建等方面进行创新研究，继续加快黑龙江省不同生态区域优质、高产、多抗、适应性好的水稻新品种培育研发。加快转变分子生物技术研究的"脱实向虚"，要面向寒地早粳稻生产主要问题，如稻瘟病、冷害、倒伏、食味品质、产量以及广适性等主要农艺性状开展分子生物学研究，并与传统表型育种相结合，创建分子与表型育种技术体系，强化分子生物学技术手段在常规育种中的应用和实践。

4. 加强农机与农艺紧密结合

进一步提高种植机械化和智能生产水平，农机研发和应用紧跟品种更新和技术创新速度，完善农机与农艺相关配套措施，生产上应尽快研发出实用的钵苗移栽机、施肥和植保机械、条穴直播机械等，达到节本增效、提质增产的目的。创新优质高产绿色栽培技术，提高水肥利用效率，配套栽培技术研究紧跟品种更新速度，充分展现品种的特征特性，延长优质品种种植寿命扩大种植面积。主要需要攻克的技术有：秸秆还田下的优质高产栽培技术、全程机械化钵育摆栽技术、优质稻米精确定量栽培技术、病虫草害绿色综合防控技术、节水减肥减药优质高产清洁生产技术、绿色稻米标准化生产技术、水田地力保护性耕作技术、稻田综合种养技术等。

四、典型绿色高质高效技术模式

（一）寒地稻田简化高效侧深施肥技术模式

1. 技术概述

通过速效氮肥和控释氮肥的科学配施可以一次施肥满足水稻高产所需；根据土壤养分状况构建适合不同区域的肥料配方，并配套简单易行的营养诊断指标，通过对关键生育期水稻营养状况进行诊断，决定是否追肥。上述关键技术与高产栽培、高效植保和秸秆还田等技术融合，建立寒地稻田简化诊断侧深施肥技术体系。

2. 提质增效情况

应用该技术可减少 1～2 次追肥，保证水稻生育期的养分供应，增产水稻 10% 左右，节约化肥 10% 以上，提高肥料利用率 20% 以上，亩增收节支 100 元以上。

3. 技术要点

（1）简化施肥技术　按照水稻目标产量确定氮肥施用总量，并优化速效氮肥和控释氮肥的配比，其中控释氮肥比例不低于 30%，控释肥料在稻田中释放期应在 70～80 天；根据土壤养分状况监控施用磷、钾肥，磷、钾肥全部作基肥和氮肥掺混后用机插侧深施肥机 1 次施用，肥料施在秧苗一侧 5 厘米，深 5 厘米的位置。没有侧深施肥机械的地块，用 30% 左右的速效氮肥带除草剂施用，其他所有肥料作基肥施用，施肥后旋耕土壤，实现全层施肥，构建"基肥＋药肥"的简化施肥模式。

（2）诊断施氮技术　在水稻插秧和二次封闭后 1 周，判断水稻是否有除草剂药害，如果有药害会影响水稻养分吸收和分蘖，根据药害情况决定是否追肥，并采取有效的补救措施。在剑叶露尖时根据水稻植株氮素营养状况诊断施用氮肥，比较水稻第 1 展开叶和第 3 展开叶颜色，当第 1 展开叶颜色深于第 3 展开叶颜色，叶色比值大于 1，且水稻群体颜色褪淡，可以每公顷追施尿素 30 公斤、磷酸二铵 20 公斤和氯化钾 25 公斤，追肥以水带氮。其他情况则不用进行追肥。

（3）配套技术　一是高产栽培技术。精选种子，保证种子发芽率。机插中苗，苗床每平方米播芽种 2.5 万～3.0 万粒，根据品种特性确定适宜的播量，合理稀播旱育壮苗。适时移栽，合理密植，机插秧每平方米移栽 125 株苗左右。二是干湿交替灌溉技术。水稻全生育期采用轻干湿交替灌溉的方式，建立浅水层，田间灌水后使水层保持 3～5 厘米，每次灌水后自然落干，无水层 2～3 天后再灌水 3～5 厘米，如此循环。三是高效植保技术。按照当地绿色植保技术进行病虫草害科学防控，加强病虫害预测预报，达到防治指标进行防治，采用物理、化学和生物等措施进行统防统治。四是适时机械收获和秸秆粉碎抛撒。联合收获机收获最佳时期为水稻黄熟初期，留茬不高于 20 厘米，收获损失率不大于 3%，破碎率不大于 1%，收获后应及时干燥或晾晒。

（二）寒地水稻防低温冷害减灾保产技术模式

1. 技术概述

通过抗冷稳产水稻品种筛选及区域布局防灾；钵育壮苗、适时插秧、侧深施肥、促进灌浆避灾；优化施肥、壮体健群、适时灌溉抗灾；秸秆还田、提升地力、秋翻整地抢农时稳灾，实现寒地水稻防低温冷害安全生产。

2. 提质增效情况

应用该技术可实现轻灾不减产，重灾减损 15% 以上，常年增产 5% 以上。自 2018—2020 年推广应用该技术以来，黑龙江省累计增收稻谷 1.98 亿公斤。

3. 技术要点

（1）品种选择 一是应选择适合当地积温或稍早（少 100℃ 积温）的水稻品种，严禁越区种植。二是在此基础上，选择抗冷、稳产、优质品种，降低障碍型及混合型冷害造成瘪粒及空壳的风险，维持较高的粒重及结实率，降低灾年水稻产量损失，实现水稻品种区域布局防灾。

（2）培育壮苗 一是钵育摆栽技术。与盘育苗相比，可提前生育期 3~4 天，活动积温在 2 100~2 500℃ 地区效果最佳，该技术通过提升粒重及穗粒数实现灾年减损 6%。二是基质育壮苗保农时。避免育苗不及时带来的生育期延迟，贪青晚熟，遭遇冷害风险。三是水稻毯盘育苗。该技术核心是在保证基本苗的前提下，利用播量调节秧苗群体，提升秧苗个体素质和群体质量，增强秧苗移栽后抵御延迟型冷害的能力。千粒重为 25 克的水稻品种，标准盘播芽种 125 克左右。四是抗低温共性关键技术。要通风炼苗，1 叶 1 心、2 叶 1 心和 3 叶 1 心期棚温不高于 28℃、25℃ 和 22℃；要做到旱育苗，促根系生长，水稻秧苗要 4 带移栽：带肥（高磷）、带药（防虫）、带菌（生物菌肥）、带硅（硅肥）。以上措施可增强秧苗田间适应能力，抵御冷害。

（3）适时插秧、优化施肥 一是结合天气测报，插秧时避开低温冷害。二是可采用水稻侧深施肥，实现插秧施肥同步进行，提高肥料利用率，促进水稻返青和早生快发，提早生育期 2~3 天，可实现灾年减损 6.2%。三是结合翻地隔年施农家肥（有机质含量 8% 以上）每公顷 25~30 吨，或商品有机肥 400~500 公斤。化肥每公顷施磷酸二铵 80~100 公斤、硫酸钾 100~120 公斤、尿素 180~220 公斤、生物菌肥 50 公斤以及 30~50 公斤硅肥。

（4）合理灌溉 水稻插秧后水层要保持苗高的 2/3（以不淹没秧心为准）。返青后，水层保持 3~5 厘米，增温促蘖。10 叶期后，采用干湿交替灌溉法，增加土壤的供氧量，促进根系下扎，到抽穗前 40 天为止。当田间茎数达到计划茎数的 80% 时，要对长势过旺、较早出现郁闭、叶黑、叶下披、不出现拔节黄的地块，撤水晒田 5~7 天。水稻减数分裂期当预报有 17℃ 以下低温时，灌水 15~20 厘米深护胎，降低障碍型冷害带来的损失。

（5）促结实灌浆　在水稻孕穗期及灌浆期遇低温，结合病虫害防控喷施抗冷剂及叶面肥（磷酸二氢钾、硫酸锌、硫酸镁），激发植株产生内生抗性，确保幼穗正常发育并促进籽粒灌浆，提高结实率和千粒重，达到减灾保产的目的。

（6）合理耕作　做到秋翻地、春整地，实行秸秆还田，逐渐提高土壤有机质含量，改善土壤结构，促进水稻根系下扎，防止水稻倒伏及根系早衰，形成稳产、高产根系构型，提升群体质量及抗逆性，实现灾年减灾保产。

（三）水稻提质增效营养富硒技术模式

1. 技术概述

在水稻生育的关键阶段喷施壮苗剂和生物富硒营养液，不仅能够增加水稻产量、增强抗逆抗病性、促进早熟、提高品质、提升口感、增加效益，还能够解决水稻倒伏问题、减少垩白度、提高产量和出米率、改善大米的外观品质和食味值、增加营养和富硒功能。

2. 提质增效情况

应用此技术水稻平均产量增产 8% 以上，抗倒伏、促早熟 3～4 天，出米率平均提高 2.7% 以上，食味值提高 2～10 分。

3. 技术要点

（1）核心技术　通过在苗期、分蘖期、孕穗期和结实期应用水稻壮苗剂和生物富硒营养液套餐，培育壮苗、促进早返青、增加低位早生分蘖，孕大穗，提高结实率和充实度，增加千粒重，提高产量，提升食味品质。

（2）配套技术　一是有机无机肥料配施培肥技术。基肥施用有机牛粪肥、豆饼发酵肥，配合应用含多种中微量元素的复合肥料，补充土壤所缺营养，培肥地力，保证肥效持久平稳，达到高产、优质、高效、提高出米率的目的。二是节水控氮高效施肥技术。通过应用缓控释型复合肥料，减少穗肥中氮肥施用量，达到减少肥料总量和氮肥投入量 20% 以上的目的，缓控释型复合肥料能起到养分随需随取，不易挥发流失的作用；根据水稻需水特性，进行以水增温、以水压草、间歇灌溉、控水晒田的节水栽培，达到节肥、节水、节本增效和优质的目的。三是构建高光效群体抗倒伏调控技术。根据水稻品种类型与特性，培育壮苗，进行宽窄行插植，确定每穴适宜苗数，增加行间通风透光量，减少纹枯病、叶鞘腐败病等病害发生，控制插植密度为每平方米 18 穴，进行稀植栽培，秆强抗倒，达到高效利用光能，减轻病害，增加籽粒充实度和千粒重，实现优质高产。四是病虫草绿色防控与增产提质技术。通过平地、保水，应用安全绿色除草剂，进行"二封一补"除草处理，减少药害、缓苗发生，确保低位分蘖早生快发，保障除草效果。在抽穗前、齐穗后喷施防病增产提质套餐，减少病害、虫害发生，防止早衰，增加根系活力，增加千粒重，提升米质和产量。五是外源调优促早熟技术。在水稻分蘖期、孕穗期和结实期，根据天气条件、水稻长势情况进行外源追肥调控，防早衰，促进根系活力，提高灌浆速率，增加粒重，提升米质。

（四）水稻"一翻一旋"秸秆全量还田丰产减排轮耕技术模式

1. 技术概述

通过稻田秸秆还田丰产减排理论与关键技术创新，研发了以寒地"一翻一旋"轮耕好氧耕作、增密调肥与控水灌溉的增氧增效栽培为核心，以高产低碳排放水稻品种为配套的水稻丰产减排轮耕技术体系。

2. 提质增效情况

该技术在我国东北寒地稻区实现水稻平均增产 4.6％，甲烷平均减排 39.0％，氮肥利用率平均提高 30.8％，平均节本增收 8.7％，有效提高土壤肥力，丰产减排增效增收效果显著。

3. 技术要点

（1）选用高产低碳排放水稻品种，提高植株输氧能力　结合东北寒地不同积温带生产和生态环境特点，选择收获指数高、通气组织发达、根系活力强，并且生育期适宜、抗逆性强的高产优质水稻主栽品种。

（2）"一翻一旋"好氧轮耕，提升耕层通透性和氧含量　水稻秸秆粉碎均匀抛撒还田。第一年水稻适时收获后，土壤含水量在 30％以下时，秋季使用铧式犁进行翻耕，深度 18～22 厘米，深浅一致，不出犁沟，扣垡严密，不重不漏，秸秆与根茬无外漏；第二年水稻适时收获后，土壤含水量在 25％以下时，秋季采用反旋深埋旋耕机进行旋耕，深度 15 厘米以上，达到无漏耕，无暗埂，不拖堆，地表平整，秸秆与根茬无外漏，保证秸秆还田后整地效果，改善土壤结构，提高耕层含氧量。

（3）增密调肥控水增氧栽培，保证根系生长和根际氧含量　增密调肥控水，保苗促根，保证群体数量，增加根系泌氧量。在当地高产栽培的基础上，缩小株距，栽插密度提高 20％左右。以当地土壤微生物碳氮比为参照，调整水稻前期和后期氮肥施用比例，协调水稻与土壤微生物的养分竞争。减基肥氮（氮总量 20％），将穗肥中占总量 20％的氮肥调至蘖肥，基肥：蘖肥：穗肥比例调整为 2∶5∶1。栽插后保持 3～5 厘米水层护苗，缓苗后适时露田 3～5 天；直到田面湿润后再补灌 2～3 厘米水层，依次循环管理；有效分蘖临界叶龄期前后看苗晒田；孕穗、开花期浅水保花，齐穗后干湿交替；收获前提前 7～10 天断水。

五、重点工程

（一）农田水利工程建设

积极开发地表水资源，合理利用和保护地下水资源，统筹利用过境水资源，适度实施跨流域和区域引调水工程，战略性开发利用水资源，初步构建区域水资源优化配置格局，改善农业用水时空分布不均状况。通过加强西部水源工程、东部灌区建设，实现重点粮食产区灌排工程自动化和智能化，建设旱能灌、涝能排标准农田，改善农业用水时空分布不均状况对粮食生产的影响。

充分利用国家和省加大农田水利建设项目扶持和资金投入政策，重点实施三江平原和松嫩平原灌区建设。计划全省续建配套与节水改造大中型灌区共 10 处，新增水田面积 80 万亩，改善面积 500 万亩。其中，西部地区新增水田面积 20 万亩，改善100 万亩，中部地区新增水田面积 30 万亩，改善 100 万亩，东部地区新增水田面积30 万亩，改善 300 万亩。

（二）耕地保护工程建设

到 2030 年、2035 年，全省耕地总面积控制在 2.1 亿亩以上，其中水田面积保持在 5 500 万亩以上。重点是通过生物、工程等措施，充分挖掘资源潜力，强化对耕地资源的保护，切实提高耕地质量和增加有效耕地面积，改善区域农业生产环境。在投入人力、物力、财力开展各项常规耕地保护和土地整理工作，为粮食生产提供优质耕地平台的同时，为保证全省千亿斤粮食产能建设目标的实现，将黑龙江省三江平原东部基本农田整理重大项目（工程）列为粮食产能增加的支撑工程。拟通过该重大项目的实施，解决区域农业生产问题，改善农业生产环境，增加有效耕地面积，提高耕地质量，增强区域粮食生产能力，实现全省粮食产能的有效增长。

重点实施山、水、林、田、路综合治理，把低产田改造成中产田，中产田改造成高产田，稳产高产田再增产，提高单位资源产出率。中低产田改造工程是在水利骨干工程完成的基础上进行田间工程配套和改造。以农业农村部确定的优质粮食主产县（农场）为重点，结合水源工程建设布局。

（三）科技支撑工程建设

1. 创新平台建设

根据黑龙江省水稻主产区及特殊区域水稻产业发展特点、品种需求，针对性创制适于不同生态区域种植的种质资源及优质、抗逆水稻新品种。力争在水稻优质高产品种选育、高效栽培模式、农业资源高效利用等方面取得新突破，加快培育一批具有自主知识产权的高产、优质、抗性强的水稻品种。

2. 完善创新技术集成体系

为进一步发挥科技引领作用，向内涵挖潜要效益，通过农艺措施发挥水、土、热、肥增产的潜力。通过示范区建设，示范推广水稻优质高产攻关创新技术。水稻制定亩产 600 公斤优质、高产攻关创新技术集成体系，主推工厂化集中浸种催芽技术、叶龄诊断栽培技术、旱育稀植标准化栽培和"三化一管"栽培技术模式、绿色稻米标准化生产技术模式、精确定量栽培技术模式。

3. 开展稻米精加工技术研究，加强稻米品牌建设

立足黑龙江省水稻资源优势，针对黑龙江省水稻加工技术需求，结合科研平台优势，解决稻米加工的基础研究、关键技术、食品安全、成果转化与服务等领域的技术研究难题，形成"技术＋安全＋平台"的协同创新。创建黑龙江省著名品牌，形成基于省、区域、企业、合作社、农户、中介机构等多方互动的区域公用品牌、企业品牌、产品品牌的品牌组合金字塔，创造多种品牌互为背书、共同繁荣的新局面。

（四）促进农业新型经营主体发展

强化政策支持促进新型农业经营主体发展。一是政府应该降低新型农业经营主体准入门槛，简化行政审批程序，促进新型农业经营主体快速发展。二是落实好国家出台的诸多惠农政策并向新型经营主体倾斜，促进全省新型经营主体规模与质量同步发展。三是加快土地流转，出台土地流转向新型农业经营主体倾斜的政策。

健全人才培养机制，培养高素质农民。一是积极发挥好政府的引领连接作用，以全省农业院校科研院所为基地。针对新型农业经营主体带头人和骨干人才，建立教育培训、认定管理和政策扶持"三位一体"的农民培训机制。二是组织省内农业科技专家通过现场教学与网络远程辅导相结合，提高全省农民的农业专业技术和综合素质，大力培养爱农业、有技术、懂管理的高素质农民。

（五）防灾减灾工程建设

通过加强对大型水利工程、小型农田水利基础设施、土地整理等的建设，扩大有效灌溉面积，提高耕地防灾减灾能力，建设高产稳产稻田。加强气候灾害、病虫害和生物灾害预警预报体系建设。分区域建立和完善气候灾害、病虫害和生物灾害预警预报站，增强预警、预报功能，为粮食增产提供服务。加强水文水资源防灾减灾自动测报体系建设，以工程带水文，建立较完善的水情测报系统。

重点建立水稻品种对高低温和干旱灾害的耐性鉴定方法、评价标准和灾害损失评估方法，选育抗灾品种，创新避灾抗灾水稻种植制度，研究水稻高低温和干旱等灾害的预警和抗灾减灾技术，建立品种、环境和技术结合的灾害防控技术体系。

六、保障措施

（一）完善和落实国家粮食主产省利益补偿机制

健全种粮农户利益补偿机制。按照"谁供粮谁得、多供多得"的原则，将现行不合理的按计税面积进行补贴的方式改为按照农户提供的商品粮数量进行补贴。建立粮食生产补贴动态调整机制，逐步把综合粮食补贴与种子价格、农资价格、粮食价格联系起来，根据价格变化情况，适时调整补贴标准，缩小种粮农民与其他行业劳动者之间的收入差距。积极争取中央财政增加对产粮大县的奖励额度。省委、省政府应竭力申请中央财政在现行产粮大县奖励政策的基础上，再给予其一定的粮食生产补助，以弥补产粮大县从事粮食生产的机会成本损失，财力能够逐步达到全国平均水平。根据财力状况适度加大对产粮大县的扶持力度。省委、省政府可根据全省财政收支状况，适度增加对产粮大县的农业投资。探索与主销区建立粮食生产利益补偿的双向驱动机制。由省委、省政府或产粮大县所属的市委、市政府与粮食主销区地方政府沟通，搭建平台，促成黑龙江省产粮大县与粮食主销区签订《粮食产销合作协议》。积极建议中央允许建立区域代为落实补充耕地补偿机制。

（二） 推进农业科技创新，提供科技支撑和保障

积极实施人才带动战略，制定和实施有利于鼓励科技人员投身于农业发展的政策，动员更多的科技人才进入农业科研开发、推广领域。加强农业、水利、农机等科研基础设施建设，配备先进的科研设备，创造一流的科研环境，加快科研装备和科研手段的现代化，为高新技术在农业生产领域的应用奠定基础。重点围绕优势产业、主导品种，加快科研成果创新和科研成果的转化。搞好农业劳动力培训中心建设，发挥农村现有的培训阵地作用，积极组织科技人员下乡，开展各种形式的农业科技培训和知识讲座，全面提高农民的科技文化素质。

（三） 重点抓好水稻高标准农田和功能区建设

突出抓好耕地保护、地力提升和高效节水灌溉，注重土壤改良，严格落实耕地质量标准，使高标准农田建设在数量和质量上都能够获得双丰收。按照中央统一规划布局、统一建设标准、统一组织实施、统一验收考核、统一上图入库的具体要求，允许地方因地制宜制定不同标准。明确强化资金投入和机制创新，建立健全农田建设投入稳定增长机制。实行中央统筹、省负总责、市县抓落实、群众参与的农田建设工作机制。各地要通过优化地方财政支出结构，合理保障财政资金的投入；发挥政府投入的引导和撬动作用，采取投资补助、以奖代补、财政贴息等多种方式支持高标准农田建设等。

（四） 加强水稻市场调控，保障水稻产业健康发展

随着消费升级整体加速，居民健康意识的提升带动水稻产业发展，优质、绿色稻米需求量增加，新型消费快速增长，产业链和供应链智慧化转型加速，品牌化迎来新机遇。为应对市场出现的变化，在提高水稻综合生产能力的同时，提升智能化和品牌化水平，建立科学的库存保障体系和流通体系，加强水稻监测预警与市场调控，拓展多边合作，构筑多元化粮食贸易格局。

江苏

江苏水稻亩产 620 公斤
技术体系与实现路径

一、水稻产业发展现状与存在问题

（一）发展现状

1. 生产

2011 年以来，江苏省水稻种植面积稳定在 3 300 万亩左右、占全省粮食面积的 41.0％左右，最大的 2016 年种植面积为 3 384.4 万亩；总产稳定在 1 900 万吨左右、占全省粮食总产的 55.0％左右，最高的 2023 年总产达到 2 003.2 万吨；单产稳步提升，2023 年为 601.3 公斤/亩，历史上亩产首次突破 600 公斤，比 2011 年提高了 43.4 公斤/亩、增幅 7.8％；水稻季节结构也较为稳定，均为一季中、晚稻，双季晚稻从 2014 年起就已不再列入《江苏省农村统计年鉴》（2011—2014 年全省双季晚稻仅 1.5 万亩左右，主要集中在南京溧水）；全省水稻规模化经营占比约为 54.1％，淮南地区明显高于淮北地区。

2. 品种

2011 年以来，江苏省围绕"高产、优质、多抗"的目标，先后育成了一大批综合性状协调的水稻新品种（组合），籼、粳、糯稻齐全，早、中、晚熟配套。2023 年，全省审定水稻新品种 163 个，优质水稻品种面积占比 85％。

（1）水稻种植品种结构较为稳定　江苏是我国南方粳稻生产第一大省（粳稻面积、产量分别占南方粳稻的 56％和 60％左右，占全国粳稻的 20％和 30％左右），也是我国杂交中籼稻优势区（稻米上市早、品质好，在全国高档优质杂交中籼稻市场占据一席之地）。近年来，水稻品种结构较为稳定，以粳稻为主、占比约为 80％，籼稻为辅、占比约为 17％，还有少量糯稻、占比约为 3％。

（2）优质食味水稻品种占比逐年提升　育成并示范推广宁粳、南粳、苏香粳、徐稻、武运粳、连粳系列等一大批综合性状协调的优良食味水稻新品种，全省水稻品质结构优质化比例逐年提升。据统计，2023 年全省优良食味水稻种植面积 1 900 多万亩，占比超一半，其中苏南、苏中地区平均占比已达 75％以上，苏南部分地区实现了全覆盖。

（3）超级稻育种全国领先　江苏现有超级稻品种 15 个（2023 年推广应用面积

1 192.4 万亩），占全国超级稻认定品种总数的 11.7%；粳稻超级稻品种全国 21 个，江苏 13 个、占比 61.9%；南方粳稻超级稻品种 14 个，江苏 13 个（云南 1 个）、占比 92.9%。

3. 耕作与栽培

2011 年以来，江苏省大力推广水稻全程绿色机械化生产，加大水稻毯（钵）苗机插技术、秸秆机械还田稻作技术等轻简高效一体化配套技术推广，减少粗放直播稻种植，提高生产水平，不断推进水稻规模化、绿色化、机械化、标准化生产。

（1）水稻种植方式以毯（钵）苗机插为主　2023 年全省机插秧面积 2 239.5 万亩、占比 67.8%，直播占比 18.9%、手栽秧占比 12.3%、抛秧占比 1%，其中集中育供秧秧田面积 25.6 万亩、占秧田总面积的 45.4%。

（2）水稻种植技术（模式）围绕绿色高质高效　集成推广因地因苗施肥、侧深施肥、种肥同播、一次性施肥、病虫草害绿色防控等技术，因地制宜推广稻田综合种养模式、"水稻＋N"种植模式，降低肥药用量、节省生产成本、减少面源污染，促进绿色发展。据统计，2023 年全省水稻缓释（混）肥施用面积 392.8 万亩，其中带肥机插 126.8 万亩；稻田综合种养推广面积 163.6 万亩，"水稻＋N"种植模式推广面积 53.9 万亩。

（3）稻米加工设备和工艺总体接近或达到国际一流水平，仓储技术全国领先　2020 年，全省粮油工业总产值 3 040 亿元，同比增长 9.23%，实现了 15 连增，其中粮机制造业产值位居全国第一，大米名列前茅；全省入统大米加工企业 656 家，加工能力 13.91 万吨/天，全年产量 835 万吨。在全国率先研究推广了自然低温控温、气调、粮情电子检测、机械通风、环流熏蒸和微波杀虫灭霉等智能化、信息化储藏技术，拥有仓库网点 1 500 多个，完好仓容 1 200 万吨，占地面积约 3 645 万米^2，有效仓容列全国第 4 位。

（4）稻米品牌创建成效显著　全省拥有射阳、兴化、双兔、苏垦等多个中国名牌大米，蟹园、江南春、麦华等 30 多个江苏名牌大米，射阳大米、兴化大米在全国十大区域公用品牌中占据两席。在产销方式上，充分发挥"互联网＋"优势，利用苏宁易购电商平台，创建网络销售、体验式营销、会员制营销等新模式，实现线上线下营销融合；除销往上海、广东等传统国内市场外，部分还出口韩国、日本等国家。

4. 成本收益

据江苏省发展改革委价格监管处统计，2011 年以来，粳稻和籼稻单产均呈上升趋势，2023 年粳稻单产达到 604.6 公斤/亩，比 2022 年增加 35.4 公斤/亩，增幅 6.2%，籼稻 644.2 公斤/亩，比 2022 年增加 49.4 公斤/亩，增幅 8.3%。

（1）成本总体呈上升趋势　2023 年，粳稻生产亩均总成本达到 1 552.3 元，比 2022 年减少 8.6 元、减幅 0.6%；籼稻生产亩均总产成本达到 1 272.4 元，与 2022 年相比持平略增。

（2）收益总体呈回升趋势　2023年粳稻亩均净利润522.7元，比2022年增加270.0元、增幅106.8%，比2021年增加61.8元、增幅13.4%，较前9年平均增加19.2元、增幅3.8%，基本回升到历史高位。主要原因在于种稻成本的刚性上涨，加之稻谷价格下行，增产带来的增收效果不明显。2014年以来，种稻成本中增加幅度最大的是物资与服务费用（包括种子、肥药、机械作业等直接费用和固定资产折旧、保险等间接费用），2023年粳稻生产的土地成本是2014年的1.7倍，籼稻生产是2倍；粳稻生产人工成本比2011年增长40.2%、籼稻增长10.3%。

5. 市场发展

据江苏省发展改革委价格监管处统计，2020年以来水稻价格基本保持稳定，每50公斤稻谷的收购价格为粳稻136.4~138.9元、籼稻125.6~137.7元（2023年137.7元）。另据调研，近5年在苏南部分地区，针对南粳46等优良食味水稻品种，在收购价格上较普通稻谷平均加价0.2元/公斤以上。绿色有机稻米价格更高，但一般多加工为成品大米再销售，大米价格在10~30元/公斤。

（二）主要经验

1. 政策扶持

统筹整合各方面资金投入，加大农田基础设施建设投入。扩大农机购置补贴政策用于水稻生产、烘干、初加工机具的补贴范围。建立完善农业信贷担保体系，加大金融信贷支农力度，创新农业保险产品。加强稻米加工龙头企业的培育与扶持。通过贴息补助、投资参股和税收优惠等政策，加大对大型稻米加工企业生产基地建设、技术改造、原料收购、批发和流通网络建设、科技研发、技术服务、质量标准和信息网络体系建设等方面的扶持力度，鼓励稻米加工企业发展现代主食品工业化精深加工和综合利用，积极推进大型米厂稻壳发电。加大对龙头企业的信贷支持，重点解决收购资金和发展资金缺乏等困难问题。

2. 基地建设

推进土地规范流转，加快发展适度规模经营。扶持种植大户、家庭农场、农民合作社等新型经营主体发展，探索创新了如射阳联耕联种、睢宁农田托管、宿迁家庭农场集群、太仓合作农场、昆山大户规模经营、姜堰村级为农服务综合体等多种生产组织经营形式。以"味稻小镇"建设为依托，整建制打造稻米全产业链协调发展、一二三产业深度融合的稻米产业高质量发展先行区和集聚区。

3. 品牌创建

近年来，全省以打造"苏米"省域公共品牌为切入点，重点培育具有江苏特色的名优大米品牌，形成了"省域公用品牌＋市县（区）区域公用品牌＋企业品牌"模式。成功举办了八次"江苏好大米"和五届"好吃苏米"品鉴推介活动，评选出一大批优质稻米产品和企业品牌。各地也积极实施品牌战略，组织参加全国各类稻米展销推介会，不断提升当地粮食品牌知名度和认可度，促进优质稻米产业提质增效。

4. 技术服务

针对适度规模经营不断发展的实际，突出加强对种植大户、家庭农场、专业合作社等新型经营主体的服务指导，建立规模经营主体信息数据库，实行定向服务。创新联农带农机制和模式，探索形成了"龙头企业＋基地＋农户""龙头企业＋新型经营主体＋农户""基地＋合作社＋农户""科研单位＋龙头企业＋基地＋农户""村级党支部＋示范基地＋农户"等多种生产模式，以及粮食生产单环节、多环节、全程托管和联耕联种等多种社会化服务方式。

（三）存在问题

1. 政策支持力度不够

江苏省历届省委、省政府高度重视水稻生产，出台了一系列好的政策举措。近年来，省政府先后出台《关于建立粮食生产功能区和重要农产品生产保护区的实施意见》《关于大力发展粮食产业经济加快建设粮食产业强省的意见》《省政府关于促进乡村振兴推动农村一二三产业融合发展走在前列的意见》，将优质稻米产业列为"全省现代农业提质增效工程"八大千亿级农业特色产业之首，并编制《现代农业提质增效工程千亿元级优质稻米产业发展规划》。水稻绿色发展相关政策创新不足，需要进一步完善。

（1）绿色导向的农业财政政策需完善　需将财政支农存量和增量资金优先投向绿色生产领域，建立水稻生产绿色发展财政专项，大力建设现代化标准稻田，支持绿色稻谷优质优价。

（2）稻田生态补偿政策需完善　绿色农业投入品推广应用补贴机制需完善，要积极推广与耕地地力提升相挂钩的耕地地力保护补贴。

（3）农业绿色保险政策需完善　要积极支持开发适应绿色发展需要的保险产品。

（4）水稻绿色生产技术研发与推广应用的激励政策要建立　要构建绿色导向的科技评价体系，对绿色科技的研发、试验示范要给予优惠政策。

2. 种业发展存在瓶颈

（1）品种自身瓶颈明显　大多优良食味水稻品种外观品质很难达到国标优质米要求，耐储性弱，特别是在抗稻瘟病等方面，抗性相对较差；部分品种优质不优味、优味不优质，满足市场需求的、群众认可的、适口性好的品种虽然不少，但苏南、苏中、苏北区域间发展不平衡。

（2）良种筛选应用力度不够　围绕市场和效益导向，开展优新品种（系）试验、筛选与展示推介工作的力度还不够；现有品种的良种繁育工作需不断强化，以切实保持优良性；对口感、外观、抗性、产量等综合性状协调的优良食味水稻品种的推广步伐仍需加快。

（3）推进品种创新攻关力度不够　种质资源保护体系有待进一步健全，种质资源鉴定评价与创新利用有待进一步强化，育种创新体制机制有待进一步优化，种业企业、科研院校开展主要农作物品种创制联合攻关有待进一步支持，育繁推一体化种业企业有待进一步扶持壮大。

3. 耕地抛荒撂荒、非粮化等现象仍然突出

（1）种稻比较效益仍然偏低　近年来，水稻最低收购价基本保持稳定，但农资、用工、土地等种粮成本上升，农民种稻效益得不到保障，种稻积极性受到影响。

（2）水稻生产减肥减药未有突破性进展　江苏农业环境承载量小，生态环境污染治理压力大，必须走产出高效、产品安全、资源节约、环境友好的农业现代化道路。近年来，江苏省水稻生产围绕减肥减药，从优质多抗绿色品种、绿色投入品（生物农药、生物有机肥料等）、绿色技术模式（病虫草害绿色防控、测土配方施肥、缓混一次性施肥、综合种养等）等方面入手，尽最大可能降低农药、肥料等化学投入品使用量，但目前在大面积上尚未有突破性进展。

4. 种粮主体组织程度低、老龄化严重

（1）规模经营发展较快，但组织化程度低　全省已注册家庭农场超过2.2万家、合作社超9万家，规模种植大户达2.8万户以上，其中省级以上农民合作社示范社1 600多家，各级示范家庭农场达1.4万多家。然而，由于稻麦等粮食作物附加值低、组织化利润低，因此组织化程度不高，在减少交易成本、增加粮食产品附加值方面难以实现质的突破。

（2）种粮主体老龄化严重，后备人选不足　随着城镇化、工业化加快推进，稻农老龄化现象比较突出，从事稻谷生产的人员年龄多为60岁以上且文化程度不高，后备人选不足，难以适应稻作生产新的发展形势。

5. 技术储备不足

（1）江苏稻作由传统带蘖中大苗栽培体制彻底转型为毯状小苗与直播栽培，缩短了水稻生育期，不利于稳定优质高产，且因水稻迟熟而严重影响小麦适期播种，制约了稻麦两熟高产高效。目前生产应用的品种与栽培技术不完全适应毯苗机插，特别是直播稻早熟优质丰产高效的要求。

（2）江苏省水稻生产仍未全面地实施全程机械化，秸秆还田、整地、播种、育秧、栽插、肥水药管理、收获及烘干等方面，缺乏契合水稻优质丰产高效协同的全程机械化配套栽培技术，包括机具配套优化选型与标准化农艺。特别是在稻麦两熟农耗时间紧张的条件下全量秸秆还田、高质量整地与播栽的配套农机与农艺措施迫切需要取得重要突破。

（3）不少地方水稻生产上种、肥、水、药等投入仍居高不下，不仅资源利用效率低，生产成本增加，而且环境压力较大。因此，如何以科技创新推动这种高投入生产模式转型为资源节约、高效循环利用的生产模式十分迫切。

二、区域布局

根据水稻生产和生态特点、技术优势、产业化基础等因素，江苏省水稻生产划分为 4 个优势产业区，覆盖全省 63 个水稻生产重点县（市、区）。

（一）苏北中熟中粳稻优势区

1. 基本情况

该区域覆盖江苏淮河以北大部分水稻主产区，地处暖温带南部，属湿润、半湿润季风气候，具有黄河流域向长江流域过渡的气候特征。春季温度上升快，夏季暖热多雨，秋高气爽，降温较早。无霜期 200～224 天，年平均气温 13～14℃，年均日照时数 2 200～2 600 小时。包括沛县、新沂市、邳州市、海州区、赣榆区、东海县、灌云县、灌南县、淮阴区、涟水县、响水县、滨海县、阜宁县、沭阳县、泗洪县共 15 个县（市、区）。2023 年，水稻种植面积 1 011.2 万亩，单产 605 公斤/亩，总产 611.8 万吨。

2. 主要目标

到 2030 年，水稻种植面积稳定在 1 020 万亩，单产达到 610 公斤/亩，总产达到 622.2 万吨。到 2035 年，水稻种植面积稳定在 1 020 万亩，单产达到 622 公斤/亩，总产达到 634.4 万吨。

3. 主攻方向

稳定面积、主攻单产、改善品质、提高效益。一是加强广适性的高产、优质、高（多）抗品种选育，确保大面积平衡增产和适应多元化市场需求；二是研究集成与示范推广高产、优质、高效、生态、安全的水稻栽培技术体系；三是建成一批绿色、有机稻米生产基地，发展订单生产，促进产销衔接；四是培育大中型现代化稻米加工与流通龙头企业，加强稻米品牌创建，提高产品档次，提升稻米产业化水平。

4. 种植结构

该区域种植一季稻。

5. 品种结构

该区域种植品种以南粳 5718 等南粳系列、连粳 15 等连粳系列、淮稻 5 号等淮稻系列等为主。

6. 技术模式

该区域内水稻主要种植方式有毯苗机插、精量直播等，主要技术模式有水稻机插绿色高质高效栽培技术模式、水稻机插缓混一次施肥技术模式、稻田高效生态综合种养模式等。

（二）苏中迟熟中粳稻优势区

1. 基本情况

该区域覆盖淮河和长江之间大部分水稻主产区，春季气温回升迟，秋季降温缓慢，夏季不甚炎热。无霜期 215～235 天，年平均气温 13～15℃，年均日照时数 2 000～2 350 小时。包括通州区、海安市、如东县、如皋市、淮安区、洪泽区、亭湖区、盐都区、射阳县、建湖县、东台市、大丰区、邗江区、江都区、宝应县、高邮市、兴化市、靖江市、泰兴市、姜堰区共 20 个县（市、区）。2023 年，水稻种植面积 1 274.3 万亩，单产 625.2 公斤/亩，总产 796.6 万吨。

2. 主要目标

到 2030 年，水稻种植面积稳定在 1 280 万亩，单产达到 625 公斤/亩，总产达到 800 万吨。到 2035 年，水稻种植面积稳定在 1 280 万亩，单产达到 635 公斤/亩，总产达到 812.8 万吨。

3. 主攻方向

稳定面积、主攻单产、改善品质、提高效益。一是加强广适性的高产、优质、高（多）抗品种选育，确保大面积平衡增产和适应多元化市场需求；二是研究集成与示范推广高产、优质、高效、生态、安全的水稻栽培技术体系；三是建成一批绿色、有机稻米生产基地，发展订单生产，促进产销衔接。四是培育大中型现代化稻米加工与流通龙头企业，加强稻米品牌创建，提高产品档次，提升稻米产业化水平。

4. 种植结构

该区域种植一季稻。

5. 品种结构

该区域种植品种以南粳 9108、南粳 5055 等南粳系列，淮稻 5 号等淮稻系列，宁香粳 9 号等宁粳系列，盐粳 15 等盐粳系列等为主。

6. 技术模式

该区域内水稻主要种植方式有毯苗机插、钵苗机插、精量直播等，主要技术模式有水稻机插绿色高质高效栽培技术模式、中高端优质稻米全产业链技术模式、水稻机插缓混一次施肥技术模式、稻田高效生态综合种养模式等。

（三）苏南早熟晚粳稻优势区

1. 基本情况

该区域覆盖苏南沿江及太湖地区大部分水稻主产区，气候温暖湿润，春季升温早，秋季降温迟，无霜期 220～240 天，年均气温 15～16℃，年均日照时数 1 900～2 200 小时。包括浦口区、江宁区、溧水区、高淳区、江阴市、宜兴市、武进区、溧阳市、金坛区、吴江区、常熟市、张家港市、昆山市、太仓市、丹徒区、丹阳市、句容市共 17 个县（市、区）。2023 年，水稻种植面积 387.6 万亩，单产 609.7 公斤/亩，总产 236.3 万吨。

2. 主要目标

到 2030 年，水稻种植面积达到 390 万亩，单产达到 610 公斤/亩，总产达到 237.9 万吨。到 2035 年，水稻种植面积达到 390 万亩，单产达到 620 公斤/亩，总产达到 241.8 万吨。

3. 主攻方向

稳定面积、主攻单产、改善品质、提高效益。一是加强广适性的高产、优质、高（多）抗品种选育，确保大面积平衡增产和适应多元化市场需求；二是研究集成与示范推广高产、优质、高效、生态、安全的水稻栽培技术体系；三是建成一批绿色、有机稻米生产基地，发展订单生产，促进产销衔接。四是培育大中型现代化稻米加工与流通龙头企业，加强稻米品牌创建，提高产品档次，提升稻米产业化水平。

4. 种植结构

该区域种植一季稻。

5. 品种结构

该区域种植品种以南粳 46、南粳 3908 等南粳系列，苏香粳 100 等苏香粳系列，宁香粳 9 号等宁粳系列，常农粳 12 号等常农粳系列等为主。

6. 技术模式

该区域内水稻主要种植方式有毯苗机插、钵苗机插、精量直播等，主要技术模式有水稻机插绿色高质高效栽培技术模式、中高端优质稻米全产业链技术模式、水稻机插缓混一次施肥技术模式、稻田高效生态综合种养模式等。

（四）沿运河及丘陵杂交中籼稻优势区

1. 基本情况

该区域覆盖江苏省沿骆马湖、沿运河及西南丘陵地区的籼稻主产区，其中丘陵地区光热水资源丰富，但伏秋旱发生概率较高，无霜期 220～240 天，年平均气温 14～16℃，年均日照时数 2 000～2 500 小时。包括六合区、贾汪区、铜山区、睢宁县、盱眙县、金湖县、仪征市、宿城区、宿豫区、沭阳县、泗阳县共 11 个县（市、区）。2023 年，水稻种植面积 608.7 万亩，单产 579.8 公斤/亩，总产 352.9 万吨。

2. 主要目标

到 2030 年，水稻种植面积稳定在 610 万亩，单产达到 580 公斤/亩，总产达到 353.8 万吨。到 2035 年，水稻种植面积稳定在 610 万亩，单产达到 585 公斤/亩，总产达到 356.9 万吨。

3. 主攻方向

稳定面积、主攻单产、改善品质、提高效益。一是加强广适性的高产、优质、高

（多）抗品种选育，确保大面积平衡增产和适应多元化市场需求；二是研究集成与示范推广高产、优质、高效、生态、安全的水稻栽培技术体系；三是建成一批绿色、有机稻米生产基地，发展订单生产，促进产销衔接。四是培育大中型现代化稻米加工与流通龙头企业，加强稻米品牌创建，提高产品档次，提升稻米产业化水平。

4. 种植结构

该区域种植一季中晚稻。

5. 品种结构

该区域种植品种以徽两优898等徽两优系列、荃两优丝苗等荃两优系列等为主。

6. 技术模式

区域内水稻主要种植方式为手栽稻，主要技术模式为籼型杂交稻绿色高质高效栽培技术模式。

三、发展目标、发展潜力与技术体系

（一）发展目标

1. 2030 年目标

到2030年，水稻面积稳定在3 300万亩左右、单产稳定在610公斤/亩左右、总产保持在2 010万吨左右，品种品质结构逐步优化。

2. 2035 年目标

到2035年，水稻面积稳定在3 300万亩以上、单产稳定在620公斤/亩左右、总产稳定在2 050万吨左右，优良食味水稻品种占比70%以上。

（二）发展潜力

1. 面积潜力

近10年，江苏省水稻种植面积稳定在3 300万亩左右，约占全省粮食种植面积的41%，基本上种足种满，进一步增加的潜力非常有限，加之种稻效益下降、稻农老龄化严重以及重大自然灾害频发等制约因素，水稻种植面积继续扩大难度较大。因此，在接下来的5~10年，江苏省水稻种植面积目标是每年稳定在3 300万亩左右。

2. 单产潜力

2020年，从品种增产潜力看，籼稻的单产水平低于粳稻，粳稻、籼稻平均单产分别为600.1公斤/亩、569.3公斤/亩，籼稻单产较粳稻低30.8公斤/亩、低5.1%。从种植布局增产潜力看，苏中迟熟中粳稻优势区单产水平最高，平均单产为625.7公斤/亩、苏南早熟晚粳稻优势区次之，平均单产为603.2公斤/亩，苏北中熟中粳稻优势区面积占全省60%左右，平均单产为601.6公斤/亩，较苏中地区仍有较大差距，沿运河及丘陵杂交中籼稻优势区部分地区单产尚未突破580公斤/亩。江苏水稻单产在品种类型间、区域布局间的不平衡性很大，有较大提升空间。然而，基础设施薄弱、种粮农民老龄化、极端自然灾害频发重发等因素，制约水稻单产进一步提升。

（三）技术体系

在保证优质的前提下，突破全省水稻亩产 620 公斤的目标，需要稳定种植面积，并不断挖掘单产潜力，主要技术体系如下：

1. 稳定水稻种植面积

（1）强化责任落实与考核　强化粮食安全党政同责监督考核，压紧压实稻谷属地生产保供责任，稳定水稻种植面积。

（2）加大政策扶持力度　优化调整财政支农政策体系，保持财政支农资金稳定增长。落实国家农业补贴政策，探索实施更加有效、合规的补贴措施。

2. 不断挖掘水稻单产潜力

（1）科学制定绿色高质高效创建目标与技术思路　在进行绿色栽培的前提下，要根据创建示范片的规模，科学制定创建目标。万亩片的目标单产 650 公斤/亩，力争 700 公斤/亩；整体推进示范县目标单产 610 公斤/亩以上，整体推进区（镇、乡）目标单产 650 公斤/亩；百亩方目标单产 750 公斤/亩，力争 800 公斤/亩；超高产攻关田（15 亩以上）目标单产 850 公斤/亩，力争 900 公斤/亩。科学选用水稻主推品种和主推技术，实行全程专业化技术推广服务，落实绿色高质高效创建关键技术，创建穗、粒、重协调的高产高效水稻群体结构，实现创建目标。

（2）基础设施投资和改善　优化农机装备，大力推广水稻集中育秧，重点提高机插秧等关键环节的机械作业水平，推动水稻生产全程机械化；按照集中连片、旱涝保收、节水高效、稳产高产、生态友好的要求，优先在稻谷生产功能区建设一批高标准农田；加快开发稻米加工中薄弱工序的关键技术和装备，提高稻米加工副产品综合利用率，促进稻米加工业发展。

（3）选择综合性状优良品种并优化布局　选择水稻品种应符合产量潜力高、稻米品质优、综合抗性好、适应能力强等 4 个基本要求。水稻品种布局应坚持 3 个基本原则：以充分利用气象资源条件，挖掘品种增产潜力为原则，根据区域光、温、水、土等资源条件，选择主推品种和搭配品种；以充分适应不同种植方式，实现良种良法配套为原则，根据不同稻作技术方式，选择适宜品种；以充分适应标准化生产，促进同类同质品种规模化连片种植为原则，选择同质同类型品种，实行统一供种、规模化种植、标准化管理，提高稻米品质、产量与效益。

（4）科学应用水稻绿色高质高效播栽方式　根据江苏水稻生产发展实际，既要提高水稻单产，又要增加种植效益，因此江苏水稻播栽方式总体发展趋势如下：苏中以南进一步普及机插稻，苏中部分地区配合抛秧，淮北地区机插技术逐步成熟并快速应用；发挥手插稻高产优势，考虑淮北、丘陵地区经济条件、耕地特点、光热等资源条件以及水稻品种生产潜力，手插稻仍有应用价值，但必须落实关键配套技术；重视抛秧稻的推广价值，抛秧具有保证水稻正常生育期、高产稳产、省工省力省油等优势，在苏中及淮北部分地区应用，能较好解决直播、晚播机插播种育秧迟、生育期短、栽插季节紧张等问题；控制直播稻盲目扩大，从全省粮食安全角度出发，必须严格控制直播稻盲目扩大，但沿江及苏南地区温光资源相对充足，部分农民有应用直播的习惯，可以应用直播但应以机直播为主。

（5）落实关键栽培技术并提高技术到位率　加快推广绿色轻简高效一体化配套栽培技术。按照轻简化、标准化和"一控两减三基本"的要求，以精确定量栽培为核心，合理搭配品种和衔接茬口，集成示范水稻毯（钵）苗机插、因地因苗施肥、精准诊断用药等技术，大幅提高肥料、农药利用率，降低肥料和农药用量，节省生产成本，减少环境污染，促进绿色可持续发展。广泛开展前瞻性技术研究。围绕水稻绿色高质高效发展需求与关键技术瓶颈，探索开展水稻苗情智能监测、智能化一体化生产、"互联网＋"水稻等新兴稻作生产技术，提高智能化、一体化、标准化、信息化生产水平。

（6）加强灾害预测与防灾减灾技术应用　针对近几年水稻生产期间，尤其是中后期低温冷害、雨涝淹苗、台风倒伏等灾害发生特点，应密切关注雨、风、温等气象条件，及早制定防控预案，减轻灾害损失。同时要加快研究应用田间工程、耕作栽培等有效应对自然灾害的技术体系，如合理水浆管理、科学化控等降低水稻倒伏风险及后期低温影响。针对近几年水稻重大病虫害持续大流行、大发生及新发生的病虫害实际情况，加强病虫草害发生的预测预报，及早制定防控预案，大力推进专业化防治，提高防治效果，减轻病虫草危害损失。

（7）创新稻作科技推广与服务机制　促进水稻生产持续稳定发展，应创新稻作技术推广与服务机制，努力提高技术到位率和普及度。进一步推进适度规模经营，促进同品种规模化连片种植，开展订单种植，促进水稻优质高效；发展专业化服务，培育专业化服务组织，开展统一供种、播栽、病虫防治、肥水管理、机械作业等全程专业化服务，促进农技推广社会化；加强进村入户科技指导，努力培训技术指导员与科技示范户，通过示范户带动技术应用水平整体提高；广泛建设科技集中展示区，建设主推品种与关键技术的良种良法配套展示区，建立观摩、培训、宣传样板和教材；实行专家挂片指导、联村包片、定点服务，优选技术专家，做到万亩有技术专家、千亩有技术骨干、百亩有技术标兵。

四、典型绿色高质高效技术模式

（一）水稻机插绿色高质高效栽培技术模式

1. 模式概述

以优质、高产、多抗、广适等综合性状协调的水稻品种为基础，根据机插水稻生育和产量形成规律，在生产中用适宜的必要的作业次数、在最适宜的生育时期、给予最适宜（相对最少）的投入数量 3 个方面进行定量（简称三适宜定量），使栽培管理"生育依模式，诊断看指标，调控按规范，措施能定量"，实现技术轻简节本，达到丰产、优质、高效、生态、安全的科学栽培技术模式。

2. 增产增效情况

亩产优质稻谷 650 公斤左右；化肥减施 10% 以上，化学农药减用 20% 左右，节工 30% 以上；一般稻谷可加价 5%～10%。

3. 技术要点

（1）品种应用　选用适口性突出，产量、抗逆性、适应性等综合性状突出的水稻品种。

（2）壮秧培育　采用水稻规模化集中育秧技术培育适龄机插壮秧。稀播匀播、软（硬）盘全旱式育秧，比例选种、药剂浸种，保证合理的落谷量。毯苗机插所育秧苗秧龄 15～20 天，叶龄 3～4 叶，苗基部茎宽 2.0～2.5 毫米，根数 12～15 条，地上百株干重 2.5～3.5 毫克，秧苗盘根要求秧块提起后不散落，秧苗最佳高度为 12～15 厘米，适宜高度为 10～20 厘米。同时要求秧块每平方厘米成苗 1.5～2.0 株。

（3）精确机插　精细整地，淀清适当沉实后机插。密度上，通过适当缩小株距，增大取秧秧块面积（亩栽不少于 25 盘），栽插适宜的基本苗，有利于塑造优质群体，改善群体质量，提高产量和品质。以行距 30 厘米，株距 11.7～13.0 厘米，亩栽 1.7 万～1.8 万穴，基本苗 6 万为宜。

（4）精确施肥。在运用斯坦福（Stanford）公式［氮素施用量＝（目标产量需氮量－土壤供氮量）/氮肥当季利用率］来确定总施氮量基础上，增施磷、钾、硅以及微肥等，$N：P_2O_5：K_2O$ 比例要求达到 1：0.5：0.7。从品质调优和产量提高两方面综合考虑，粳稻亩施氮量 18～20 公斤，前后期施氮比例调整为 6：4。基蘖肥中基肥与分蘖肥比例为 3：7，其中分蘖肥于移栽后第 5、10 天分两次等量施用；穗肥于倒 4 叶和倒 1.5 叶期分两次施用。

（5）精确灌溉　机插秧后，采用浅水湿润灌溉法，水深不超过 5 厘米，并适当露田（阴天或晚上露田 2～3 次）促扎根活棵，而后浅水灌溉，达到够苗 70%～80% 时脱水搁田，以进行多次轻搁为主，增加土壤通透性，有利于气体交换和释放有害气体。出穗后灌浅水层，自然落干至表土湿润，手按有印迹，但手不沾土，再灌浅水层，如此往复，最后两次灌水时，土壤水分还可偏低一些。

（6）配套技术　一是麦秸秆全量还田机械配套技术。在久保田 588 以上型号收割机将麦秸秆切碎（<8 厘米）的基础上，上水浸泡 3 天，以中型拖拉机、灭茬旋耕机机组实现秸秆还田农机工程与农业生物技术、农艺技术相配套，可一次完成麦秸秆切碎、灭茬、旋耕、混合和覆盖。二是病虫草害绿色防控技术。坚持"预防为主、综合防治"的原则，充分利用农业防治、生物防治和化学防治等措施，选用安全高效除草

剂于机插后 3～4 天和无效分蘖期通过两次高效化除技术基本消除杂草危害（提倡利用 3 天土壤沉实栽前化除和机插后 3～4 天化除）。对突发与常发病虫害，采用高效安全药剂，准量准时保质施药，特别要高度重视水稻纹枯病、稻瘟病和稻曲病等的综合防治。

（二）中高端优质稻米全产业链技术模式

1. 模式概述

围绕构建优质稻米全产业链，在苏北、苏中、苏南三大产区分别建立优质水稻生产基地与企业品牌相匹配的开发模式，筛选推广优良食味水稻品种，因地制宜引进吸收、集成应用国内外先进适用技术，形成中高端优质稻米产业技术体系并加以规模化推广，有力助推江苏省稻米产业高质量发展。全产业链各主要环节采用的关键技术先进适用，所用水稻品种均通过审定或即将审定，生产与加工技术已获国家、省部级科技进步奖或为国家专项攻关最新技术成果，也有部分为已被江苏省示范证明适用的国内外成熟技术。

2. 增产增效情况

本产业链技术体系分为两套。中端优质稻米产业技术应用后亩产稻谷 550～650 公斤；高端优质稻米产业技术应用后亩产稻谷 500～550 公斤。同时，均可收到显著的生态、社会效益。

3. 技术要点

（1）不同生态区选用不同的优良食味良种　选择适合不同生态区种植、不同生育期、不同水肥特点的优良食味水稻良种。

（2）毯苗与钵苗延长秧龄的壮秧实用培育技术　传统的育秧模式，秧龄最长 25 天，钵苗育秧能拉长秧龄到 45 天。通过应用延长秧龄的壮秧实用培育技术，适度延长毯苗与钵苗秧龄，适应生产需要。

（3）秸秆高质量还田整地与机械精插栽培技术　通过应用秸秆高质量还田整地与机械精插栽培技术，提升秸秆还田效果，提高机插秧质量。

（4）品质保优栽培技术　通过稻肥轮作、定量化设定肥料用量以及肥料运筹，增硅钾、减氮磷，保证优良食味品种的产量和品质形成。采取有机无机肥料配合施用，增施有机肥，减少化学肥料使用量，设置合理的有机肥和化肥比例，提高肥料利用率。

（5）农药减量防控技术　开展病虫草害监测预警，大力推广高效低毒低残留农药、大型植保机械、专业化和社会化统防统治及绿色防控相融合技术，全面推进"农药减量控害"。

（6）配套技术　优质水稻产业基地建设与监管技术（含地力提升等技术），优质丰产协同的温光调控技术，优质丰产协同的节肥节工高效施肥技术，稻鱼（虾）共作、稻鸭共作、稻菜（瓜）轮作等绿色、有机生产模式，稻谷烘干技术、低温储藏技术、适度加工技术、稻米品牌营销技术。

（三） 水稻机插缓混一次施肥技术模式

1. 模式概述

将不同释放速率的缓控释肥进行科学混合组配，使得混配肥料养分释放规律与优质高产水稻吸肥高峰同步。将缓混肥与水稻机插侧深施肥技术相结合，构建水稻机插缓混一次性施肥技术，实现机插水稻"一次施肥、一生供肥"的效果。

2. 增产增效情况

减少机插水稻施氮量 20% 左右、增产 6% 以上、节省施肥用工 3～4 次、稻米食味值增加 5% 以上。

3. 技术要点

（1）缓混肥料的选用　选用由多种缓控释肥经过科学组配形成的水稻专用缓混肥，氮释放特性与当地高产优质水稻需氮规律同步，要求粒型整齐、硬度适宜、吸湿少、防漂浮，适宜机械侧深施肥；根据测土配方施肥结果确定缓混肥的氮磷钾比例，肥料氮含量 30% 左右。

（2）机插侧深施肥　精细平整土壤，耕深达 15 厘米以上，选用有气力式侧深施肥装置的插秧机，根据田块长度调整载秧量和载肥量，实现肥、秧装载同步；每天作业完毕后要清扫肥料箱，翌日加入新肥料再作业。

（3）精确诊断穗肥　水稻倒 3 叶期根据叶色诊断是否需要施用穗肥：如叶色褪淡明显（顶 4 叶浅于顶 3 叶），则籼稻施用 3 公斤、粳稻施用 5 公斤以内的氮肥；如叶色正常（顶 4 叶与顶 3 叶叶色相近），则不施用穗肥。

（4）配套技术　一是精细整地技术。根据茬口、土壤性状采用相应的耕整方式，一般沙质土移栽前 1～2 天耕整，壤土移栽前 2～3 天耕整，黏土移栽前 3～4 天耕整。要求机械作业深度 15～20 厘米，田面平整，基本无杂草、无杂物、无残茬等，田块内高低落差不大于 3 厘米。移栽前需泥浆沉淀，达到泥水分清，沉淀不板结，水清不浑浊，田面水深 1～3 厘米。二是壮秧培育技术。采用旱育微喷育秧技术等培养机插均匀壮秧，秧苗均匀整齐，苗挺叶绿，茎基部粗扁有弹性，根部盘结牢固，盘根带土厚度为 2.0～2.3 厘米，起运苗时，秧块不变形、不断裂，秧苗不受损伤。三是精确灌溉技术。移栽后，返青活棵期湿润灌溉，秸秆还田田块注意栽后露田，无效分蘖期至拔节初期及时搁田，拔节至成熟期干湿交替，灌浆后期防止过早脱水造成早衰。四是绿色防控技术。坚持"预防为主、综合防治"的方针，采用农业防治、物理防治、生物防治、生态调控以及科学、合理、安全使用农药等技术防治病虫草害。

（四） 稻田高效生态综合种养模式及其配套技术模式

1. 模式概述

稻田高效生态综合种养及其配套技术不仅可以改变传统的粗放式种养模式，还可以实现"优质、高效、节能、环保"目的。通过对田间工程构建技术、主要种养模式优化技术、苗种规模化繁育技术、无害化清田技术、系统生境构建技术、种养耦合技术、秸秆无害化处理技术、稻田肥力补偿技术、病虫害绿色防控技术和农产品安全控制技术等的研究、熟化、推广，在解决农村就业、农（渔）业产业转型升级、农（渔）民增收致富等方面发挥重要作用。

2. 增产增效情况

水稻亩产稳定在 500 公斤以上，水产品（水禽）单产提高 30% 以上。

3. 技术要点

（1）水稻绿色栽培技术　通过对水稻品种选择、绿色插秧、水位控制、肥料、农药使用等方面进行技术提高，稳定水稻产量，提高质量。

（2）种养技术创新与模式优化　将现代信息、水质调控、病害绿色防控、水肥补偿等新技术组合集成稻田综合种养新技术，对稻田综合技术进行创新；对主要种养模式的种养结构开展试验，不断优化种养模式。

（3）小龙虾可控化苗种繁育技术　以稻田（池塘）繁育苗种为主，综合采用人工降温、水流刺激、营养调控、水位调节等手段，促进小龙虾提早繁育，实现苗种精准化批量繁育（秋苗早繁、春苗晚繁）；同时辅以温室大棚育苗、藕塘育苗等方式，为小龙虾苗精准放养和提早上市提供苗种供应基础。

（4）绿色高效清田技术　每个生产周期结束后，采用物理和化学方法彻底清塘，避免小龙虾在成虾养殖的稻田中自繁，造成稻田中虾苗数量不清，多代同堂。

（5）种养茬口安排技术　选择适宜的水稻和水产品种，做好水稻与水产品茬口衔接，确保水稻、水产双丰收。

（6）病虫害绿色防控技术　对水稻及水产（水禽）养殖品种病害进行积极预防、控制。主要通过生态防控技术防治水稻病虫害，通过建立天敌群落、生物工程等生态方式防虫，合理使用防鸟网、诱虫灯、防虫网等设备防鸟、防虫。水产品病虫害主要通过营造良好的生态环境、增强水产品免疫力等手段防控。

（7）水质精准调控技术　对水质、底质进行定期检测，针对性应用微孔增氧、生物制剂、底质改良剂改善环境。建立综合种养生态系统水质综合调控技术体系。

（8）配套技术　一是田间工程构建技术。建立适宜机械操作的标准化田间工程，开展开挖围沟的深度、宽度、坡比、面积比例等研究。二是苗种放养技术。通过精准放养，茬茬清田，以及对小龙虾苗种选择、运输时间、放养规格、放养密度的精准控制，保证苗种放养的成活率。三是种养系统生境构建技术。根据不同养殖品种，构建符合其生长的水生植物群落生境，以期为水产品（水禽）提供适宜的栖息、觅食和隐蔽场所及天然的饵料基础。四是种养耦合技术。根据养殖品种、水稻生长特点，综合考虑有害生物、有益生物及其环境等多种因子，选择适宜的水稻品种，合理安排翻耕、插秧、投苗、蓄水、收获等工作节点，做好稻渔连作、共作的水稻种植和水产养殖茬口衔接，建立良好的种养耦合系统。五是秸秆无害化处理技术。水稻收割后秸秆进行无害化还田处理，既减少了环境污染，又为养殖品种提供了天然饲料同时水稻生长获得优质有机肥料，达到环保、绿色、高效的目的。六是农产品安全控制技术。开展稻田本底调查，对稻田进行无害化处理，加强生产过程中投入品管理，建立追溯系统，确保生产的农产品质量安全。七是稻田肥力补偿技术。对稻田的肥力进行监测，根据水稻生长及生态环境调控需求，合理补偿肥力，保证水稻产量和养殖动物生长需求。

五、重点工程

（一）高标准农田建设与有机质提升工程

1. 加大高标准农田建设力度

围绕在 2028 年前将能够建设的永久基本农田全部建成高标准农田的目标，坚持数量、质量、生态"三位一体"，每年新建和改造提升一批适宜耕作、旱涝保收、高产稳产的高标准农田。适当提高高标准农田投资补助水平，向单产提升重点县倾斜，取消产粮大县建设资金配套要求，支持建设规模化、机械化、信息化、智能化、绿色化"五化协同"的高标准农田样板。组织开展已建高标准农田全面检查评估，完善"上图入库"成果，推进"小田变大田"以及先建后补试点。

2. 加快提升耕地地力水平

做好全省第三次全国土壤普查工作，建成 610 个省级耕地质量监测点，开展盐碱地资源底数详查、耕地质量监测评价、等级调查评价。以高标准农田建成区、退化耕地问题突出区、连片新增耕地等为重点，推广障碍土壤消减及快速培肥改良技术模式。建设耕地质量提升示范区 75 个，大力推广应用秸秆还田、增施有机肥、深松（深耕）、种植绿肥、轮作休耕等技术，用好测土配方施肥、有机肥替代化肥等措施，加快提升耕地地力水平。开展补充耕地质量评定情况摸排，组织复垦耕地土壤污染状况调查，实施农用地重点地块监测计划，开发应用补充耕地质量评定信息化管理系统。

3. 加速改造中低产田块

全面分析中低产田基础条件、生产规模、种植制度、品种技术等限制单产提升的关键因子，坚持当下稳定增产与打好长远基础相结合，将高标准农田建设项目优先向中低产地区倾斜，加快改造和提升高标准农田。发挥村集体经济组织作用，推动城区周边、零碎地块集中整治及集中委托流转经营，稳定种植主体且稳定加大投入，提高集中连片生产规模，促进中低产地区快速提升单产。

（二）重大品种攻关与普及推广工程

1. 加强种质资源保护与利用

深入实施种业振兴行动，推动种质资源保存和创新利用中心提档升级，加强资源信息化、智能化管理，加快资源鉴定评价和优良性状基因发掘利用，创制一批特异性、突破性种质资源。

2. 加强商业化育种能力建设

加强生物育种钟山实验室、南京国家农创中心等重大种业基础平台建设，以育繁推一体化企业为主体，建设一批商业化育种创新中心，构建完善的商业化育种体系。

3. 加强突破性品种选育

持续实施种业"揭榜挂帅"项目，优化品种试验审定标准，引导品种研发方向与高产高效需求相匹配，支持产学研协作，利用分子标记辅助选择、基因编辑、合成生物学、智慧育种技术等生物育种技术，开展粮食作物重大品种选育攻关，育成一批优质、高产、抗逆的引领性新品种。

4. 加强重大新品种推广

加强良种繁育基地、特色优势种苗中心建设，加大种子质量监管力度，提升良种供应保障能力。加强新品种筛选评价、展示推广，鼓励地方采用主导品种推介、良种补贴、订单生产、定向补贴、推广后补助等良种推广方式，促进高产、优质、高抗品种推广普及。

（三） 全程机械化与智能化推进工程

1. 推进全程机械化水平提升

整体推进农业生产全程全面机械化示范县建设，因地制宜补齐水稻机插秧等全程机械化短板弱项，推动解决机耕道、产地烘干用地等粮食生产设施宜机化卡点，优化提升整体粮食生产全程机械化水平。

2. 推进农机作业质量提升

紧扣高质量农机装备和高水平农机作业这两个关键，从装备质量、田块条件、收获时机、机手操作、机具状态等全要素切入，抓好机械耕整地、机械播种、机械收获等主要环节，加快机收、机播（插）进度，常态化组织粮食作物机收减损活动，全方位提升农机作业质量。

3. 推进农机综合服务能力提升

依托"全程机械化＋综合农事"服务中心，培育建设一批平急两用的区域性农机社会化服务中心，增强农机全产业链服务能力。加强农机应急作业服务体系建设，开展农机应急作业培训和演练，提升农机应急防灾减灾能力。

4. 推进智能化绿色化提升

支持北斗智能监测终端及辅助驾驶系统在农业生产中的集成应用，建设一批高水平粮食生产"无人化"农场，提升农机装备智能化应用水平。扩大生态型犁耕深翻面积，加快空气源热泵等粮食烘干清洁热源替代进程，引导绿色低碳农机装备技术应用。

（四）重点技术突破与集成应用工程

加强增产技术协作攻关研究，加快突破一批具有前瞻性、引领性、突破性的单项关键技术，组装形成可复制可推广的良种良法配套、农机农艺融合、优质高产协同、防灾减损同步的高产集成配套技术，持续挖掘粮食增产潜力。水稻重点推广以机插秧为核心的全程机械化技术，突出发展集中育供秧机插，提高壮秧培育、增密机插、侧深施肥等关键技术到位率，持续控减直播稻。加大农业防灾减损技术推广力度，加强对高温、干旱、洪涝、台风、寒潮等农业自然灾害的监测预警和防范应对，做好水稻稻瘟病、纹枯病等重大病虫害预测预报和绿色防控，提高杂草高效封闭控害覆盖面，努力减轻病虫危害损失。

（五）规模经营发展与专业化服务工程

1. 培育新型经营主体

针对粮食生产从业人员老龄化、兼业化、抗风险能力差等突出问题，落实粮油规模种植主体单产提升行动奖补等政策，通过壮大"领头雁"、焕新"老把式"、培育"新农人"等方式，加快发展家庭农场、农民合作社、农业龙头企业、专业化服务组织等新型经营主体，培养一批有文化、懂技术、善经营的粮食单产提升关键力量，着力破解"谁来种地"问题。

2. 推进适度规模经营

因地区、因品种、因主体提出差别化的最佳粮食生产规模标准，规范土地流转秩序，培育一批适度规模经营主体，引导支持增加投入、提高管理水平，最大限度挖掘单产潜力。有效避免生产规模较小而投入积极性不高或规模过大而生产管理粗放等问题，解决好粮食生产规模小效益差、规模大单产低的问题。

3. 发展专业化社会服务

加快培育水稻生产全程化、全链条的专业化服务组织，围绕整地播种、施肥打药、收割收获等关键环节为各类生产经营主体提供专业化服务，逐步形成专业化服务、社会化分工、标准化流程、企业化运营、平台化赋能的农业社会化服务体系，解决一家一户干不了、干不好、干了不划算的生产难题。

六、保障措施

（一）督促安全责任落实

强化粮食安全省长责任制监督考核，结合已划定的稻谷生产功能区，将保障目标逐级分解细化到县。加强调度考核，层层落实责任，确保本地区稻谷有效供给。完善稻谷生产功能区和相关基础设施建设管护机制，将管护责任落实到经营主体，督促和指导经营主体加强设施管护，确保长期稳定发挥作用。

（二）完善支持政策落地

统筹整合各方面资金投入，拓展资金渠道，加大农田建设投入。扩大农机购置补贴政策用于水稻生产、初加工机具的补贴范围。结合各地实际落实好产粮大县奖励，完善稻谷最低收购价格、大灾保险试点完全成本保险和收入保险试点等扶持政策，提高政府抓粮和农民种粮积极性。

（三）强化技术集成推广

依托聚集全省科研力量，持续健全稻米全链技术体系，特别是种植、加工领域中技术较薄弱的环节。在绿色高效生产技术上，进一步集成完善以硬地硬盘集中育秧、毯（钵）苗机插、精确肥水调控、病虫绿色防控为核心的精确定量栽培技术体系；在绿色种植模式上，进一步集成完善稻油（肥）轮作、稻渔（鸭）共作等模式；在稻米精深加工技术应用上，积极开展稻米深加工全利用、米制食品加工、稻米功能活性物质提取分离与纯化、米糠油及其衍生物制品加工和稻壳深加工技术及装备研发、中试和推广。

（四）加强技术指导服务

推动产学研联合协作，加强稻谷生产关键时节巡回技术指导。构建"专家—技术指导员—科技示范户—辐射农户"的水稻技术传播推广网络，发挥各级现代农业产业推广体系专家团队作用，加快农业科技入户，提高农民科学种粮技术水平。加强稻谷价格、供需等信息收集、分析、预警和发布，引导有序生产。运用遥感等数字技术手段，加强任务目标落实情况的监督评估。

（五）推进经营机制创新

培育壮大种粮大户、合作社、家庭农场等新型经营主体，发展多种形式的适度规模经营。大力发展统防统治、机耕机收等生产性服务，培育壮大社会化服务组织，不断提高生产的组织化规模化水平。鼓励龙头企业、专业合作社等各类新型主体与农民建立紧密利益联结机制，加强产销衔接，推行订单生产，实现水稻生产优质优价，农民增产增收。

浙

江

浙江水稻亩产 520 公斤
技术体系与实现路径

一、水稻产业发展现状与存在问题

（一）发展现状

1. 生产

水稻是浙江省最重要的粮食作物，常年播种面积和产量分别占粮食面积和总产的70％和80％左右，对于保障浙江省粮食安全特别是口粮安全意义重大。

（1）种植面积和总产快速下滑，单产水平稳步提高　2004 年以来浙江省水稻生产总体可以分为持续下滑和逐步稳定两个阶段。2004—2012 年，水稻面积从 1 542.2万亩快速下滑至 1050.2 万亩，减少了 492.0 万亩，减幅 31.9％；单产 487.0 公斤/亩，提高 41.6 公斤/亩，增幅 9.3％；总产 511.5 万吨，减产 175.4 万吨，减幅 25.5％。2013 年以来，水稻面积、总产分别稳定在 960 万亩和 460 万吨左右。2022 年，浙江省水稻面积 943.8 万亩，比 2004 年减少 598.4 万亩，减幅 38.8％；单产 490.5 公斤/亩，提高 45.1 公斤/亩，增幅 10.1％；总产 462.9 万吨，减少 224.0 万吨，减幅 32.6％（表1）。

表 1　2004—2022 年浙江省水稻生产情况

年份	面积（万亩）	单产（公斤/亩）	总产（万吨）
2004	1 542.2	445.4	686.9
2005	1 542.8	418.0	644.8
2006	1 491.8	457.5	682.4
2007	1 390.7	444.9	618.8
2008	1 327.3	469.6	623.4
2009	1 291.3	473.5	611.3
2010	1 233.7	468.1	577.4
2011	1 161.7	483.6	561.8
2012	1 050.2	487.0	511.5
2013	1 015.6	466.7	474.0
2014	981.3	477.3	468.4

（续）

年份	面积（万亩）	单产（公斤/亩）	总产（万吨）
2015	951.4	468.6	445.8
2016	919.6	483.7	444.8
2017	931.0	477.9	444.9
2018	976.6	488.8	477.4
2019	941.3	490.9	462.1
2020	954.0	487.5	465.1
2021	950.0	493.8	469.1
2022	943.8	490.5	462.9

数据来源：国家统计局。

（2）水稻种植单季化趋势明显，双季稻面积逐年减少 浙江省自 2001 年起取消定购粮（早籼稻是定购粮的主要品种），同时在种植效益低、劳动力短缺等因素的推动下，早稻种植面积持续下滑，双季稻生产所占比例持续下降，已经形成了"一季稻为主，双季稻为辅"的生产新局面，但 2020 年以来在国家和地方政府的高度重视下，浙江省双季稻面积小幅恢复。2022 年，浙江省早稻和双季晚稻种植面积分别为 169.7 万亩和 150.0 万亩，双季稻种植面积 319.7 万亩，占全省水稻面积的 33.9%，占比较 2004 年下降 0.2 个百分点；双季稻总产 136.2 万吨，占全省水稻总产的 29.4%，占比较 2004 年下降 1.2 个百分点（表 2）。

表 2　2004—2022 年浙江省不同季节水稻种植面积变化情况

单位：万亩

年份	早稻面积	中稻面积	双季晚稻面积
2004	231.2	1 017.0	294.0
2005	214.4	1 050.0	278.4
2006	200.0	1 040.9	251.0
2007	176.3	1 003.2	211.2
2008	147.7	978.7	200.9
2009	158.0	916.6	216.7
2010	157.2	865.8	210.7
2011	145.1	831.1	185.5
2012	139.6	757.1	153.5
2013	141.1	726.7	147.8
2014	138.6	699.7	143.0
2015	134.9	675.7	140.8
2016	129.8	650.9	138.9
2017	129.7	659.4	142.0

（续）

年份	早稻面积	中稻面积	双季晚稻面积
2018	145.7	682.4	148.5
2019	148.2	638.6	154.5
2020	151.8	667.8	134.4
2021	153.0	661.4	135.6
2022	169.7	624.2	150.0

数据来源：国家统计局。

（3）粳稻生产稳步发展，占比逐步提高　为适应省内居民粳米消费习惯改变和种植效益提升需要，近年来浙江省粳稻生产所占比例有所提高。2022年，浙江省粳稻面积400.7万亩，总产222.1万吨，占全省水稻面积和总产的42.5%和48.0%，占比分别较2004年提高0.9个和1.8个百分点。

2. 品种审定情况

2004—2023年，浙江省累计审定通过542个水稻品种，品种类型丰富多样，籼型三系杂交稻、籼型两系杂交稻、籼粳交三系杂交稻、粳型三系杂交稻占比分别为20.8%、10.0%、13.7%和7.9%，粳型常规稻和籼型常规稻占比分别为20.1%和15.9%。

从品种品质看，按照《食用稻品种品质》（NY/T 593）中籼稻、粳稻品种品质等级标准，2023年浙江省通过审定的35个水稻品种（不包括不育系），其中29个品种达到优质标准，优质品种占比达到82.9%，呈现明显的逐年上升趋势。尽管达标品种增多，但优质性状不稳定、口感突出的品种不多、外观品质偏差等问题仍然突出。从历年浙江省水稻品种区试统计结果来看，优质品种的米质检测结果年度间差异较大，两年区试检测结果不同的品种数较多，大部分品种的品质优异性状表现不够稳定，部分品种甚至从第一年的部标1级骤降至第二年的部标3级或普通，年度间品质波动较大。与此同时，与黑龙江、江苏等地优质大米品种相比，真正口感好的品种并不多；审定的常规籼稻品种普遍直链淀粉含量偏高、口感偏硬；常规粳稻品种胶稠度偏低，适口性差；外观品质总体偏差，垩白粒率和垩白度偏高。

3. 耕作与栽培

浙江省稻田农作制度在20世纪60年代到80年代中期重点推广以麦—稻—稻、油—稻—稻为主的三熟制；80年代中期到90年代末大力发展经济作物种植，2000年以来重点创新和推广了以粮经结合为代表的生态高效农作制度。浙江省稻田农作制度主要是单季稻和以早稻—双季晚稻、稻—油（小麦）为主的两熟制种植，三熟制种植面积快速减少。

近年来浙江省大力推广菜稻轮作、菌稻轮作、瓜稻轮作和稻鸭共育、稻鱼共生等"千斤粮、万元钱"的新型农作制度创新，主要以水稻为载体，实行粮经搭配、水旱轮作或种养结合，着重探索"早稻—蔬菜"水旱轮作新模式以及稻田综合种养、池塘种稻等多种模式，并取得显著成效。

浙江省水稻生产全程机械化正在全面加速，耕作、排灌、植保、收获等环节基本实现机械化，栽植、烘干等"卡脖子"环节机械化找到突破并实现快速发展，应用水平整体上了一个台阶，水稻耕种收综合机械化水平超过 75％，居南方水稻产区前列，稻麦机械烘干率超过 45％，居全国前列。2016 年 2 月，浙江省人民政府办公厅印发《关于加快推进农业领域"机器换人"的意见》；同年 10 月，农村部正式批准浙江创建全国农业"机器换人"示范省。2021 年，浙江省全面实施科技强农、机械强农"双强行动"，把提高粮食生产效益作为重中之重，提出到 2025 年水稻耕种收综合机械化率达到 91％以上。

4. 成本收益

2004 年以来，在国家粮食直补、良种补贴、农资综合直补以及稻谷最低收购价等一系列扶持政策的有力支撑下，特别是浙江省陆续启动早籼稻和中晚籼稻订单收购奖励政策，其中每 50 公斤早籼稻奖励标准由 7 元提高到 30 元，并实现了省内早稻订单全覆盖；每 50 公斤晚籼稻奖励标准为 20 元，每亩不超过 180 元，推动稻谷售价快速上涨，但受成本快速增加影响，水稻种植效益总体呈现先增后减趋势。

（1）总成本快速增加，净利润先增后减 以面积占全省水稻一半以上的粳稻生产为例，尽管浙江省稻谷平均出售价格由 2004 年的 1.83 元/公斤提高至 2022 年的 2.80 元/公斤，上涨了 53.0％，但由于成本涨幅明显高于谷价涨幅，农民种稻收益不增反减。据《全国主要农产品成本收益资料汇编》，2022 年浙江省粳稻生产平均总成本达到 1 470.4 元/亩，比 2004 年的 445.4 元/亩增加了 1 025.0 元/亩，增幅 230.1％，年均增长 12.8％；净利润－57.0 元/亩，比 2004 年减少 521.3 元，减幅 112.3％；成本利润率－3.9％，比 2004 年降低 108.1 个百分点。

（2）物质和服务费用支出增长较快，但占总成本比例明显下降 2022 年，浙江省粳稻生产物质与服务费用为 734.4 元/亩，比 2004 年增加 469.7 元，增幅 177.4％，但占总成本的比例却从 2004 年的 59.4％降至 2022 年的 49.9％，下降了 9.5 个百分点。在物质与服务费用中，以种子、机械作业、农药和化肥等费用增长最快，2022 年分别比 2004 年增长 382.1％、199.0％、207.5％和 138.9％。

（3）人工成本和土地成本大幅增长，占总成本的比例快速提高 人工成本从 2004 年的 104.3 元/亩增加到 2022 年的 343.9 元/亩，增加了 239.6 元/亩，增幅 229.7％；土地成本从 2004 年的 76.4 元/亩增加到 2022 年的 392.1 元/亩，增加了 315.7 元/亩，增幅 413.2％；土地和人工成本占总成本的比例由 2004 年的 40.6％提高到 2022 年的 50.1％，提高了 9.5 个百分点，成为推动浙江省水稻生产成本上升的重要因素。

5. 市场发展

（1）大面积推广品种增加，基本为省内单位选育 2018—2022 年浙江省推广面积 10 万亩及以上品种数量逐年增加，从 2018 年的 22 个增长至 2022 年的 32 个，合计推广面积从 763 万亩增长至 864 万亩，占全省水稻总面积的比例从 78.1% 提高至 91.5%；推广面积 50 万亩及以上品种数量呈下降趋势，从 2018 年的 6 个减少至 2022 年的 3 个。2022 年，浙江省推广面积 10 万亩及以上的水稻品种有 32 个，其中常规稻品种 17 个，杂交稻品种 15 个；32 个品种中有 31 个品种为省内育种单位选育，说明浙江省水稻育种实力较强；推广面积 50 万亩以上的水稻品种共有 3 个，依次是甬优 1540（133 万亩）、嘉 67（58 万亩）和甬优 15（55 万亩）。

（2）优质化、品牌化建设加速，但品牌影响力较弱，企业竞争力偏弱　为推动浙江省稻米生产向优质化、绿色化、品牌化和产业化方向发展，培育优质稻米著名品牌，推进水稻品质结构优化，浙江省积极开展"五优联动"行动，通过融合水稻产业链、优化供应链、提升价值链推动水稻产业高质量发展。在此基础上，浙江提高标准，积极打造"浙江好大米"的省内区域公共品牌。2016 年以来，浙江省连续组织开展"浙江好稻米"评选推荐活动，并开展《浙江好大米》系列团体标准编制工作，对促进浙江大米品质提升，规范行业自律发挥了重要作用。

与江苏、广东等国内农业强省相比，浙江省水稻品种审定数量并不少，但口感好、外观好的品种仍然不多，优质大米品牌特征明显不足，目前仍然没有打造形成省级区域大米公用品牌，嘉兴大米、湖州大米、仙居大米等地方区域公共品牌影响力明显不足。浙江水稻生产、储备与消费需求匹配度不高，浙江人没有吃"浙江米"，主要以东北大米、苏皖大米等为主，本地大米仍然以进入储备或地方小范围流通为主。同时，由于缺乏本地优质粮源支撑，浙江省大米加工企业的市场竞争力不强。

（二）主要经验

1. 长期稳定支持促进高产优质新品种选育及推广

浙江省委、省政府历来高度重视水稻种业科技创新，持续加大政策支持力度，推动高产优质新品种选育及推广，在"浙江省杂交稻新组合选育与中试（8812 计划）""早籼优质高产新品种选育（9410 计划）""浙江省水稻育种攻关（0406 计划）"以及"浙江省粮食新品种选育重大科技专项"等持续支持下，在中国水稻研究所以及嘉兴市农科院、宁波市农科院等省内科研单位共同努力下，籼粳杂交水稻、常规早晚稻、优质稻等品种选育全国领先。据全国农业技术推广服务中心统计，浙江省每年推广面积 10 万亩及以上的品种中，省内育种单位育成品种的数量及推广面积占比逐年提高，2018—2021 年浙江省推广面积 10 万亩及以上的水稻品种全部为省内育种单位育成品种，2022 年省内育种单位育成的品种数量和推广面积占比分别为 96.9% 和 98.6%。2022 年，浙江省推广面积 10 万亩及以上的常规稻品种有 17 个，推广面积前三大的品种分别为嘉 67、中早 39 和秀水 121；10 万亩及以上的杂交稻品种有 15 个，推广面积前三大的品种分别为甬优 1540、甬优 15 和中浙优 8 号（表 3）。

表 3　2022 年浙江省推广面积 10 万亩及以上水稻品种况

单位：万亩

常规稻		杂交稻	
品种名称	推广面积	品种名称	推广面积
嘉 67	58	甬优 1540	133
中早 39	49	甬优 15	55
秀水 121	37	中浙优 8 号	48
秀水 14	35	嘉丰优 2 号	30
浙粳 99	30	甬优 7850	22
宁 84	29	泰两优 217	21
甬籼 15	27	浙粳优 1578	21
中组 143	24	浙优 18	21
中嘉早 17	19	春优 927	18
中组 18	16	甬优 17	18
宁 88	16	甬优 538	15
浙粳 100	14	甬优 9 号	14
浙辐粳 83	14	甬优 12	13
中组 53	12	旱优 73	12
浙粳 96	11	甬优 7860	10
舜达 135	11		
嘉禾 247	11		

数据来源：全国农业技术推广服务中心。

2. 浙江农业之最等高产竞赛带动先进适用技术研发与应用

浙江农业之最（原称浙江农业吉尼斯）创建活动始于 2007 年，活动紧紧围绕"创高产、创优质、创品牌"的目标，不断深化创建活动，截至 2023 年已累计创造记录 222 项，其中粮油亩产记录 55 项，农产品品质记录 26 项，农事技能记录 6 项等。浙江农业之最创建活动已成为宣传推广农业技术、展示推介农产品品牌、挖掘传播农业文化的大舞台，有力推动了粮油高产创建和主导产业的提升发展，扶持培育了一批农产品品牌，促进了农业增效和农民增收，为农业农村高质量发展贡献力量。通过浙江农业之最创建活动，筛选了一批高产优质水稻品种并推广应用，如甬优 1540、嘉优中科 3 号、浙粳 99、浙粳优 1578、中早 39、春优 927、甬优 12、嘉 67 等。此外，浙江省从 2005 年开始组织开展超级稻示范推广，通过超级稻集成技术创新和完善示范推广运行机制，带动绿色高产优质超级稻品种及其核心配套技术的应用，促进了全省水稻生产增产增效。截至 2024 年，经农业农村部确认目前推广种植的超级稻品种数量共 129 个，其中浙江省单位选育的有 25 个，居全国之最。每年浙江省农业农村厅及时发布主导品种，将水稻"两壮两高"栽培技术、水稻机插秧叠盘暗出苗技术、水稻精确定量栽培技术等超级稻品种配套技术列入水稻主推技术，落实超级稻品种在双季稻、单季籼粳杂交稻、单季籼型杂交稻、单季常规粳稻上的超高产攻关与示范工作，将超级稻推广与水稻高产创建工作相结合，通过应用配套栽培技术，提高超级稻示范效果。

3. 首创定额制施肥技术提高肥料利用率

2019 年，浙江省在全国率先推行化肥施用定额制试点，探讨主要作物化肥投入的定额标准，减少化肥投入总量、保障耕地综合产能、优化生态环境质量。近 3 年，由浙江省耕地质量与肥料管理总站牵头，组织中国水稻研究所、浙江省农业科学院、浙江农林大学等科研高校单位开展科研攻关，根据全省粮油产区的土壤质量、水稻产量与土壤健康相关性分析，查明土壤培育与粮食高产稳产的相关性，提出了粮油产区土壤培肥技术，构建了以保障地力水平、作物产量、农民增收为前提的粮油作物两熟制周年高效绿色定额制施肥配套技术体系。该技术以测土配方施肥为基础，通过研发推广应用新型肥料，辅以侧深施肥、无人机施肥、水肥一体化、天然腐殖质材料施用、秸秆还田等一系列施肥与培肥新技术，探索粮油作物稳产、固碳、减排、增效的新路子。2021 年，"主要粮油作物高效绿色定额制施肥技术研究"列入省级重点研发计划，粮油作物高效绿色定额制配套技术研究成果已被列入省农业主推技术，并在全省推广应用。农业农村部已向全国推广浙江省化肥定额制施肥技术，并纳入农业农村部绿色发展先行区的建设内容。

（三）存在问题

1. 优质食味稻品种仍然缺乏

随着经济社会快速发展、城镇化水平不断提高，浙江省水稻种植面积不断减少，缺乏中高档优质稻米品种、适宜直播等轻简化生产的水稻品种等一系列问题逐步凸显。其中，早籼稻品种生育期较短，米质较差，售价较低，主要用于工业加工需求，农民种植积极性不高，导致早稻种植面积不断减少。单季晚稻种植面积虽然保持相对稳定，但因东北等地区优质食用大米的进入，品质不具备优势的问题十分突出。

2. 数字化智能化技术仍然缺乏

在取得大量成果的同时，浙江省数字化智能化技术仍缺乏基础研究和前期积累，整体技术水平与发达国家相差 15～20 年。目前制约浙江省数字化农业技术发展的因素主要有 3 项：一是农业专用传感器落后，目前自主研发的农业传感器数量不到世界10％，而且稳定性差；二是植物模型与智能决策准确度低，很多情况是时序控制而不是按需决策控制；三是智能化精准作业装备仍然缺乏，而且作业质量差，还无法大面积推广应用。

3. 氮肥投入仍然偏高

一是水稻化肥用量高于全国。2022 年，浙江早籼稻亩均化肥折纯用量 23.79 公斤、晚籼稻 26.03 公斤，分别比全国平均高出 1.26 公斤和 3.11 公斤。二是水稻生产"三重三轻"问题突出。当前浙江省水稻生产重化肥、轻有机肥，重大量元素肥料、轻中微量元素肥料，重氮肥、轻磷钾肥现象较为突出。据统计，浙江省全年有机肥与化肥的施肥总量比例为 21.9%，远低于培肥地力有机肥与化肥的配施比例应大于50% 的要求。传统人工施肥方式仍然占主导地位，化肥撒施、表施现象比较普遍，机械施肥占比很少。

4. 防灾减灾能力仍然偏弱

近年来，浙江省气候显著异常、极端天气多发，冬季极端低温、春季强对流、夏季高温热害和破纪录强降雨对农业生产造成较大影响。当前，浙江省防灾减灾能力仍然偏弱，主要体现在以下几个方面：一是农田基础水利设施老化。据统计，全省农村有小山塘、小堰坝、小机埠、小渠道等小型农田水利设施 20 余万处，部分是 20 世纪50—60 年代建成，处于失修失管状态，难以适应防灾抗灾要求。二是抗逆性强的水稻品种短缺。近年来浙江稻飞虱发生面积约 4 000 万亩次、稻纵卷叶螟 2 500 万亩次、二化螟 1 500 万亩次、纹枯病 950 万亩次，水稻病虫害总体偏重发生，威胁水稻生产安全。兼顾优质、高产、抗逆性强的水稻品种仍然短缺。三是灾害信息预警体系不完善。农业、水利、气象、国土等部门缺乏协作配合，发布农业自然灾害预警信息、主要预防措施等的时效性亟待加强。

二、区域布局

采取综合有效措施，进一步稳定水稻面积，力争水稻播种面积稳定在 950 万亩以上，科学规划区域布局。按照《浙江省农业农村现代化"十四五"规划》，要实施重要农产品区域布局和分品种生产供给方案，逐个研究水稻等主要品种，逐一制定保供方案，确保粮食播种面积、产量只增不减，粮食播种面积和产量分别稳定在 1 500 万亩、600 万吨以上，粮食综合生产能力稳定在 1 500 万吨以上。推进粮食生产向粮食生产功能区、重点县（市、区）集中，以浙北晚粳稻区、浙东南沿海及浙中单双季籼稻区、浙西南丘陵山区单季籼稻区等为重点，提升水稻综合生产能力。

（一）浙北晚粳稻区

该区域主要包括杭州市市区、淳安县、富阳区、建德市、临安区、桐庐县；嘉兴市市区、海宁市、海盐县、嘉善县、平湖市、桐乡市；湖州市市区、德清县、安吉县、长兴县。该区域≥10℃ 的稻作期为 217～222 天，积温 4 772～4 960℃。水稻生长季（5—10 月）降水量 734.3～905.0 毫米，属半干燥气候生态型。该区水稻面积占浙江省水稻种植面积的 29.0%。其中，单季稻面积占 98.0%，早、晚稻面积分别占 1.5% 和 0.5%。

（二） 浙东南沿海单双季籼稻区

该区域主要包括宁波市市区、慈溪市、奉化区、宁海县、象山县、余姚市；舟山市市区、岱山县、嵊泗县；绍兴市市区、上虞区、绍兴市、嵊州市、新昌县、诸暨市；温州市市区、苍南县、洞头区、乐清市、平阳县、瑞安市、泰顺县、文成县、永嘉县；台州市市区、临海市、三门县、天台县、温岭市、仙居县、玉环市。该区域≥10℃的稻作期为221～242天，积温4 841～5 425℃。水稻生长季（5—10月）降水量在800～1 000毫米，属热量中等、半湿润气候生态型。该区水稻面积占浙江省水稻种植面积的34.4%。早、中、晚稻面积分别占该区水稻面积的23.5%、55.7%和20.8%。

（三） 浙中单双季籼稻区

该区域主要包括金华市市区、东阳市、兰溪市、磐安县、浦江县、武义县、义乌市、永康市；衢州市市区、常山县、江山市、开化县、龙游县。该区域≥10℃的稻作期为226～230天，积温5 074～5 287℃。水稻生长季（5—10月）降水量840.0～968.3毫米，伏旱、秋旱较为突出，属热量充裕、半湿润干旱干燥气候生态型。该区水稻面积占浙江省水稻种植面积的17.5%。早、中、晚稻面积分别占该区水稻面积的27.2%、49.0%和23.8%。

（四） 浙西南丘陵山区单季籼稻区

该区域主要包括金华市磐安县、浦江县，永康市的部分；温州市泰顺县、文成县、永嘉县的部分；丽水市市区、缙云县、景宁县、龙泉市、青田县、庆元县、松阳县、遂昌县、云和县。水稻主要分布在河套盆地和丘陵山区的斜坡梯田。该区域≥10℃的稻作期为230～243天，积温5 120～5 475℃。水稻生长季（5—10月）降水量813.7～1 084.6毫米，雨量充沛，但伏旱、秋旱比较明显，属热量充裕、半湿润半干旱气候生态型。该区水稻面积占浙江省水稻种植面积的7.2%。早、中、晚稻面积分别占该区水稻面积的0.6%、99.2%和0.2%。

三、发展目标、发展潜力与技术体系

（一） 发展目标

1. 2030 年目标

到2030年，水稻面积稳定在950万亩，单产达到500公斤/亩，总产达到475万吨。

2. 2035 年目标

到2035年，水稻面积稳定在950万亩，单产达到520公斤/亩，总产达到494万吨。

（二） 发展潜力

坚持"藏粮于地、藏粮于技"战略，稳步扩大水稻种植面积，提高水稻单产水平。

1. 面积潜力

浙江省已经建成 810 万亩粮食生产功能区，但从粮食稳面扩面难的实际出发，还需要走多元化的路子，寻找新的增长点。一是适度推进"单改双"。20 世纪 90 年代以前，浙江省主要以双季稻种植为主，1990 年早稻面积 1 566 万亩、双季晚稻面积 1 722 万亩，双季稻种植面积占全年水稻种植面积的 92.0%。通过加大政策扶持力度，在适宜地区推进"单改双"，可以扩大水稻种植面积 100 万亩以上。二是非粮化整治以及坡地改造。浙江省出台耕地"非农化""非粮化"的"1＋3"政策体系框架，强化耕地用途管制，健全耕地保护长效监管机制。2022 年安排 12 亿元用于改造提升"非粮化"整治地块，截至目前共完成 225.7 万亩的粮食功能区整治优化，整治提升潜力巨大。三是推广新型农作制度。浙江推出稳粮增效"十大模式"，积极推进稻麦、稻油、稻豆、稻菜轮作，还有稻渔模式等，最大限度稳定水稻种植面积。此外，浙江省适宜造地的规划滩涂区面积约为 262 万亩，仍有较大开发潜力。下一步，重点是支持省内耐盐碱能力较强的水稻新品种选育及其配套技术研发，加大示范推广力度，适度推进滩涂种稻，扩大水稻种植面积。

2. 单产潜力

浙江省人多地少，随着人口增长和社会经济快速发展，耕地、水资源减少趋势不可逆转，粮食面积扩大的空间十分有限，增产的核心主要还是依靠科技进步。制约水稻单产突破的因素较多，通过科技创新和技术集成两个方面，进一步强化水稻生产的科技支撑，浙江水稻单产提升还有较大空间。与国内主产省相比，当前湖北、江苏水稻单产分别比浙江高出 11.9% 和 20.7%。与我国水稻品种试验区单产相比，早稻区试亩产一般比大田生产高 50～100 公斤，中稻区试亩产一般比大田生产高 100～150 公斤，晚稻区试亩产一般比大田生产高 80～100 公斤。若按最高单产差距的 50% 测算，则浙江水稻亩产可再提高 50～75 公斤。

（三） 技术体系

1. 继续强化农业科技创新

以提高技术研发的针对性和科技成果的转化率为重点，充分利用省内科研资源，依托中国水稻研究所、浙江省农业科学院以及各市农业科学院等科研机构的项目，加快高产优质水稻新品种及其配套栽培技术的研发和推广应用；以育插秧和收获两个关键环节为核心，解决耕整地、田间管理、烘干等环节机械化的瓶颈问题，形成适合浙江省不同区域、不同生产条件的机械化技术模式，加快推进水稻生产全程机械化。

2. 要大力开展技术集成创新

促进良种、良制、良技、良机配套，尽快集成一批适宜不同区域、不同季节的水稻生产成熟技术模式，加快技术集成推广应用。

四、典型绿色高质高效技术模式

（一）叠盘出苗供应芽苗育供秧模式

浙江省大力推行 1 个育秧中心（供应芽苗）＋N 个育秧点（供应成秧）的"1＋N"育供秧模式，能大幅提高供秧能力，提升机插服务能力，实现水稻机插育秧规模化、专业化和集约化。主要过程是由育秧中心完成育秧床土或基质准备、种子浸种消毒、催芽处理、流水线播种、温室或大棚内叠盘、保温保湿出苗等工作，播种后的秧盘每叠 25～30 盘，最上面摆放一张装土但不播种的秧盘，整齐摆放在温室或大棚内，待种子出苗立针至芽长 1 厘米左右，再将针状芽苗连盘提供给多个种粮大户或合作社等育秧主体，由育秧主体在用秧大田附近的炼苗大棚或秧田完成后续育秧管理，育成可供大田机插的秧苗。

（二）水稻机械精量穴直播技术

引进华南农业大学 2BD 系列水稻精量穴直播机，同步开沟起垄水稻精量水穴播机在田面同时开出播种沟和蓄水沟，播种沟位于两条蓄水沟之间的垄台上，采用穴播方式将水稻种子播在播种沟中，实现了成行成穴有序播种，促进了农艺与农机的有机融合，是一项集超级稻、机械化与轻简高效为一体的新技术。该技术针对超级稻撒直播生产中存在的用种量大、出苗不齐、无序不匀、倒伏风险大、产量不高不稳等问题，通过采用机械精量穴直播、盲谷播种（只浸种不催芽）、肥料定量高效施用、好氧栽培等技术，实现超级稻有序精量高效栽培，充分发挥直播稻省工节本高效优势，实现高产稳产。

（三）水稻机插侧深施肥技术

该技术是机插秧技术的创新发展，能够在插秧的同时实现精准、高效施肥，提高肥料利用率，是化肥减量增效的主推技术之一。主要过程是采用安装有侧深施肥装置的水稻插秧机，同步将基肥或基蘖同施肥施入到水稻秧苗的侧深部位，使肥料成条状施入地表以下，能够减少常规撒施基肥的人工和肥量，降低生产成本，避免肥力流失，提高肥料利用率和保护生态环境。

（四）水稻两壮两高栽培技术

为了克服水稻成穗率降低、颖花退化加重、结实率下降等问题，浙江省在吸收水稻强化栽培和水稻精确定量栽培等高产技术原理，总结各地高产攻关和试验示范结果的基础上，提出水稻"两壮两高"技术，充分挖掘大穗型水稻品种增产潜力。该技术以壮秧为基础，以壮秆为主攻方向，在适宜群体基础上，通过挖掘个体生长潜能，以足穗大穗获取更高颖花量，以粗壮茎秆为物质支撑获得更高结实率和千粒重。

（五） 水稻一次性机械施肥技术

通过缓释肥和速效肥合理调配，应用机械施肥技术，实现水稻生产全程一次性施肥。本项技术通过肥料产品更新和施肥方式优化，促进前茬秸秆腐熟，减少稻田氨挥发，提高氮肥利用率。一次性施肥技术同时解决了规模化水稻栽培中用工成本高、用工难的困境，降低了施肥劳动成本。该技术已在浙北单季稻区开展技术示范和推广，示范区内减少氮肥用量 8%～10%，减少追肥 2～3 次，水稻产量与常规施肥持平。

（六） 水稻钵苗栽插技术

当前，机械插秧技术主要是毯苗机插技术，该技术育苗只能培育小苗，但小苗抗低温能力弱，如果早稻秧苗移栽过早，遇低温等不利天气易发生冻害。采用钵苗栽插技术可以避免这些问题，因为钵体育苗后，由于钵体带土，可培养出大龄秧苗，大龄带土秧苗抗低温能力相对较强，移栽期可提前。同时，连作晚稻也可以实现大龄秧苗移栽，解决连作晚稻的机插瓶颈问题。促进早稻丰产稳产，为连作晚稻及时移栽争取时间，促进稳产增产。

（七） 稻-小龙虾轮作绿色种养技术

该技术是在田面取土将田埂加高至 50～80 厘米，排水口分别位于稻田两端，进水口套 80 目的长型网袋，排水口带隔离措施。根据稻田的肥力和水质情况，增施少量的生物有机肥，以促进水草生长和改良水体生态环境。2 月底至 3 月初，投放第一批虾苗，投放密度约 8 000 尾/亩；4 月下旬至 5 月上旬，补放第二批苗，投放密度约 3 000 尾/亩。该技术增加了一季小龙虾的收入，不影响水稻产量且减少了化肥和农药使用。

（八） 稻-豆轮作高效栽培技术

包括"鲜食春大豆—单季稻"和"早稻—鲜食秋大豆"轮作两种种植模式。水旱轮作有利于改良土壤性状，改善土壤环境，减轻田间病虫草害，减少农药用量，提高鲜食大豆产量和品质；鲜食大豆用肥量较大，种植水稻可以消耗土壤残留肥力，减少化肥用量。该技术实现了绿色生态、稳粮增效、农民增收。

（九） 稻麦田杂草综合防治关键技术

省植保检疫局在全省分 5 个稻区、36 个县（市、区），开展了普查与用药调查，基本明确不同类型稻田主要杂草的发生种类、群落结构、危害程度及发生特点，初步形成了近 50 项不同方式稻田杂草治理技术，包括"两封一杀""一封一杀""一封一杀一补""两杀"以及无人机飞防配套除草技术等，改变农户长期应用单一除草剂、盲目超范围用药等习惯，解决杂草防治技术"最后一公里"难题。

（十）稻田健康土壤培育技术

针对浙江黄、红壤发育的水稻土"酸、瘦、板、黏"等特性以及化肥过量施用引起的土壤酸化、有机质含量与作物生产力下降等问题，浙江在农闲期开展土壤酸化治理，施用碱性物料（矿物源与有机源调理剂）并结合化肥定额制，适度采用有机肥替代措施，降低土壤潜性酸，提高土壤阳离子交换能力和盐基饱和度，提高土壤酸缓冲容量。针对浙江酸性土壤且受轻中度镉等重金属污染耕地区域，采用低累积品种、土壤调理、叶面阻控与水肥调控综合措施等安全利用技术，从改善土壤生态环境出发，降低土壤镉活性，有效防控水稻重金属超标，保障水稻质量安全。针对浙江新垦耕地物理性状差、养分含量低和生物活性弱等生产问题，通过水稻与绿肥轮作，配合施用土壤结构调理剂及秸秆与绿肥还田技术建立良好耕层结构，采用木本泥炭、生物有机肥与腐植酸肥料共同施用技术快速提升土壤肥力水平、调控土壤生物功能，配合绿色高效定额施肥技术、养分高效利用水稻种植技术调控土壤养分均衡性，改善土壤养分状况。

五、重点工程

（一）耕地保护与质量提升工程

1. 全面开展耕地检查保护和监测预警

加强耕地利用情况监测，严肃查处违法占用和破坏耕地及永久基本农田行为，构建常态化监管机制，坚决遏制土地违规违法行为。

2. 加快建立跨区域耕地补偿制度

分类实施补充耕地国家统筹，并按规定标准向中央财政缴纳跨省补充耕地资金，实现跨区域耕地补偿。

3. 加强耕地质量提升工程建设

推动高标准农田保有量和质量持续提高，扩大轮作休耕范围，促进耕地休养生息和资源永续利用。

（二）数字化基础设施建设工程

1. 构建完善水稻产业信息监测预警系统

加强重大病虫害和自然灾害防控体系建设、稻米产品质量安全追溯体系建设、市场价格监测预警体系建设，实现水稻产业信息化数据资源的监测、汇聚、分析和发布。

2. 加快水稻产业信息化新型基础设施建设

综合运用物联网、云计算、大数据、机器人等多种现代信息与智能装备技术，优化生产要素配置，提高水稻生产智能化、精准化、信息化水平。

（三） 科技创新能力提升工程

1. 强化水稻生产科技创新条件能力建设

围绕浙江省粮食生产中的"卡脖子"问题，建设一批综合性、专业性实验室，建设一批农业科学实验站和试验基地，开展共性技术攻关需求和技术集成创新转化。

2. 强化水稻科技创新联盟建设

以水稻产业需求为导向，强化跨学科协同，凝练科研攻关任务，开展联合攻关。

3. 加强良种重大科研联合攻关和绿色高质高效模式集成创新

深入推进省内各单位开展良种重大科研联合攻关，创新育种方法和技术，加大品种选育力度，集成推广一批高质高效、资源节约、生态环保的技术模式。

4. 加强水稻生产全程智能化水平建设

基于北斗导航、农业物联网、农业大数据、区块链等现代信息技术手段，创建智慧水稻种植产业体系，提高生产效率。

（四） 新型经营主体培育工程

1. 加快培育提升新型经营主体

综合运用税收、奖补政策，加大对新型经营主体的政策扶持和教育培训力度，引导土地经营权有序规范流转，加强土地承包经营权流转服务平台建设。

2. 加快培育提升新型服务主体

扶持一批耕种、植保、农机等专业化现代服务组织，提供代耕代种、代收代储、统防统治、统配统施等高效率、便利化、全方位的服务。

3. 加强高素质农民培育

多渠道开展农民职业培训，吸引各类人才到农村创办家庭农场和现代农业企业。

4. 加强农民产加销主体培育

培育认定一批规模种粮主体，支持其开展产加销一体化经营，创建品牌、质量认证等市场准入，实现小农户和现代农业有机衔接。

（五） 防灾减灾体系建设工程

1. 强化农业气象防灾减灾体系建设

完善农业气象监测网站，加强农业灾害性天气预报预警与评估、农作物病虫害气象条件预报等工作。

2. 强化现代植保防灾减灾体系建设

加快推进植保大数据建设，建立物资储备和使用制度，推进病虫害联防联控、绿色防控和统防统治，提高有害生物应急防控和扑灭能力。

3. 强化人工影响天气减灾体系建设

聚焦人工影响天气重点作业区域优化探测装备布局，发展高性能增雨飞机，推进作业飞机驻地专业保障基地和设施建设，强化动态监测和区域联防，减轻灾害损失。

六、保障措施

（一）粮食安全党政同责

浙江积极落实中央农村工作会议精神，完善粮食安全市县责任制考核，将落实水稻种植面积、提高水稻单产纳入粮食安全党政同责考核，逐一对照相关指标，实地抽查核对，充分发挥考核指挥棒的作用，调动各级抓好粮食安全的积极性和主动性，以考核评价推动工作取得实效。

（二）财政金融政策

1. 完善粮食最低收购价政策

坚持市场化改革方向，逐步退出政策的增收功能，逐步改革稻谷最低收购价政策，转向价格保险、收入保险或者其他绿箱政策。

2. 构建完善以绿色生态为导向的农业补贴制度

调整完善土地出让收入使用范围，进一步提高农业农村投入比例；建立完善以绿色生态为导向的农业补贴制度，增量资金重点向资源节约型、环境友好型农业倾斜。

3. 建立健全约束激励并重的金融支农政策

统筹运用信贷、保险、基金等多种工具，带动金融投向农业农村；探索实施稻谷完全成本保险和收入保险试点。

（三）高标准农田和"两区"建设

1. 强化资金投入和机制创新

保障"两区"和高标准农田建设的财政资金投入，推进项目建设范围内各类资金整合统筹使用，创造条件引导金融投入。

2. 强化项目建设监督监管

充分利用互联网＋、卫星遥感等现代信息技术手段，开展项目监测评价；建立"两区"和高标准农田的监测管理体系，实现动态化、精准化管理。

（四） 粮食产后减损

1. 加快出台遏制粮食浪费的法律法规

加快遏制粮食浪费的立法工作，强化监督检查，明确各方责任。

2. 强化节粮减损技术应用

开展粮食产后高效节粮新技术、新工艺、新装备的研发和应用，推广先进适用的粮食收获机械、储存设施、运输工具、加工设备。

3. 推进餐饮节约行动计划

开展节约粮食教育，制定完善餐饮服务标准和文明用餐规范，大力推广和普及分餐制等就餐方式。

4. 改善粮食消费结构

向公众普及粮食产品营养知识，培养消费者食用糙米、全麦粉、粗粮、适度精炼油等营养价值更高的加工产品。

安徽水稻亩产 465 公斤
技术体系与实现路径

一、水稻产业发展现状与存在问题

（一）发展现状

1. 生产

安徽是稻米调出大省之一，水稻生产在安徽粮食生产中占有举足轻重的地位。多年来，在中央及地方各级政府的高度重视下，在国家发展粮食利好政策的激励下，全省水稻生产一直保持稳定的良好发展势头。

（1）种植面积基本稳定，产量水平不断提高　2011 年以来安徽省水稻种植面积总体保持稳定，"十二五"期间种植面积一直稳定在 3 300 万亩左右，"十三五"以后因统计口径调整，水稻种植面积调整到 3 800 万亩左右。受自然灾害、粮食价格及效益等因素影响，年际间虽有小幅波动，但增减幅度基本在 1％以内。"十三五"期间安徽省水稻年均种植面积 3 812.5 万亩；其中 2017 年 3 907.7 万亩，达到历史最高。"十三五"以来，单产水平稳定在 410 公斤/亩以上，打破了长期徘徊在亩产 400 公斤的局面，平均亩产 424.4 公斤，较"十二五"期间提高 4.7 公斤，增幅 1.1％，其中，2018 年亩产达到 440.4 公斤。总产稳定上升到 1 500 万吨的新台阶，平均总产 1 617.6 万吨，位居全国第 6 位（表 1）。全省以一季中稻为主，"十三五"期间常年种植面积在 3 250 万亩左右，2020 年为 3 243.87 万亩，较"十二五"末期略有增加。双季稻种植面积多年持续下滑，从 2011 年的 800 多万亩下滑到现在的 500 万亩左右；直到 2019 年才略有恢复，但增幅有限。全省再生稻种植面积呈不断扩大趋势，2020 年达到 81.7 万亩，较"十二五"末期增加了 5 倍多。2023 年，全省水稻种植面积 3 751.0 万亩，单产 429.2 公斤/亩，总产 1 609.7 万吨，继续保持稳定发展势头（表 1）。

（2）规模化生产发展迅速，主导耕作制度更加突出　安徽是全国最早进行农村土地承包经营权确权登记颁证的省份之一，2014 年省政府出台了《关于引导农村土地经营权有序流转发展农业适度规模经营的实施意见》，全省所有涉农县（市、区）都建立了土地经营权流转交易平台和全省统一规范的合同文本，2019 年全省耕地流转率达到 46％，较"十二五"期间提高了 10 多个百分点。水稻产区，尤其是经济发达地区的耕地流转率更高，部分县市已达到 80％以上。伴随土地流转的快速发展，水稻规模化种植比例明显上升。据不完全统计，全省以农民专业合作社、家庭农场、种粮大户等为代表的新型农业经营主体进行规模化水稻种植的面积占全省水稻种植面积的 65％以上。

表 1　2011—2023 年安徽省水稻生产面积、单产及总产

年份	面积（万亩）	单产（公斤/亩）	总产（万吨）
2011	3 346.2	414.5	1 387.0
2012	3 322.6	419.4	1 393.5
2013	3 321.2	410.2	1 362.3
2014	3 326.0	419.3	1 394.6
2015	3 352.4	435.3	1 459.3
2016	3 806.0	412.5	1 570.0
2017	3 907.7	421.6	1 647.5
2018	3 817.2	440.4	1 681.1
2019	3 763.6	433.1	1 630.0
2020	3 768.1	414.2	1 560.5
2021	3 768.2	422.1	1 592.5
2022	3 770.3	422.8	1 594.1
2023	3 751.0	429.2	1 609.7

2. 品种

（1）品种审定情况　"十三五"期间，安徽省共审定水稻品种 283 个，其中早籼 13 个，中籼 176 个，晚籼 21 个，中粳 22 个，晚粳 51 个。安徽优质稻品种选育取得了积极进展，为发展优质稻生产提供了有力支撑。审定的 2 级米及以上品种 135 个，占审定品种总数的 47.7％。五年间，企业选育品种达到 161 个，占审定品种的 56.9％；科企合作选育品种达到 87 个，占审定品种的 30.7％；企业育种实力逐步增强，科企合作育种成为育种创新方向（表 2）。

2021—2023 年，分别有 158 个、171 个和 102 个水稻品种通过安徽省农作物品种审定委员会审定，其中籼型品种 303 个、粳型品种 128 个，2023 年审定的 102 个品种中达 1 级米的品种 10 个、2 级米的 51 个、3 级米的 21 个，等外的 20 个。

表2 2016—2020年安徽省水稻品种审定情况

年份	审定品种数	品种类型					品质结构		育成单位		
		早籼	中籼	晚籼	中粳	晚粳	1级米	2级米	企业选育品种数	科研单位选育品种数	科企合作选育品种数
2016	56	4	39	3	1	9	5	17	35	10	11
2017	36	1	24	3	0	8	5	9	19	6	11
2018	29	3	13	1	2	10	0	15	12	3	14
2019	57	3	33	6	6	9	5	24	40	3	14
2020	105	2	67	8	13	15	12	43	55	13	37
合计	283	13	176	21	22	51	27	108	161	35	87

（2）品种推广应用情况 根据安徽省种子管理总站统计（2016—2019年统计标准为5 000亩，2020年后为2 000亩，单个品种年推广种植面积低于统计标准的未纳入统计），安徽水稻年均推广应用的品种数520.0个（381～765），平均覆盖稻作面积3 473.9万亩（3 347.6～3 630.7万亩），覆盖度91.1%。其中，籼稻品种431.8个、占83.0%，粳稻品种88.2个、占17.0%；籼稻平均面积2 592.66万亩、占74.6%（69.5%～77.6%），粳稻面积881.3万亩、占25.4%（22.4%～30.5%）；籼∶粳大体在3∶1，水稻生产历来以籼稻为主。籼改粳在2014—2017年有较快发展，2018年后因价格、气候、收储等原因，粳稻面积有所回落。

从全省推广应用的水稻品种数量和应用面积情况看，安徽水稻推广应用品种数量多，主导品种不突出。2016—2020年平均年推广应用的水稻品种520个，其中年推广面积超100万亩的品种仅有1～2个。第一大品种为两优688，累计推广547.6万亩，年均109.5万亩；2017年面积最大，为156.4万亩。第二大品种为镇糯19，年平均推广85.3万亩；2018年面积最大，为105.1万亩。第三为皖垦糯1号，年平均推广80.6万亩；2016年面积最大，为99.9万亩（表3）。

年种植50万亩以上的品种10个左右，覆盖23.1%的稻作面积；年种植30万亩以上品种约22个，覆盖35.7%的稻作面积；年种植10万亩以上品种约78个，覆盖62.1%的稻作面积；其余80%的品种合计覆盖37.9%的稻作面积，年种植面积均在10万亩以下，有不少品种年种植仅1 000～2 000亩（表4）。

全省双季早稻主要为常规品种，主要有嘉兴8号、中早系列、浙辐系列等。一季稻主要为杂交中籼稻，少部分为优质常规。生产上应用的品种数较多，杂交稻以两系杂交籼稻为主，主推品种有徽两优系列、丰两优系列、深两优系列、Y两优系列、

表 3 2016—2020 年安徽省推广的主要水稻品种

年份	类型	≥100万亩（个）	≥50万亩（个）	≥30万亩（个）	≥10万亩（个）	推广面积前四的品种当年推广面积（万亩）			
2016	常规	1	4	7	35	皖垦糯 1 号（99.9）	皖稻 68（76.1）	镇糯 19（75.6）	镇稻 18（54.1）
	杂交	0	5	19	54	两优 688（95.1）	皖稻 153（70.2）	C 两优华占（69.9）	Y 两优 900（59.2）
2017	常规	0	5	7	26	镇糯 19（92.1）	皖稻 68（77.4）	皖垦糯 1 号（74.5）	镇稻 18（60.4）
	杂交	2	9	15	50	两优 688（156.4）	Y 两优 900（106.5）	C 两优华占（95.5）	徽两优 996（93.1）
2018	常规	1	3	5	24	镇糯 19（105.1）	皖垦糯 1 号（86.7）	镇稻 18（50.0）	皖稻 68（43.2）
	杂交	1	7	15	54	两优 688（143.5）	晶两优 534（79.4）	Y 两优 900（74.5）	C 两优华占（69.3）
2019	常规	0	3	6	24	皖垦糯 1 号（75.80）	嘉花 1 号（71.40）	镇糯 19（67.50）	皖稻 68（43.55）
	杂交	2	6	14	50	旱优 73（115.38）	晶两优 1212（100.34）	晶两优 534（92.25）	徽两优 898（90.20）
2020	常规	0	4	5	18	镇糯 19（86.3）	皖垦糯 1 号（66.3）	嘉花 1 号（63.3）	皖稻 68（51.0）
	杂交	1	6	17	56	晶两优 1212（123.45）	晶两优华占（68.2）	旱优 73（66.9）	两优 688（66.4）

表 4 2016—2020 年安徽省水稻品种推广分类统计情况

年份	≥50 万亩品种		≥30 万亩品种		≥10 万亩品种		所有统计品种	
	面积（万亩）	占比（%）	面积（万亩）	占比（%）	面积（万亩）	占比（%）	面积（万亩）	覆盖度（%）
2016	655.7	19.6	1 292.6	38.6	2 201.5	65.8	3 347.6	88.0
2017	1 085.5	31.5	1 373.0	39.8	2 326.1	67.4	3 451.3	88.3
2018	777.6	22.6	1 167.5	33.9	2 115.7	61.4	3 446.2	90.3
2019	770.3	22.0	1 199.9	34.3	2 094.0	59.9	3 493.8	92.8
2020	719.3	19.8	1 159.1	31.9	2 031.8	56.0	3 630.7	96.4
平均	801.7	23.1	1 238.4	35.7	2 153.8	62.1	3 473.9	91.1

荃两优系列以及以华占、丝苗所组配的系列组合等。常规稻以粳稻品种为主，应用品种主要有南粳、宁粳、镇稻、武粳系列等。沿淮粳糯稻区品种主要为皖垦糯、皖糯等，少部分为籼糯。江淮中南部及沿江江南的粳糯稻区主要为镇糯、宣糯、光明糯、

太湖糯等。双季晚稻主要为常规粳稻或粳糯。

随着品种审定绿色通道政策的实施，商业化育种体系建设不断完善，进入市场的水稻品种呈逐年增长的趋势。

3. 耕作与栽培

安徽水稻随着规模化生产的不断扩大，全省水稻产区主导耕作制度更加凸显，水稻—小麦周年两熟种植超过1 750万亩，水稻—油菜周年两熟种植650万亩以上。主导耕作制度的转变，在很大程度上提升了粮食生产的机械化水平，促进了轻简化生产方式的发展。全省水稻机插、抛栽、直播等种植方式的比例逐年上升。水稻收获基本实现了机械化，机收率达98%以上。

以稻田为中心的绿色增效技术模式在各地得到不同程度推广应用。据统计，2020年采用各种轻简生产方式种植水稻的面积占全省水稻种植面积的75%以上。其中，直播达50%左右，机插占25%。此外，无人机直播、机直播、全程机械化生产等方式也在不断探索示范中。随着绿色生态农业快速发展，水稻种植模式不断丰富。各地因地制宜，积极探索发展水稻绿色生产与稻渔综合种养种植模式，总结提炼出了稻虾连作、稻虾共作、稻蟹共作、稻鳅共作、稻鳖共作、稻鱼共作、早稻再生双季稻、中稻再生一种两收、烟—稻轮作、玉—稻轮作等各具特色和行之有效的增效技术模式，其中2023年再生稻面积扩大到近180万亩，2023年全省新增稻渔综合种养面积80万亩，总面积达722万亩，小龙虾总产达63.9万吨，实现亩产水稻500公斤，亩均增收1 000元以上。

4. 成本收益

2017年之前，在国家利好粮食生产政策的激励下，除少数受灾年份，大多数生产大户水稻生产效益基本保持在盈亏平衡点以上，一般亩纯收益在200～300元。2017年以后，受国家稻谷收购保护价下调的影响，稻谷市场行情总体下滑。据对全省350户水稻种植大户的调查，2022年水稻生产成本平均为1 113.3元/亩，比2017年的1 070.4元/亩增加了42.9元/亩，增幅4.0%；人工、化肥、农药、柴油等价格均不同程度上涨，生产成本呈逐年上升趋势。其中，人工成本146.3元/（天·人），比2017年增加12.82元/（天·人）；土地租金494.6元/亩，比2017年降低10.82元/亩；化肥、农药258.5元/亩，比2017年增加了20.92元/亩。受国家稻谷收购价格下调和市场销售形势影响，全省稻谷销售价格一般在2.32元/公斤，比2017年的2.58元/公斤下降了0.26元/公斤，减幅10.1%。就一季中籼稻而言，平均产值在1 047.3元/亩，扣除成本每亩净亏66元；与2017年产值1 110.9元/亩相比，每亩减少63.6元。大多数种植大户种稻一般没有效益，基本都亏本；只有地租较低、种植水平较高的大户仍有一定收益，纯收益在100～200元/亩。

5. 市场发展

据对种植大户稻谷销售价格调查，籼稻平均售价2.5～2.6元/公斤，较2019年的 2.36 元/公斤增加 0.14～0.24 元/公斤，价格普遍上涨。订单生产的优质籼稻标准水分稻谷收购价平均在 2.8～3.0 元/公斤，较普通稻高 0.4～0.7 元/公斤，从事优质稻生产的大户效益十分明显，市场销售形势总体好于普通稻谷。

"十三五"期间，安徽省组织实施了农业品牌行动计划，在粮食主产区，打造一批在全国叫得响、过得硬、有影响力的区域农产品品牌。按照"拾回老味道、重塑老品牌、恢复老技艺、开发新产品"的思路，创新品牌营销推介，塑造一批国家级农业品牌，创响一批徽字号、皖字号农产品品牌。鼓励农业企业和组织积极参加各类农产品展会，树立品牌形象，提升品牌知名度。截至 2023 年，全省"三品一标"认证稻米企业 1 000 家左右，拥有粮油类企业获中国驰名商标总数 27 个、绿色食品认证产品 543 个、省著名商标 314 个、省名牌 89 个。培育区域公用大米品牌有南陵大米、含山大米、马店糯米等 3 个农业农村部农产品地理标志；南陵大米、芜湖大米、金寨高山大米、颍上大米、白莲坡贡米等 5 个中国地理标志商标。另外还打造了霍邱虾稻米、桐城富锌米、枞阳大米等区域品牌，已经申报了地理标志农产品。

（二）主要经验

多年来，安徽水稻生产一直保持稳定发展的势头，主要得益于政府的重视支持、政策的引导激励、科技的支撑助力和生产经营者的坚持努力。

1. 强化政策落实，稳定发展水稻生产

安徽省认真贯彻落实国家有关粮食生产的各项扶持政策，保护农民种粮积极性。一是按照布局合理产能稳定的原则，开展粮食生产功能区和重要农产品生产保护区划定工作，将国家有关惠农政策向"两区"倾斜。二是鼓励符合条件的新型经营主体建立水稻生产社会化服务和托管组织，为水稻生产大户及时提供有效服务，财政部门从各级粮食生产发展资金中切块支持提供服务的组织。三是从民生工程项目中划拨部分资金加强对农业新型经营主体的技术培训，提高种粮大户等新型经营主体的生产经营水平。四是加强技术指导，大力推进水稻机械化、高效化生产，强化绿色高效新技术集成配套，推进优质稻米生产核心区建设，全面推动绿色高效生产技术示范推广。

2. 深入开展水稻产业提升与绿色高质高效创建，促进水稻产业提质增效

一是突出以规模化机械化育插秧技术为主导，选用品质好、市场畅销的优良品种，加大推广力度。二是鼓励耕地增施有机肥，积极推进化肥减量化使用，提升耕地质量；调整化肥使用结构，改进施肥方式，实行精准施肥、测土配方施肥、有机肥替代化肥、水肥一体化。三是加强病虫草害有效防控，推进农药减量控害，减少面源污染，提高农产品质量。据调查测算，一般生产效率提高 20% 以上，绿色节本增效 5%～8%，化学肥料每亩减少 10～15 公斤。四是推广稻渔综合种养模式，实施"双千工程"，因地制宜推广稻渔共生共育生态种养，全面推动绿色高效生产技术示范推

广。优化集成技术模式 20 余套，如"水稻＋小龙虾"种养模式、"水稻＋烟叶"种植模式、"水稻＋绿肥"种植模式、"水稻＋菜（瓜）"种植模式、"水稻＋中药材"轮作种植模式等。

3. 大力培育新型经营主体，促进产业融合发展

培育壮大了一批专业大户、龙头企业、专业合作社、家庭农场等"水稻＋"新型生产经营主体；培养了一批掌握水稻种植、经济作物种植、水产养殖、市场营销等技能的复合型人才，建立了以高素质农民为主体的"水稻＋"生力军。积极整合"水稻＋"生产资料供应、经营管理、产品加工、品牌营销等全产业链资源，促进一二三产业融合，成立产出、加工、销售紧密联系的产业化联合体，实现产业链接、要素链接和利益链接。截至 2023 年，全省"水稻＋"合作经济组织 350 个，家庭农场 800 个，30 亩以上大户 6 000 户。

4. 扎实做好"三情"监测工作，为水稻生产稳定发展保驾护航

安徽省水稻"三情"监测工作经过 10 多年的持续努力，已经从部门的项目实施工作，发展成全省农业技术推广部门的一项职能工作，"三情"期监测结果及时上报省委、省政府、农业农村部等，并适时发布监测信息，不仅为政府及领导决策提供了科学依据，也为水稻生产者提供了技术指导。2020 年，在全省 13 个水稻主产市的 35 个主产县（市、区）230 个早、中、晚稻监测点，开展了苗情 10 大类监测。通过苗情实时监测，准确掌握了水稻生长发育进程和群体动态，适时发布了苗情信息，加强水稻关键生育阶段的苗情分析与技术对策研究，为各级农业部门开展技术推广提供了科学依据，有效提升了水稻栽培管理水平，为全省水稻增产发挥了应有作用。

（三）存在问题

1. 自然灾害频发，异常极端天气影响较大

安徽省水稻生长期间，灾害性天气频发。安徽地处南北过渡带，气候条件复杂，变化剧烈，低温冷害、阴雨寡照、高温热害、洪涝干旱、寒露风等灾害性天气多发；加上江淮丘陵及皖南、皖西南山区丘陵岗地，农田基础条件差，土壤瘠薄，抗灾能力差，严重制约了水稻生产的高产稳产。2020 年发生历史罕见的长江、淮河、巢湖多流域特大洪涝灾害，农作物受灾面积达 1 800 余万亩；2022 年夏秋季出现 1961 年以来最严重的高温干旱灾害，对水稻产量形成造成严重影响。

2. 粗放生产方式发展迅速，配套先进技术措施难以落实

随着农村大量劳动力转移进城，加之耕地流转的快速发展，水稻规模化种植比例不断提高，水稻生产方式已由人工育苗移栽转变为以人工直播等轻简化种植方式为主，全省直播稻面积逐年扩大，2022 年达 2 321.7 万亩，占比 62％以上，并以人工撒直播为主，配套技术尚不完善，粗放生产方式在很大程度上制约了稻谷产能提升。水稻熟制上多稻并存，早稻和双季晚稻单产低于一季稻，制约单产提升。

3. 稻谷种植效益总体偏低，稻农生产积极性不高

受社会经济发展、国家粮食政策、国际粮食市场行情、自然气候条件等多重因素影响，水稻生产效益一直偏低。尤其是规模种植大户，在稻谷收购价格政策调减、种粮补贴不稳定、农业生产资料价格及用工成本上涨、产销形势变化大等因素影响下，稻谷收购价降低，农资价格上涨，种植稻谷微利甚至亏本，种稻收益总体不高，严重挫伤种粮大户生产积极性，削弱了对种粮的投入，水稻生产处于低水平循环。

4. 产业化程度偏低，稻米产业转型升级缓慢

工厂化育秧、机械化插秧等社会化服务组织较少，服务能力有限、成本较高，水稻育插秧、病虫草害防治、施肥及施药机械化推广不足。规模种植大户农忙时节用工难、用工成本高，导致部分关键生育期田管紧张，勤种疏管现象普遍存在。从稻谷仓储环节看，多数农户生产的稻谷是直接销售给粮贩或粮站，缺少粮食烘干设备，不能储藏或加工，收获期遇连阴雨等不良气候条件，便会造成巨大损失。从稻米加工方面看，加工业发展严重滞后，加工企业与种植大户的利益联结机制亟待完善。据统计，近年安徽稻谷外销率在 45%～48%，其中原粮（稻谷）占 2/3，二产与一产发展严重不平衡。从优质稻谷销售看，种植优质稻谷，难以优质优价，品牌稻米加工量较小，优质米销售渠道较窄，销售能力有限，订单收购难以做大做强。

二、区域布局

按照生态适宜、规模生产、商品率高和集中连片的原则，重点建设沿淮、江淮、沿江三大水稻核心主产区以及皖西大别山、皖南山区两大特色稻区，引导各区根据资源禀赋和功能定位，走特色化发展之路，充分发挥安徽稻米产业区域优势，推动形成稻米产业的布局体系。

（一）沿淮淮北平原单季稻区

该区域位于安徽省的北部，沿淮河分布，包括淮北南部的阜阳（颍上、阜南）、淮南、蚌埠及淮河南岸的六安（霍邱）、滁州（定远、凤阳、明光）等 5 市 11 个县（市、区）。种植面积 1 060 万亩，占全省水稻面积的 28%，2030 年和 2035 年面积稳定在 1 070 万亩，总产分别达到 492 万吨和 509 万吨。品种类型以常规中粳稻、糯稻、杂交中籼稻为主，兼顾小面积迟熟中粳糯稻。麦稻连作，一年两熟，光能资源丰富。随着基础设施的完善，该区域水稻生产将进一步发展，成为安徽重要麦稻商品粮生产基地。该区域主攻方向是完善水利条件，逐步建立优势粳糯稻生产基地。

（二） 江淮丘陵单双季稻过渡区

该区域位于安徽省江淮之间，主要包括滁州的东南部、合肥、马鞍山的西北部、芜湖（无为）、六安等5市13个县（市、区）。年种植面积约1 300万亩，占全省水稻面积的34.4%。2030年和2035年面积稳定在1 305万亩，总产分别达到582万吨和602万吨。该区域双季稻种植积温不足，一季稻积温有余，是单、双季稻过渡区。种植制度丰富，包括油—稻、蔬（经）—稻和麦—稻，以杂交中籼稻为主，近年来中粳稻、再生稻逐步发展。该区域主攻方向是建立优质中籼稻生产基地，适度发展再生稻，打造优质稻米品牌，改籼扩粳空间较大。

（三） 沿江双单季稻兼作区

该区域位于安徽省南部，沿江分布，包括芜湖、池州、宣城、铜陵、马鞍山（当涂）、六安（舒城的东南）和沿江西部安庆（太湖、望江、桐城、怀宁、潜山、枞阳、宿松）等7市14个县（市、区）。年种植面积约1 100万亩，占全省水稻面积的29.1%。2030年和2035年面积稳定在1 105万亩，总产分别达到495万吨和512万吨，是安徽省传统双季稻种植区。近年来在比较效益偏低、劳动力短缺等因素影响下，双季稻面积持续下滑，空闲田—中稻—再生稻、空闲田（油菜）—中稻种植模式不断扩大，品种类型以杂交中籼稻为主，兼有常规粳糯稻，该区域主攻方向是建设优质专用粳（糯）稻生产基地，鼓励恢复发展双季稻生产，适宜区域稳步扩大发展再生稻。

（四） 皖南山区和皖西大别山区稻作区

皖南山区主要包括黄山、池州（青阳、石台）、宣城（泾县、旌德、郎溪）、广德等4市13个县（市、区），种植面积200万亩，占全省水稻的5.3%。皖西大别山区主要包括六安（金寨、霍山）、安庆（岳西、潜山）、宣城（宁国市）等3市5个县（市、区）。种植面积120万亩，占全省水稻的3.2%。2030年和2035年两山区水稻种植面积稳定在220万亩，总产分别达到95万吨和97万吨。山高水冷，日照较少，以种植一季中稻和杂交籼稻为主。该区域主攻方向在皖南山区和皖西大别山区海拔500米以上适宜区域建设高山有机米生产基地。

三、发展目标、发展潜力与技术体系

"十三五"期间，安徽水稻生产有了长足发展，无论是单产还是总产都上了一个新的台阶，但与周边先进省份相比，无论产量、品质还是品牌，均发展潜力巨大。

（一） 发展目标

1. 2030 年目标

到 2030 年，水稻面积稳定在 3 700 万亩左右、单产稳定在 450 公斤/亩左右、总产保持在 1 665 万吨左右，品种品质结构逐步优化。

2. 2035 年目标

到 2035 年，水稻面积稳定在 3 720 万亩左右、单产稳定在 465 公斤/亩左右、总产稳定在 1 720 万吨以上，品种品质结构进一步优化。

（二） 发展潜力

安徽光温水资源充沛，水稻生长的自然条件优越，为实现水稻高产奠定了良好的自然基础。安徽介于东经 114°54′—119°37′、北纬 29°41′—34°38′，地处暖温带与亚热带过渡带，气候温暖湿润，四季分明。全省年平均气温 14～17℃，无霜期 210～250 天，≥10℃ 的积温在 4 700～5 300℃；太阳辐射年总量 4 200～4 900 兆焦/米^2，年平均日照时数 1 600～2 200 小时；年降水量 800～2 400 毫米，北少南多，冬季少夏季多；受水资源分布影响，全省水稻产区基本位于北纬 32° 以南即沿淮与淮河以南地区。因此，在各适宜稻区，无论是双季稻还是一季稻，其光温水资源均能充分满足水稻生长发育需求。

1. 面积潜力

调整区域种植结构，稳定稻作面积。一是沿淮地区继续扩大旱改水面积，二是在环湖沿河低洼地以及江淮易旱区改种节水抗旱稻，三是在沿江及江南地区稳定双季稻面积、适度扩大再生稻面积。全省水稻种植面积稳定在 3 700 万亩以上。

2. 单产潜力

现有品种与栽培技术有巨大潜力，为水稻产量水平提升提供了强有力的技术保障。在水稻生产实践中，主推的水稻品种在正常气候条件下，配套落实适宜的栽培技术，其产量潜能提升空间极大。在各种高产示范片上，安徽省一季稻亩产一般都在 700～750 公斤，小面积达 900 公斤以上；双季稻两季亩产一般可达 900 公斤，高的在 1 100 公斤以上。因此，在大面积实际生产水平下，科学运用现有品种与配套技术，安徽省水稻单产仍有 100～200 公斤/亩的上升空间。

3. 发展路径

（1）依靠科技，推广优良品种与先进技术　根据现状分析，大面积推广良种及其配套增产技术，技术的集成和推广落实到位更为重要。仅就现有品种潜力，若技术应用到位，增产潜力至少可达 25～50 公斤/亩。

（2）调整种植制度，优化稻米产业布局　优化种植结构和稻作制度，在适宜区域因地制宜发展油—稻、肥—稻替代麦—稻种植，合理茬口衔接，在减少冬闲田面积的同时提升地力，保障优质水稻生产；优化调整稻作品种类型，继续扩大粳稻和专用糯稻的生产，在稳定提高水稻产量的同时，提升产业化发展潜力。

（3）加强农田基本建设，提升地力水平　安徽水稻生产基础建设十分落后，大面积生产中科学灌排条件较差，加之气候异常频发，水稻单产年际间波动较大，主要是受旱、涝及高温、低温等自然灾害的影响大，需要持续增加高质量硬件设施建设，增强稳产高产能力。同时，目前安徽省水稻生产的氮肥施用量，平均要比邻近的江苏低40％～50％（江苏中稻为 18 公斤/亩以上，安徽省仅为 12～14 公斤/亩）。因此，适度增加有机肥、生物肥料的投入，特别是有机肥的投入量，可进一步提高水稻单产水平。

（三）技术体系

加强科技创新，组织开展协作攻关，加快突破性新品种选育与全程机械化丰产高效生产技术的集成配套，创新推广方式，加速水稻生产先进技术落实到田间地头。

1. 高产抗逆优质品种创新

充分发挥科研院所在种业基础研究上的优势，加强水稻优异种质的发掘、育种材料的改良和育种技术的创新。大力培育育繁推一体化的种子企业，开展水稻联合育种攻关，加快培育推广一批优质、高产、多抗的突破性水稻品种，发挥良种在农业增产增效、节本增效和提质增效中的支撑作用。

2. 绿色高质高效先进技术集成配套

找准水稻生产技术瓶颈，开展靶向攻关研究，切实解决水稻机械集约化育插秧、稻田综合种养、肥料利用率、病虫草飞防、直播稻田草害等方面的问题，以实现水稻绿色安全高效生产。按照"一控二减三基本"的要求，推广应用测土配方施肥、病虫害绿色防控、节水灌溉等绿色先进技术，进一步扩大先进适用生产技术的应用水平和覆盖面，努力实现稻米产业经济效益、生态效益和社会效益的协调统一。

3. 农机农艺农信融合

制定科学合理的机械作业规范和农艺栽培标准，聚焦水稻生产薄弱环节，促进工厂化集中育供秧、机械化栽植、化肥深施、机械联合收获等农艺农机融合技术应用，提高关键技术应用到位率。充分发挥信息技术优势，推进精准农业的发展，实现水稻生产的精准整地、精准播种、精准灌溉、精准施肥、精准防治、精细收获。

四、典型绿色高质高效技术模式

（一）沿淮地区优质粳稻（籼稻）机插—半冬性小麦机条播全程机械化绿色丰产生产技术模式

针对沿淮平原稻麦两熟区茬口季节矛盾突出，水稻生育早中期多阴雨寡照、中期常有高温干旱胁迫、后期低温危害结实，小麦难以及时适墒播种、出苗成苗差、中后期多有不利天气影响的生产实际，导致周年产量不高不稳的问题，通过品种优化配置（140 天左右的中早熟粳糯稻/籼稻＋半冬性中筋小麦品种）解决接茬季节矛盾问题，提高周年光温利用效率和产量。通过晚播增密减氮、高畦降渍播种、化控抗逆补偿等措施，提高稻麦周年抗灾减灾能力，优化集成以品种搭配、合理基本苗、新型控释稻麦专用肥并周年协调合理运筹、耦合水浆科学管理等为核心技术的优质粳稻（籼稻）机插—半冬性小麦机条播全程机械化绿色丰产增效模式。

（二）江淮丘陵优质水稻机插—弱春性小麦机条播周年绿色丰产优质生产技术模式

针对江淮地区传统稻—麦生产周年茬口衔接不紧，配置不合理，光温资源浪费严重；周年秸秆还田、耕作质量差，小麦一播全苗难，不利于高产群体构建；肥料施用不合理，施药不科学，肥水药利用效率低等问题，通过选用中晚熟水稻品种晚播晚收、小麦及时接茬晚收的双晚生育进程优化技术，减少稻麦空茬期 20～30 天，提高周年光温资源利用率；创制了秸秆还田与耕整地新机具，创建了稻—麦周年秸秆还田耕作技术，解决了高质量耕整地和稻茬小麦及时接茬播种难题；研发了新型肥料、农药，提出了周年肥、药减量化施用技术，提高了肥、药利用率。综合以上关键技术攻关，集成以光热资源高效利用的周年品种类型搭配、全程机械化生产（种/栽、施肥、植保、秸秆还田）、丰产健康群体构建、肥水耦合精确定量运筹、绿色病虫草害综合防控以及减灾避灾应急技术为核心的江淮丘陵优质中晚粳稻毯苗机播机插—弱春性小麦机条播全程机械化种植技术模式、江淮丘陵优质中晚粳稻钵苗机播机插—弱春性小麦机条播全程机械化种植技术模式以及江淮丘陵优质中籼稻毯苗机插—弱筋小麦机条播全程机械化绿色丰产增效生产技术模式。

（三）江淮、沿江地区优质水稻机插—油菜机播周年绿色丰产优质生产技术模式

针对江淮沿江地区水稻—油菜周年种植模式普遍存在机械化轻简化程度不高（特别是种植环节），农机农艺不配套，品种抗逆性差，周年肥水药投入量大且利用率低，稻油丰产增效抗逆难以兼顾，严重影响区域粮油增产潜力发挥和农民增收等问题。以"机械化、精准化、减量化"为突破口，在研发新型肥、药和农机装备基础上，提出以水稻精量播种精准机插—油菜精量机直播为核心，以肥水耦合精准减量化运筹、高效健康群体构建、药械联用绿色病虫草害综合防控为辅的江淮、沿江地区优质水稻机插—油菜机播周年绿色丰产优质生产技术模式，有效解决生产效率低、肥水药利用率低、生产投入高且综合效益低的问题。

（四）沿江平原区双季稻机插绿色丰产生产技术模式

针对沿江平原双季稻北缘区光温资源紧张，早、晚稻品种搭配不合理，周年光温利用率低；安全稳产水平低且农机农艺融合度不高；周年肥水配置与运筹不合理等问题，选用光温资源高效利用的品种，优化早、晚稻品种搭配，提高周年的光温资源利用率和产量；通过工厂化育秧、早稻机插增密减氮、晚稻旱育化控技术，提高农机农艺融合度；建立"控释氮肥＋干湿交替水分管理"的肥水耦合运筹技术，促进土壤氮素转换，有效解决控释肥氮"停滞期"养分不足问题，提高周年的肥料利用效率，集成了沿江地区早籼稻毯苗机插—优质晚粳毯苗机插绿色丰产增效生产技术模式和早稻毯苗机插—优质晚粳旱育无盘抛秧绿色丰产增效生产技术模式。

（五）沿江平原区再生稻全程机械化轻简丰产高效生产技术模式

针对再生稻机械收获碾压率较高，产量损失大的情况，结合主要水稻收获机机型，开展履带碾压稻茬减损技术优化。以"一适一优两高两抗"品种、适宜播收期、育插至收割机械化、前后季平衡施肥、水肥协调等技术为核心，优化集成早中稻—高留桩机收再生稻全程机械化绿色高产高效配套栽培技术模式和早熟头季稻—低留桩机收再生稻全程机械化绿色高产高效配套栽培技术模式。

安徽近年在水稻上还创建了水稻一种两收全程机械化绿色增效技术模式和稻田生态综合种养技术模式等，并在生产中得到良好应用。

五、重点工程

（一）优质品种选育与推广工程

加快推进种业科技创新，发挥现代分子育种技术优势，加强水稻种质资源挖掘、材料创新，以水稻生产区域优势布局为核心，选育推广优质、食味好、综合抗性强的杂交籼稻品种，突出优质食味好的粳稻、专用型糯稻等常规品种提纯复壮，以及特殊用途（功能性）水稻品种选育与应用。大力培育育繁推一体化的种子企业，开展水稻联合育种攻关，加快培育推广一批优质、高产、多抗的突破性水稻品种。

（二）生产装备条件建设工程

按照集中连片、旱涝保收、节水高效的要求，加强农田水利建设，实行与冬作小（大）麦、油菜和绿肥的周年轮作制，增加土壤有机质含量，建设一批高产稳产高标准农田。大力推广水稻集中育秧，重点提高机插秧、病虫防治、烘干、秸秆处理等关键环节的机械作业水平，促进农机农艺融合，推动水稻生产全程机械化。加快引导龙头企业、有条件的合作社等针对稻米加工中薄弱工序，开展关键技术和装备的开发，提高稻米加工副产品综合利用率。推广应用农业物联网监测系统，实现产供销全程信息化服务的智慧农业。

（三） 绿色高质量生产推进工程

以培育健壮群体、精准化施肥、节水灌溉为关键技术，创新开展绿色高质高效行动，加快推广以工厂化、标准化为重点的水稻育插秧高效技术，以增产增效、绿色生态为主的周年稻田综合技术，以防高温热害、低温冷害为主的避灾稳产技术等。运用综合生态、物理、生物等绿色技术措施，加强对稻瘟病、稻曲病、稻飞虱、螟虫等重大病虫害的统防统治和绿色防控力度，持续推进农药、化肥减量增效，开展有机肥替代化肥试点和精准灌溉等资源节约栽培，集成示范一批覆盖生产全过程的绿色高效生产模式。

（四） 现代化经营体系培育工程

引导新型经营主体发挥自身主业优势与链块聚集合作的集体组织属性，推动家庭农场高质量发展，提高规模化经营效益；促进农民合作社规范建设提升，增强生产服务能力；支持新型服务组织开展代耕代种、统防统治等农业生产性服务，为一家一户提供全程社会化服务，促进小农户和现代农业发展有机衔接；引导龙头企业向主产区集聚，健全完善联农带农联动机制。

（五） 产业开发挖潜增效工程

强化水稻全产业链开发、优质优价导向，积极引导新型农业经营主体，广泛参与稻米加工开发，推动粮食加工企业向生产基地集聚，实行订单生产、加价收购，加快土地流转和集并整理，推进集中连片规模化优质品种种植。聚焦稻米产品产地加工、烘干储藏、品牌建设等薄弱环节，在提高稻米质量和商品一致性上下功夫，加快地方特色品牌开发，打造区域特色的稻米国家地理标志、区域公共品牌，塑造全省优质稻米品牌，提高市场认知度和美誉度，推进生产、加工、流通、营销产业链全面升级，促进一二三产业深度融合，全面对接融入长三角一体化发展。

六、保障措施

（一） 科学规划，优化稻米产业布局

在沿江—江南稻区恢复扩大双季稻与再生稻的种植面积，提高复种指数；优化种植结构和稻作制度，在适宜区域因地制宜发展油—稻、肥—稻替代麦—稻种植，合理茬口衔接，在减少冬闲田面积的同时提升地力，保障优质水稻生产；优化调整稻作品种类型，继续扩大粳稻和专用糯稻的生产，在稳定提高水稻产量的同时，提升产业化

发展潜力；充分发挥各稻区的自然禀赋和产业优势，建设五大（沿淮糯稻、皖东优质中粳稻、江淮中部—皖西优质中籼、沿江优质中晚粳和皖西南绿色有机水稻）生产基地和产业群，促进区域水稻均衡增产，产业错位、协同发展。

（二） 强化品种与技术的创新，切实提高技术到位率

加大新品种选育力度，特别是优质、早熟、抗逆性强及适宜机插秧、直播、抛秧等轻简栽培需要的品种，强化优质高产品种示范应用，在稳定面积、产量的同时，提升稻米整体品质；加强品种审定和市场管理的力度，彻底扭转主导品种不主导、品种多乱杂的混乱局面。加强栽培技术的研究和集成，强化抗逆性和适应性栽培技术研究，解决水稻单产不高不稳的技术瓶颈。切实加强先进栽培技术的推广应用，创新推广方式，确保技术入户，并落实到田间地头。

（三） 加强农田基础设施建设，实现以地增粮

严格落实"两平衡一冻结"和永久基本农田及耕地保护政策，坚决遏制耕地"非农化"、防止"非粮化"，充分保障有效耕地面积，确保粮食播种面积的稳定。按照集中连片、旱涝保收、节水高效要求，加强高标准农田等农田水利基础设施建设，逐年提高新建高标准农田建设亩均财政投资标准，完善农田道路和沟渠桥涵等基础设施，稳步提升耕地地力水平。根据生产实际，统筹实施"小田变大田"，支持农田宜机化改造，扩大有效灌溉面积，通过合理轮作、科学施肥、优化排灌等措施，提高资源利用效率，增强粮食生产全过程抵御自然风险的能力。

（四） 强化创新发展，完善生产经营方式

培育壮大种粮大户、合作社、家庭农场等新型经营主体，创新经营管理机制和运行方式，大力开展专业化服务，在推广土地托管、代耕代种、联耕联种等服务模式的基础上，根据分散小农户需要提供全程、套餐式或点菜式的专业化服务。不断提高生产的组织化规模化水平，鼓励龙头企业、专业合作社等各类主体与农民建立紧密的利益联结机制，加强企业与农户订单履约机制，落实产销衔接、订单生产，实现水稻生产优质优价，农民增产增收。

（五） 加大政策扶持力度，调动种植积极性

加大财政支持力度，提高支持粮食生产资金投入水平，整合各级财政涉农资金，统筹落实资金来源，稳步提高土地出让收入用于农业农村的比例。加强财政支农资金监管，提高资金使用效率。稳步实施好"农业保险＋一揽子金融产品"行动计划，构建"政银保担基"紧密合作、产业链、供应链、政策链多链协同的新型农村金融服务体系。出台加强农业保险工作的意见，进一步规范农业保险承保理赔等工作。探索建

立适宜的巨灾保险制度，引导和鼓励地方特色农产品保险"扩面、增品、提标"。持续加大调动农民种粮积极性的政策保障，坚决制止耕地非粮化，恢复水稻生产种植属性。建立粮食主产区与主销区相衔接的政策和经济利益补偿机制，保证产销的通畅和稳定。加大并稳定粮食生产公益性技术服务的力度，切实加强技术队伍、体制与机制的建设，确保良种良法能落实到户到田。

福建水稻亩产 465 公斤
技术体系与实现路径

一、水稻产业发展现状与存在问题

（一）发展现状

1. 生产

（1）水稻面积、单产和总产变化情况　面积整体持续下降，近年小幅回升。2011 年以来，福建省水稻种植面积整体逐年下降，虽然 2016 年起有所减缓，但面积仍由 2011 年的 1 148.2 万亩降至 2019 年的 898.9 万亩，为 10 年间最低值；2020 年，为应对新冠疫情突发挑战、保障粮食安全，各地紧抓垦荒种粮，水稻种植面积小幅回升至 902.6 万亩；2023 年水稻面积 901.7 万亩，比 2011 年减少 246.5 万亩，减幅 21.5％。单产波动上升。2011—2023 年，福建省水稻单产呈波动上升态势，年际间波动较大，2011 年水稻单产 405.0 公斤/亩，2014 年达到 412.0 公斤/亩，2016 年又跌至 409.0 公斤/亩；2023 年水稻单产 438.0 公斤/亩，比 2011 年提高 33.0 公斤/亩，增幅 8.1％。总产"五连降"后小幅波动。2011—2016 年，福建水稻总产连续 5 年下降，由 465.6 万吨降至 386.6 万吨，此后水稻总产略有恢复；2023 年水稻总产 394.6 万吨，比 2011 年减少 71.0 万吨，减幅 15.2％(表1)。

表 1　2011—2023 年福建省水稻生产情况

年份	面积（万亩）	单产（公斤/亩）	产量（万吨）
2011	1 148.2	405.0	465.6
2012	1 102.1	406.0	447.2
2013	1 067.2	409.0	436.9
2014	1 029.6	412.0	424.1
2015	989.9	410.0	405.7
2016	946.4	409.0	386.6
2017	942.9	417.0	393.2
2018	929.4	429.0	398.3
2019	898.9	433.0	388.8
2020	902.6	434.0	391.8
2021	899.0	437.0	393.2
2022	899.2	438.0	393.7
2023	901.7	438.0	394.6

（2）不同茬口水稻生产变化　2023 年所有茬口类型水稻的种植面积都较 2011 年产生了不同程度缩减。早稻种植面积逐年降低，2019—2023 年相对稳定。2019 年前早稻种植面积减少尤为明显，2011 年早稻种植面积 277.3 万亩，2017 年跌破 200 万亩（177.8 万亩），2019 年降至 146.0 万亩，2019—2023 年则维持在 141.4～146.6 万亩。中稻与一季晚稻种植面积、双季晚稻种植面积变化特征类似。2016 年以前持续下降，中稻与一季晚稻种植面积的下降速度相对缓和，到 2017 年左右二者均有所回升，而后略微波动（图 1）。早稻占水稻面积比例进一步下降，中稻与一季晚稻占水稻面积比例逐步超越双季晚稻。从不同茬口水稻的种植结构变化看，一直以来面积最少的早稻所占比例下降最快；2011—2014 年双季晚稻生产面积始终占据最大份额，但 2015 年以来，中稻与一季晚稻生产面积开始超过双季晚稻，2023 年中稻与一季晚稻面积 381.2 万亩，双季晚稻面积 379.1 万亩（图 2）。

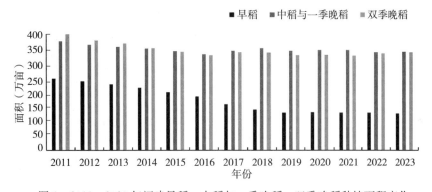

图 1　2011—2023 年福建早稻、中稻与一季晚稻、双季晚稻种植面积变化

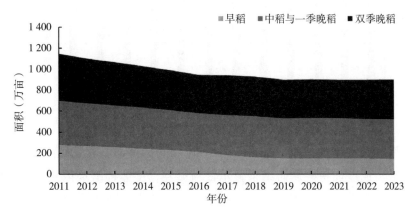

图 2　2011—2023 年福建不同茬口水稻种植结构变化

（3）再生稻生产现状　福建省气候生态条件和种植业结构调整等因素有利于再生稻发展。1988—2015 年，全省累计推广再生稻 1 813.1 万亩，粮食增产 390 多万吨，2016 年全省再生稻推广面积超过 30 万亩，平均单产达到 280 公斤/亩，是全国再生

稻平均单产的 2 倍。2011 年起，福建再生稻种植面积经历了"下降—回升"两个阶段。前一阶段受人工成本影响，种植面积下降，近年来机械化作业改进与推广适合机械化生产的强再生力品种等措施，促进了再生稻面积回升。

（4）水稻占粮食面积、总产变化情况 福建水稻面积占粮食面积约七成、水稻产量占粮食总产约八成，并基本保持稳定。2011—2018 年，水稻面积占粮食面积比例大多数年份维持在 75% 左右，2019—2023 年逐年下降，2023 年降至 71.5%（图 3）；2011—2018 年，水稻产量占粮食总产比例常年维持在 80% 左右，而后逐渐下降，2023 年降至 77.2%（图 4）。

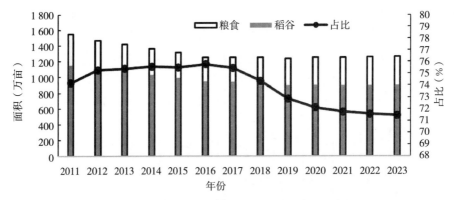

图 3 2011—2023 年福建水稻面积占粮食面积变化

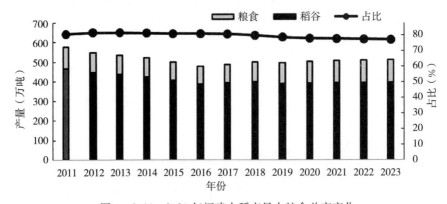

图 4 2011—2023 年福建水稻产量占粮食总产变化

（5）新型经营主体种植水稻占比变化情况 新型经营主体种植水稻占比有所增长，近年来增长速度加快。调研结果显示，新型经营主体种植水稻的投入产出效率要高于小农户，即新型经营主体的经营效益更好，发展态势较小农户更佳。福建又是多山地区，山垄田费力且肥力低，分配到山垄田的小农户弃耕情况多，而肥沃成片的洋面田更多被种稻大户承包，水稻生产向大户集中。另外，政策优惠更加倾向于种稻大户，小农户种稻效益低，大户靠补贴与农机代耕收入可获得更高效益。因此小农户种稻自然消退，新型经营主体占水稻种植比例增加。

2. 品种

（1）品种审定情况 水稻可选新品种丰富，推陈出新速度加快，不育系选育工作更加受到重视。2011—2023 年，福建省共审定水稻品种 444 个，不育系 130 个。从每年闽审品种数量增长曲线来看，该指标分别在 2014 年、2019 年、2020 年、2022 年各有一次较大飞跃，而闽审不育系数量则在 2019—2022 年有显著突破。具体看：闽审品种数量由 2011 年的 9 个增至 2022 年的 92 个，2023 年审定政策调整后，审定品种数量降到 46 个，但总体上可供选择的新品种更为丰富，品种更新速度加快；不育系在 2011 年为 0 个，2019 年起年均审定 20 个以上，最高为 2021 年的 28 个，不育系选育工作取得长足进步，2023 年福建省取消不育系审定改为鉴定。品种类型更加多样，特种稻品种的空白得以填补。2011—2017 年福建仅审定 1 个特种稻品种（红米），但 2018 年起陆续审定了 23 个，且在 2022 年取得突破，当年审定了 10 个特种稻品种。截至 2023 年共有闽审红米品种 17 个、黑米品种 7 个。优质稻品种审定数量在 2020—2023 年增幅极大。2011—2018 年，每年达到 2 级米质标准以上的品种数均不超过 5 个，2019—2022 年则分别达到 11 个、37 个、19 个、59 个，尤其 2022 年优质稻育种数量再创新高，当年共审定了 21 个 1 级米，38 个 2 级米。2011—2022 年，闽审糯稻品种仅 2018 年有 3 个，2021 年、2022 年各 1 个，而功能稻品种数量仍为 0 个，这些类型的品种市场上可选择性较少（表 2）。

表 2 2011—2023 年闽审水稻品种数量情况

单位：个

年份	审定品种数	粘稻	糯稻	优质稻		特种稻		不育系
				1 级米	2 级米	红米	黑米	
2011	9	9	0	0	0	0	0	0
2012	13	13	0	0	0	1	0	1
2013	8	8	0	0	1	0	0	4
2014	27	27	0	0	1	0	0	4
2015	19	19	0	0	0	0	0	5
2016	21	21	0	0	1	0	0	7
2017	22	22	0	1	2	0	0	2
2018	24	21	3	2	3	2	1	9
2019	40	40	0	0	11	1	0	21
2020	70	70	0	7	30	3	3	27
2021	53	52	1	8	11	2	1	28
2022	92	91	1	21	38	8	2	22
2023	46	46	0	15	16	0	0	15

（2）品种种植结构　2016—2023 年，福建省杂交稻品种种植面积占比均保持在91.1%～93.4%，且呈先增、后减、再增的趋势，由 2016 年的 91.4% 增至 2018 年的93.4%，后逐渐回落到 2022 年的 91.1%，2023 年又增至 93.0%；常规稻品种种植面积占比先减、后增、再减，从 2016 年的 8.6% 跌至 2018 年的 6.6%，2022 年又逐渐回升至 8.9%，2023 年再降至 7.0%。粳稻品种种植极少，籼稻品种占绝对主导地位，但该比例正在下降，同时籼粳杂交稻品种种植推广势头强劲。2016—2023 年，每年的粳稻品种种植面积不超过 1%；2016 年籼稻品种种植面积占 90.6%，2023 年该占比降至 83.6%；多个籼粳交品种在福建表现良好，品种种植占比，由 2016 年的9.1% 波动增至 2023 年的 16.4%（表 3）。

表 3　2016—2023 年福建水稻品种种植面积占比情况

单位：%

年份	按制种方式分类		按米质特性分		按遗传特性分		
	杂交稻	常规稻	糯稻	粘稻	粳稻	籼稻	籼粳交
2016	91.4	8.6	1.4	98.6	0.4	90.6	9.1
2017	92.4	7.6	1.2	98.8	0.6	89.1	10.3
2018	93.4	6.6	1.0	99.0	0.2	86.3	13.6
2019	93.1	6.9	1.2	99.0	0.8	88.2	11.1
2020	93.0	7.0	1.9	98.1	1.0	85.1	13.9
2021	92.0	8.0	3.1	96.9	0.3	84.0	15.8
2022	91.1	8.9	1.7	98.3	0.4	81.3	18.2
2023	93.0	7.0	1.8	98.2	0.0	83.6	16.4

根据 2011—2023 年福建省推广面积 10 万亩以上的水稻品种分析：品种数最多的 2011 年达 32 个，杂交水稻品种主要以高产的 II 优、特优系列和品质较优、产量较高的宜香优系列为主，常规水稻是品质较优、产量较高的佳辐占、泉珍10 号，没有国标、部标 2 级以上优质稻品种；品种数最少的 2021 年只有 12 个，杂交水稻品种以中浙优、甬优、晶两优、荃优系列为主，常规水稻是佳辐占、泉珍 12。

2012 年开始，福建省推广面积 10 万亩以上品质又达 2 级优质稻以上的水稻品种有丰两优 1 号、Y 两优 302，这种状况持续了 5 年，2017 年推广面积 10 万亩以上的水稻品种没有国标、部标 2 级以上优质稻品种；2018 年出现了晶两优 534、荃优822 等品种，2019 年福建省首个自主育成的部标 1 级优质稻品种荃优 212 推广面积达 10 万亩以上。2023 年达国标或部标 1 级、2 级优质稻且推广 10 万亩以上的品种有 6 个，个数占比 33.3%，6 个 2 级优质稻以上品种面积占总播种面积的 7.6%；

随着 2023 年福建省优质稻审定的 1 级、2 级品种数量大幅增加，预计今后一段时期品质达 2 级优质稻以上、推广面积 10 万亩以上的水稻品种个数和面积占比也将不断上升。

3. 耕作与栽培

福建水稻生产育秧手段主要有集中育秧和工厂化育秧两种，两者面积占比分别为 45% 和 40%，分散育秧面积占比仅为 15%；集中育秧和工厂化育秧成为一种必然的发展趋势，育插秧社会化服务发展较快，代育代插面积占比 40%，代插秧面积占比 20%。在种植方式方面，以机插或手插秧为主，福建机插秧近年发展较快，机插面积占比 60% 左右，手插秧面积占比 30% 左右；抛秧以人工抛秧为主，没有机抛秧，人工抛秧面积占比约为 10%。在田间管理环节，各地大力推进病虫害专业化统防统治工作，成立了防治专业合作社并组建有一定植保技能的人员队伍，配备了相应的植保器械，无人机飞防已经得到普遍认可。水肥管理方面，福建省 2009 年就开始实施测土配方施肥技术，全省测土配方施肥面积超过 1 800 万亩，实施区域配方施肥建议卡和施肥技术指导入户率达到 90% 以上。除了山垄田、小田块、分散田块外，70% 的田块采取机耕机收，收获后干燥基本用烘干设备或烤烟房烘干。福建稻米加工企业较多，但有足够影响力的龙头企业不多，稻米加工行业整体水平参差不齐。

4. 成本收益

（1）成本与收益总体变化　2011—2022 年，早、中、晚籼稻每亩产值、总成本、净利润的变化趋势一致，每亩产值波动上升，总成本基本保持增长态势，净利润波动下降。从 2011—2022 年每亩产值的总体变化看，早籼稻由 2011 年的每亩 1 197.48 元波动上升至 2022 年的 1 403.96 元；中籼稻涨势最小，由每亩 1 319.31 元波动上升至 1 456.13 元；晚籼稻涨幅最大，由每亩 1 215.28 元波动上升至 1 477.50 元。从总成本增长变化来看，晚籼稻成本增长最多，由每亩 1 013.11 元增至 1 507.39 元；中籼稻由每亩 1 020.42 元增至 1 365.13 元，成本增长相对最少；早籼稻由每亩 1 026.42 元增至 1 491.53 元。从净利润波动下降趋势来看，早籼稻由正值转为负值，自 2013 年起均为负利润，由 2011 年的每亩 171.06 元跌至 2022 年的 −87.57 元，增长率为 −151.19%；中籼稻净利润由 2011 年的每亩 298.89 元波动下降至 2022 年的 91.00 元，增长率为 −69.55%；晚籼稻净利润也从 2013 年起出现负值，并在大多数年份表现为负利润，2011 年为每亩 202.17 元，2022 年则为每亩 −29.89 元，增长率为 −114.78%。目前看，早籼稻、晚籼稻产值虽然有所提高，但净利润常年为负值，中籼稻是唯一在 2011—2022 年间保持正利润的茬口类型，种植早、晚籼稻效益远低于中籼稻（表 4）。

（2）成本结构分析　早、中、晚籼稻各项成本逐渐提高，其中物质与服务费用涨幅最大。2011—2022 年，早、中、晚籼稻种植的土地成本基本呈上升态势，分别增

表 4 2011—2022 年福建稻谷每亩成本收益数据

单位：元

年份	早籼稻			中籼稻			晚籼稻		
	产值合计	总成本	净利润	产值合计	总成本	净利润	产值合计	总成本	净利润
2011	1 197.48	1 026.42	171.06	1 319.31	1 020.42	298.89	1 215.28	1 013.11	202.17
2012	1 248.83	1 188.96	59.87	1 364.78	1 151.31	213.47	1 282.75	1 199.94	82.81
2013	1 238.03	1 287.97	−49.94	1 339.58	1 262.81	76.77	1 299.33	1 338.09	−38.76
2014	1 305.03	1 373.96	−68.93	1 431.97	1 281.49	150.48	1 371.99	1 371.77	0.22
2015	1 365.31	1 388.95	−23.64	1 332.49	1 308.10	24.39	1 352.55	1 407.08	−54.53
2016	1 322.92	1 399.15	−76.23	1 381.82	1 244.71	137.11	1 245.29	1 403.56	−158.27
2017	1 316.97	1 443.07	−126.10	1 376.99	1 287.06	89.93	1 347.28	1 429.14	−81.86
2018	1 277.88	1 434.94	−157.06	1 346.47	1 291.22	55.25	1 281.43	1 426.85	−145.42
2019	1 245.50	1 462.34	−216.84	1 317.93	1 248.51	69.42	1 338.83	1 403.76	−64.93
2020	1 360.34	1 468.52	−108.18	1 450.20	1 273.19	177.01	1 449.22	1 429.75	19.47
2021	1 407.06	1 504.23	−97.17	1 469.48	1 284.08	185.40	1 454.56	1 452.17	2.39
2022	1 403.96	1 491.53	−87.57	1 456.13	1 365.13	91.00	1 477.50	1 507.39	−29.89

长了 25.56%、16.72%、16.33%。生产成本近乎逐年递增，早籼稻由每亩 847.29 元涨至 1 266.61 元，增长 49.49%；中籼稻由每亩 816.62 元涨至 1 127.26 元，增长 38.04%；晚籼稻由每亩 837.49 元涨至 1 303.09 元，增长 55.59%。其中，物质与服务费用早、中、晚籼稻分别增长了 328.13 元、220.71 元和 321.32 元，涨幅分别为 90.84%、60.91% 和 88.05%；人工成本也快速上涨，早、中、晚籼稻分别由每亩 486.06 元、454.25 元、472.55 元涨至 577.25 元、544.18 元和 616.83 元，涨幅分别为 18.76%、19.80% 和 30.53%（表 5 至表 7）。

中籼稻种植每亩总成本常年低于其他茬口水稻，主要原因是其生产成本最低。长期以来，中籼稻种植的土地成本虽然较早、晚籼稻略高，但其生产成本显著低于早、晚籼稻，因此中籼稻历年每亩总成本均比早、晚籼稻低。从构成生产成本的物质与服务费用、人工成本分析得出，中籼稻种植所耗费的物质与服务费用在大多数年份上较早、晚籼稻稍低，人工成本则远远低于早、晚籼稻。

5. 市场发展

2011 年以来，福建省稻谷收购价格基本稳定，稻米批发价有所提高，2023 年较 2011 年提高了 36.1%。优质稻谷价格比普通稻谷高出 0.8～1.0 元/公斤，但是优质稻的产量普遍低于普通稻，效益优势并未体现。

表5 2011—2022 年福建早籼稻每亩成本构成

单位：元

年份	总成本	生产成本	物质与服务费用	人工成本	土地成本
2011	1 026.42	847.29	361.23	486.06	179.13
2012	1 188.96	1 018.61	403.82	614.79	170.35
2013	1 287.97	1 101.96	401.41	700.55	186.01
2014	1 373.96	1 166.44	433.83	732.61	207.52
2015	1 388.95	1 185.18	439.98	745.20	203.77
2016	1 399.15	1 192.43	431.77	760.66	206.72
2017	1 443.07	1 243.63	455.22	788.41	199.44
2018	1 434.94	1 231.16	497.23	733.93	203.78
2019	1 462.34	1 238.67	531.08	707.59	223.67
2020	1 468.52	1 241.05	602.83	638.22	227.47
2021	1 504.23	1 283.69	640.48	643.21	220.54
2022	1 491.53	1 266.61	689.36	577.25	224.92

表6 2011—2022 年福建中籼稻每亩成本构成

单位：元

年份	总成本	生产成本	物质与服务费用	人工成本	土地成本
2011	1 020.42	816.62	362.37	454.25	203.80
2012	1 151.31	935.48	381.32	554.16	215.83
2013	1 262.81	1 028.21	397.46	630.75	234.60
2014	1 281.49	1 047.07	418.79	628.28	234.42
2015	1 308.10	1 081.30	454.75	626.55	226.80
2016	1 244.71	1 013.47	433.43	580.04	231.24
2017	1 287.06	1 042.89	455.07	587.82	244.17
2018	1 291.22	1 063.29	477.77	585.52	227.93
2019	1 248.51	1 010.57	485.40	525.17	237.94
2020	1 273.19	1 041.00	513.18	527.82	232.19
2021	1 284.08	1 027.91	539.58	488.33	256.17
2022	1 365.13	1 127.26	583.08	544.18	237.87

表7　2011—2022 年福建晚籼稻每亩成本构成

单位：元

年份	总成本	生产成本	物质与服务费用	人工成本	土地成本
2011	1 013.11	837.49	364.94	472.55	175.62
2012	1 199.94	1 026.83	401.61	625.22	173.11
2013	1 338.09	1 145.29	443.64	701.65	192.80
2014	1 371.77	1 163.60	452.22	711.38	208.17
2015	1 407.08	1 201.52	435.92	765.60	205.56
2016	1 403.56	1 197.59	463.19	734.40	205.97
2017	1 429.14	1 208.53	498.04	710.49	220.61
2018	1 426.85	1 206.77	505.32	701.45	220.08
2019	1 403.76	1 203.80	566.11	637.69	199.96
2020	1 429.75	1 226.21	584.85	641.36	203.54
2021	1 452.17	1 242.99	619.58	623.41	209.18
2022	1 507.39	1 303.09	686.26	616.83	204.30

（二）主要经验

1. 全面落实粮食安全责任制，严格保护耕地，稳定播种面积

各地进一步落实粮食安全省长责任制，优化粮食安全省长责任制考核方案，层层压实责任，形成"党政同责，部门共管"的工作机制。落实耕地地力保护补贴、水稻种植（制种）保险补贴、稻谷最低收购价、农机具购置补贴等各项惠农扶粮政策，保护和调动农民种粮积极性。落实省级人民政府耕地保护目标责任制度，严格执行耕地保护分解任务，把基本农田落实到地块和农户，确保全省农田面积保持在 70 万～75 万公顷的水平上，数量不减少、用途不改变、质量有提高。按照粮食行政首长负责制精神，落实各级政府和部门主要负责人对本区域内保护基本农田、稳定粮食播种面积、增加粮食产量、充实地方储备、保证市场供应、稳定粮食价格的行政责任，维护粮食和经济安全大局，正确处理调整农业结构与发展粮食生产的关系，把保证粮食生产、提高种粮农民收入作为调整农业生产结构的一项重要任务。

2. 多元化加大科技投入，增强粮食生产创新，提高粮食保供能力

建立以政府为主导、粮食企业为补充的多元化、多渠道粮食科研投入体系，省级重大科技项目经费向粮食安全领域倾斜，促进粮食科研创新能力建设，加快粮食技术成果的集成创新、中试熟化和推广普及，推动现代粮食产业体系建设，提升区域粮食科技创新能力；坚持粮食科技推广体系的公益性质，构建基层农技推广服务体系，引导农业科研机构、大专院校广泛参与粮食科技培训、辅导和技术推广工作，

引导和鼓励涉农企业、合作经济组织开展农业技术培训和推广活动,积极为农民提供科技服务,提高粮农科学技能,增强粮食生产创新能力。福建省政府启动粮食产能区建设,落实省级财政支持产能区开展粮食增产模式攻关与推广的新增专项资金,着重扶持水稻工厂化育秧示范点、产能区规模经营水稻新型经营主体和标准农田建设,提高粮食产能区平均亩产水平。科技成果向企业流动,推动种业科技成果产权交易,育种要素向企业流动,培育种业企业、科研单位成为创新主体。重点围绕现代种业和保障粮食安全重大需求,针对种质资源、品种创制、良种繁育、种子加工流通等重大技术环节,对育种研发进行全产业链系统布局。规划突出需求导向、品种导向,强调产学研融合,多部门协作,注重机制创新和商业化育种体系及企业创新主体建设。

3. 开展水稻配套新技术的集成创新与应用

集成创新优质稻全程机械化栽培技术、优质稻直播节本高效栽培技术、优质再生稻低留桩机收再生技术、优质稻"双减"绿色节本高效栽培技术、稻田综合种养高效栽培技术、稻田田园观光联合体技术、中低产田水稻增产增效技术、籼粳交优质稻品种超高产高效栽培技术、特种稻紫两优 737 高产高效栽培技术、优质稻有机栽培技术等,通过技术的创新与组装集成,达到既提升水稻食用与卫生品质,又提高水稻产量,并节省生产成本的目的,为产业发展、环境保护和提高效益提供技术支撑。

(三) 发展优势

1. 气候及水资源条件适宜,具备复种潜力

福建属典型的亚热带湿润季风气候区,雨热同季,气温年较差小,无霜期长,热量资源丰富,光能资源优越;同时,其依山面海,雨量充沛,水系密布,水资源充足,为水稻种植提供了极好的光、热、水条件。福建作为拥有复种潜力优势的南方传统双季稻区,水稻产业的生产弹性更大。尤其在发生灾害、疫情等特殊时期,发挥双季稻区的复种潜力,是满足粮食紧急生产需求的有利条件。

2. 独特的高山生态种植环境,造就高品质大米生产条件

福建省山地丘陵地带多,生态环境好,部分海拔较高的地区日均温度低,昼夜温差大,稻米生长时间长,稻株光合作用产物积累多,品质更佳,拥有得天独厚的优质稻米生产条件。独特的高山生态种植环境,为福建稻米走高端优质路线提供了可能性。"浦城大米""河龙贡米"等优质大米品牌已崭露头角。

3. 水稻育种成效突出,育种水平位居全国前列

20 世纪 80 年代以来,福建省的水稻育种工作者通过协作攻关,在超高产育种、优质早稻品种选育、抗瘟不育系选育和超级再生稻育种栽培技术等方面处于全国优势地位,取得了辉煌成就,以谢华安院士培育的"汕优 63"为代表的几十个良种在全

国累计推广约 15 亿亩，为水稻增产和保障粮食安全作出了巨大贡献；育成的特优 175、Ⅱ优明 86 等品种先后打破世界水稻单产最高纪录；育成的谷优、全优、乐优、成优、繁优、民优等一系列抗稻瘟病不育系，不仅解决了福建省因高温多湿、病虫频繁等生态条件导致的抗性问题，还在长江上游、武陵山区、海南、广东等地得到大面积推广应用，为稻瘟病重发区水稻安全持续生产提供了重要科技支撑。

4. 水稻杂交制种基础条件优越，制种产业蓬勃发展

福建北靠长江中下游流域的一季稻区，南接华南双季稻区，全省水稻品种在上述地区都具有较广泛的适应性。2013 年，建宁县就被农业部认定为国家级杂交水稻生产基地，打造中国南方"种业硅谷"。目前，福建已成为全国杂交水稻制种集散地，全国杂交水稻种业公司前 10 强均在福建省建立了制种基地。同时，福建的杂交水稻制种面积及其占全国的比例逐年增加，目前全省杂交水稻制种面积占全国杂交水稻制种面积的 20% 左右，成为全国杂交水稻制种面积最大的省份，杂交水稻制种年产值超过 10 亿元。

（四）存在问题

1. 水稻品种创新与实际品种需求贴合度不够

现有的水稻育种发展现状与农户品种需求不完全贴合，即科技创新存在供需脱节问题。经调查发现，种稻农户在优质品种、适合山垄田品种的更新需求上存在缺口。市面上高产型、抗倒伏型的品种选择较多（尤其是高产品种），而使稻农满意、信赖的优质型水稻品种（最主要特征为口感好）推出较少，其中红米、黑米等特种稻优质品种需求较普通白米相对更难得到满足；福建作为一个多山省份，种植山垄田的生产者占据了一定比例，但长期以来水稻育种大方向笼统，未予以细化，选育品种多半适合主流的洋面田种植农户，对于种植山垄田的农户很少单独考虑，对于这类农户的品种更新需求满足不够。

2. 种稻积极性下降导致耕地抛荒撂荒、非粮化现象时有发生

当前，水稻种植成本高、收益低，种稻比较效益偏低，农户的种稻意愿低，积极性差，存在耕地抛荒撂荒、非粮化现象。一方面，受粮食安全、稳定粮价的政策影响，稻米作为一种必须能被大众消费得起的商品，平均价格长期维持在一个较低水平；肥料、农药、种子、土地租金等各种农业生产资料价格有所提高，导致水稻种植成本上升，非农生产活动也拉高了农村劳动力价格，劳动力工价不断上涨，人工成本激增。另一方面，随着社会发展，城镇化进程迅速，非农就业机会大大增加，务工收入相较于从事一产的收入更为稳定、可观；同时，与其他经济作物相比，稻米也存在价格劣势。总之，相较于其他生产活动，水稻种植比较效益低，农户作为理性小农，偏向于外出打工或改种效益较高的经济作物，种稻积极性持续下降，种植面积扩大受到较大阻力。

3. 新型经营主体规模小、品牌意识薄弱

新型经营主体大多数规模小，100 亩以上的新型经营主体数量仅占 12.1%；新型经营主体品牌意识整体较弱、全产业链开发意识和能力不足，导致盈利和生存能力不够。种粮主体年龄结构、知识结构不合理，40 岁以下占 4%，40~50 岁占 22%，50~60 岁占 36%，60 岁以上占 38%，学历多以小学、初中文化为主，少数有高中文化以上，大学以上学历更是少之又少。农资价格和劳动力成本逐年上涨，种粮效益低，青壮年劳动力大部分外出进城务工，种地后备人选逐年减少。

4. 水稻机械化生产难以推广

近年来，福建水稻机械化生产有一定发展，但作为典型的山地丘陵地带，仍然存在农业机械化难以推广的问题。全省主要农业机械拥有量不多，特别是适宜山垄田、小田块、分散田块便捷操作的针对性机械更少，远不能满足水稻种植机械化生产的需要，机械化水平偏低。尤其在水稻生产的育秧、插秧等环节中，机械化生产普及率低的情况更为严重，机械化工厂育秧、机械化插秧相对较少。而要解决水稻生产劳动力不足，生产成本高的问题，则必然需要发展机械化生产。目前，机械化生产难以推广成为福建水稻生产现代化发展的主要制约因素。

5. 打造全国闻名的优质稻米地标任重而道远

尽管福建省种稻历史悠久，是中国的种稻主产区，但产业发展并不成熟，水稻的生产、加工、营销没有进入高级阶段，打造全国闻名的优质稻米地标仍任重而道远。在水稻生产方面，福建省水稻生产方式传统，农户小规模种植仍是最主要的模式，田间管理技术和植保技术标准化率低，这种生产方式容易造成农户个体间稻米品质与产量差距大，不利于稻米品质控制。在水稻加工方面，福建省水稻产业链短，稻米加工企业虽多，但有足够影响力的龙头企业不多，稻米加工行业整体水平参差不齐。在营销方面，尽管"河龙贡米"等在省内已具有较高的知名度，但在全国范围内市场认可度有限，福建仍缺乏全国知名的品牌，且本土品牌的市场覆盖率也较低，品牌效应还不显著，缺少高档优质稻米品牌。

二、区域布局

（一）福建水稻产业区域分布

福建省绝大多数县（市、区）均有水稻种植，沿海地区水稻种植面积相对较少，内陆地区水稻种植面积较多，水稻种植面积大致由东南沿海向西北山区递增，聚集形成了闽北、闽西 2 大主产区。闽北主产区主要以南平市建阳区、浦城县、建瓯市、邵武市等水稻种植面积贡献突出的县域为核心，并向四周辐射；闽西主产区主要包括武平县、上杭县、长汀县、宁化县等，这些县域互相毗连，紧密抱团聚集。

福建省水稻种植面积最少的县（市、区）为平潭综合实验区、东山县、石狮市、

福州市辖区、漳州市辖区、晋江市、泉州市辖区、厦门市辖区、华安县、三明市辖区、惠安县、漳州市长泰区、罗源县、宁德市蕉城区，绝大多数位于闽东南、东北沿海地区，2023 年水稻种植面积均低于 5 万亩。水稻种植面积次低区域，除政和县以外，全部位于闽东北、闽东、闽南地区，面积在 5.01 万～10.00 万亩。全省大部分县（市、区）的水稻种植面积集中在 10.01 万～20.00 万亩，这类县（市、区）有 24 个。水稻种植面积次高区域为建宁县、龙岩市永定区、连城县、古田县、尤溪县，面积在 20.01 万～30.00 万亩。浦城县、南平市建阳区、武平县、建瓯市、邵武市、长汀县、南安市、上杭县、宁化县 9 地为全省水稻种植面积最大的县（市、区），面积均超过 30.01 万亩，排名前 5 的县（市、区）及其水稻种植面积分别为浦城县 42.87 万亩、南平市建阳区 42.08 万亩、武平县 34.99 万亩、建瓯市 33.71 万亩、邵武市 33.20 万亩。

（二）水稻生态区划

1. 闽南双季稻区

（1）基本情况　该区包括福州（福清）、莆田、泉州、漳州、厦门等地，农业气候优越，年平均气温 20～21℃，无霜期 310 天以上，年日照时数 2 000～2 300 小时，年降水量 1 300～1 400 毫米。光温资源丰富，适宜喜温喜湿的水稻等作物生长，水田灌溉条件较好。该区域有兴化、泉州、漳州三大平原。面积 1 375 千米²，地势平坦，土壤肥沃，渠网密布，灌溉便利，有效灌溉面积 457.85 万亩，占耕地面积的 64.19%、占本区水田面积的 98%，耕作、排灌、植保等机械设备较多，机械化水平较高，是福建省粮食高产区。

（2）主要目标　该区域是福建省粮食高产区，也是经济作物高产区。根据"决不放松粮食生产，积极发展多种经营"的方针，近期内发展亚热带经济作物，要面向荒山荒地。不要占用粮田，要基本上稳定现有粮食耕地面积，并积极利用秋冬闲地和采取间作套种等措施，增加复种指数，推行多熟制，扩大粮食作物播种面积。

（3）主攻方向　努力提高单位面积产量。该区域宜农荒地少，粮田面积难以扩大，要充分发挥光热资源和技术经验及劳力充裕的优势，克服耕地少的劣势，扬长避短，集约经营，不断提高单产，增加总产，逐步提高人均粮食占有量，稳定和减少粮食调进量，提高粮食自给率。

（4）种植结构　该区域耕作轮作制主要有两种，一是水田以种植双季稻为主，冬季部分种小麦，少数种绿肥油菜，实行双三熟耕作制；二是在平原水田和沿海丘陵旱地之间的过渡地带，可利用春季雨水多的特点，实行春种水稻，夏种甘薯或花生的水旱轮作制，在甘蔗产区可实行蔗稻隔年水旱轮作制。其中，双季稻为主占比达 75%。

（5）品种结构　常规籼稻品种：佳辐占、东联 5 号、湘早 143、泉珍 10 号、佳早 1 号、漳佳占、中早 39、闽泉 2 号、特优早；常规粳稻品种：台粳 8 号、龙糯 496、闽岩糯、粳籼 961、台农 67、台粳 140；杂交稻品种：天优华占、宜优 673、晶两优 534、荃优 822、深两优 5814、丰两优 1 号、晶两优华占、Y 两优 1 号、隆两优黄莉占、晶两优 1212、甬优 4550、荟丰优 3301、Ⅱ优 039、M 优 2155。

（6）技术模式　闽南地区现代化水平高，拥有耕作、排灌、植保等机械化设备较多，机械化水平较高，主要采用水稻全程机械化种收。

2. 闽东双季稻区

（1）基本情况　该区域包括福州（长乐、闽侯、连江、罗源、永泰、闽清）和宁德（福安、福鼎、霞浦）等地，耕地面积 286.17 万亩，占全省 14.91%，其中水田面积 220.5 万亩，占全省 14.31%，占该区耕地面积的 77.60%。三面背山，东面临海，境内除福州平原外，多为低山丘陵和河流间不规则的平原，河流纵横密布，年平均气温 17～20℃，年无霜期 260～320 天，年日照时数 1 600～2 000 小时，年降水量 1 300～1 800 毫米，光、热、水资源能满足双三熟制的需要。农田灌溉施肥水平中等，农田有效灌溉面积 152.99 万亩，占耕地面积的 53.46%、占水田面积 69.38%。

（2）主要目标　稳定粮食耕地和适当扩大粮食播种面积。该区域除茶叶和一些果树甘蔗等经济作物外，主要生产粮食。发展茶叶等经济作物一般不占用粮田。

（3）主攻方向　努力提高单产。该区域大部分县粮食产量较低，增产潜力较大。要在稳定粮食种植面积的同时，改进耕作技术，集约经营，提高单产，增加总产。

（4）种植结构　该区域的耕作制度，稻田以双季稻为主，冬季种小（大）麦，也有种生育期短的白菜型油菜品种，但种绿肥作物的较少。双三熟面积占稻田面积的 10% 左右；海拔较高的山区水田种单季稻；丘陵梯田，灌溉条件较差，一般上半年种早稻，下半年种秋大豆，实行稻—豆水旱轮作制。

（5）品种结构　常规稻品种：佳辐占，中早 39；杂交稻品种：晶两优华占、甬优 15、甬优 17、中浙优 1 号、宜优 673、泰丰优 3301、甬优 2640、广优 673、恒丰优 777、金谷优 3301。

（6）技术模式　该区域除福州平原及沿海、沿江的小平原机械耕作水平较高外，大部农田主要依靠人畜力耕作，机械化水平不高。

3. 闽东单季稻区

（1）基本情况　该区域包括古田、屏南、寿宁、周宁、柘荣等 5 个县，耕地面积 105.54 万亩，占全省 5.5%，其中水田面积 89.25 万亩，占全省 5.75%、占该区耕地的 84.56%，人均耕地 1.12 亩。农业气候条件是全省最差的地区。该区鹫峰山脉蜿蜒境内，丘陵山地占土地面积的 80% 以上，海拔高度均在 600 米左右。寿宁、屏南县城海拔高达 800 米，冬季时有下雪，年日照时数 1 800 小时，年降水量 1 800 毫米，最冷月平均气温 <5℃，双季稻寒害严重，以种植单季稻为主。

（2）主要目标　努力提高单季稻产量、充分利用 6—8 月光照资源条件，扩大杂交水稻种植面积，改进耕作技术，科学经营管理，争取一季高产。

（3）主攻方向　努力提高单产。该区大部县粮食产量较低，增产有很大潜力。要在稳定粮食种植面积的同时，改进耕作技术，集约经营，提高单产，低中求高，高中求稳，低产变高产，高产再高产，增加总产。

（4）种植结构　双季稻田地势较低，土壤较好，提倡冬季扩种绿肥，推行肥—稻—稻双三熟制的面积，占双季稻田面积的 20%～30%；少种小麦，多种油菜，单季稻田提倡稻—油、稻—肥二熟制，增加复种面积，用养结合，改良土壤结构和肥力，为提高单产创造条件。稻—马铃薯二熟制在当地有悠久的种植历史，如生活上和商业贸易上有需要，仍可继续种植。提倡稻—玉米耕作制，粮饲结合，发展畜牧业，增加经济收入。

（5）品种结构　常规稻品种：佳辐占；杂交稻品种：甬优 9 号、中浙优 8 号、福两优 366、甬优 15、甬优 1540、甬优 17、广 8 优 673、中浙优 10 号、中浙优 1 号、宜优 673、泰丰优 3301、甬优 5552、Y 两优 5866、野香优 676、金农 3 优 3 号。

（6）技术模式　机械化程度一般，大部农田主要依靠微耕机或人畜力耕作。

4. 闽西北双单季稻区

（1）基本情况　该区域包括南平（邵武、建阳、浦城、顺昌、建瓯、武夷山、光泽、松溪、政和）、三明（明溪、清流、宁化、沙县、永安、大田、尤溪、将乐、建宁、泰宁）和泉州、德化等地。耕地面积 608.34 万亩，占全省 31.69%，其中水田578.85 万亩，占全省 37.3%。气候温润多湿，山区垂直气候十分显著，年平均气温16～20℃，无霜期 180～320 天，浦城、武夷山有下雪，年降水量1 400～2 000毫米，年日照时数1 700～1 900小时，温暖湿润。双季稻占水稻播种面积的 74%，为双单季稻交叉种植区。

（2）主要目标　采取措施，改革耕作制度，适当扩大水稻播种面积。

（3）主攻方向　努力提高单位面积产量。对亩产较低的大多数中、低产田进行改造。这些中低产田多数分散在山坳、光热条件差的地区，因受地下水、潜层水及地表水危害、土壤普遍潜育化，部分水田有机质含量虽高，但分解缓慢，有效肥力低，稻苗坐兜迟发，产量不高。要巩固和提高高产地区稳产高产田的粮食生产水平。改进栽培管理技术，推广、普及良种（包括杂交水稻组合），育壮苗，合理施肥，科学用水，在防寒害、防病虫等方面下功夫，不断提高产量。要加强粮田基本建设，不断扩大稳产高产田面积。

（4）种植结构　以双季稻为主的地区，实行双三熟制，即以肥—稻—稻为主，占双季稻田面积的 40%～50%。以单季稻为主的地区，选择水稻品种时，水田肥、水条件较好的，以高产杂交水稻组合为主，水肥条件较差的，以高产常规品种为主，争取一季高产；还要实行二熟制，但应以肥稻为主，因地因土安排豆稻（或稻豆）、肥稻、油稻的种植比例，约占单季稻田面积的 30%。

（5）品种结构　在品种安排上以高产品种为主，早稻以中熟、高产品种为主，高中求稳；晚稻以稳产早中熟品种为主，稳中求高。积极试种示范优质稻，逐步扩大种植面积，提高大米质量。主要品种选择，常规稻：佳辐占；杂交稻：中浙优 8 号、福两优 366、晶两优华占、甬优 1540、两优 688、中浙优 10 号、甬优 9 号、晶两优 534、荃优 822、甬优 17、宜优 673、野香优航 148、泰丰优 2098、深两优 5814、广 8 优 673、野香优 676、泰丰优 656、广 8 优 165、T 两优明占、天优 3301、金谷优 3301。

（6）技术模式　机械化程度高，主要推广籼粳交超高产技术模式。

5. 闽西南双季稻区

（1）基本情况　该区域包括龙岩、上杭、永定、武平、漳平、连城、长汀等 7 县，耕地面积 206.06 万亩，占全省 10.74%，其中水稻播种面积占全省 12.53%，双季稻面积占稻田面积的 77%，农业气候温暖湿润，年平均气温 16～20℃，无霜期 260～310 天，年日照时数 1 600～2 000 小时，年降水量 1 400～1 800 毫米，光热资源南部 5 县比较丰富。

（2）主要目标　以双季稻为主，稳定双季稻面积。

（3）主攻方向　改造低产田、改善生产条件，更主要的是要提高科学种田水平，确保播种面积，稳定双季稻面积。

（4）种植结构　双季稻田要积极推行"肥—稻—稻"、"油—稻—稻"双三熟制，一般可占双季稻田面积的 30%～40%；近年来单季稻田面积不断扩大。

（5）品种结构　近年来单季稻面积逐步扩大，双季稻面积减少明显。主要品种选择，常规稻：佳辐占；杂交稻：中浙优 8 号、福两优 366、晶两优华占、中浙优 10 号、中浙优 1 号、晶两优 534、荃优 822、甬优 17、宜优 673、宜优 99、泰丰优 3301、野香优航 148、泰丰优 2098、广 8 优 673、泸优明占、野香优 676、深优 9775、广 8 优 165、T 两优明占、炳优 6028、元优 919。

（6）技术模式　机械化程度高，主要推广优质稻高产技术模式。

三、发展目标、发展潜力与技术体系

（一）发展目标

1. 2030 年目标

到 2030 年，水稻面积稳定在 900 万亩，单产达到 450 公斤/亩，总产达到 405 万吨。达国标、部标 2 级以上优质稻品种个数占比 30%，面积占播种面积的 70%。

2. 2035 年目标

到 2035 年，水稻面积稳定在 900 万亩，单产达到 465 公斤/亩，总产达到 419 万吨左右。达国标、部标 2 级以上优质稻品种个数占比 33%，面积占播种面积的 8.5%。

（二） 发展潜力

1. 面积潜力

2011 年起福建水稻种植面积持续下降，但 2016 年起有所减缓，尤其在 2020 年，为应对新冠疫情突发挑战、保障粮食安全，福建各级党委、政府高度重视粮食生产，各基层紧抓垦荒种粮，水稻种植面积迅速缓和回升，显示了较大的提升潜力。同时，福建的复种优势也能够进一步发挥面积增长潜力，可以通过复种高效利用土地资源。

2. 单产潜力

福建水稻单产始终呈现波动上升状态，2016 年后单产大幅增长，2023 年达到 438 公斤/亩。随着高标准农田建设、水稻大面积单产提升行动等持续推进，福建水稻单产水平将继续稳步提升。

3. 提升面积、单产潜力的主要制约因素

种粮比较效益较低、农村劳动力缺乏、农田基础设施不健全、粮食生产机械化水平较低。

（三） 技术体系

1. 提高稻田复种指数，促进水稻播种面积稳中略增

严格控制非农建设占用耕地，确保基本农田总量不减少、质量不下降、用途不改变。搞好土地利用总体规划，引导农户和农村集约用地、节约用地。加强农村集体建设用地和农民宅基地管理，提高土地利用率。补助推广双季稻，扩大再生稻种植，提高水稻复种指数，扩大水稻种植规模，提高水稻总产量。

2. 加大水稻新品种、配套技术研究力度，提高稻谷单产

选育抗病性强、抗逆性强、适宜机械化栽培的高产优质水稻新品种，同时研究其配套高产高效栽培技术，集成应用良种推广、配方施肥、绿色防控、机耕机收等措施，不断提高水稻单产水平。充分挖掘种质资源潜力，按市场需求和当地的生产特点，规划好食用、饲用、食品加工、工业用稻等专用品种的开发种植，明确目标、配套专业技术。

3. 加大农业基础设施建设力度，强化防灾减灾能力

通过多种渠道整合资金，建设高标准农田，特别是在中低产田改造方面要进一步加大力度，改善农业生产条件；加强旱情、洪涝等灾害天气以及病虫害的监测预警，落实各项防灾减灾措施。

4. 加快土地流转，鼓励粮食产业化经营

引导做好土地流转工作，着力发展多种形式的农民专业合作社及新型农业生产和服务主体。充分发挥农业龙头企业及种粮大户在开拓市场、加工转化、多种经营、销

售服务、品牌建设等方面的优势，完善"公司＋基地＋农户"的粮食产业化经营模式，形成带动和示范作用。

5. 加强科技投入，提高稻作产业科技含量

加强科技培训和推广体系建设。稳定现有农技推广队伍，扶持集体、民办等科技服务组织，实行多元化发展。加强农民科技素质教育，不断提高其掌握和使用先进实用技术的本领。加大科技研发力度。充分利用闽北地区丰富的稻米资源，开发粉干、米酒、味精、糕点、米糠制油等精深加工产品，形成系列开发、梯次开发、深度开发的新格局，提高稻作产业科技含量，促进产业优化升级。

四、典型绿色高质高效技术模式

（一）水稻制种田穗茎病害绿色防控技术

福建省三明市是中国重要的稻种基地，年制种面积、产量分别占全国的 18％ 和 21％，建宁县则以 14 万亩杂交水稻制种田成为全国最大的杂交水稻制种基地县，生产的水稻种子除满足本省利用外，95％ 销往南方各稻区，并出口至越南、泰国、菲律宾、老挝等"一带一路"共建国家和地区。

制种田特殊的生态体系与栽培模式决定了其与大田常规稻或优质稻的水稻病虫害种类与发生存在差异，易导致病虫害发生严重或暴发流行。多年来通过福建省现代水稻产业技术体系项目的调查发现，三明市水稻制种田最严重的病害主要包括稻瘟病、稻粒黑粉病、稻纹枯病、稻紫秆病、稻曲病；根据上述制种田主要病害具有同律、同期、同位、同质的特点，即病菌主要在孕穗至破口抽穗期侵染，高温多湿（多雨）、密植过度、偏施氮肥、长期深水灌溉的稻田有利这些病害发生。

2016 年起，在福建省三明市的建宁县濉溪镇圳头村、尤溪县溪乡台溪村等多地开展了以防控稻粒黑粉病和稻瘟病为主的防控工作，确立改善稻田生态、强化健身栽培、种子消毒、适时适期科学使用农药的防控策略。通过示范推广，亩产增产率 7.9％～16.8％，达到了少施农药并增产的目的，明显提高了经济效益，亩增效 300 元以上。

技术要点：药剂浸种，清除菌源；健身栽培，平衡用肥；水旱轮作，改善稻田生态；育壮健苗，适时早栽，尽量避免花期与低温阴雨天气相遇；减少赤霉酸使用量；合理密植，增加通风透光；精准施药，一药多治。

（二）密集烤房干燥水稻种子技术

福建省是杂交水稻第一制种大省，烟后制种是福建省杂交水稻制种的重要模式。针对福建省烤烟密集、烤房烟叶烘烤后闲置，杂交水稻制种田收割后种子晾晒难，常遇降水导致种子质量下降问题，研究形成的技术规范。通过该技术，实现了密集烤房高效利用，降低了劳动强度，解决了种子晾晒问题，提高了种子质量，保障国家杂交水稻用种安全。

密集烤房干燥水稻种子技术被遴选为福建省 2018 年农业主推技术。2015 年以来在三明、龙岩、南平等闽西北地区以及湖南省、江西省进行示范推广，获得良好效果。2016—2020 年，在福建三明制种基地，五年累计改造密集烤房 6 600 座，其中建宁县累计改造 2 322 座，全市累计利用该技术烘干水稻种子 8 800 万公斤，占全市种子总产量的 62.8%。截至 2020 年，全省累计改造密集烤房 8 000 座左右，年烘干 20 万亩以上水稻制种田种子，占全国杂交水稻制种面积的 15% 左右。目前该技术正在闽西北、湖南、江西杂交水稻制种区推广应用。

与传统人工自然晾晒的生产技术相比，每烤约 2 500 公斤种子可节约成本 0.2 元/公斤，种植效益提高 40 元/亩左右；与现有机械烘干技术相比，可节约成本 0.25 元/公斤，种植效益提高 50 元/亩左右。采用该技术烘干水稻种子，发芽率稳定在 85%以上，比国家标准高 5%以上；特别是若收获季节遭遇连续阴雨天气，采用密集烤房烘干的水稻种子发芽率明显高于自然晾晒的种子发芽率。同时密集烤房改造也可以用于稻谷烘干，且不影响下一季烟叶烘烤，提高了密集烤房的利用率。

以该技术为核心的建宁县杂交水稻轻简制种技术推广与应用获 2016—2018 年度全国农牧渔业丰收奖三等奖。

（三）水稻主要害虫稻飞虱绿色防控新技术体系

福建省农业科学院水稻研究所自主研发的稻飞虱行为干扰技术可干扰稻飞虱的取食、交配、产卵等行为，减少后代数量；稻飞虱卵寄生蜂人工释放技术将自主繁育的大批量稻虱缨小蜂和赤眼蜂释放于稻田，通过寄生稻飞虱卵实现防治目的；植物载体系统技术通过在稻田周围构建稻飞虱卵寄生蜂替代寄主定殖的载体植物，确保卵寄生蜂在未稻飞虱时期顺利繁衍，维持种群。上述三种技术进行集成，建立水稻主要害虫褐飞虱绿色防控新技术体系，可有效防治稻飞虱危害，减少农药施用量、降低种植成本，促进水稻绿色生产。

核心技术水稻主要害虫稻飞虱绿色防控新技术体系自 2016 年以来分别在福建省尤溪县、永泰县、武平县、浦城县、光泽县等进行示范、推广，获得良好效果。2020 年，采用该技术体系在福建省尤溪县联合镇连云村建立千亩梯田绿色生产示范片，2020 年 6 月初插秧至同年 9 月中下旬收割，未发生稻飞虱危害情况，稻田捕食性和寄生性天敌增加 77% 和 194.1%。平均亩产达到 651.1 公斤，收获稻谷被多家稻米加工厂抢购，稻谷干谷价格每百斤从 2019 年的 160 元提升至 2020 年的175～180 元。

与常规技术相比，应用该技术体系农药使用量减少 50%～70%，产量提高 10%以上，稻田捕食性和寄生性天敌增加 100%以上。绿色生产可使稻田亩节约成本 100 元以上，收获的稻米相比普通稻米价格提升 10％以上，可有效带动农民种粮积极性。同时增加稻田景观，美化稻田环境，提升稻田附加价值，有利于稻田可持续发展。

技术要点：一是稻飞虱行为干扰装置。该技术利用特定波长和经编程的光照强度高低频率变换，影响夜间水稻害虫视觉感受器，进而打乱其昼夜节律，干扰其取食、求偶、交配及产卵等行为，最终导致稻飞虱生长发育历期改变，后代数量降低，将害虫种群数量控制在防治水平以下，维持农田生态平衡，达到绿色防治目的。二是稻飞虱卵寄生蜂人工释放技术。以褐飞虱未受精卵为寄主，室内大量饲养稻虱缨小蜂和稻虱赤眼蜂。通过定期稻田稻飞虱种群调查，在稻飞虱大量发生并产卵前 2～3 天，每 10 亩放入稻飞虱卵寄生蜂 1 000～2 000 头，卵寄生蜂雌性成虫可在稻飞虱卵内产卵寄生，导致稻飞虱卵无法孵化从而减少后代数量。三是植物载体系统技术。以构树作为载体植物在稻田四周进行种植，在稻飞虱未出现时，构树上栖息的半翅目中性昆虫（如小绿叶蝉等）可作为稻飞虱卵寄生蜂的替代寄主，保证卵寄生蜂种群的繁衍；稻飞虱出现后，卵寄生蜂可快速返回稻田防治稻飞虱。考虑到卵寄生蜂成虫以花蜜为食，在稻田四周种植格桑花作为蜜源植物以延长卵寄生蜂成虫的寿命。

（四）杂交水稻制种母本机械化育插秧技术

开展水稻制种母本机械化育插秧技术熟化推广研究，该技术改变了传统制种户面朝黄土背朝天的落后插秧方式，正常一个熟练的机手一天可插秧 30～40 亩，与以前人工手插一天 1 亩的工作效率相比，大大提高了生产效率。同时机械化插秧也是现阶段高产栽培技术体系中的重要技术环节，正常 1 亩可增产杂交稻种子 30～50 斤，具有省工、省种、省力、易操作、劳动强度小、效率高等优势。

2009 年开始水稻制种母本机械化育插秧技术试验研究，共进行了 9 个批次试验示范，取得良好效果。2012 年 8 月和 9 月，有关专家分别对位于福建省建宁县和武夷山市的 2 个各 1.33 公顷的母本机插示范片进行验收：建宁示范点制种产量达 5.70 吨/公顷（组合为谷优 2329），为当地高产水平；武夷山市示范点平均产量 3.09 吨/公顷（组合为川优 651），比对照人工手插增产 2.5％。自试验开展以来，常年在建宁县溪口镇开展百亩水稻制种母本机械化育插秧技术熟化配套示范，年带动生产规模达 6 000 余亩。

机械化育秧采取的标准化育秧育出毯状健壮秧苗，具有密度高、秧龄短、肥水和秧田利用率高等特点，节省综合成本明显。机械插秧采取嫩秧定穴、定苗、浅栽，植株分布均匀、光照充足，有利于早生快发，同时利于水肥及病虫害集约管理，为增产稳产奠定基础，据有效统计，每亩正常可增产 30～50 斤。与常规人工移栽相比，该技术工作效率是人工手插秧的 30～40 倍，每亩节约人工成本 40～60 元，经济效益明显提高。

五、重点工程

（一） 加强耕地保护与耕地质量提升工程

全面落实永久基本农田划定，严格控制非农建设占用耕地，确保基本农田总量不减少、质量不下降、用途不改变。搞好土地利用总体规划，强化政策扶持，引导农户和农村集约用地、节约用地。加强农村集体建设用地和农民宅基地管理，提高土地利用率。实施地力提升工程，改善土壤理化性状，实现用地与养地结合，提升耕地质量等级。开展有机肥替代化肥试点工作，建立减量增效示范区，调整施肥结构，改进施肥方法，减少化肥施用量，减轻农业面源污染，发展绿色粮食生产。

（二） 加强高标准农田建设和水利设施建设

加强高标准农田建设，开展撂荒耕地整治，整合新增千亿斤粮食产能规划田间工程建设、土地整理、高标准农田建设、山垄田复垦、农田水利建设等项目资金，集中建设好水稻生产功能区，为水稻全程机械化生产创造条件。安排农田设施维护专项资金，对已建设好的高标准农田等路、沟、渠及时维护，延缓农田基础设施的老化损坏。对农田水利设施设计、建造及运行、使用和维护等各阶段进行有效治理，创新农田水利设施管护模式，推广新型农田水利设施。

（三） 加大水稻"五新"技术推广力度

加强农业"五新"工程发展战略，通过农业专业合作社、农机专业合作社、科技特派员示范基地，新品种展示基地在农业生产过程中推广应用新品种、新技术、新肥料、新农药、新机具。强化粮食"五新"技术示范和集成推广应用，重点扩大优质稻特别是高档优质稻种植，调整优化粮食结构，规模创建一批粮食绿色高产优质示范片，带动粮食大面积绿色生产、均衡增产、提质增效。

（四） 加大新型经营主体培育力度

培育壮大新型经营主体，建立健全龙头企业绑定合作社、合作社绑定农户的"双绑"利益联结机制，将小农户带入大市场，稳定增加收益，提升新型经营主体辐射带动能力。建立健全土地承包经营权流转机制，促进粮食核心产区土地承包经营权有序流转，推进粮食适度规模生产经营。引导和鼓励农民专业合作社、家庭农场、农业企业、种粮大户等新型种粮主体依法流转土地，扩大粮食生产规模。强化政策力度，对新型经营主体在提升设施与装备保障水平、提升融资保险能力、人才培养、对接涉农服务等方面提供政策支持。

（五） 推进粮食生产病虫害统防统治和绿色防控

建立重要病虫害的预测预报、确定防治阈值，以病虫害发生规律和预测预报为依据，科学用药，建立化学防治专业化队伍，推广新型施药器械和精准施药技术，通过资金投入、示范带动、技术保障、宣传指导等多种渠道，增强农民科学安全用药和减少化学农药使用的主观意识，营造良好社会氛围。扩大农药包装废弃物回收与处置试点，推进秸秆综合利用和农膜回收利用，进一步完善镇村农膜回收网点，加大残膜清运力度，积极联系对接秸秆综合利用企业，实现农膜秸秆资源化利用。

六、保障措施

（一） 提高政治站位，落实党政同责

各级各有关部门要提高政治站位，坚持底线思维，强化战略意识，切实落实好粮食安全党政同责，要建立主要领导带头抓、分管领导具体抓、部门单位协同抓的工作机制，切实扛起粮食安全责任。

（二） 强化政策宣传，稳定播种面积

认真宣传贯彻落实好耕地地力保护补贴、农机购置补贴、水稻种植保险、粮食最低收购价、社会化服务等各项粮食生产扶持政策，鼓励各地因地制宜出台新的粮食生产扶持政策，充分调动农民种粮积极性。

（三） 贯彻"藏粮于技"，提高单产品质

积极争取农业农村部粮食绿色高质高效整县制创建、省粮食产能区增产模式攻关与推广、省优质稻示范推广等项目，强化粮食"五新"技术示范和集成推广应用，重点扩大优质稻特别是高档优质稻种植，调整优化粮食结构，规模创建一批粮食绿色高产优质示范片，带动水稻大面积绿色生产、均衡增产、提质增效。大力推进水稻生产病虫害统防统治和绿色防控，扩大农药包装废弃物回收与处置试点，推进秸秆综合利用和农膜回收利用。

（四） 落实"藏粮于地"，巩固提升产能

鼓励各地积极出台措施办法，坚决遏制抛荒地增量，努力减少存量，坚决遏制耕地"非农化"，防止耕地"非粮化"，正确引导农民退经、退林、退塘还粮，分类稳妥处理耕地"非粮化"，不断夯实粮食扩种基础。加快推进水稻生产功能区建设，高标准农田建设项目重点安排在功能区。大力推进耕地地力提升工程，积极向上级部门争取并实施测土配方施肥、绿肥与商品有机肥、退化耕地治理等地力提升项目，不断提

升现有耕地质量等级，提升耕地产能。

（五） 加快农机推广，提高生产效率

加大新机具推广力度，不断完善农机购置补贴政策，将更多适应丘陵山区水稻生产的新机具、智能化农机具纳入补贴范围。扩大粮食生产社会化服务，积极争取上级社会化服务项目资金，加快发展面向小农户和机育、机插、机防、机烘等水稻生产薄弱环节的托管服务，加快推广"滴滴农机"服务模式。

（六） 加强引导扶持，鼓励规模种粮

正确引导耕地向新型经营主体流转集中用于种粮，加大政策扶持和技术培训力度，不断提高农民科学种粮水平，促进粮食生产向规模化、标准化、专业化方向发展。积极出台政策，对发展双季稻生产、流转抛荒地发展粮食生产、利用蔬菜大棚轮作种植水稻的经营主体给予奖补。切实抓好粮食收购，防止农民"卖粮难"现象发生，安排专项资金用于储备订单粮食收购直接补贴。

（七） 培育产业龙头，打造粮食品牌

加大政策扶持力度，加大粮食产业龙头企业、家庭农场、专业合作社等新型主体培育力度。努力打造"三品一标"知名粮食品牌，不断提升"三品一标"农产品市场影响力和知名度。

（八） 完善共享机制，提高粮农效益

充分发挥行业协会在合作、沟通、交流和行业自律等方面的作用，为种子企业、种粮大户、农资企业等搭建交流合作平台，减少中间环节，降低粮食生产成本。采用订单、股份合作、服务带动、多层次融合等模式，探索建立粮企与粮农利益共同体，充分调动各方积极性，不断延伸粮食产业链，增加共同体利润增长点和增长率。建立健全利益共享机制，帮助粮农更多分享产业利润效益，真正与龙头企业等经营主体形成利益共同体，切实提高农民种粮效益。

（九） 健全救灾机制，提高抗灾能力

完善气象监测预警机制，强化异常天气信息快速预警发布机制，完善农作物病虫害监测预警机制，加强联防联控机制，做好科学防灾，努力减少灾损。建立健全救灾备荒应急种子储备制度，确保灾后恢复生产和应急用种。提升水稻、甘薯、玉米等粮食作物种植保险保障水平，降低农民种粮风险。

（十） 建立奖惩机制，压实各方责任

强化粮食安全责任制考核，对粮食生产综合考评优秀的给予通报表扬，并在下年度有关项目资金安排上给予倾斜支持，对没有完成粮食生产约束性任务的进行通报批评，并对其主要领导进行约谈。

江

西

江西水稻亩产 430 公斤
技术体系与实现路径

一、水稻产业发展现状与存在问题

（一）发展现状

1. 生产

（1）面积保持稳定，总产稳中有升　2011 年以来，江西省水稻种植面积稳定在 5 000 万亩以上，其中 2017 年种植面积最大，达到 5 257.0 万亩；之后种植面积略有下降，2023 年种植面积为 5 075.8 万亩，较 2011 年增加 99.2 万亩。水稻单产 2011—2014 年增加明显，年均增产 4.13 公斤/亩；2015—2019 年增加平缓，至 2019 年单产达到最高，为 408.1 公斤/亩，较 2011 年增产 16.2 公斤/亩。但 2020 年和 2022 年因水稻生育后期遭遇不利天气影响，单产出现较大波动。其中，2020 年由于早稻成熟期、晚稻抽穗灌浆期分别遭遇了连续强降水天气和低温寡照天气，单产较 2019 年下降了 10.8 公斤/亩；2022 年因晚稻幼穗分化至抽穗期遭遇连续高温干旱天气，单产较 2021 年下降了 5.44 公斤/亩。2013 年以来水稻总产稳定在 2 000 万吨以上，2023 年水稻总产达到 2 070.5 万吨，较 2011 年增加 120.4 万吨（图 1）。

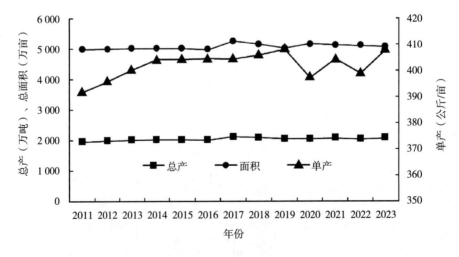

图 1　2011—2023 年江西省水稻种植面积、单产及总产变化

（2）双季稻占比有所下降，一季中稻占比小幅增加　2011—2016 年，江西早稻、一季中稻、双季晚稻面积占水稻面积的比例变化较小，分别为 41.2%～41.9%、11.8%～12.8%、46.0%～46.4%。2017—2019 年双季早、晚稻面积占水稻总面积的比例下降明显，较 2016 年分别下降 4.7～8.4 个百分点和 7.0～9.9 个百分点，一季中稻提高了 11.7～18.3 个百分点。2020—2023 年双季早、晚稻面积占水稻播种面积的比例较 2019 年有所回升，分别提高 2.6～3.1 个百分点和 0.4～1.0 个百分点，一季中稻则下降 3.2～13.6 个百分点（图 2）。2011 年以来，早稻、一季中稻、晚稻产量占水稻总产的比例变化趋势与种植面积变化趋势一致（图 3）。2011—2023 年江西再生稻种植面积呈增加趋势，2023 年达到 200 万亩；再生稻单产变化不大，约 260 公斤/亩。

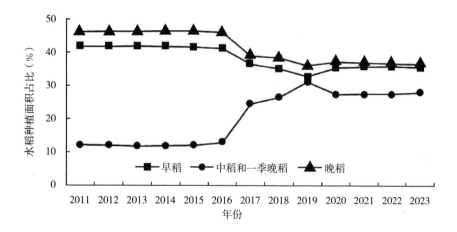

图 2　2011—2023 年江西省双季早、晚稻和中稻（一季晚稻）种植面积占比

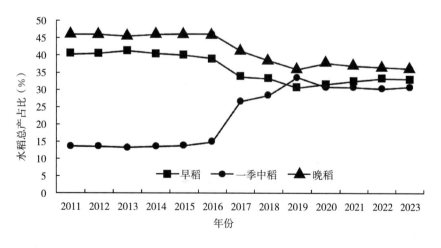

图 3　2011—2023 年江西省双季早、晚稻和中稻（一季晚稻）总产量占比

（3）水稻在粮食作物中的占比稳定，新型经营主体水稻种植面积快速上升　2011—2023 年水稻占粮食作物播种面积和总产的比例变化较小，分别为 89.7%～

92.6%和94.1%~95.7%。近10多年来，新型经营主体种植水稻面积占比不断提高，2023年达到30%以上，较2011年提高20个百分点以上。

2. 品种

（1）审定品种数量大幅增长，晚稻品种数量增长较快　2011—2023年，江西省累计审定水稻品种551个（不育系除外），其中早稻109个（19.8%）、中稻134个（24.3%）、晚稻308个（55.9%）。2011—2023年江西省审定品种数量年度间波动较大，其中2011—2021年品种数量总体呈增加趋势，2021年达到79个（14.3%），2022—2023年品种数量呈现明显下降趋势。相对于早稻和中稻品种，2011—2021年审定的晚稻品种数量呈明显增加趋势，但2022年以后数量明显减少（图4）。审定品种中（不育系和特种稻除外），常规稻、两系杂交稻、三系杂交稻分别为70个（12.7%）、178个（32.3%）、303个（55.0%）；常规稻和三系杂交稻类型品种均以晚稻品种最多，分别为34个和235个，两系杂交稻类型以中稻品种最多（82个），其次为早稻（56个）。

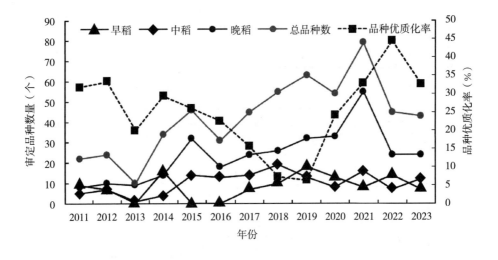

图4　2011—2023年江西省审定品种数量及品种优质化率

（2）品种优质化率保持较高水平，晚稻品种优质化率占比最高　每年审定品种达到国标2级或部标2级以上的比例（优质化率）在年度间变化较大，其中，2022年审定品种的优质率最高，达到44.4%，其次为2011年、2012年、2021年，优质化率为31.8%~33.3%，2018—2019年的优质化率最低，为6.3%~7.1%（图4）。晚稻品种的优质率为12.5%~71.4%，高于中稻和早稻。2019年以后，审定品种优质化率快速提升，2022年审定的晚稻品种优质化率达70.8%，优质晚稻品种种植面积达1 500万亩，晚稻优质品种覆盖率达70%以上。

（3）大面积推广的水稻品种数量及面积占比均呈下降趋势　2011—2021年，江西省推广10万亩以上的品种数量及其面积占比年际间变化明显，分别为85~116个、

56.3％～67.6％。2019 年以来，推广 10 万亩以上的品种数量均在 95 个以上，但总体数量和面积占比呈下降趋势（图 5）。推广面积较大的早稻品种有中嘉早 17（年推广面积约 167 万亩）、中早 35（96 万亩）、中早 39（58 万亩）、甬籼 15（47 万亩）、中早 33（51 万亩）、湘早籼 45（43 万亩）、中组 143（33 万亩）、陵两优 722（25 万亩）、陵两优 5018（24 万亩）、陵两优 171（24 万亩）、株两优 171（22 万亩）、陵两优 46（22 万亩）、陆两优 171（22 万亩）。推广面积较大的中稻品种有隆两优华占（102 万亩）、晶两优 8612（88 万亩）、黄华占（77 万亩）、昌两优 8 号（60 万亩）、晶两优华占（38 万亩）、野香优海丝（33 万亩）、晶两优 534（28 万亩）、甬优 1538（26 万亩）、徽两优航 1573（25 万亩）、隆两优 534（25 万亩）。推广面积较大的晚稻品种有井冈软粘（168 万亩）、野香优莉丝（102 万亩）、泰优 398（61 万亩）、野香优明月丝苗（59 万亩）、天优华占（56 万亩）、野香优航 1573（52 万亩）、野香优巴丝（51 万亩）、泰优航 1573（48 万亩）、野香优靓占（43 万亩）、华 6 优 1301（40 万亩）、野香优 2 号（34 万亩）、五优 662（34 万亩）、荣优华占（32 万亩）。

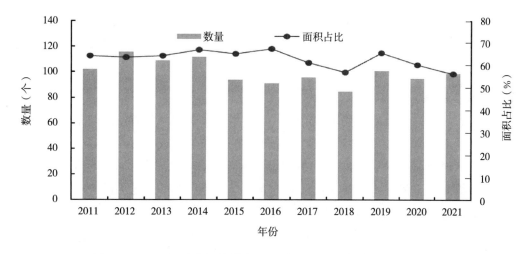

图 5　2011—2021 年江西省推广 10 万亩以上的品种数量及面积占比

（4）常规稻与杂交稻占比相对稳定，粳稻种植面积有所增加　生产上种植的常规稻和杂交稻面积占比变化较小，分别为 28.1％～28.7％、71.3％～71.9％；籼稻和粳稻面积占比分别呈递减和递增趋势，糯稻面积占比相对稳定。

3. 耕作与栽培

（1）集中育秧、拱棚育秧发展迅速　近年来，江西省大力推进水稻集中育秧，以扩大早稻机种面积、稳定双季稻生产为目标，重点推进集中育秧设施建设，统筹衔接水稻机械化育秧中心农机购置与应用补贴政策，要求早稻播种面积 3 000 亩以上的乡镇集中育秧能力达 80％以上，制订并出台了《江西省集中育秧设施建设项目实施方案》。目前已建成集中育秧中心 1 127 个，覆盖全省水稻播种面积的 60％左右。主要育秧技术模式有工厂化育秧、大型钢拱棚育秧、小拱棚育秧、旱地及水泥地育秧、大田湿润育秧等，有效遏制了直播稻面积增加。其中，小拱棚育秧面积占比最大，为60%~70%。

（2）种植方式以抛栽为主，机插秧发展势头较好　江西水稻种植目前仍以抛栽稻为主，直播稻种植面积稳中有降，而机插稻呈快速增加趋势。直播、抛秧、机插秧种植面积占水稻种植面积的比例分别约为15%、45%、40%。

（3）统防统治覆盖率不断增加　江西省高度重视水稻病虫害绿色防控和统防统治，覆盖率逐年提升，目前已分别超过40%和45%；大中型高效植保机械，包括植保无人机、自走式喷杆喷雾机分别达到5 000台和1 000台，经过培训的专业防治人员达3.5万人，占从业人员的89%。

（4）先进栽培技术普及率不断提高　近年来，新型配套栽培技术普及率大幅提高，目前生产中采用的水稻综合高产栽培技术主要有水稻机插精量播种技术、水稻机插暗化出苗技术、双季稻机插生产技术、双季优质稻"两优一增"丰产高效生产技术、"早籼晚粳"高产高效生产技术、中稻-再生稻绿色丰产生产技术等，这些技术普及率的提高，为稳定水稻播种面积、促进水稻单产提高发挥了积极作用。

（5）机械化作业水平稳步提高　近年来，水稻机械收获面积占水稻总面积的92.8%，秸秆切碎还田占90%以上；稻谷烘干率达40%以上，并呈现快速发展势头，对丰产丰收起到积极作用。

4. 成本收益

总体看，水稻生产成本逐年增加，收益逐年下降。据江西省发展改革委价格成本调查监审局对省内270个稻谷种植户的调查，晚籼稻生产成本收益情况为：新型农业经营主体（50亩以上）种植水稻的平均单产为541.03公斤/亩，成本为1 239.55元/亩，其中物质与服务成本552.53元/亩（其中，化肥153.15元/亩、农药89.17元/亩、机械作业229.88元/亩、固定资产折旧1.99元/亩）、人工成本487.02元/亩、土地成本200元/亩，收益为-25.96元/亩；普通农户（10亩以下）种植水稻的平均单产为468.58公斤/亩，成本为1 140.05元/亩，其中物质与服务成本504.03元/亩（其中，化肥127.29元/亩、农药58.59元/亩、机械作业204.64元/亩、固定资产折旧11.48元/亩）、人工成本487.21元/亩、土地成本148.81元/亩，收益23.13元/亩。近年来随着农资成本进一步上涨，水稻生产收益空间进一步压缩。

5. 市场发展

2011年以来，江西省早籼稻、中晚籼稻稻谷收购价格于2014年、2015年达到最高，分别为2.70元/公斤和2.76元/公斤，其他年份与国家稻谷最低收购价基本一致。早、晚稻稻米市场批发价总体平稳，近5年分别为3.68~3.86元/公斤、4.50~4.64元/公斤。相对于普通稻谷，优质稻谷市场收购价高0.2~0.4元/公斤，但近年来两者之间的价差呈缩小趋势。

近年来，江西省积极开展稻米区域公共品牌建设。2018年开始，把稻米区域公用品牌培育作为振兴粮食产业的强大引擎，整合资金重点对宜春大米、鄱阳湖大米、万年贡米、永修香米、奉新大米、麻姑大米、井冈山大米等 7 个区域公用品牌和凌继河大米、吉内得大米 2 个绿色特色品牌建设予以支持。核心企业订单价格高于市场价 10%～20%，有效带动了新型经营主体和农户开展优质稻种植，带动农民增收效果明显。

（二）主要经验

江西是全国 13 个粮食主产省和新中国成立以来从未间断过输出商品粮的 2 个省份之一。2019 年习近平总书记视察江西时强调："新时代我们不仅要端牢饭碗，让人民吃得饱，还要优化供给，让人民吃得好。"江西省委、省政府始终牢记习近平总书记的殷殷嘱托，坚决贯彻党中央、国务院决策部署，把抓好粮食生产作为头等大事。2018—2023 年，全省粮食产量连续 6 年稳定在 430 亿斤以上，双季稻比例居全国第一，每年销往省外口粮 100 亿斤以上，为全国人民贡献了更多"江西粮"。

1. 健全政策扶持体系

一是加大高标准农田建设力度和基本农田保护力度。2017 年以来，江西省在省级层面统筹整合资金，按亩均 3 000 元标准建设高标准农田。截至 2023 年底，江西已建成高标准农田 2 916.89 万亩。按照规划，到 2025 年建成高标准农田 3 079 万亩，到 2030 年建成高标准农田 3 330 万亩。二是认真落实粮食补贴、农机购置补贴和种粮大户补贴等各项惠农政策，完善补贴政策落实办法，发挥政策激励效应，进一步调动广大农民种粮积极性。三是完善和加大产粮大县的中央和省级财政奖励力度，进一步调动抓粮种粮的积极性和主动性。四是完善农业保险政策，提高水稻保险金额，推动将病虫灾害纳入保险范围，切实降低水稻生产性风险。五是落实粮食最低收购价政策，逐步理顺粮食价格，探索研究目标价格补贴制度，使粮食价格保持在合理水平，使种粮农民能够获得较多收益，促进粮食生产长期稳定发展。

2. 建立现代种业体系

坚持良种先行的发展战略，切实把发展种业作为建设现代农业的战略举措。一是大力提升种业科技创新能力。以完善利益分配机制为核心，构建以产业为主导、企业为主体，产学研结合，育繁推一体，风险共担，收益共享，分工明确的现代种业科技创新体系，包括成立种业联盟等。同时，大力加强基础性研究、科技条件和人才队伍建设等，切实提升江西省种业的科技创新能力。二是建成一批功能齐全、设施先进、设备完善、技术力量雄厚、集水稻新品种试验与综合配套技术研究于一体的省级区域试验站。三是建设一批能充分展示优良新品种特征特性，集成配套栽培技术的省级水稻优质品种展示站。四是建成制繁种纯度好、技术措施成熟、产量稳定的标准化种子繁育基地。五是着力推进种业产学研深度结合，加快水稻新品种的更新换代及转化、推广。

3. 健全现代经营体系

一是在农村土地确权基础上，稳定和完善基本经营制度，健全土地流转市场和服务体系，积极引导土地经营权规范有序流转，推动发展多种形式的水稻适度规模经营。二是加快培育新型经营主体，扶持农民合作社、家庭农场、专业大户等新型经营主体，大力推广龙头企业辐射带动、农民合作社抱团运作、家庭农场自我发展等模式。三是建立水稻生产社会化综合服务体系，大力促进机械化生产、病虫害防控等社会化服务组织建设，提高生产社会化服务水平。四是打造涵盖农业生产、服务、收储、物流、贸易、加工和营销的粮食全产业链发展模式，全面推进江西省水稻产业高质量发展。

4. 强化科技支撑作用

一是建立以政府为主导的多元化、多渠道农业科研投入体系，增加对水稻的科研投入，提高水稻生产的科技创新能力。二是建立产学研、农科教协同攻关创新机制，开展粮食绿色增产模式攻关，提升水稻生产的科技水平和绿色稻米生产水平。三是统筹抓好粮食高产创建、早稻集中育秧、新品种展示、超级稻、配方施肥、土壤有机质提升、统防统治、"三控"技术、绿色防控等技术集成与示范，大力推进双季机插、双季抛秧技术模式。四是强化基层农业推广体系建设，创新推广服务机制，不断提高技术入户率。

5. 完善防灾减灾体系

积极推广高产优质多抗、抗倒耐密植和适应性好的良种；加强病虫害监测预警与防治设施建设，建立健全重要粮食品种有害生物预警与监控体系，加强水稻病虫害防治技术的研究与推广，提高植物保护水平；健全农业气象灾害预警监测服务体系，提高农业气象灾害预测和监测水平；完善粮食质量安全标准，健全粮食质量安全体系；完善农田基础设施建设，提升粮田基础肥力，提高抗灾能力，保障水稻高产稳产。

6. 加强宣传督导

充分利用网络、电视、报纸、墙报等大力宣传粮食生产的有关政策及耕地保护等制度，进一步加强粮食生产的基础性地位；加大先进技术的宣传力度，对良种、创新的技术手段、成熟的生产方式和技术模式等进行广泛宣传，加速科技成果转化为现实生产力；大力宣传农业科技人员的先进事迹，营造依靠科技进步促进粮食增产的良好氛围。

（三）存在问题

1. 政策支持不足

近年来，江西省委、省政府高度重视粮食生产，为确保双季稻种植面积，农业农村厅派出督导组下县督导，整合资金开展高标准农田建设、区域公用稻米品牌建设、集中育秧和双季水稻种植补贴等，为稳定双季稻种植面积起到了积极作用。但双季稻生产由于劳动强度大、生产效益低，农民种植积极性有下降趋势，需要进一步加强双季稻种植的政策支持，如推动建立双季稻种植补贴，强化农业社会化服务补贴等。此外，双季水稻生产易受气候和自然灾害的影响，应加强异常气候和自然灾害预测预报服务，为农户提前做好灾害防护提供科技支撑；要扩大农业保险覆盖范围，通过政府补贴引导更多农户购买农业保险，同时适当提高保额，降低农户生产风险。

2. 种业发展缓慢

近年来江西省通过审定的水稻品种数量虽多，但优质丰产型水稻品种较少，尤其缺乏口感好、品质佳、产量稳定的品种。另外，部分食味好的优质品种容易倒伏，产量和品质难以同步提升。江西省种子企业基础薄弱，承受市场风险的能力相对较小。当前，江西省仅有 4 家种业公司荣获 AAA 级信用企业称号，仅占全国获得 AAA 级信用企业总数的 3.5％。注册资本在 1 亿元以上的企业仅有 2 家。以水稻为主营作物且销售收入过亿的也仅有 3 家。江西水稻育种的科研院所主要以江西农业大学和江西省农业科学院为主，整体实力与湖南、广东差距较大。水稻育种专项经费不足，制约了科研院所研发能力的提升。科企联合不够，构建的产学研战略联盟多以课题、项目为纽带，多是针对当前具体问题的短期性和应景性研究，缺乏基础性、长期性研究内容，难以构建持续合作团体。

3. 耕地抛荒、非粮化等

近年来，由于各级党委政府的重视，耕地抛荒现象得到有效遏制，但受种粮效益偏低影响，在不少地方不同程度地存在耕地"非粮化"现象。此外，"小农水"建设和管理中存在不少问题，既影响水稻生产，也容易引起抛荒或"非粮化"。在"双减"目标的实施下，水稻种植过程中化肥和农药用量大幅下降，但小农户种植仍存在施肥结构不合理、无人机植保防治效果偏差等问题。

4. 种粮主体后备力量不足

2023 年全省种粮大户（50 亩以上）达到 3 万余户，水稻规模经营面积近 800 万亩。但种粮主体文化程度整体偏低、知识结构单一、老龄化加剧等问题日益突出，部分主体存在"后继无人"的现象。一些水稻专业合作社不规范，重数量、轻质量现象比较突出。

5. 技术储备不足且普及率不高

当前，水稻生产中一方面是现有成熟技术的普及率有待提高，另一方面是关键技术研发进展较慢，如突破性的本土水稻品种缺乏、农机装备研发相对落后、土壤酸化与重金属污染防控技术仍有待加强。

二、区域布局

(一) 赣北双季稻、一季中稻地区

1. 基本情况

该区域光热资源充沛，境内丘陵起伏，土地肥沃，气候湿润，物产丰富，属于江南丘陵地形地貌，亚热带季风气候。该区域主要包括上饶、鹰潭、景德镇、萍乡、宜春、南昌、九江、新余等 8 个设区市，42 个重点县（市、区）：安义县、柴桑区、德安县、德兴市、都昌县、分宜县、丰城市、奉新县、浮梁县、高安市、广丰区、贵溪市、横峰县、进贤县、靖安县、乐平市、莲花县、芦溪县、南昌县、彭泽县、鄱阳县、铅山县、瑞昌市、上高县、上栗县、广信区、万年县、万载县、武宁县、婺源县、湘东区、新建区、修水县、宜丰县、弋阳县、永修县、余干县、余江区、渝水区、玉山县、袁州区、樟树市。

2. 主要目标

该区域为江西省产粮重点区域，水稻种植面积 3 046.8 万亩，单产 408.1 公斤/亩，总产 1 243.4 万吨。预计到 2030 年水稻种植面积达 3 065 万亩，单产 420 公斤/亩，总产达 1 287 万吨；2035 年水稻种植面积稳定在 3 050 万亩，单产 430 公斤/亩，总产达 1 312 万吨。

3. 主攻方向

一是稳定双季稻种植面积，以鄱阳湖区为重点，探索推广"早籼＋晚粳"种植模式，促进产量提升。二是因地制宜发展一季中稻，并充分利用山区县光热、灌溉等资源条件，适度推广"一季中稻＋再生稻"模式，提高种粮效益；三是利用区域公用品牌大力发展优质稻，促进优质丰产协同，推动龙头企业订单农业发展。

4. 种植结构

目前水稻种植面积 3 046.8 万亩，占全省 60.7%。其中，早稻种植面积 923.2 万亩，占 30.3%；一季中稻种植面积 1 098.2 万亩，占 36.0%；双季晚稻种植面积 1 025.4 万亩，占 33.7%。

5. 品种结构

（1）常规稻 中嘉早 17、江早 361、湘早籼 45、江早油占、五山丝苗、美香占 2 号、美香新占、黄华占、赣晚籼 38 等。

（2）杂交稻 株两优 1 号、株两优 171、陆两优 35、陵两优 722、潭两优 83、天优华占、Y 两优 5867、甬优 1538、泰优 398、五优华占、荣优华占、早丰优华占、吉优雅占、和两优 625、晶两优华占等。

（3）优质稻 五山丝苗、美香占 2 号、美香新占、黄华占、赣晚籼 38、泰优 398 等。

6. 技术模式

该区域种植方式有人工移栽、抛秧、机插、直播。重点推广双季机插、双季抛秧、早直播晚机插、早直播晚抛秧技术模式和"早籼＋晚粳"品种搭配模式，严控双季直播，适度发展"一季中稻＋再生稻"。

（二）赣中吉泰盆地、赣抚平原双季稻地区

1. 基本情况

该区域为吉泰盆地、赣抚平原双季稻地区，光热资源丰富，是典型的双季稻平原丘陵地区，主要包括吉安、抚州两个设区市，23 个重点县（市、区）：安福县、崇仁县、东乡区、广昌县、吉安县、吉水县、吉州区、金溪县、井冈山市、乐安县、黎川县、临川区、南城县、南丰县、青原区、遂川县、泰和县、万安县、峡江县、新干县、宜黄县、永丰县、永新县。

2. 主要目标

该区域为江西省粮食主产区，水稻种植面积 1 310 万亩，单产 408.1 公斤/亩，总产 534.6 万吨；计划到 2030 年水稻种植面积 1 320 万亩，单产 420.0 公斤/亩，总产达 554.0 万吨；2035 年水稻种植面积稳定在 1 300 万亩，单产 430.0 公斤/亩，总产达 559.0 万吨。

3. 主攻方向

一是稳定双季稻种植面积，促进单产提升；二是大力推广双季机插，促进机械化高产高效生产；三是探索推广稻—稻—油种植模式，促进粮油周年高产高效生产；四是利用区域公用品牌大力发展优质稻，促进优质丰产协同，推动龙头企业订单农业发展。

4. 种植结构

水稻种植面积 1 310 万亩，占全省 26.1%。其中，早稻种植面积 485.6 万亩，占37.1%；一季中稻种植面积 297.2 万亩，占 22.7%；双季晚稻种植面积 527.2 万亩，占 40.2%。

5. 品种结构

（1）常规稻 中嘉早 17、江早 361、湘早籼 45、五山丝苗、美香占 2 号、美香新占、井冈软粘等。

（2）杂交稻 株两优 1 号、株两优 171、陆两优 35、陵两优 722、潭两优 83、甬优 1538、泰优 398、五优华占、荣优华占、早丰优华占等。

（3）优质稻 五山丝苗、美香占 2 号、美香新占、黄华占、赣晚籼 38、泰优871、野香优莉丝、井冈软粘等。

6. 技术模式

该区域种植方式为人工移栽、抛秧、机插、直播。主要技术模式有早直播晚机

插、早直播晚抛秧、双季机插、双季抛秧和"一季中稻＋再生稻"等。

（三） 赣南丘陵山区双季稻、一季中稻地区

1. 基本情况

该区域地处中亚热带，呈典型的亚热带季风性湿润气候，气候温和，热量丰富，雨量充沛，无霜期长，年平均气温 18.9℃，年平均无霜期 287 天，年平均降水量1 605 毫米，年日照时数 1 813 小时，且昼夜温差大，包括赣州市，16 个重点县（市、区）：安远县、崇义县、大余县、赣县区、会昌县、龙南市、南康区、宁都县、全南县、瑞金市、上犹县、石城县、信丰县、兴国县、寻乌县、于都县。

2. 主要目标

该区域水稻种植面积 662.5 万亩，单产 408.2 公斤/亩，总产约 270.4 万吨；到2030 年水稻种植面积 665 万亩，单产 420 公斤/亩，总产达 279 万吨；2035 年水稻种植面积稳定在 650 万亩，单产 430 公斤/亩，总产达 280 万吨。

3. 主攻方向

积极发展双季稻，因地制宜发展一季中稻，充分利用山区县光热、灌溉等资源条件，适度发展"一季中稻＋再生稻"。

4. 种植结构

水稻种植面积达 662.5 万亩，占全省 13.2%，其中，早稻种植面积 235.1 万亩，占 35.5%；一季中稻种植面积 165.9 万亩，占 25.0%；双季晚稻种植面积 261.5 万亩，占 39.5%。

5. 品种结构

（1）常规稻　中嘉早 17、美香占 2 号、美香新占、黄华占、赣晚籼 38 等。

（2）杂交稻　株两优 1 号、株两优 171、陆两优 35、陵两优 722、潭两优 83，天优华占、Y 两优 5867、甬优 1538、甬优 5550、甬优 4949、五优华占、荣优华占、和两优 625、晶两优华占等。

（3）优质稻　美香占 2 号、美香新占、黄华占、赣晚籼 38 等。

6. 技术模式

该区域内水稻主要种植方式为人工移栽、抛秧，主要技术模式为双季抛秧和"一季中稻＋再生稻"。

三、发展目标、发展潜力与技术体系

（一） 发展目标

1. 2030 年目标

到 2030 年，水稻种植面积稳定在 5 050 万亩，单产达到 420 公斤/亩，总产达到

2 121 万吨；水稻优质化率达到 50％，其中国标、部标 2 级及以上的品种种植面积占比 25％。

2. 2035 年目标

到 2035 年，水稻种植面积稳定在 5 000 万亩，单产达到 430 公斤/亩，总产达到 2 150 万吨；水稻优质化率达到 60％，其中国标、部标 2 级及以上的品种种植面积占比 30％。

（二） 发展潜力

1. 面积潜力

2023 年江西省水稻种植面积为 5 075.8 万亩，这是在各级党委政府高度重视下实现的。随着油菜种植面积增加，以及受种粮效益不高影响，要稳定现有双季稻面积较难。预计今后 5～10 年江西省双季稻种植面积会适当减少，水稻面积将稳定在 5 000 万亩以上。

2. 单产潜力

江西与湖南毗邻，气候条件相近，但单产水平明显低于湖南。2023 年，江西水稻单产比湖南低 44.6 公斤/亩，其中双季早、晚稻和一季中稻单产分别比湖南低 37.5 公斤/亩、18.8 公斤/亩和 57.7 公斤/亩，水稻单产提升潜力较大。一是随着高标准农田占比提高和地力提升行动的开展，稻田基础生产力将较大幅度提升。二是良种良法配套对提高单产有较大空间。江西水稻单产水平地区之间有较大差异，抚州、宜春、南昌等地水稻单产较高，而九江、新余、鹰潭、赣州等地的水稻单产较低。从栽培技术角度看，通过提高集中育秧、机插秧比例，以及提高社会化服务水平，利用现有成熟配套技术即可实现增密增产、平衡增产；通过优质高产协同技术攻关，可进一步提高优质稻产量。从品种角度看，新品种推广，品种布局、早晚稻品种搭配优化，对提高单产有较大作用。三是提高防灾减灾能力增产。江西省倒春寒、高温干旱和寒露风对水稻生产影响较大。据测算，江西省每年因灾损失的粮食占总产的 8.8％左右。如果损失率降低 2 个百分点，每年能减少粮食损失近 8 亿斤。通过加强农田水利建设，加大气象灾害预测预报，对提高单产有积极作用。

（三） 技术体系

1. 稳定种植面积

加强永久基本农田保护，加快高标准农田建设和维护，提高土地产出率。

（1）调整区域布局　根据江西省各水稻产区的地理位置、地形地貌、气候条件及水稻生产现状等，进一步优化调整水稻生产布局，依托赣北、赣中、赣南三大优势产区，以 81 个水稻生产重点县（市、区）为主，围绕水稻生产总体目标，集中投入，整体推进，着力打造集中连片、高产稳产的水稻生产功能区，进一步稳定水稻生产面积。

（2）调优水稻种植结构　一是稳定双季稻面积，在赣北稻区探索推广"早籼＋晚粳"种植模式。二是开展稻油周年高产栽培技术研究，江西省一季中稻超过1 000万亩，但稻油周年高产模式并不普及，开展稻油周年高产高效生产，不仅有利于提高一季中稻产量和生产效益，也有利于扩大油菜种植面积。三是在丘陵山区因地制宜发展"一季中稻＋再生稻"模式，提高光温资源利用率。

（3）加强土地执法监管，遏制耕地"非农化""非粮化"　持续推动土地流转，提高适度规模经营比例，加强土地执法监管，严格遏制耕地"非农化""非粮化"，保障粮食生产功能区首先用于粮食生产，优先种植双季稻。

2. 挖掘单产潜力

（1）加强组织领导　深入贯彻落实习近平总书记视察江西重要讲话精神，落实党中央关于"米袋子"书记省长负责制，不断巩固粮食主产区地位。一是强化水稻生产省级协调机构，统筹水稻生产中的重点工作以及生产过程中遇到的困难和问题，各市县成立相应机构，强化对水稻生产的组织领导。二是成立江西省水稻生产技术专家组。发挥水稻产业技术体系专家作用，成立由高校、科研院所、企事业单位专家组成的水稻生产技术专家组，明确主推品种和主推技术，开展水稻生产指导。三是科学制订水稻生产工作方案，把水稻生产攻关指导性目标任务逐级分解落实。

（2）完善农田基础设施，夯实水稻生产基础　在国务院《基本农田保护条例》的框架内，围绕粮田面积不减少、粮田质量不下降的目标，按照"全面规划、合理利用、用养结合、严格保护"的方针，强化永久基本农田特殊保护；完善农田基础设施建设，尤其是"小农水"工程建设，打通灌溉"最后一公里"，实现能灌能排，提高水资源利用率；通过高标准农田建设与沃土工程，提升耕地质量与土壤肥力，为水稻生产创造良好的农田土壤。

（3）强化科技支撑作用，推进高产高效生产　一是加强新型经营主体培育力度，发挥新型经营主体在推广优质高产栽培技术中的示范、辐射带动作用和社会化服务水平；强化基层农业技术推广体系建设，创新科学技术推广服务机制，通过科技小院、科技特派员制度、"头雁"学员与手机App等系列平台开展技术指导与服务，提高技术到位率和普及率，实现均衡增产。二是以水稻育秧中心建设和集中育秧为重点，实施绿色优质高产创建活动，大力推进双季机插、双季抛秧等技术模式，有效压减直播稻面积。三是逐步建立常规稻种子商品化制度，加强优质丰产新品种展示和技术示范，优化品种布局和品种搭配，提高光温资源利用率，实现良种良法配套。四是加大农业科研投入，面向水稻品种及栽培技术等关键问题设立研究项目，重点研究优质丰产抗倒型新品种选育、双季机插高效栽培技术、"早籼＋晚粳"栽培技术体系、稻田重金属污染防控技术等，为水稻可持续增产提供技术支撑。五是探索开展水稻苗情智能监测、无人机精准施药、"互联网＋"水稻等技术，提高水稻生产智能化、信息化生产水平。

（4）提升防灾减灾能力，减轻灾害损失　一是建设水稻重大农业气象灾害监测系统和预警信息发布系统，提高农业气象灾害预测和监测水平。二是强化防灾减灾技术研究，通过抗逆品种选育、减损技术研发等减少因灾损失。三是优化水稻生产保险政策，提高因灾损失理赔范围与保额，防止因灾导致的农户种粮积极性下降。

四、典型绿色高质高效技术模式

（一）优质稻两优一增栽培技术模式

1. 模式简介

以优化施肥、优化管水和增加基本苗（两优一增）等为核心，构建优质稻标准化栽培技术模式，有效克服优质稻高产易倒伏、产量不稳定、品质易下降等突出问题，可实现优质稻丰产增效。

2. 主攻目标

（1）产量效益目标　早、晚稻亩产 400～450 公斤，一季中稻亩产 450～500 公斤，早稻亩增综合效益 50～100 元，一季中稻、晚稻亩增综合效益 150～200 元。

（2）化肥减量目标　化学氮肥用量减少 15%～20%。

（3）减少倒伏目标　运用综合技术提高优质稻抗倒伏能力，减少因倒伏造成的产量损失 5%～8%。

3. 主要技术

（1）品种选择　宜选用通过审定或引种备案具有米质优、丰产稳产性好、抗病力强、市场需求量大等优势的优质稻品种。早稻宜选择苗期耐寒性强，对稻瘟病抗性强的品种（组合），如常规稻湘早籼 45，杂交稻泰优 398、金珍优早丝等；中稻宜选择耐高温、抗病性强、优质高产的品种，如常规稻九香粘、赣晚籼 38、黄华占、赣晚籼 37（原名 926）、赣晚籼 30（原名 923）等，杂交稻嘉丰优 2 号、晶两优 534 等；晚稻宜选择后期耐寒性强，对稻瘟病等抗性强的品种（组合），如常规稻赣香占 1 号、井冈软粘、美香占 2 号、美香新占、绿银占，杂交稻泰优 398、泰优 390、泰优 98、野香优 2 号、野香优莉丝、万象优 982、泰优 208、泰优 871 等。

（2）浸种催芽　播种前晒种 1～2 天，清水选种后，选用咪鲜胺、乙蒜素等药剂浸种消毒处理防治稻瘟病、恶苗病、立枯病、绵腐病等真菌性病害。用烯效唑、S-诱抗素、芸薹素内酯等植物生长调节剂浸种处理提高秧苗素质、促蘖、提高抗逆性。

（3）培育壮秧

①播种。一般每亩大田杂交稻用种量为早稻 2.5～3.0 公斤，晚稻 2.0 公斤左右，一季中稻 1.25～1.5 公斤；常规稻亩用种量为早稻 4.0～4.5 公斤，晚稻 3.0～3.5

公斤，一季中稻 2.0～3.0 公斤。

湿润育秧按秧本比 1∶(8～10) 备足秧田，塑盘育秧早、晚稻分别为 434 孔型的塑盘每亩 70～75 片和 60～65 片，一季中稻为 55～60 片；机插育秧按照秧本比 1∶(80～100) 备足秧田，早、晚稻每亩用 25 厘米×58 厘米的硬盘 35～38 张，一季中稻每亩用 25～28 张。

采用机插种植的优质稻宜使用基质暗化育苗，中、晚稻提倡配合使用烯效唑。若未用烯效唑，可在苗期每亩使用 15% 调环酸钙水分散粒剂 15～25 克或每亩使用 25% 多效唑悬浮剂 15～20 克"控苗"。在使用商品基质育苗时，如基质中含有控苗成分，则不可再使用化学控苗剂。

②秧田施肥。湿润育秧条件下一般每亩秧田施足腐熟的农家肥或绿肥作基肥，并施 45% 三元复合肥 20～25 公斤；在 2 叶 1 心时追施尿素和氯化钾各 2～3 公斤作"断奶肥"，移栽前 3～4 天追施尿素 5 公斤左右作"送嫁肥"。抛秧和机插秧，一般每亩施 45% 三元复合肥 10～12.5 公斤作基肥，其他时间一般不再施肥。

③秧田水分管理。湿润育秧条件下，在播种后至 1 叶 1 心期保持沟里有水，水不上畦面。1 叶 1 心后畦面才上水。2 叶 1 心到 3 叶 1 心，采取湿润和浅灌相结合。3 叶期后保持浅水层，不能淹没心叶。秧盘育秧，一般保持田间湿润、无水层即可。

④秧田病虫害防控。应坚持预防为主，综合应用农业防治、理化诱控、生物防治等绿色防控技术。重点防治苗瘟、稻蓟马、螟虫、稻飞虱、稻瘿蚊等。

(4) 适龄移（抛）栽　根据不同育秧方式要求适龄移（抛）栽，早稻以 3 叶 1 心至 4 叶 1 心为宜，秧龄控制在 20～25 天，一季中稻、晚稻以 4 叶 1 心为宜，秧龄 18～25 天。

优质稻抗倒能力差，在施肥较多的条件下容易发生倒伏。为了保证产量，同时防止优质稻倒伏，宜适当增加基本苗。早稻栽插规格 23.3 厘米×13.3 厘米，杂交稻每穴 3 株，常规稻每穴 5 株，或亩抛植 2.1 万～2.4 万穴；一季中稻栽插规格 23.3 厘米×16.7 厘米，杂交稻每穴 1～2 株，常规稻每穴 3～4 株，或亩抛植 1.7 万～2.0 万穴；晚稻栽插规格 26.7 厘米×13.3 厘米，杂交稻每穴 1～2 株，常规稻每穴 3～4 株，或亩抛植 1.8 万～2.1 万穴。

(5) 肥料运筹　优质稻抗倒伏能力差，总施肥量应适当减少，提倡有机无机肥配施并遵循减氮、控磷、稳钾、补微的原则。通过冬种绿肥和秸秆还田增加有机质或施用商品有机肥。同时，适当增加硅肥和锌肥的施用。可每亩用枸溶性硅肥 25～35 公斤或速效水溶性硅肥 1～2 公斤加硫酸锌 1～2 公斤作基肥或穗肥。

总施肥量根据地力水平及目标产量由斯坦福方程计算确定。中等肥力田块一般按每 100 公斤稻谷施纯氮（N）2 公斤、磷（P_2O_5）0.8～1.0 公斤、钾（K_2O）1.1～1.4 公斤。其中，早稻氮肥按照基肥 60%、分蘖肥 20%、穗肥 20% 施用，晚稻氮肥按照基肥 50%、分蘖肥 30%、穗肥 20% 施用，一季中稻氮肥按基肥 40%、分蘖肥

30％、穗肥 30％施用。分蘖肥一般在移栽后 5～7 天施用，穗肥在倒 2 叶抽出期施用，具体施用量可根据叶色深浅进行确定。抽穗后不施粒肥，以免降低食味品质。磷肥全部作基肥施用。钾肥 60％作基肥，40％作穗肥。

（6）科学灌溉　优质稻对水分管理的要求高于普通稻。为了提高稻米品质，要求无水或薄水移（抛）栽，浅水返青，薄水分蘖，达到计划苗数的 80％左右时晒田，提倡多次轻晒，防止晒田过重降低稻米品质。做到有水孕穗，有水抽穗扬花，湿润灌浆，收割前 5 天断水，防止断水过早。

（7）病虫草害绿色防控　优先采用农业防控、理化诱控、生物防治等病虫害绿色综合防控技术措施，使用化学农药采用"预防为主、综合防治"的方针，以使用高效低毒低残留农药为主，严格控制化学农药使用量和安全间隔期，并注意合理混用、轮换、交替用药，克服或推迟病虫害抗药性的产生和发展。具体防治病虫害的方法和药剂选择，应参照当地农业植保部门发布的病虫情报等信息，进行综合防治。稻田除草方面，应根据稻田杂草类型，在移（抛）栽后选择低毒高效、安全性好的化学除草剂进行除草。一般在水稻移（抛）栽后 5～7 天每亩用 30％苄•丁可湿性粉剂 100 克或 53％苄嘧苯噻酰可湿性粉剂 40 克，混入化肥或拌入细土中撒施至大田进行封闭除草，并保持水层 5 天左右。如因缺水或田面不平整等原因导致封闭除草效果不好，可结合第一次防治病虫害，于田间无水时，使用 12％五氟•氰氟草可分散油悬浮剂喷雾除草，药后及时适度灌水。

（8）收获　早稻在成熟度 90％左右，一季中稻、晚稻在 90％～95％时及时收获。为了减少机收损失，应选择性能优良的收割机在叶面无露水或水珠时进行，以中低档位作业，留低茬，秸秆切碎进行还田。

（9）注意事项

①品种选择。选用有市场开发潜力、市场认可的优质稻品种，以食味品质为主，兼顾外观品质和营养品质、抗倒伏性等指标，种粮大户要尽量选择抗倒伏性相对较好的优质稻品种。早稻尽量选用长粒型品种，且不宜收割太晚，以免落粒谷多而影响优质晚稻纯度。

②采用综合抗倒技术。采用优质稻绿色抗倒栽培技术以保障优质稻品质和产量，应综合应用多种技术措施提高优质稻的综合抗倒伏能力，不能简单依赖化学调控或施用硅钾肥。

（二）早籼晚粳高产高效栽培技术模式

1. 模式简介

利用双季稻区生育期长、光温资源丰富的特点，采用早籼晚粳优质高效栽培技术在晚稻季改种优质籼粳杂交稻，发挥籼粳杂交稻产量潜力大、耐冷的优势，实现双季稻增产增效。

2. 主攻目标

籼粳杂交晚稻亩产 600～650 公斤，亩综合效益 550 元以上。

3. 主要技术

（1）早稻优质高效栽培技术　早稻宜选择广适、高产、稳产、抗性强的早熟、中早熟品种，如中嘉早 17、中早 39 等，采用常规高产栽培技术即可。

（2）籼粳杂交晚稻优质高效栽培技术

①科学选择良田良种。种植籼粳杂交稻对农田基础设施和地力水平要求较高，应选择水源充足、排灌方便、耕性良好、地力较高的田块。预估不施肥条件下，水稻亩产在300～350公斤，肥力偏差田块亩施商品有机肥 100～150 公斤，实现籼粳杂交稻亩产 650 公斤以上。在选好良田的基础上，科学选用良种是籼粳杂交稻高产高效的关键。宜选择广适优质、高产抗性强的主导品种，如甬优 1538、甬优 538、甬优9 号等。

②浸种消毒。播种前选择晴天均匀摊薄晾晒 1～2 天，提高种子发芽势和发芽率。晒种时切忌在水泥场暴晒，以免高温灼伤种子。晒种后先用清水选种，间歇浸种 24 小时，然后用咪鲜胺等药剂间歇浸种消毒 12 小时以上，防止种传病害。浸种时注意浸露结合，既保证种子充分吸足水分，又有充足的氧气供应。籼粳杂交稻浸种有别于籼稻，宜保障间歇浸种 36 小时以上。浸种后置于透气性良好的器具中适温催芽至破胸露白待播。

③备好秧床适期播种。选择背风向阳、排灌方便、土壤肥沃的田块作秧田。整墒前施足底肥，亩施尿素 10～15 公斤、普钙 20～25 公斤或 45% 三元复合肥 25～30 公斤。秧田做到墒平沟直，墒宽 1.5 米，沟宽 0.3 米，沟深 0.15 米。籼粳杂交晚稻播种期根据品种生育特性和早稻收获期合理安排，一般宜在 6 月下旬至 6 月底，最迟不超过 7 月初。在综合考虑早稻收获期和籼粳杂交晚稻适宜栽插短秧龄前提下，能早播尽量早播，以便延长籼粳杂交稻营养生长期和有效分蘖期，从而实现高产高效。

④培育叶蘖同伸壮秧。采用湿润育秧或塑盘旱育方式培育叶蘖同伸壮秧。以杂交种为例，籼粳杂交晚稻湿润育秧按秧本比 1∶8 安排秧田面积，秧龄 22 天以内，亩用种量 1.75 公斤；塑盘抛秧播种量按每孔平均 2～3 粒种子，秧龄 20 天左右。如选用353 孔塑盘，需秧盘 90 片，每盘播种 20～25 克干种子。选用 434 孔塑盘，需秧盘 70片左右，每盘播 25～30 克干种子。机插秧大田晚粳亩播 35～38 盘，每盘 60～70 克，秧龄不宜超过 20 天，以 18 天左右为宜。视种子千粒重大小可进行适当调整，尽量通过稀播匀播降低用种量，提高秧苗素质。

⑤保障移（抛）栽合理基本苗。合理基本苗是优化水稻群体结构、挖掘籼粳杂交稻产量潜力的关键。籼粳杂交晚稻移栽田亩栽 1.6 万～1.8 万穴，每穴 2 株，移栽规格 26.6 厘米×13.3 厘米或 23.3 厘米×16.7 厘米；抛秧田亩抛栽 1.8 万～2.0 万穴，基本苗 3.5 万～4.0 万；机插秧尽量选用窄行 7 寸机，栽插规格以 25 厘米×14 厘米

为宜，若采用传统 9 寸机，栽插规格以 30 厘米×12 厘米为宜，并适当调大取秧量，确保足够的基本苗。

⑥合理大田肥料运筹。按江西省基础地力亩产 350 公斤水平，以 650 公斤为目标产量测算氮肥施用量，籼粳杂交晚稻亩施纯氮 14～16 公斤，磷、钾肥用量按高产栽培 N：P_2O_5：K_2O 为 1：（0.3～0.5）：（0.6～0.8）折纯量确定。氮肥运筹按照基、蘖、穗肥比为 5：3：2 或 4：3：3 进行，基肥于移（抛）栽前随耕耙田施用，分蘖肥于移（抛）栽后 7 天左右施用，穗肥于倒 3 叶或倒 2 叶抽出时施用。磷肥作基肥 1 次施用，钾肥可分基肥和穗肥 2 次施用，各占 50％。总量确定的前提下，如使用复合肥或商品有机肥，N、P、K 按实际用肥量折纯计算。

⑦科学管水强根促蘖。籼粳杂交稻全生育期水分管理以湿润灌溉为主，移（抛）栽期浅水插秧，栽后 5～7 天薄水返青活棵。分蘖期以薄露灌溉为主，不宜深水灌溉，并多次露田促蘖促根。当田间苗数达到计划穗数的 80％左右时，开始晒田控制无效分蘖，拔节期至抽穗期建立浅水层，确保有水抽穗扬花。相比籼稻，籼粳杂交稻灌浆结实期长，抽穗后需多灌 1 次水，后期切勿断水过早，确保穗基部籽粒充分完熟。

⑧综合防治病虫害。秧田期重点防治恶苗病、稻瘟病、稻蓟马、稻飞虱等，栽插前打好"送嫁药"。本田前期主防二化螟、稻纵卷叶螟，中后期重点防治纹枯病、稻曲病、稻飞虱和穗颈瘟等。因籼粳杂交稻穗型大、着粒密，始齐穗时间较长，尤其要重视稻曲病防治，重点在抽穗破口前 7～10 天，即主茎剑叶和倒 2 叶叶枕平齐时及破口抽穗期 2 次关口，选用氟环唑、戊唑醇、肟菌·戊唑醇、噻呋酰胺等药剂，用足水量科学防治，确保防效。

⑨科学除草、安全用药。籼粳杂交稻对除草剂施用较籼稻敏感，在不同生长期要科学选用适宜药剂防治杂草。秧田播种前可选用 40％苄嘧磺隆·丙草胺可分散油悬浮剂除草，秧苗 3 叶 1 心期用 12％五氟·氰氟草可分散油悬浮剂秧面喷施除草；大田抛栽后 5～7 天，选用 37.5％苄·丁可湿性粉剂结合分蘖肥施用撒施；分蘖末期及孕穗期慎重选择药剂除草，可选用 2.5％五氟磺草胺或 10％氰氟草酯兑水喷雾。

⑩适当迟收减少损失。根据籼粳杂交稻分段结实的特性，其抽穗至成熟期较籼稻长，一般需 50 天以上，建议每穗饱谷 95％以上谷粒黄熟时进行收割，切忌断水和收获过早，以免影响结实率、千粒重和稻米品质。

4. 注意事项

（1）培育短秧龄壮秧　播种前用咪鲜胺浸种，稀播壮秧，小苗移抛栽，秧龄控制在 20～25 天；籼粳杂交稻对旱育保姆拌种、烯效唑浸种、多效唑控苗、除草剂等比籼稻敏感，用量、浓度要调减至 1/2 以下。喷施除草剂时水面切勿浸过心叶。

（2）浅水返青分蘖　晚稻移栽期气温高，移栽插后及时露田、浅水分蘖促根，防止淹灌造成籼粳杂交稻根系受损、分蘖受阻。

（3）防好稻曲病和纹枯病　重点是把好抽穗前 2 次防治关口，同时关注其他病虫害防治。

（4）适当迟收，防断水过早　齐穗后每 7～10 天灌水一次，待田间自然落干后再上水，养根保叶保鞘，增强抗倒能力，提高结实率，增加千粒重。

5. 适宜区域

适宜基础地力好、水利设施完善的双季稻区，重点在环鄱阳湖和赣抚平原双季稻区。丘陵山区、田间湿度大或土壤瘠薄地区不宜种植。

（三）双季机插稻丰产高效生产技术模式

1. 模式简介

针对双季机插稻季节紧、秧龄弹性小、生育期延缓等技术难点，围绕双季稻机械化生产中机械育秧移栽、栽后管理和机械收获等环节，从品种选择、壮秧培育、机插质量控制、田间管理等方面提出双季机插稻丰产高效生产技术模式，旨在提高双季机插稻产量，实现双季稻节本增效。

2. 主攻目标

早稻亩产 500～550 公斤，晚稻 550～600 公斤，双季稻每亩节本增效 200 元以上。

3. 主要技术

（1）品种选择　早稻宜选择苗期耐寒性、感温性强，对稻瘟病抗性强，生育期在 110 天左右的品种，如中嘉早 17、中早 35、株两优 171、陵两优 722 等；晚稻宜选择后期耐寒性强，对稻瘟病、稻曲病等抗性强，生育期在 115 天左右的杂交籼稻品种，如天优华占、泰优 398、泰优航 1573 等，赣北地区也可采用早稻品种翻秋栽培。早稻和晚稻品种合理搭配，其中赣中北地区两季生育期控制在 225 天以内，赣南地区两季生育期控制在 230 天以内。亦可选择生育期适合的优质食味水稻品种（详见优质稻两优一增栽培技术模式）。所选常规稻和杂交稻种子的纯度分别不低于 99% 和 96%，净度不低于 98%，发芽率分别不低于 85% 和 80%。

（2）育秧

①育秧盘准备。早稻每亩大田应备长宽为 58 厘米×25 厘米（7 寸盘）的育秧盘 38 个左右；晚稻每亩大田应备长宽为 58 厘米×25 厘米（7 寸盘）的育秧盘 35 个左右。

②种子用量及准备。早稻每亩大田准备杂交稻种子 2.5～2.7 公斤或常规稻种子 4.0 公斤左右；晚稻每亩大田准备杂交稻种子 1.8～2.0 公斤或常规稻种子 3.0～3.5 公斤。千粒重大的水稻品种（组合）应适当增加用种量。

播前晒种 1～2 天后进行种子处理。早稻用 25% 咪鲜胺乳油 2 000～3 000 倍液（即 2 毫升兑水 5 公斤，浸种 4～5 公斤）浸种 12 小时，防治种传病害，用清水冲洗干净后再浸种 48 小时后催芽，待种子露白后播种；晚稻浸种 24 小时后捞起，沥干，每 100 公斤种子再用 32% 戊唑·吡虫啉种子处理悬浮剂（制剂用量）600～900 毫升进行种子包衣后播种，防治秧苗期病虫害。

③秧板准备。提倡集中育秧，选择地势平坦、灌溉便利、集中连片、便于管理的田块做秧田，按秧田与大田比 1∶（80～100）留足秧田。播种前 10～15 天精做秧板，秧板宽 1.4～1.5 米，秧沟宽 0.3～0.4 米，秧沟深 0.15 米，做到板面平整光滑，田块高低差不超过 1.0 厘米，秧板做好后晾晒 5 天，使秧板沉实。

④基质育秧。提倡采用育秧基质育秧，购买质量可靠的水稻专用育秧基质，并按产品说明进行使用，已配备了水稻育秧所需肥料和生长调节剂的，使用时不添加壮秧剂等其他材料，以免产生秧苗生长障碍。

⑤旱地土育秧。选择肥沃疏松、无硬杂质、pH 在 4.5～6.5、杂草及病菌少的土壤（如菜园土、耕作熟化的旱田土等）作营养土。选择晴好天气，在土堆水分适宜时（含水量 10%～15%，细土手捏成团，落地即散）进行过筛，使土壤粒径在 5 毫米以下，粒径在 2～4 毫米的床土占总重量的 60% 以上，并按标准秧盘（58 厘米 × 22 厘米）每盘 3.5 公斤备足细土作床土，每 100 公斤床土均匀拌入 200～350 克复合肥及 250 克壮秧剂；另外按标准秧盘（58 厘米 × 22 厘米）每盘备未经培肥及添加壮秧剂的细土 0.8 公斤作盖种土。早稻育秧床土必须进行消毒，可在播种前 7 天，每 1 000 公斤床土用 40～60 克敌磺钠 100 倍液喷洒床土，然后进行闷堆。对于土壤 pH 大于 6.5 的秧田，应在播种前 20 天用硫黄粉进行调酸，使土壤 pH 为 4.5～6.5。

⑥泥浆育秧。可在播种前 1～2 天，早、晚稻分别按每亩秧田 40 公斤和 20 公斤往畦沟里撒施三元复合肥并与畦沟里的泥浆反复搅拌进行培肥。也可在播种摆盘前直接往制作好的秧板上加复合肥及壮秧剂，早稻一般每平方米用复合肥及壮秧剂 90 克和 120 克，晚稻一般每平方米用复合肥及壮秧剂 60 克和 90 克。

（3）播种

①播种期。根据各地气候条件、种植制度、品种生育期等综合确定。赣南早稻以 3 月 10—15 日播种为宜，晚稻以 6 月 20—25 日播种为宜；赣中北早稻以 3 月 15—20 日播种为宜，晚稻以 6 月 25—30 日播种为宜。播种时以插秧机 3 天工作面积为一个批次分批播种。

②补水保墒。播种前一天，秧田灌平沟水，待秧板充分吸湿后迅速排干水，亦可在播种前直接用喷壶洒水，要求播种时土壤含水量达 85%～90%。

③基质与旱地土播种摆盘。提倡采用流水线机械播种，选用性能优良的播种机械，在做好播前调试工作的基础上，依次完成铺土、洒水、播种、覆土等工序，播种过程中，注意控制底土厚度稳定在 2 厘米左右，覆土厚度控制在 0.3～0.5 厘米。播种前要根据湿谷重量和育秧盘数精确计算每盘播种量。

播种后可直接摆盘于秧板，也可增温出芽后摆盘上秧板。摆盘时注意盘与盘紧密整齐，飞边重叠，盘底与床面紧密贴合。

④泥浆育秧播种摆盘。采用泥浆育秧一般先摆盘后装泥播种，摆盘时注意盘与盘紧密整齐，飞边重叠，盘底与床面紧密贴合。摆盘后直接往育秧盘中加经过培肥的表层泥浆，注意不能有石块、稻茬等杂物，装盘后刮平并沉实 2～5 小时后进行精细播种，力求做到精播匀播。秧板上加了复合肥及壮秧剂的秧田，可在摆盘后直接装入未经培肥的泥浆土，待泥浆沉实后精量播种。播种后用抹板将种子轻压入土。

⑤搭棚覆膜。提倡采用大型钢结构拱棚进行集中育秧。在早稻播种前将拱棚搭好并盖好膜，播种后四周封盖严实，以利保温保湿促齐苗，膜内温度保持在 25～30℃，防止烂秧和烧苗，2 叶 1 心期以后开始适时揭膜炼苗。晚稻播种后应将膜的四周掀起，防止棚内温度过高。不具备大型钢结构拱棚育秧的也可采用小型竹制拱棚育秧。

⑥水分管理。播后保持床土湿润不发白，晴好天气灌满沟水，阴雨天气排干水，施肥、打药时灌平沟水。揭膜前补 1 次足水，移栽前 2～3 天排干水，控湿炼苗。未采用拱棚育苗的晚稻播种后遇大风暴雨等恶劣天气需灌水护苗，并在风雨过后及时排水。

⑦肥料管理。机插秧苗一般不需要施肥。对于叶色褪淡的秧苗，可在移栽前 3～5 天施一次"送嫁肥"，每亩用尿素 4～5 公斤兑水 500 公斤于傍晚洒施，施后洒清水进行洗苗以防伤苗。

⑧病虫防治。苗期重点防治稻蓟马、灰飞虱、立枯病、螟虫等。早稻育秧期间若发生立枯病，可用 75% 敌磺钠可溶性粉剂 500～1 000 倍液或 25% 甲霜灵可湿性粉剂 500 倍液喷雾。移栽前 2～3 天打一次"送嫁药"，可亩用 200 克/升氯虫苯甲酰胺悬浮剂 30 毫升加 75% 三环唑可湿性粉剂 60 克，兑水 30 克进行叶面喷雾，预防二化螟和稻叶瘟。

（4）机械栽插

①耕翻整地要求。前茬作物收获的同时进行秸秆切碎还田，并及时耕翻晒垡。旋耕后上水耙田整地，达到田平、泥熟、无残渣，田内高低不超过 3 厘米。待泥浆沉实后插秧，沙质土需沉实 1 天左右，壤土需沉实 2 天左右，黏土需沉实 3 天左右，达到沉淀不板结，插秧时不陷机不雍泥，泥脚深度不大于 30 厘米，水层深度 1～3 厘米。

②插秧机选择。选择行距为 25 厘米质量合格的高速乘坐式插秧机。

③基本苗确定。早稻栽插行距 25 厘米，株距 13 厘米左右，每亩栽 2.0 万穴左右，杂交稻每穴栽 3～4 株，每亩栽 6 万～8 万基本苗；常规稻每穴栽 5～6 株，每亩栽 10 万～12 万基本苗。

晚稻栽插行距 25 厘米，株距 14～15 厘米，每亩栽 1.8 万～1.9 万穴，杂交稻每穴栽 2～3 株，每亩栽 4 万～6 万基本苗；常规稻每穴栽 4～5 株，每亩栽 8 万～9 万基本苗。

④机插质量。要求机插后秧苗不漂、不倒，栽插深度 1.5～2.0 厘米，伤秧率小

于 4%、漏插率小于 5%、相对均匀度合格率大于 85%、漂秧率小于 3%。对于连续缺 3 穴以上以及机械无法作业的区域，应及时进行人工补苗。

（5）栽后水分管理

机插结束后浅水护苗，活棵后露田 2～3 天，以后浅水勤灌促早发，总苗数达到预定穗数 80% 时开始分次轻搁，达到田中不陷脚，叶色褪淡，叶片挺起为止。搁田复水后，保持干干湿湿，干湿交替，在孕穗及抽穗扬花期保持浅水层，齐穗后干湿交替，收割前 5～7 天断水。

（6）肥料运筹

①施肥原则。氮、磷、钾肥配合施用。早施分蘖肥，稳施拔节孕穗肥，后期看苗补施穗肥。氮肥基肥、蘖肥、穗肥的比例以 5：3：2 为宜，磷肥全部作基肥，钾肥按基肥、穗肥比例为 7：3 施用。分蘖肥在机插后 5～7 天施用，穗肥在倒二叶抽出期施用。

②施肥总量。早稻施纯氮 9～11 公斤/亩，磷（P_2O_5）4～5 公斤/亩，钾（K_2O）6～8 公斤/亩；晚稻施纯氮 10～12 公斤/亩，磷（P_2O_5）5～6 公斤/亩，钾（K_2O）8～10 公斤/亩。冬季种植紫云英的早稻田块以及早稻秸秆还田的晚稻田块应根据紫云英和秸秆的还田量适当减少氮、钾肥的施用量。

③施肥方法。早稻基肥每亩大田施用 45% 三元复合肥 40 公斤；有条件的地区可每亩施农家肥 1 000 公斤加 45% 复合肥 30 公斤作基肥；晚稻每亩大田施用 45% 三元复合肥 45 公斤。

分蘖肥一般在栽后 5～7 天施用，早稻结合化学除草每亩施尿素 4～5 公斤；晚稻结合化学除草每亩施尿素 5～6 公斤。

穗肥在倒 2 叶抽出期施用，根据叶色施用，对于叶色褪淡的早稻田，每亩施尿素 4～5 公斤，氯化钾 5 公斤，对于叶色褪淡不明显和叶色较深的早稻田，可酌情减量施用或不施用穗肥；对于叶色褪淡的晚稻田，每亩施尿素 7～8 公斤，氯化钾 7 公斤，对于叶色褪淡不明显和叶色较深的晚稻田，可酌情减量施用或不施用穗肥。

（7）病虫防治

采用"预防为主、综合防治"的方针，以使用高效低毒低残留农药为主。病害主要以纹枯病、稻曲病和稻瘟病为主，虫害以稻飞虱、稻纵卷叶螟、二化螟为主。纹枯病宜选用 3.5% 井冈·己唑醇微乳剂 70～100 毫升，或 30% 苯甲·丙环唑乳油 30 毫升兑水 50 公斤喷雾；稻曲病宜选用 25% 嘧菌酯悬浮剂 10 毫升，或 24% 腈苯唑悬浮剂 20 毫升，或 24% 噻呋酰胺悬浮剂 20 毫升兑水 50 公斤于破口期喷雾防治；稻瘟病宜选用 75% 三环唑可湿性粉剂 20 克，或 40% 稻瘟灵乳油 50 毫升兑水 50 公斤喷雾防治；稻飞虱宜选用 10% 吡虫啉可湿性粉剂 20 克，或 50% 吡蚜酮水分散粒剂 10 克，或 25% 噻虫嗪水分散粒剂 2 克，或 25% 噻嗪酮可湿性粉剂 30 克，或 20% 异丙威乳油 175 毫升，或 10% 烯啶虫胺水剂 30 毫升，或 80% 敌敌畏乳油 120 毫升兑水 50 公斤喷雾防治；稻纵卷叶螟宜选用 16% 阿维·杀螟松乳油 60～80 毫升，或 20% 氯虫苯甲酰胺悬浮剂 15 毫升兑水 50 公斤喷雾防治；二化螟宜选用 40% 毒死蜱乳油 100 毫升，或 20% 三唑磷乳油 200 毫升，或 1% 甲氨基阿维菌素苯甲酸盐乳油 80 毫升，或 1.8% 阿维菌素乳油 75 毫升，或 20% 氯虫苯甲酰胺悬浮剂 15 毫升，兑水 50 公斤喷雾防治。

稻田除草方面，应根据稻田杂草类型，在移栽后选择低毒高效的化学除草剂进行除草。一般在机插后 7～10 天，亩用 53% 苄嘧·苯噻酰可湿性粉剂 60～80 克或 50% 苄·丁·异丙隆可湿性粉剂 60～80 克或 30% 苄嘧·丙草胺可湿性粉剂 120 克混合化肥或拌细土撒施防治杂草，施药后保持 3～5 厘米水层 5 天。

（8）收获

早稻在水稻成熟度为 90% 左右、晚稻在成熟度 95% 左右时及时收获。为了减少机收损失，应选择性能优良的收割机在叶面无露水或水珠时以中低档位进行作业，留茬高度在 20 厘米左右。

五、重点工程

（一）增产提质增效工程

持续提升单产，以良种良法良田配套为重点，开展吨粮田创建；示范推广一批简便易行有效的增产技术，缩小田块间的产量差距，实现大面积均衡增产。扩大优质稻种植面积，以优质丰产提高种植效益。以集中育秧，特别是育秧中心建设为核心，扩大机插秧面积，稳定双季稻面积。加大对育秧、机耕、机插、机防等关键环节的扶持，推动服务内容、服务主体、服务对象和服务形式等高质量发展，促进服务规模化经营，提升水稻生产社会化服务水平，降低双季稻生产成本，提高双季稻生产效率和效益。

（二）土壤肥力提升工程

深入实施"藏粮于地、藏粮于技"战略。在推进高标准农田和水利设施建设的同时，实施稻田土壤肥力提升工程。推广应用石灰、酸化土壤改良剂等改善土壤酸化；实施稻田秸秆切碎全量还田、增施有机肥、种植绿肥等措施，提升稻田土壤肥力，助力水稻增产稳产。

（三）种业创新工程

实施种业创新工程，加强水稻种质资源库和南繁科研育制种基地等创新平台建设。重点扶持育繁推一体化种业骨干企业，推动构建"种业企业＋科研院所＋制（繁）种基地＋农户"利益共同体，打造种业创新链，加快培育和推广一批高产稳产、品质好、抗性强、适宜机械插秧和机械直播的水稻优良品种。

（四） 新型经营主体培育工程

加大政策向新型农业经营主体的倾斜力度，积极培育新型农业经营主体，推动新型经营主体由数量型扩张到质量提升转变，提升新型经营主体规模化经营水平和带动普通农户的能力与水平。培育发展集机耕、机收、机插、机防、烘干、稻米加工为一体的水稻生产社会化服务组织，引导发展耕、种、收、防、烘、储、加工、销售等全程社会化服务，实现小农户与现代农业产业有效衔接。

（五） 稻米品牌建设工程

总结区域公用稻米品牌建设经验，继续整合资金、集聚政策、集成技术对区域公用品牌和绿色特色品牌建设进行支持。制定统一的生产标准、加工标准、储藏标准、物流标准和销售标准，推进区域公用品牌和绿色特色品牌可持续发展。突出绿色生态导向，发挥绿色生态这一江西最大优势，打好"有机绿色牌"和富硒稻米"功能牌"。充分调动企业和产业链上各个环节积极性，通过企业带动，不断做大做强水稻产业。

六、保障措施

（一） 落实粮食安全生产责任制

科学确定水稻生产主产县（市、区）生产面积和产量目标，建立和完善考核机制，压紧压实各级责任，确保完成水稻生产任务。完善农田基础设施建设与管护机制，完善财政资金支持机制，强化"藏粮于地、藏粮于技"要求，防止耕地"非农化""非粮化"。

（二） 健全政策支持体系

一是继续整合资金加大高标准农田、"小农水"工程、育秧中心和区域公用稻米品牌建设，加大已建高标准农田的维护，提升新建高标准农田肥力，强化永久基本农田特殊保护。二是落实粮食补贴、农机购置补贴和种粮大户补贴等各项惠农政策，完善补贴政策落实办法，发挥政策激励效应，进一步调动种粮农民的积极性。三是完善和加大产粮大县的财政奖励力度，进一步调动县级政府抓粮食生产的积极性和主动性。四是完善农业保险政策，提高水稻保险金额，推动将病虫灾害纳入保险范围，切实降低水稻生产性风险。五是完善粮食最低收购价政策，促进粮食生产长期稳定发展。六是加大普惠金融力度和"财经信贷惠农通"工作，满足农户和新型经营主体贷款需要。

（三） 强化科技支撑作用

一是整合全省科研力量，发挥水稻产业体系专家作用，建立健全水稻全产业链技术体系，推动稻米产业高质量发展。二是建立以政府为主导的多元化、多渠道农业科研投入体系，增加对水稻科研的投入，建立产学研用、农科教协同攻关创新机制，持续提高稻米产业科技创新能力，补强种植、加工薄弱环节。三是进一步完善以双季机插、双季抛秧、稻—油、稻—稻—油和"早籼＋晚粳"等为主要模式的绿色优质高产技术体系，持续开展水稻绿色优质高产创建，推动稻米产业发展。鉴于直播稻面积扩大的现状，针对性开展技术研究与技术指导，确保直播稻稳产高产。四是强化基层农业技术推广体系建设，创新推广服务机制，不断提高技术到位率。

（四） 健全现代经营体系

一是稳定和完善基本经营制度，健全土地流转市场和服务体系，积极引导土地经营权规范有序流转，推动发展多种形式的水稻适度规模经营。二是加大新型经营主体培育力度，扶持农民合作社、家庭农场、专业大户等新型经营主体，强化稻米龙头企业辐射带动作用，大力发展统防统治、机耕机收、集中烘干等生产性服务，提高水稻生产社会化服务水平。三是积极打造涵盖水稻生产、服务、收储、物流、贸易、加工和营销的全产业链发展模式，全面提升江西省水稻产业发展水平。

河南

河南水稻亩产 580 公斤
技术体系与实现路径

一、水稻产业发展现状与存在问题

（一）发展现状

1. 生产

2011 年以来，河南水稻种植面积稳定在 920 万亩左右。2011 年平均单产 496.1 公斤/亩，2012 年稳定达到 500 公斤/亩以上，2020 年达到近年的最高水平 554.9 公斤/亩；2011 年开始水稻总产稳定达到 450 万吨以上，2014 年达到 500 万吨，2020 年达到 513.7 万吨。2022 年，河南水稻种植面积降至 902.6 万亩，平均单产 530.9 公斤/亩，总产 479.2 万吨（表 1）。2023 年水稻种植面积与产量基本与 2022 年相同，保持相对稳定。

表 1　2011—2022 年河南水稻种植面积、单产和总产情况

年份	种植面积（万亩）	单产（公斤/亩）	总产（万吨）
2011	924.4	496.1	458.6
2012	932.7	506.9	472.8
2013	916.5	505.4	463.2
2014	922.0	542.9	500.5
2015	924.5	540.7	499.9
2016	921.1	551.8	508.3
2017	922.6	526.0	485.3
2018	930.6	538.8	501.4
2019	924.9	554.1	512.5
2020	925.6	554.9	513.7
2021	912.4	521.9	476.1
2022	902.6	530.9	479.2

从种植结构看，河南省水稻种植呈南籼北粳分布，其中籼稻约占 84.0%、粳稻约占 16.0%；杂交稻约占 71.7%、常规稻约占 28.3%；优质稻占比逐年提高，再生稻种植面积也逐年提高（表 2）。2023 年再生稻种植面积达到 72.5 万亩。

表 2　2018—2022 年河南省水稻品种结构、品质结构面积情况

单位：万亩

年份	籼稻	粳稻	常规稻	杂交稻	再生稻	优质稻
2018	725.9	179.7	269.8	635.8	8.6	506.3
2019	747.8	145.7	246.7	646.8	16.2	519.6
2020	731.4	159.1	262.1	628.4	37.5	601.6
2021	792.6	120.5	250.6	662.5	50.2	629.7
2022	785.8	116.8	243.8	658.8	61.5	772.6

2. 品种

从审定品种种类看，2014—2023 年通过河南省审定的 96 个水稻品种中，籼型水稻品种有 53 个，占比 55.2%，以籼型杂交稻为主，其中籼型三系杂交稻和两系杂交稻品种分别有 18 个和 33 个，分别占审定品种总数的 18.8% 和 34.4%；粳型水稻品种有 43 个，占比 44.8%。从品种选育单位看，粳型常规稻 100% 由省内育种单位选育，籼稻 39.6% 由省内育种单位选育；外省育种单位在籼型杂交稻和粳型杂交稻品种选育中占据优势，选育品种所占比例分别为 60.4% 和 80.0%。

从育种质量上看，通过审定的品种生产试验平均产量在 576.6~699.1 公斤/亩，产量整体呈上升趋势。通过审定的籼型水稻和粳型水稻品种区域试验平均产量分别为 629.0 公斤/亩和 626.3 公斤/亩，两者差距并不显著。杂交稻 627.6 公斤/亩的产量与常规稻平均产量 628.0 公斤/亩相当。杂交稻之间比较，籼型两系杂交稻平均产量达 635.6 公斤/亩，比三系杂交稻平均产量高 19.4 公斤/亩。

2023 年，河南省积极推广适宜种植的优质高产水稻品种，种植面积得到进一步扩大。籼稻品种晶两优 534、晶两优华占、C 两优华占、玮两优 8612、隆两优 534、Y 两优 886、隆两优 8612、两优 688、隆两优华占、荃优 822、荃优丝苗、信优糯 721、玮两优 7713 等种植面积较大，均超过 20 万亩。郑稻 C42、获稻 008、新丰 5 号、豫稻 16 等是种植面积较大的粳稻品种，以上主导品种总种植面积 370.0 万亩，占全省水稻种植面积的 40.5%。

3. 耕作与栽培

河南省水稻耕作种植制度主要是一季中稻。豫南稻区主要是一季中籼稻，少部分稻麦两熟，沿黄稻区全部为稻麦两熟。河南水稻育秧以传统湿润育秧为主，其次是旱育秧和小拱棚育秧，工厂化育秧面积相对较小，种植方式以手插秧、机插秧和人工直播为主。

4. 成本收益

（1）生产成本不断增加，人工成本增长较快　水稻生产总成本有所增加，人工成本增长较快。按照目前我国水稻现行的成本核算指标，水稻生产总成本包括生产成本和土地成本，而生产成本又包括物质与服务费、人工成本等。2011—2023 年，河南

省水稻生产总成本不断增加。2023 年，水稻生产成本 1 451.25 元/亩，与 2011 年的 738.43 元/亩相比，年均增加 59.40 元/亩。其中，人工成本 427.50 元/亩，占生产成本的 29.46%；土地成本 457.50 元/亩，占生产成本的 31.52%。近年来人工成本增长较快，主要原因是农村劳动力逐渐向城市转移，造成劳动力短缺，导致人工成本上升。

（2）机械作业费在生产物质与服务费用中占比较高　水稻生产成本受物质与服务费影响较大，其变化直接影响总成本的高低。以中籼稻和粳稻为例，河南省中籼稻生产中机械作业费用最高，年平均费用为 139.83 元/亩，占物质与服务费的 38.97%；其次是化肥费，年平均费用为 96.41 元/亩，占物质与服务费的 26.87%。由此可见，随着水稻机械化普及和化肥成本上涨，机械作业费和化肥费用已经是物质与服务费中最重要的构成因素。种子费、排灌费、农药费占比不高，均在 10% 左右。

河南省粳稻生产中化肥费用最高，年平均费用为 184.06 元/亩，占物质与服务费的 38.35%；其次是机械作业费，年平均费用为 116.17 元/亩，占物质与服务费的 24.20%。种子费、排灌费、农药费占比均在 10% 左右。

（3）水稻收益总体稳定　河南省水稻收益总体平稳，但个别年份出现降低现象。水稻收益由产值、净收益、净产值、纯收益等指标构成。以中籼稻和粳稻为例，2011—2023 年中籼稻主产品平均售价呈先增加后降低再增加的趋势，产值变化趋势也大体一致，2023 年平均产值为 1 498.50 元/亩，纯收益呈上升趋势。

2011—2023 年粳稻主产品平均售价高于中籼稻，总体变动较小，2023 年粳稻产值为 1 680.25 元/亩，高于 2011 年的 1 444.28 元/亩，纯收益除 2018 年较低外，其他年份较为平稳。

5. 稻米消费情况

河南省稻谷消费总量占全国比例低，稻谷生产和消费能够保持基本平衡。随着人口数量增长、饮食结构变化以及农产品加工业的快速发展，河南省口粮、饲料、工业消费等在内的稻米需求呈波动增长态势。2010—2023 年，河南省居民稻谷消费明显上升。农村居民人均稻谷消费量从 2012 年的 20.64 公斤增加到 2022 年的 25.6 公斤，2022 年城镇居民人均稻谷消费 15.61 公斤。从河南省本辖区内部来看，由于稻谷产需结构不匹配，且随着稻谷消费量明显上升，河南省出现了稻谷产量、省外调入量和社会库存量"三量同增"的现象，形成省外调入的粳稻入市、自产中晚籼稻入库的局面。

（二）主要经验

1. 落实惠农政策，稳定水稻种植面积

近年来，河南省不折不扣落实产粮大县奖补、耕地地力保护补贴、稻谷最低收购价、农机购置补贴等强农惠农政策，不断调动农民种粮积极性。尤其是 2020 年以来，河南发布《河南省稻谷补贴政策实施方案》，认真落实稻谷生产者补贴政策。2023 年全省稻谷平均补贴标准为 50 元/亩，支持 22 个主产县用于促进增加绿色优质稻谷供给，提升稻谷产业质量效益和竞争力。探索建立符合河南实际的稻谷生产者补贴机制，有效调动了农民种植积极性，稳定水稻面积。

2. 推广优良品种，提高水稻产量质量

一方面，加强自主优良品种培育和推广。以沿黄优质水稻产业带为重点，围绕优良食味品质及轻简化直播开展水稻新品种选育，培育出以郑稻 C42、新香粳 1 号为代表的优良食味水稻品种和以新丰 5 号、郑稻 19 为代表的宜直播水稻新品种，并在生产上大面积推广种植。另一方面，加强省外优良籼稻品种引进推广。以豫南水稻产业带为重点，积极引进推广晶两优 534、晶两优华占、C 两优华占、玮两优 8612、隆两优 534 等高产、优质水稻品种和桃优香占、隆晶优 1212、两优 6326 等优质、高产再生稻品种。

3. 强化示范引领，促进高质高效发展

2018 年以来，河南省先后在水稻主产区选择 11 个县，每县补助资金 400 万元，支持开展水稻绿色高质高效创建，示范带动优质水稻发展。在沿黄稻区，重点发展优质绿色水稻，围绕节肥、节药、省工和绿色发展的目标，集成推广机械化插秧、机械化收割、化肥减量增效、病虫草害绿色防控技术，促进节本、提质、增效；在信阳稻区，重点依托新型经营主体，推广稻田养虾、蟹、泥鳅、鱼等"水稻＋"绿色高效种养模式，发展再生稻高产高效种植模式，提高水稻生产综合效益。同时，开展再生稻"稻饲两用"试点示范，依托养殖企业探索一季稻灌浆期收割作为饲料、再生稻生产稻米的模式，既解决了养殖企业饲草不足问题，又提高了再生稻产量。

4. 加大资金投入，积极发展优质水稻

2018 年以来，为促进优质水稻发展，河南省每年从中央水稻生产者补贴资金中调剂 10％左右的资金，用于支持发展绿色优质水稻，开展市场化收购和优质水稻品牌建设。信阳市制定出台《信阳市稻渔综合种养实施方案（2017—2022）》《信阳市 2018 年再生稻产业发展工作方案》和《信阳市再生稻发展三年（2023—2025）行动方案》，在脱贫攻坚期内，将稻田综合种养和再生稻作为产业扶贫的重要抓手，对为贫困户再生稻生产进行社会化服务并实现生产目标的经营主体，每亩市级奖补 100 元，县（区）奖补 300 元。脱贫攻坚取得胜利以后，继续以优质稻发展为抓手，对种植再生稻农户，市级每亩奖补 20 元，要求县（区）配套相应奖补政策。

5. 发展稻米加工，完善水稻产业链条

近年来，河南省以豫南稻区和沿黄稻区为重点，以发展稻米加工业为突破口，省级调剂不超过中央稻谷补贴资金的 10％，用于支持稻谷主产县区一定规模以上稻谷加工企业发展，培育壮大稻谷加工龙头企业，大力推广市场牵龙头、龙头连基地、基地带农户的发展模式，不断完善水稻产业链条。全省稻米加工企业达到 138 家，年处理稻谷 410 万吨；水稻主产区信阳市稻米加工龙头企业达 57 家，其中国家级 2 家、省级 12 家，产品远销湖南、湖北、广东等地；沿黄稻区"原阳大米"获得国家地理标志认证，多年畅销全国。

（三）存在问题

1. 对水稻农田建设的政策支持不足

河南水稻田基础设施较差。经过多年建设，河南省农业基础设施得到巩固和发展，但与发展现代农业的要求相比，依然比较薄弱。水田不同于旱地生产，河南大部分农田是旱地，水田的高标准农田建设没有标准，尤其是以农田水利、土壤地力、科技体系等为主的水田高标准粮田建设还比较薄弱。

2. 水稻种业弱，对生产支撑不够

河南省水稻种质资源研发与育种水平不强，河南省选育并审定的各类型高产优质品种数量远低于全国其他地区。随着消费升级和农业供给侧结构性改革的深入推进，消费者对大米品质提出越来越高的要求，优质食味粳稻占比较小，优质稻发展还有待加强。近年来，河南省水稻生育期间，频繁出现高温、干旱、连续阴雨天气，且呈现出常态化趋势，影响水稻产量和品质，给生产造成损失。因此，新品种研发、种业创新仍将是河南水稻产业发展的重点之一。加大水稻抗高温、干旱、阴雨等逆境胁迫方面的育种研究，充分利用品种优势抵御自然灾害造成的损失。

3. 耕地资源约束

随着人口增加、城市化和工业化进程不断加快，耕地资源短缺，生态环境失衡与农业生产之间的矛盾日益突出，资源约束增强。河南省现有耕地面积 1.12 亿亩，永久基本农田 10 176 万亩。2019 年，河南省耕地平均质量等级为 4.41，土壤有机质平均含量为 18.9 克/公斤，耕层平均厚度 20.4 厘米。2023 年，河南加大高标准农田建设，耕地质量略有提升。但农业生产过程对耕地"重用轻养"或"只用不养"，导致耕地地力方面存在多种问题。中低产田面积占比较大、土壤有机质依然偏低、耕作层厚度有待提升、局部地区土壤酸化问题突出。同时，耕地污染及农业化学品过量施用问题依旧严重。过量施用氮肥、农药和除草剂等都会造成土地面源污染。

4. 水稻生产机械化程度不高

河南水稻生产机械化程度低，用工成本高。目前，河南省水稻机械化生产程度仍较低，特别是机械插秧、社会化服务还未全面普及。随着人口进一步老龄化，农村劳动力越来越少，人工费持续增加，发展机械化生产是水稻生产的发展方向。

5. 种粮主体老龄化严重

近年来，劳动力成本和生产资料成本不断上涨，而稻米价格低迷，新型经营主体举步维艰。土地流转积极性持续下降，种粮主体仍以老年人为主，年龄结构偏大、后

继无人。

6. 稻谷加工产业发展的政策支持不足

河南省大米加工企业数量不足，大米产量方面低于东北地区，加工成本高于邻近省份，无法与其他稻谷优势区大米精深加工企业竞争。且稻米加工存在结构不合理现象，沿黄稻区稻米加工产能过剩，豫南稻区稻米加工企业少，水稻产业竞争力较弱。要加大水稻产业全链条发展的政策支持力度。

二、区域布局

（一）豫南单季籼稻区

1. 基本情况

豫南稻区主要处于河南南部，包括淮河流域、淮南山地和南阳盆地，是河南水稻的主产区，占全省 85% 以上。区内年降水量 900～1 300 毫米，平均气温 15.1～15.5℃，无霜期 217～229 天，光照充足，适宜水稻生长。豫南稻区主要包括信阳、南阳、驻马店等，是河南历史悠久的传统稻区，也是我国最早采用稻麦两熟制种植的区域，以种植杂交中籼稻为主，部分地区种植优质粳稻，其中，信阳稻区水稻种植面积最为集中，2023 年种植面积为 753.2 万亩，约占全省水稻种植面积的 85%，信阳稻区具有发展优质籼稻的良好基础。信阳市下辖浉河区、平桥区、潢川县、淮滨县、息县、新县、商城县、罗山县、固始县、光山县。

2. 主要目标

择优主推 3～5 个性状优、效益高、市场青睐的主导品种。豫南稻区生态环境良好，水资源丰富，推行水稻绿色化生产有基础、有优势。因此，结合信阳市创建农业绿色发展先行区的节水、节肥、节药等内容，积极发展再生稻、稻渔综合种养，引导发展稻鸭共作、水稻粮饲双优双高种植模式，发挥引领示范和带动作用，擦亮信阳绿色稻米的底色。

3. 主攻方向

明确主导品种，搞好品种使用指导；改革种植制度，推广稻麦轮作和再生稻高产高效种植模式，增产提质增效；提高防御生物性与非生物性自然灾害的综合防治技术；大力推广先进水稻栽培新技术，如水稻丰产优质高效协同栽培技术、机插秧侧深施肥技术、精确定量和"水稻＋"周年丰产优质绿色栽培技术；加大宣传，改变传统栽培习惯：确定适宜播期、精心培育壮秧、保证合理密植、强化田间管理、适时抢时收获。

4. 种植结构

该区域以种植杂交籼稻为主。春茬稻 460 万亩，麦茬稻 280 万亩，再生稻 100 万亩。

5. 品种结构

该区域种植籼稻品种：晶两优 534、荃优 1606、信两优 1319、兆优 5431、玮两优 8612、珠两优 5298；糯稻：信优糯 721；再生稻：桃优香占、隆晶优 1212；粳稻：郑稻 C42、豫稻 16、新香粳 1 号；常规稻：珍珠糯、特糯 2072。

6. 技术模式

该区域以机械化育插秧为主，辅助人工插秧，直播，抛秧。

（二）沿黄单季粳稻区

1. 基本情况

沿黄单季粳稻区主要涉及河南省沿黄的新乡市、濮阳市、开封市、焦作市等 4 个市的 16 个县（区），主要分布在黄河两岸的背河洼地，处于我国南、北稻区过渡地带。该区生态环境良好，光、热、水资源丰富。该区域全年无霜期在 210 天左右，年平均降水约 551.3 毫米，年平均日照时数 1 962.3 小时。常年水稻生长期间≥10℃积温 4 000℃左右，降水 400 毫米，日照时数 1 200 小时。7—8 月降水集中，利于水稻生长，9—10 月秋高气爽，温差大，利于后期结实灌浆。是生产优质粳米的理想生态区。

2. 主要目标

该区域主要以无公害、绿色、有机稻米生产为主；树品牌，创名牌，提高市场竞争力。

3. 主攻方向

水稻主攻方向是结合平原引黄蓄水工程建设、灌区改造、高标准农田建设，优化和提升稻区引黄灌溉功能，科学布局种植区域，稳步扩大种植面积。同时加大水稻生产投入，积极引育新品种、推广新技术，提升机械化生产水平。

发展优质及特优粳稻新品种，标准化、规范化的保优节本高产增效栽培管理技术，发展机械化生产，走高科技发展之路，推进品牌战略，加大品牌稻米系列产品开发。

4. 种植结构

稻麦轮作为主，每年 6—10 月种植粳稻。

5. 品种结构

常规稻为主，基本无杂交稻，品种均为优质粳稻。其中水稻品种主要包括新丰系列、新稻系列、郑稻系列等。主要分布在濮阳范县，开封部分县区，新乡市的原阳县、获嘉县等地区。

6. 技术模式

水稻栽培以机械插秧为主，因地制宜发展抛秧、直播。主要推广水稻精确定量栽培技术、病虫害绿色防控技术、节水灌溉技术、稻麦周年丰产优质绿色栽培等技术。

三、发展目标、发展潜力与技术体系

（一）发展目标

1. 2030 年目标

到 2030 年，河南省水稻单产达到 560 公斤/亩，优质化率达到 75%，国标或部标 2 级及以上品种种植面积占比 55% 左右。

2. 2035 年目标

到 2035 年，河南省水稻单产达到 580 公斤/亩，优质化率达到 80%，国标或部标 2 级及以上品种种植面积占比 60% 左右。

（二）发展潜力

1. 面积潜力

水稻是河南第三大粮食作物，由于受光照和水资源等自然条件限制，生产规模较南方水稻主产省偏小，常年种植面积在 900 万亩，总产在 500 万吨左右。近些年，豫西南地区的南阳市通过"旱改水"水稻面积实现恢复性增长，豫中地区的漯河市历史上曾经是"贾湖古稻"的起源地，近期也开始"旱改水"恢复水稻种植。河南水稻种植面积有望继续稳定在 900 万亩左右。

2. 单产潜力

根据对河南省水稻的生产潜力研究，全省麦茬水稻单产可达 880～900 公斤/亩，与现实生产能力相比，还有很大增产潜力。豫南稻区通过大力发展再生稻，提早播期、充分利用光照、增加有效积温，实现"一种两收"亩产超 1 000 公斤，增加水稻单产。此外，通过优化种植结构，建立合理的水稻种植体系，构建理想群体，改善群体光合结构，提高光照利用率；加快优良品种的更新换代和耕作栽培新技术的推广应用；加强水利设施建设，扩大灌溉面积，提高水分利用率；加强土壤改良，进行合理施肥；加强病虫害防治和灾害性气候防御等方式可以有效提升河南水稻单产。

（三）主要技术体系

1. 高标准农田建设及防灾减灾技术

河南是水资源短缺省份，人均水资源仅为全国平均水平的 1/4。近年来，河南省高温干旱天气多发频发，信阳稻区水库坑塘由于年久失修，干旱年份蓄水不足；沿黄稻区受黄河河床降低引水量减少较多的影响，限制了水稻生产发展。通过加大基础设施投资、改善水利设施建设和高标准农田建设，实现抗灾减灾稳产，有利于稳定水稻面积和增加水稻产量。

2. 品种更新换代

河南种植籼稻品种多为外引品种，品种多乱杂，抗风险能力不足。随着水稻现代生物育种技术的不断突破，具有更高产量潜力的水稻新品种将不断出现。通过大面积推广主推品种的及时更新换代，有望实现水稻单产的不断提升。

3. 现代化育秧技术

"秧好一半谷"。育秧技术落后是限制河南水稻单产提高的主要技术因素之一。通过大面积推广现代工厂化育秧技术，推广钵苗育秧技术，培育壮秧，有望提高水稻单产。

4. 农机农艺融合直播技术

随着水稻直播面积的迅速增加，一播全苗难、杂草防除难、易倒伏等问题突出。建立农机农艺融合的高产高效直播技术，是未来河南水稻亟待解决的主攻方向。

四、典型绿色高质高效技术模式

（一） 稻油轮作技术模式

开展稻油水旱轮作是贯彻落实中央 1 号文件及中央农村工作会议精神，以推动粮油稳产增产为目标，以绿色发展为导向，按照产业化发展模式，促进粮油由数量增长向数量和质量并重发展，从而增加优质粮油供给，推动粮油高质量发展。河南豫南稻区稻油轮作面积在 300 万亩左右。

1. 主攻目标

水稻亩产 600 公斤左右，油菜亩产 150 公斤左右。

2. 主推品种

油菜选择丰产稳产性好、纯度高、品质优的双低杂交油菜品种，如博油 9 号、华油 999、杂双 5 号、丰油 10 号、信优 2405、油研 9 号等。水稻品种选择晶两优 534、C 两优华占、晶两优华占、玮两优 8612、隆两优 534、信优糯 721 等。

3. 田间管理技术

油菜高产栽培技术主要包括开沟起垄、9 月下旬至 10 月上旬适期早播、大田播种量每亩 0.2～0.3 公斤，留苗 1.8 万～2.0 万。合理施肥，每亩施纯氮 14～16 公斤。水稻采用常规高产栽培技术。

（二） 稻麦轮作技术模式

该技术模式主要在河南豫北沿黄粳稻区和豫南沿淮稻区实施，种植面积 280 万亩左右。

1. 主攻目标

水稻亩产 600 公斤左右，豫北沿黄粳稻区小麦亩产 550 公斤，豫南沿淮稻区小麦亩产 470 公斤左右。

2. 主推品种

水稻主要种植优质粳稻新品种，豫北沿黄粳稻区种植的水稻品种有新丰 5 号、获稻 008、新稻 89、郑稻 C42；豫南沿淮稻区有郑稻 C42、新香粳 1 号、豫农粳 11、豫稻 16 等。稻茬小麦田间湿度大，病害发生危害重，品种布局时应以耐湿、耐渍、赤霉病轻、抗条锈病、抗干热风、耐穗发芽、熟期较早的品种为主，豫北沿黄粳稻区小麦种植优质强筋或优质中强筋品种，主要有百农 207、郑麦 1860、周麦 36、郑麦 136、新麦 26、豫农 908、丰德存麦 20 等；豫南沿淮稻区有郑麦 9023、郑麦 113、西农 979、豫农 901、豫农 910、扬麦 15、扬麦 13、先麦 8 号、天宁 38 等。

3. 田间管理技术

小麦高产栽培技术主要包括秸秆粉碎还田、深耕耙压、开沟，豫北沿黄稻区 10 月 8—15 日适期播种，豫南沿淮稻区 11 月中上旬适期播种，大田播种量每亩 17.5～22 公斤，晚播适当增加播种量。合理施肥，每亩施纯氮 12～14 公斤。水稻采用常规高产栽培技术。

（三）再生稻模式

豫南稻区是我国再生稻生产的北沿地区，目前再生稻种植面积 75 万亩左右。

1. 主攻目标

再生稻的头季一般较生产中的一季中稻增产 5％～10％，而再生季一般可以取得 150～250 公斤/亩以上的产量，两季增产 40％～50％，再生稻稻米品质显著改善。

2. 主推品种

豫南稻区适宜的再生稻品种主要有桃优香占、隆晶优 1212、两优 6326 等。

3. 田间管理技术

利用保护地育秧，适宜播种期为 3 月上中旬。其秧龄 30～40 天或叶龄 3～4 片叶为最佳移栽时期。人工栽插方式密度为每亩插 1.5 万～1.7 万穴，行株距以 26.7 厘米×16.7 厘米或 23.3 厘米×16.7 厘米为最佳种植密度；机械化栽插密度为每亩插 1.4 万～1.5 万穴，行株距以 30 厘米×16 厘米或 30 厘米×18 厘米为最佳种植密度。头季稻每亩施纯氮 14～15 公斤；$N：P_2O_5：K_2O$ 为 1：0.5：1；氮肥施用比例底肥：分蘖肥：促花肥：保花肥为 42：18：24：16。再生季需施肥 2 次，分别为"尿素 20 公斤＋氯化钾 10 公斤"和尿素 10 公斤，时间为头季稻齐穗后 15～20 天及收获后 3 天内。

五、重点工程

1. 耕地保护提升工程

因地制宜推进秸秆科学还田，采取增施有机肥、种植绿肥等方式，结合深松、旋耕等机械化措施，提升农田土壤肥力，推进化肥农药减量增效。

2. 高标准稻田建设

参照水田的标准持续建设高标准水稻田，因地制宜开展"田块平整、灌溉与排水、田间道路、农田地力保护、地力提升"工程，加快田网、渠网、路网"三网"配套建设。豫南做好水库坑塘蓄水工程，豫北沿黄做好黄河引水工程，做到旱浇涝排，保证水稻生产需要。

3. 科技创新工程

大力实施以生物育种为核心的科技创新工程，加大对抗逆、抗病、优质水稻种质资源创制与新品种选育，农机农艺融合全程机械化生产技术等的支持力度，支持水稻种业科技创新，不断提升科技支撑力。

4. 防灾减灾工程

大力实施气象灾害预警、智慧植保、农业保险等防灾减灾工程，不断降低水稻生产的风险，切实保障种粮农民的收益和种粮积极性，推动单产提升。

六、保障措施

1. 强化组织领导

成立由农业农村、财政、气象等相关部门为成员单位的单产提升工作专班，统筹协调全省水稻大面积单产提升工作，细化工作安排和保障措施，确保工作措施和项目资金落实到位。

2. 强化政策支持

严格落实产粮大县奖补政策，统筹现有支持粮食生产发展项目资金，加大对产粮大县的支持力度。严格执行稻谷最低收购价政策，将稻田综合种养和再生稻作为产业发展的重要抓手，稳定提高农民种稻收益预期，保护农民种稻积极性，推动单产提升。

3. 强化投入保障

将单产提升重点品种、重点技术、重点任务作为主要支持内容，加大支持力度。支持耕种管收烘的社会化服务组织和稻米加工企业，产粮产油大县奖励资金重点用于单产提升，形成共同支持单产提升的合力。

4. 强化技术指导和宣传引导

在水稻种植的关键农时季节，及时派出工作组对单产提升进行指导，通过适时组织观摩活动、经验交流、典型示范等方式，总结推广好品种、好技术、好模式、好经验、好做法。

湖北水稻亩产 580 公斤
技术体系与实现路径

一、水稻产业发展现状与存在问题

（一）发展现状

1. 生产概况

2011 年以来，湖北省水稻面积从 3 122 万亩逐渐增加到 2015 年的 3 575 万亩，2018 年后开始略有下降，但一直稳定在 3 400 万亩以上，亩产 540 公斤以上，总产持续稳定在 370 亿斤以上（图 1）。2023 年湖北省早稻播种面积 188.4 万亩、一季中稻 3 007.5 万亩、双季晚稻 215.3 万亩，总面积和总产分别为 3 411.2 万亩和 1 880.4 万吨，平均亩产 551.2 公斤。再生稻在湖北省水稻生产中一直占有重要地位，2011 年以来，湖北省再生稻面积从不足 20 万亩发展到 2022 年的 310 万亩，单产从 243 公斤/亩提高到 320 公斤/亩，两季总产可达 930 公斤/亩。2011 年以来，湖北省水稻种植面积占湖北省粮食面积的比例稳定在 48% 左右，水稻产量占粮食总产的比例由 2011 年的 67.6% 提高到 2021 年的 68.4%。新型经营主体种植水稻占比呈逐年增加的趋势，2013 年的占比为 14.7%，2023 年后据湖北省固定观测点的数据显示，新型经营主体水稻播种面积占比达到 65% 左右。

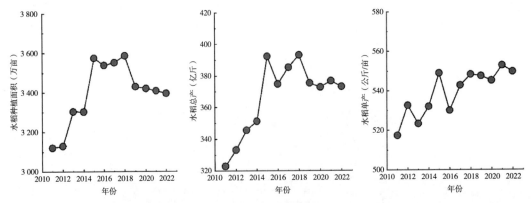

图 1　湖北省 2011—2023 年水稻播种面积、总产和单产变化

2. 新品种选育与推广

2011 年以来，湖北省共审定水稻新品种 428 个，其中两系杂交稻 226 个、三系

杂交稻 131 个、常规稻 38 个，国标 2 级以上品种 60 余个，早、中、晚，籼、粳，粘、糯稻品种齐全，极大丰富了湖北省水稻种子资源库。生产上种植应用的品种逐渐由高产型向高产优质兼顾型和特色专用型发展，年推广面积 10 万亩以上的早稻品种主要有两优 287、鄂早 18、中嘉早 17、冈早籼 11，以加工专用型为主；中稻品种主要是隆两优 534、荃优丝苗、晶两优华占、荃优 822、C 两优华占、荃两优丝苗、广两优香 66、广两优 476、黄华占和隆稻 3 号等，以优质、稳产、抗逆为主；晚籼品种主要是 A 优 38、金优 38 等，晚粳品种主要是鄂晚 17、鄂香 2 号等，晚稻以优质、抗逆为主。围绕"水稻＋"新模式和市场需求，开展了高档优质稻、虾稻、再生稻、麦（油）茬稻、早熟中稻等多种科企联合体试验，审定了虾稻 1 号、鄂中 6 号、华夏香丝、秧苏 1 号等系列品种。在优质稻品种选育与推广应用中，鄂中 5 号、鉴真 2 号、虾稻 1 号、华夏香丝、鄂香 2 号等稻米越来越受到消费者欢迎；秧苏 1 号、秧苏 2 号、丰两优香 1 号、天两优 616 等再生力强、米质优、生育期适宜的优良品种已成为再生稻主栽品种。虾稻 1 号不仅在湖北广受种植户欢迎，而且辐射到湖南、江西、安徽等地，成为稻虾模式下实现水稻丰产优质的首选品种。优质、高产、专用品种的培育与应用为湖北水稻产业结构调整和提质增效提供了品种支撑。

3. 耕作与栽培技术

近年来，湖北省水稻种植结构和生产方式不断优化，由过去传统的单双季混作区演变为以一季稻为主、多种高效模式并存的"水稻＋"模式。2021 年，湖北省双季稻面积 380 万亩、稻麦共作 900 万亩、稻油共作 1 120 万亩、稻虾共生 690 万亩，再生稻 318 万亩，多种种植模式的不断优化体现了绿色、优质、丰产、高效、低碳的新发展理念。集中育秧、水稻机插（播）、机收等水稻全程机械化关键技术应用率不断提高。2021 年，湖北省水稻耕种收综合机械化水平达 85.87％，水稻机插（播）面积 1 699 万亩、机插率达 49.88％，较 2016 年提高 8.48 个百分点；水稻机收面积 3 399 万亩、机收率达 97.76％，较 2016 年提高 6.76 个百分点。围绕机械化生产、病虫害绿色防控、秸秆综合利用等水稻生产关键环节，广泛开展了水稻钵苗机插育秧、机插秧侧深同步施肥、水稻机械精量直播、肥水一体化等新技术集成试验示范。

4. 成本与收益

2011 年以来，湖北省水稻生产总成本呈持续增长态势，其中肥料、农药、人工、机械、土地费用均呈增长趋势，总收益明显下降。2021 年，湖北省水稻亩均生产成本 1 001 元，比 2011 年增加 150 元，增幅为 17.6％。其中，肥料、农药、人工、机械、土地费用分别增长 13.1％、44.4％、8.9％、20.3％和 28.6％，总收益减少 93 元，减幅为 15.3％（表 1）。

表1 湖北省 2011 年与 2021 年水稻生产成本、收益比较

单位：元/亩

年份	种子费	肥料费	农药费	人工费	机械费	土地租赁费	总成本	总产值	总收益
2011	80	122	18	158	123	350	851	1 458	607
2021	66	138	26	172	148	450	1 000	1 515	515

5. 市场发展

湖北省是我国水稻主产区和重要的商品粮基地，大米实际年产能居全国第二位，实际处理稻谷数量和大米产量均居全国第三位。2021 年，湖北省 1 138 家大米加工企业加工产值 574.24 亿元、销售收入 568.01 亿元，实现利润 42.39 亿元。稻米商品率达到 83%，常年外调大米 500 万吨，高档优质籼米主要销往广东、福建、海南等沿海经济发达地区，普通优质籼米主要销往云南、贵州、四川等稻谷产能不足地区，粳米主要销往上海和浙江等地。

（二）主要经验

1. 品种选育强化高产优质专用兼顾

一是不断加大种质资源创新力度。2011 年以来，湖北省累计审定水稻品种 428 个，"十三五"期间加大优质稻品种选育和审定，审定优质稻品种 83 个〔国标 1 级 1 个，国（部）标 2 级 27 个，国（部）标 3 级 55 个〕，占审定总数的 31.9%。水稻品种的年审定数量大幅增加，2020 年审定水稻品种 99 个，约为"十二五"期间的 2 倍，优质品种的审定数量也大幅增加，2020 年审定优质品种 46 个。但是高端优质品种（国标 2 级以上）品种数量仍略显不足，有进一步提升的空间。

二是稳步推进高产品种转向丰产优质。"十三五"以来，湖北省水稻品种选育导向逐步由单纯高产向优质丰产发展，审定优质品种占比也不断提高，由 2016 年的 23.5% 增加到 2020 年的 46.4%。鄂中 5 号、鉴真 2 号等品种稻米越来越受到企业欢迎；甬优 4949、甬优 4149 等中粳品种的推广应用逐步加大；丰两优香 1 号、天两优 616 等再生力强、米质优、生育期适宜的优良品种已成为湖北省再生稻主栽品种。根据湖北省粮食局的调查检测，2019 年收获的早籼稻、中晚籼稻样本中符合《优质稻谷》（GB/T 17891—2017）国家标准的比例分别为 20.3% 和 59.3%，较 2018 年分别提高 3.1 个、6.7 个百分点。

三是持续开展专用品种试验示范。2016 年，依托水稻"籼改粳"和粮食丰产工程等项目，在孝昌、襄州、宜昌等地开展粳稻新品种筛选和新技术试验，筛选粳稻新品种 12 个。2013 年以来，湖北省组织在潜江、荆州、黄冈、孝感等地开展多年多地联合试验，筛选出适宜虾稻、再生稻、功能稻、粳稻等优质特色品种 23 个（虾稻 1 号、鄂中 6 号、鄂中 5 号、鄂香 2 号、隆稻 3 号、鄂丰丝苗、荃优丝苗、丰两优香 1

号、晶两优黄莉占、隆两优 534、广两优 5 号、荃优 822、E 两优 476、荃两优丝苗、两优 5311、荆两优 967、晶两优 534、广两优 476、兆优 6377、隆两优黄莉占、隆两优 3463、隆两优 1206、甬优 4949）。其中鄂中 5 号、鄂香 2 号、隆稻 3 号等为优质专用品种，在生产上获得青睐。

2. 种植模式强化丰产提质增效

围绕水稻产业发展需要，按照"藏粮于技"的要求，根据湖北省稻作区域特色，结合国家重点研发计划和农业重大技术协同推广计划试点项目实施，提出适宜湖北省可持续发展的四大"水稻＋"绿色高效种养模式（稻粮统筹、稻禽协同、稻经轮作、稻渔共生），在湖北省适宜区域大力推广，统筹推进特色功能稻区、香粳糯稻区、再生稻区和稻渔综合种养区建设，推动湖北省水稻产业绿色高效和可持续发展。主要产区结合当地资源禀赋开展要素匹配探索，成功创建了以潜江、监利、洪湖为代表的江汉平原湖网地区的稻虾模式，并衍生出天门稻鳅、仙桃稻鳝、应城稻鳖、荆门香稻喜鱼、石首稻再蛙（鸭）等稻田综合种养（稻渔）模式，襄阳的稻菇模式、湖北省大面积推广的再生稻模式、枣阳的稻麦全程机械化等大批具有当地特色的典型样板。

一是"一水两用"模式。在沿江环湖水资源丰富地区，大力推广以稻虾共生为主的稻田综合种养模式。截至"十三五"期末，稻渔综合种养面积突破 800 万亩，其中稻虾共生面积达 730 万亩左右，稻虾共生模式通过水稻和水产品两个物种共生，高效利用稻田生态系统的光、温、水、热、养分和生物资源，实现了少打药、少施化肥、稳粮增效、质量安全、生态环保的目标，很好地诠释了"一水两用、一田双收"的内涵，该模式亩产稻谷 600 公斤、小龙虾 100～150 公斤、纯收入可达 3 000 元。近几年稻虾共生模式被迅速辐射推广到湖南、江西、安徽等省份。

二是"一种两收（再生稻）"模式。"十三五"期间，在江汉平原、鄂东主推机收再生稻高效模式，目前湖北省水稻"一种两收"面积稳定在 300 万亩以上，较 2016 年增加 131 万亩以上，位居全国前列，生产水平全国领先。

三是"一稻两（品）种"模式。围绕推进"籼改粳"，2018 年湖北省粳稻种植面积稳定在 300 万亩，约占全省水稻种植面积的 8.5%。在黄冈、咸宁、孝感、荆州等地推广"早籼-晚粳"高效种植模式；在襄阳、随州、荆门等鄂中北地区推广"粳稻-小麦"全程机械化模式，不断优化调整湖北省水稻种植结构。

3. 技术推广强化"政、产、学、研、推、用"协同

一是大力实施协同创新。联合农业科研院校、技术推广部门、生产经营主体，进一步整合资源项目、优化要素配置、开展协同攻关，着力解决制约水稻产业高质量发展的关键问题，构建完善"政、产、学、研、推、用"一体的全环节技术推广链。结合农业重大技术协同推广计划试点项目、湖北省水稻科技创新行动项目，湖北省农业技术推广总站依托华中农业大学、湖北省农业科学院、长江大学、地市级农业科学院等湖北省内科研院校，协同各地市县农业技术推广单位，对接湖北国宝桥米有限公司、黄冈东坡粮油集团有限公司等稻米龙头企业，开展"水稻＋"绿色高质高效模式协同推广和水稻"三优"科技创新攻关，重点克服"品种结构不优、生产模式不绿、稻米品质不高"等诸多短板。

二是稳步提高机械化水平。水稻集中育秧、水稻机插（播）、机收等水稻全程机械化关键技术应用率不断提高。2020年，湖北省成功突破双季稻生产全程机械化重要瓶颈之一（双季稻双季机械化直播），大面积生产实践证明，采用双季稻双直播配套技术，亩产量与双季插秧产量相当、效益显著提高。稻麦、稻油和再生稻全程机械化生产已成主流。

三是持续开展技术集成试验示范。围绕水稻机直播和机插秧、病虫草害无人机飞防、秸秆综合利用和机械还田、水稻机械化施肥等水稻生产关键环节，广泛开展了新技术集成试验示范。围绕机艺融合，在洪湖、宜城示范验证了水稻钵苗育秧机插技术，在多地示范了机插秧侧深同步施肥技术和病虫害无人机飞防技术，在监利、孝昌等地开展了水稻机械精量直播试验示范。应用丰产优质多抗广适品种、配套最新机械化栽培技术，集成创新适合不同产区和稻田复种的绿色丰产高效种植模式的协同推广和大面积应用。

4. 产业发展强化品牌创建

一是强化政策保障。"十三五"以来出台了多个政策文件，持续实施水稻产业提升计划，围绕"三品"（品种、品质、品牌）共提升，从全产业链角度，全面提高产业价值，全力提升湖北省稻米产业竞争力。2016年4月27日，湖北省政府办公厅印发了《湖北省水稻产业提升计划（2016—2020年）》（鄂政办发〔2016〕23号）。并在《湖北日报》上以"让更多人吃上湖北米"为题进行宣传解读。同年6月7日湖北省农业农村厅印发了《湖北省水稻产业提升计划（2016—2020年）重点工作责任分工方案》（鄂农办发〔2016〕27号），将工作分解落实到各有关单位。2023年12月，为推动湖北大米更好地走进广东、广西、福建、云南、贵州、四川等地，湖北省委农办印发了《关于打造"江汉大米"品牌的实施意见》，明确"江汉大米"为湖北优质大米公用品牌，并就品牌推广、品种选育、基地建设、稻米加工、标准制定、市场开拓等9个方面出台"硬措施"，重点打造"江汉大米"品牌，构建"省域公用品牌＋地方子品牌＋企业品牌"矩阵，推动优质稻米产业链高质量发展。

二是加强品牌培育。2016年，联合湖北省粮食局成立湖北省优质稻产业联盟大会。"十三五"期间，积极开展优质稻米品牌创建，围绕优质籼米、香米、粳米、再生稻米、富硒米、糯米等地方特色，从不同层次培育具有大而优、小而美、专而精等特点的品牌。湖北省农业农村厅依托湖北省农业科学院、华中农业大学、武汉大学、长江大学和地市级农业科学院等高校和科研院所提供技术支撑，支持"国宝桥米""福娃""东坡大米""虾乡稻""庄品健""瓦仓米""红心柳贡米""巷子深"等品牌发展。深入开展水稻"协同创新"科技行动，联合荆州、荆门、黄冈、襄阳，从稻米品质优化方面开展技术创新，支持新型主体创建"洪湖再生稻""鸭蛙稻"等专用品牌。通过大力实施水稻产业提升计划，支撑长江中游稻米品牌整体水平向更优方向发展，呈现立体多样化格局。

三是加强宣传推介。2017 年以来，依托优质稻产业联盟、湖北省粮食行业协会和水稻协会组织开展"湖北名优大米十大品牌"评选活动，评选出"国宝桥米""二度梅""庄品健"等 10 多个名优品牌，为推动产业良性发展，推选出"京朕""双竹""红心柳贡米"等 10 个最具成长力的稻米品牌。2017 年，组织"十大品牌"先后参加在北京举办的中国国际农产品交易会、鄂渝精品粮油洽谈会、在武汉举办的中国武汉农业博览会等大型展会。在武汉举办的中国武汉农业博览会上时任农业部副部长屈冬玉等参观了湖北省"十大名米"展示区，并现场品尝了米饭，给予了高度评价。2018 年，结合"荆楚优品"工程的实施，制定了《湖北省稻米品牌五年提升行动计划》，组织推介"远安瓦仓米""南漳官米"等 24 个特色稻米品牌参加第二届中国（潜江）"一会一节"；向农业农村部推荐湖北省 5 家优势特色稻米企业（4 家属于"十大名米"）；"品虾论稻话丰收"活动中，向全国人民推介"潜江虾稻"；在洪湖召开的全国水稻绿色生产技术模式现场观摩交流会上，向全国水稻主产区推荐"洪湖再生稻米"；推荐 27 家稻米企业参与组建湖北省虾稻产业协会；推荐"潜江虾稻""监利大米""洪湖再生稻"等区域公共品牌打造湖北优质稻米。洪湖再生稻米、孝感香米、京山桥米成功入选"二十强农产品区域公共品牌"。湖北省优质稻米品牌创建推介活动蓬勃兴起，在荆州、潜江、黄冈、天门、随州、咸宁等地进行了优质稻米评选与推介活动。多次通过《湖北日报》、《农民日报》、湖北电视台、中央电视台等媒体宣传湖北省稻米品牌、扩大影响。

（三）存在问题

1. 品种多而杂，专用品种不足

（1）品种多而杂　多数现有品种还不能很好地适应机插、直播等轻简栽培耕作制度变化的要求。2019 年以后，湖北省审定的品种数量增加呈井喷趋势，加上省外品种大量涌入，市面上水稻种子品类良莠不齐；种子营销企业对所销售品种夸大宣传，农户难辨真伪，导致农户选种无从下手，很难选中真正适合在当地种植又能够增产增收的品种。

（2）专用品种不足　适宜湖北特色的稻田综合种养、再生稻"一种两收"、功能稻等专用品种欠缺。由于稻田综合种养要求水稻生育期短和稻谷产量高品质优、综合抗性好，市场上适合稻虾种植的稻田综合种养专用品种严重不足。适合再生稻全程机械化种植、再生力强、生育期 125～130 天、高产优质、耐高温和抗倒伏能力强的再生稻专用品种的选育刚刚起步，难以满足再生稻大面积推广应用的需求。

（3）品种多样影响稻米品牌建设　各水稻主产县市种植水稻品种过于多样，不利

于水稻生产统一管理，更不利于保证区域内稻米加工企业拥有数量充足且质量稳定的原料来源，不利于区域稻米品牌建设。

2. 劳动力短缺，水稻生产比较效益低

（1）劳动力短缺　农村劳动力缺乏，依靠种田增加收入的传统思维被打破，外出务工人员不断增加，致使一部分农田出现闲置，影响水稻生产面积的扩大。

（2）水稻生产比较效益偏低　近几年，国家实施了粮食直补、良种补贴、粮食最低收购价等系列强农惠农政策，但由于化肥、农药、种子等生产资料价格不断上涨，劳动力成本大幅提高，水稻生产比较效益仍然偏低。

（3）出现山丘田弃种水稻现象　较多的山丘、边角田，农机作业难，土地耕整质量差，加之土壤地力较低，水利设施不完善，水稻产量不高不稳，山丘田块被农户弃种水稻而改种其他旱地作物，极少数甚至被撂荒。

3. 种粮主体土地流转成本高，技术人才短缺

（1）土地流转难度大、困难多　许多农民认为土地是生活保障的根本，不愿意为较低的租金而承担失去土地的风险，而较高的租金又让农业经营主体无法负担。相关法律、政策规定不详尽，致使农村土地流转程序不规范。部分地区农户土地分散情况严重，许多土地为坡地，承包时为兼顾农民利益进行分级、分地，零碎、分散的土地分配方法不利于土地流转经营。

（2）新型农业经营主体技术人才短缺　随着城镇化、工业化的快速推进，农村劳动力迅速转移，农村空心化、人口结构老龄化情况日趋严重，新型农村经营主体的劳动力现代水稻生产与管理技术储备跟不上现代农业的发展步伐，懂技术会管理的人才极度短缺。

4. 新型轻简机械化配套栽培技术不配套

（1）缺乏高产高效集成栽培技术　"良种良法"才能高产，而湖北省粮食生产上栽培管理粗放，栽培技术与品种不配套的情况比较普遍，生产上缺乏精量高效栽培技术和综合集成技术，或没有规范使用相关技术，不能实现大面积平衡增产。

（2）水稻生产施肥方式落后、施用不均　湖北省目前的肥料施用方式仍然主要为表面撒施，表层施肥养分流失量大、肥料利用率低、肥效差，稻田氮肥吸收利用率为40%左右，磷肥当季吸收利用率仅为11%～14%，钾肥吸收利用率为50%左右。

（3）直播稻面积不断增加，但技术瓶颈未解决　受农村劳动力缺乏和劳动力成本上涨等因素影响，湖北省直播稻面积占比为43.0%，鄂西北和江汉平原直播稻面积超过一半，直播范围也在进一步扩大，由开始时的在一季稻上应用逐渐发展到早稻直播、中稻再生稻直播、双季连作直播、早稻翻秋抗灾直播。但直播稻生产的主要瓶颈如用种量大、出苗率低、易倒伏、杂草防治困难、除草剂污染严重、品质变差等问题尚未被完全攻克，既增加了直播稻大面积推广的生产风险，也不利于优质稻产业发展，加剧了环境压力。

（4）水稻种植机械化需求迫切　机械种植的同时结合机械施肥一体化操作，能够提高生产力水平，促进水稻增产增收，实现现代农业的可持续发展。水稻播种（插秧）施肥一体化机械的使用，将肥料集中施于水稻根系附近，有利于根系对养分的吸收利用、提高肥料利用率、促进水稻生长发育、增加稻农收益。稻农对此类省时省工、提高生产效率的机械要求迫切。

二、区域布局

根据生态区光温水等自然资源禀赋，可将湖北省水稻种植区分为江汉平原、鄂东南单双季优质籼稻区，鄂中丘陵、鄂北岗地单季优质籼稻区，鄂东北粳稻区。

1. 江汉平原、鄂东南单双季优质籼稻区

（1）基本情况　江汉平原、鄂东南属亚热带季风气候区，无霜期 240～260 天，10℃以上持续期 230～240 天，活动积温 5 100～5 300℃。年均降水量 1 100～1 400 毫米，气温较高的 4—9 月降水量约占年降水总量的 70%。

（2）主要目标　稳定单季稻和双季稻种植面积，适度扩种再生稻，控制稻虾共生面积，重点提高单季稻、再生稻和稻虾单产，协同提升区域水稻产量、品质和效益。

（3）主攻方向　大力推广高产优质多抗品种，推广应用水稻全程机械化生产技术，提高生产效益；加强抗高温热害和寒露风等优质水稻品种的选育和抗逆减损栽培技术的研发，保障水稻生产安全；充分利用"江汉大米"品牌创建提高种粮效益。

技术模式。单、双季稻和再生稻全程机械化生产技术、虾稻绿色高效种养技术、油（麦）茬稻秸秆还田技术。

2. 鄂中丘陵、鄂北岗地单季优质籼稻区

（1）基本情况　鄂中丘陵、鄂北岗地属北亚热带季风湿润气候区，无霜期 250～267 天，年平均降水量 900～1 100 毫米，部分地区易发生季节性干旱。

（2）主要目标　稳定稻油、稻麦面积，协同提高水稻单产和品质，结合区域特色兼顾"香、粳、糯"产业发展。

（3）主攻方向　加强中高档优质籼稻和"香、粳、糯"品种的选育和推广，结合优质稻丰产保优栽培技术，协同提高水稻产量和稻米品质；大力推广水稻全程机械化生产技术，提高生产效益；扩大推广旱稻品种和节水抗旱栽培技术。

（4）技术模式　稻麦（油）模式下优质稻丰产保优栽培技术、水稻全程机械化生产技术、麦（油）茬稻秸秆还田技术。

3. 鄂东北粳稻区

（1）基本情况　鄂东北优质粳稻区属亚热带季风性湿润气候区。年平均气温 16.1℃，年平均降水量 1 000～1 200 毫米。

（2）主要目标　适度扩大优质粳稻面积，提高单产和品质。

（3）主攻方向　加强耐热优质中粳品种的筛选与培育；集成创新中粳高产优质栽培技术并推广应用。

（4）技术模式　优质粳稻高产优质栽培技术、粳稻全程机械化生产技术、麦（油）茬稻秸秆还田技术。

三、发展目标、发展潜力与技术体系

（一）发展目标

1. 2030 年目标

到 2030 年，水稻面积稳定在 3 400 万亩，单产达到 570 公斤/亩，总产达到 1 938 万吨，优质化率达到 80.0% 以上。

2. 2035 年目标

到 2035 年，水稻面积稳定在 3 350 万亩，单产达到 580 公斤/亩，总产达到 1 943 万吨，优质化率达到 82.0% 以上。

（二）发展潜力

1. 面积潜力

（1）调整种植结构，扩大再生稻种植面积　调减单季稻面积、增加再生稻面积，通过种植结构调整可增加水稻种植面积 50 万亩。

（2）加强农田基本建设　开展高标准农田建设，同时鼓励新型经营主体进行规模化生产，提高水稻规模化种植水平，规模化生产结合高标准农田建设，将零星的田块集中连片可适当增加种植面积。

（3）消除撂闲抛荒田　通过高效农田改造、闲置耕地集中流转、完善粮食补贴制度、增加种粮收益、调动农民种粮积极性等措施，可以增加水稻种植面积 10 万亩。

2. 单产潜力

（1）品种改良　水稻品种在提高单产中的科技贡献率在 45% 以上，是提高水稻单产的关键措施之一，可以通过选育并推广应用优质高产水稻品种提高湖北省水稻单产水平。

（2）规避气候风险　湖北省水稻生产中早稻苗期易受低温阴雨危害，中稻抽穗扬花期易受高温热害，晚稻抽穗期易受寒露风危害，通过种植模式调整、品种和栽培技术优化，可以有效降低水稻生产关键生育期遭遇气象灾害的风险，确保水稻稳定增产。

（3）农机农艺融合　筛选适宜不同种植模式全程机械化生产的品种，集成创新机械化种植模式下的配套栽培技术，实现种植模式、品种和农机农艺的深度融合，实现水稻单产大面积提升。

（4）提高耕地质量　改良冷浸田，提高中低产田地力，可有效提高中低产田水稻增产潜力。

（三）技术体系

1. 规模化种植条件下关键技术创新与模式集成

重点解决水稻集中育秧、机插秧同步侧深施肥、水稻群体整齐度水肥调控等关键技术，集成创建适合稻油、稻麦和再生稻规模化机械化高产高效栽培技术模式并示范推广。

2. 优质稻量质协同提升关键技术创新与模式集成

针对不同种植模式筛选适宜的优质稻品种、优质稻群体建成与调控、优质稻丰产保优栽培、优质稻病虫草害综合防控等关键技术，集成创建双季晚稻、油茬稻、麦茬稻优质高产栽培技术模式并示范应用。

3. 水稻轻简化栽培关键技术创新与模式集成

筛选适宜直播栽培的水稻品种、研发有序直播装备和配套技术、直播稻高效杂草防控技术、直播稻水肥精准管理、直播稻抗倒技术等，集成创建适应主要种植模式的直播栽培集成技术并示范应用。

4. 再生稻全程机械化栽培关键技术创新与模式集成

筛选适宜机收再生稻生产的水稻品种、研发与机收再生稻丰产高效生产相匹配的农机农艺融合技术，集成适合不同生态区的机收再生稻丰产高效栽培技术模式并大面积应用。

5. 水稻抗灾减灾关键技术创新应用

探明气候变化对品种、栽培耕作方式的影响，建立湖北省水稻不同种植模式气象灾害发生预警平台和手机联动 App，创新应对水稻高温、低温、干旱和洪涝灾害的抗灾减损关键技术，进行预警并提供抗灾技术指导。

四、典型绿色高质高效技术模式

（一）稻虾共生技术模式

稻虾共生技术模式是在稻田中养殖小龙虾并种植水稻，在水稻种植期间，小龙虾与水稻在稻田中互利共生。目前稻虾产业已成为湖北省农业经济的优势产业、农民增收的支柱产业、农村生态文明的示范产业和乡村振兴的支撑产业。该模式有效提高了稻田的综合利用率，每亩田可多产 150 公斤左右的成虾，解决了秋季无商品成虾产出的问题，保证了成虾的质量和规格。

1. 主攻目标

提高稻米品质和水稻单产。

2. 主推品种

虾稻 1 号、鄂中 6 号、鄂香 2 号、福稻 88 等。

3. 主要技术

水质调控、水草种植、疫病防控、适时早插水稻、适度重晒田、病虫害绿色防控。

4. 田间管理措施

稻田面积以 10～50 亩为一个单元，1—2 月，改造虾沟，采用"一"字形或者 L 形田边沟，沟深 0.6～0.8 米、宽 4 米、坡比为 1∶1.5，对虾沟、大田进行冻、晒、消毒，消毒 10 天后栽植伊乐藻到沟、田之中，每隔 2～3 米栽植一簇，呈星状分布。3—4 月中旬，待水草扎根发芽后，投放虾苗到沟、大田中（越早越好），投放量为 5 000～7 000 尾/亩，规格为 140～400 尾/公斤，4 月下旬至 5 月，注意水质调控、水草养护、病害预防治疗等工作，对虾沟、大田中的虾苗加强投喂人工饲料、小杂鱼等，一般为存塘虾总量的 1%～2%。6 月初至 6 月中旬，集中捕捞销售 70% 的虾，将余下小规格虾暂养于虾沟。6 月下旬移栽水稻，待秧苗返青后，虾沟漫水，将虾苗转入大田养殖，水稻移栽 25 天后分次轻搁田 2～3 次。适当少量辅助投喂人工饲料、小杂鱼等，并适时起捕部分成虾出售。8 月下旬至 9 月底，留下部分成虾放入虾沟用于自然繁殖，适当投喂。在水稻破口前 7 天、破口期用生物农药综合防治病虫害。10—11 月水稻收割后，留下部分被粉碎的秸秆，晒田 3～4 天，接着漫水进大田，对大田进行消毒，一周后可移栽伊乐藻等水草，等水草扎根发芽后再加注水使沟、田为同一水体，翌年如此循环交替。

（二） 再生稻(一种两收)模式

再生稻（一种两收）是指头季收获后，采取一定的栽培管理措施使休萌芽萌发为再生蘖，进而孕穗、开花、结实，再收获一季水稻的种植模式。可应用于温光资源种植一季水稻有余而两季不足的地区，或双改单冬闲田。再生稻一次播种、两次收获，头季产量与一季中稻相当，再生季产量可以达到头季的 55% 以上，湖北大面积再生稻头季稻产量可达 630 公斤/亩、再生季可达 320 公斤/亩，两季总产量超过 950 公斤/亩。2015—2018 年、2020—2024 年再生稻技术被农业农村部列为主推技术，对增加水稻总产和促进农民增收具有重要意义。

1. 主攻目标

在保障大面积丰产稳产的基础上，破解全程机械化生产的限制因子，在稳定提高头季和再生季产量的基础上提升稻米品质。

2. 主推品种

荃优 822、丰两优香 1 号、甬优 4949、秧苏 1 号等。

3. 关键技术

工厂化育秧、早播早插、增密足苗、控氮增钾、再生季追施促芽和提苗肥、机收减损技术等。

4. 田间管理措施

3 月上中旬适时播种，培育壮秧，机插秧秧龄 20～25 天。大田每亩施基肥折纯 N、P_2O_5 和 K_2O 量分别为 5～6 公斤、4～5 公斤和 4～5 公斤，移栽后 5～7 天追施返青肥，晒田复水后亩追施尿素 5 公斤、氯化钾 4～5 公斤。头季稻适时机收，收割前 10～15 天亩施尿素 7.5 公斤左右促芽肥。收割前 7 天排水，自然落干。机收时注意减少碾压稻桩，留茬高度 40～45 厘米，头季稻在立秋前收割可适当降低留桩高度。头季稻收割后，立即灌水护苗，亩施尿素 5～10 公斤，提高腋芽的成苗率。再生季稻完熟后选择晴天收割。

五、重点工程

2035 年湖北省水稻生产要实现面积 3 350 万亩，单产 580 公斤/亩，总产 1 943 万吨的目标，必须聚力聚焦"保供、提质、绿色"三大任务，深入实施"藏粮于地、藏粮于技"战略，深度实施"粮食稳产增产五大行动"，通过稳粮与增效统筹兼顾、科技支撑与主体培育双向并重、重点突破与整体推进齐头并进，持续推动品种、品质、品牌迭代升级和全域标准化生产。

（一）实施水稻产业提升工程

良种、良法、良制、良机、良田成熟配套。近年来，湖北省通过实施水稻"籼改粳"工程，按照"宜籼则籼、宜粳则粳、籼粳兼顾"原则，加大对条件成熟和基本成熟地区的粳稻发展投入力度。目前，湖北省粳稻种植面积 300 万亩左右，约占全省水稻种植面积的 8%。针对中粳、晚粳、一季晚粳等不同种植模式和常规粳稻、籼粳杂交粳稻等不同类型品种开展配套技术集成研究，提高资源利用率和周年生产效益。鼓励和扶持大型加工龙头企业改进稻米加工工艺与设备，打造优质特色粳稻米品牌，重点开拓华东沿海传统市场和西南新型市场，加速形成以销促产的良性发展态势。

（二）实施水稻产能科技提升工程

一是积极筹建生物育种重大平台和设施。着眼于提升湖北省生物育种条件和能力，抢占国家生物育种水平制高点，聚焦现代育种前瞻性基础研究，组建湖北洪山实验室。作物表型组学研究国家重大设施落户湖北。围绕农业农村领域科技创新平台建设，部署建设湖北省绿色优质水稻种业技术创新中心。

二是推进良种重大科研联合攻关。着眼于解决湖北省种业高质量发展面临的关键技术问题，组织"主要动植物品种选育及生物制品研发"重大科技专项，开展现代生物育种关键核心技术研究。"十三五"以来，针对湖北省种植和养殖领域生物育种方面的关键核心技术需求，组织开展主要动植物新品种培育项目。

三是创新现代生产模式的丰产高效栽培技术体系。推进农业科技成果转移转化。每年安排财政科技专项资金，围绕动植物新品种及良种选育等方向，支持有望实现批量生产和具备应用前景的农业新品种、新技术、新产品的区域试验和示范、中间试验或生产性试验，为农业生产大面积应用和工业化生产提供成熟配套的技术。

（三） 实施协同推广提升工程和湖北特色模式工程

联合农业科研院校、技术推广部门、生产经营主体，进一步整合资源项目、优化要素配置、开展协同攻关，着力解决湖北省水稻产业高质量发展的瓶颈，构建完善"政、产、学、研、推、用"一体的全环节技术推广链。结合农业重大技术协同推广计划试点项目、湖北省水稻科技创新行动项目。

（四） 实施湖北特色模式工程

围绕水稻产业发展需要，按照"藏粮于技"的要求，在湖北省 20 个县市示范绿色高效模式创建，大力示范推广稻田综合种养、再生稻"一种两收"、早籼晚粳双季稻高效栽培技术、稻茬麦全程机械化等绿色高效模式。各地也陆续成功探索出以潜江、监利、洪湖为代表的江汉平原湖网地区的稻虾模式，并衍生大批具有当地特色的高效模式。围绕市场多样化需求，开展特色稻（香、粳、糯、黑）品种培育与栽培技术研究，结合当地生产优势，打造县乡特色水稻产业。

（五） 实施优质稻米品牌工程

"优质粮食工程"包括"中国好粮油"行动计划、粮食产后服务体系、粮食质检体系三大项目。在"中国好粮油"行动计划方面，带动湖北省稻谷收购价格常年高于南方籼稻主产省份，优质稻价格较普通稻高 0.2 元/公斤以上。湖北省 30 个示范县（重点县）每县建立 20 万亩以上优质粮食基地，全省优质水稻种植比例达到 90% 以上，每年带动农民增收 18 亿元以上。目前，湖北省粮食产业化龙头企业达到 704 家，遴选确定 74 家"中国好粮油"示范企业，86 个粮油产品被评为"荆楚好粮油"，其中 17 个被评为"中国好粮油"（入选产品数量居全国第三位），粮油加工企业拥有中国驰名商标 35 个，一大批产品被评为绿色、有机或无公害产品，优质绿色粮油产品畅销。湖北优质稻米在广东、广西、四川、重庆、福建、贵州等南方籼米主销区的市场份额居全国前列，"国宝桥米"着力打造"更适合南方口感的高端大米"。

六、保障措施

（一） 加大政策支持

全面落实粮食安全省长责任制，2015 年 3 月 23 日，湖北省召开省政府常务会议，审议通过《湖北省人民政府关于落实粮食安全省长责任制的意见》。强调以"粮安工程"为抓手，加快构建地方粮食收储、仓储物流、产业支撑、放心粮油、流通监管等体系，推动湖北省粮食事业全面发展。落实粮食安全省长责任制，要突出湖北省作为粮食主产省的特点，一手抓粮食安全保障，一手抓粮食产业发展，把粮食安全建立在粮食经济发展的基础之上。在提高粮食综合生产能力上，要推进粮食生产核心区建设，坚持数量安全与质量安全并重，提高规模化、集约化、标准化水平；在地方储备粮管理上，创新商业储备制度，加强联合监管和外部监督，优化储备布局；在构建新型粮食生产经营体系上，积极培育种粮大户、家庭农场等新型生产经营主体，发挥其积极性；在粮油产业发展上，大力发展以粮油为原料的食品产业和精深加工业，促进粮油产品综合利用；在粮食流通能力建设上，加强仓储物流设施建设和管理，健全粮食物流网络，提高粮食流通效率。

（二） 强化科技支撑

建立健全水稻科技创新体系，提高水稻产业创新能力，建设一批水稻产业科技创新平台，攻克一批水稻生产、加工、储存等关键性技术，研制一批物化新产品。利用现代信息技术，建设水稻生育进程和"四情"（苗情、墒情、病虫情、灾情）动态全程监测系统，提高信息化能力。逐步构建以农业科技示范园为引领、农技推广机构为主体、科研单位和大专院校广泛参与的农业科技成果推广体系，加快农业技术成果的集成创新和推广普及。探索农业科技成果进村入户的有效机制和办法，完善农民科技培训体系，突出培养职业粮农、青年农场主和农业职业经理人，提高水稻产业的科技水平。

坚持问题导向，加大新品种、新技术、新模式的开发推广力度，组织科研院所、推广部门、新型主体开展"三个一批"协同攻关，及时研究解决产业发展痛点难题。验证一批优质专用品种。筛选和推广应用环境友好型（兼抗绿色品种）、资源节约型（节水、节肥、耐旱、耐涝品种）和品质优良型（部标 2 级及以上）高产优质广适多抗水稻品种，引导恢复发展一批具有地方特色、风味品质好、市场有需求的传统特色品种。示范一批节本降耗技术。因地制宜开展水稻精量穴直播、机插秧同步侧深施肥、再生稻机收减损、优质稻绿色综合防控、特色功能水稻规范栽培等适用技术的本土化试点，建立一批示范样板，引导水稻生产技术创新升级。熟化一批绿色高效模式。深度参与院士专家科技服务"515"行动（协同推广）、农业科技创新行动和省级现代农业产业技术体系行动，细化、优化、简化和熟化稻粮统筹、稻经轮作、稻渔共生、稻禽协同 4 类"水稻＋"绿色高效模式，建立相应的技术标准和规程，精准开展协同推广和跟踪服务，助推实现资源利用高效化、经济效益高值化、生态效益绿色化。

（三）夯实经费保障

加大财政支持力度，实施水稻产业提升工程、水稻产能科技提升工程、协同推广提升工程、湖北特色模式工程和优质稻米品牌工程。筹建生物育种重大平台和设施，着眼提升湖北省生物育种条件和能力，抢占国家生物育种水平制高点，每年安排财政科技专项资金，围绕动植物新品种及良种选育等方向，支持有望实现批量生产和具备应用前景的农业新品种、新技术、新产品的区域试验和示范、中间试验或生产性试验，为农业生产大面积应用和工业化生产提供成熟配套的技术。加快湖北洪山实验室、武汉国家现代农业产业科技创新中心建设，推动重大功能性平台和成果转化项目落地。投入 8 400 余万元支持良种繁育基地提档升级，大力提升育种创新能力，集中优势资源。加强农业科技支撑，完善"揭榜挂帅"等制度，推动解决一批核心技术难题。

湖北省拿出 1 亿元支持大米企业转型升级，对 52 家重点龙头企业实行"一县一企一策"清单化跟踪。安排 2 000 万元打造"种粮一体化"核心基地。潜江"虾乡稻"选育优质虾稻品种，采取虾稻共生、稻虾鸭综合种养模式，高标准建设"种粮一体化"基地 15 万亩，年产 21 万吨大米。引导 32 家大米企业组建省级农业产业化联合体，种植基地超 200 万亩。投入 1 800 万元支持"荆楚大地好粮油"和"京山桥米"、"潜江虾稻"、"孝感香米"等区域公用品牌建设，培育"国宝""洪森""庄品健"等一批优质稻米企业品牌。在首届湖北农业博览会上，组织 140 余家大米企业同台争"香"。

（四）强化金融支持

湖北省贯彻落实中央各项强农惠农政策，产粮大县奖励资金重点支持集中育秧、机械栽插和烘干收储等环节；不断加大财政支农力度，有效统筹各类农业建设项目资金。完善农业补贴制度，补贴资金向水稻新型经营主体倾斜。逐步健全农村金融服务体系，建立健全农业信贷担保体系，提供信贷担保服务。推进贷款贴息创新，精准支持新型经营主体发展粮食生产，促进新型主体创业兴业；推进农业保险创新发展，提升农业保险管理和服务水平，切实发挥保险对农业生产的支持作用。全面实施水稻完全成本保险，提高保险额度。

湖南水稻亩产 470 公斤
技术体系与实现路径

一、湖南水稻产业发展现状与存在问题

（一）发展现状

1. 生产

2011 年以来，湖南水稻种植面积和总产稳定在 6 000 万亩和 2 600 万吨左右，单产保持在 430 公斤/亩左右，其中双季稻种植面积占水稻种植面积的 60%～80%；2015 年水稻种植面积最大、总产最高，分别为 6 431.64 万亩和 2 756.75 万吨。受国家种植结构调整等因素影响，2018—2019 年湖南水稻种植面积大幅下滑。2020 年起，国家提出"稳面积、稳产量"要求，湖南每年向主要粮食生产县（市、区）派驻技术指导组，开展为期一个月的耕地抛荒治理督查、早稻集中育秧实地调研指导和技术跟踪服务，有效促进了早稻面积恢复性增长。2023 年，湖南水稻种植面积 5 936.2 万亩，总产 2 685.7 万吨，面积和总产均位列全国第一（图 1）。

2. 品种

2011 年以来，湖南共审定水稻品种 513 个（不含不育系），其中 2011—2015 年审定 157 个，2016—2021 年审定 356 个（图 2）。水稻品种审定呈现以下几个特征。

（1）审定数量年际增幅大　由 2011 年的年审 41 个增加到 2021 年的年审 82 个，年审定品种数增加了 1 倍。

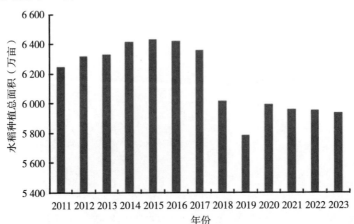

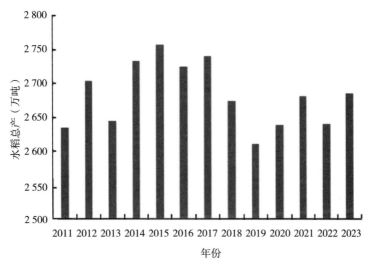

图 1　2011—2023 年湖南水稻种植总面积和总产

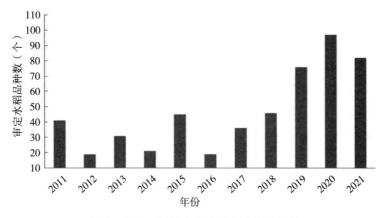

图 2　2011—2021 年湖南审定水稻品种数

（2）单产大幅提升　审定早稻、中稻、一季晚稻和双季晚稻品种产量增幅达 5%以上，2021 年实际生产平均产量达 450 公斤/亩，比 2010 年增长 8.7%，尤其是 2021 年袁隆平院士团队利用第三代杂交稻晚稻组合叁优 1 号与超级早稻品种株两优 168 搭配创造双季稻亩产 1 603.9 公斤的最高纪录，成功实现"亩产三千斤工程"目标。

（3）品质显著改善　优质稻品种审定数量大幅增加，2021 年优质稻品种占审定品种的 85.4%。在 2018—2020 年连续 3 届全国优质稻品种食味品质鉴评中，出现了玉针香、农香 42、玉晶 91、桃优香占、农香 32、隆晶优 1212 等金奖品种。

（4）抗性明显增强　近年来，湖南水稻品种在白叶枯病和稻瘟病抗性育种方面取得显著进步，在稻曲病方面，由于其发生机制复杂，缺乏可应用于遗传育种的抗性材料，抗性水平提升难度较大。

（5）品种类别发生较大变化　2016—2021 年审定的水稻品种以杂交稻为主，常规稻品种仅审定 14 个，占 3.9%。其中：两系杂交稻审定品种 211 个，占审定品种的

59.3％；三系杂交稻审定品种 131 个，占 36.8％。两系杂交水稻品种选育逐渐成为水稻育种的主要方向。

（6）商业化育种进程加快　2013—2015 年《种子法》第二次修订，商业化育种全面推行，以种子企业为第一选育单位的审定品种数量迅速赶超科研单位，以袁隆平农业高科技股份有限公司等为代表的种业公司开始主导水稻品种的审定，目前种子企业已经成长为品种审定的主力军。

（7）镉低积累水稻品种培育取得重大突破　湖南省农业科学院柏连阳院士团队率先利用理化诱变定向改良和自然变异分子标记辅助育种等技术培育出低镉高产杂交稻品种臻两优 8612 及低镉优质常规稻品种西子 3 号等，其中：臻两优 8612 于 2023 年在湖南推广 107 万亩，成为第一个大面积推广的低镉水稻品种；西子 3 号于 2023 年通过国家品种审定（国审稻 20234001），成为第一个通过审定的低镉水稻品种。

3. 耕作与栽培

2011 年以来，为解决水稻生产面临的劳动力日益减少、化学肥料和农药用量不断增加等问题，湖南省大力推广绿色优质轻简高效机械化生产，加大水稻机械化精量有序种植、高效种植制度、化肥农药"双减"、稻田综合种养、抗逆避灾减灾等技术的推广力度，加速高标准农田建设，提高水稻种植机械化水平和化肥农药利用率，降低生产成本，不断提升水稻机械化、规模化、绿色化、标准化生产水平。2021 年，湖南省水稻耕种收综合机械化水平达 79％，高标准农田建设面积达到 3 615 万亩。因地制宜集成推广"早专晚优""稻油水旱轮作""稻田综合种养""一季稻＋再生稻"等典型绿色高质高效技术模式。融合推进水稻病虫害绿色防控和专业化统防统治，全省创建 67 个省级水稻绿色防控示范区；重点扶持 104 家专业化统防统治服务组织，在病虫害发生关键时期开展应急防控作业，提升重大病虫害应急防控水平；支持新建 100 个专业化统防统治标准化区域服务站，推动全省农药使用量持续负增长；凝聚行业合力打造"洞庭香米"省级区域公共品牌，支持优势产区开发"南县稻虾米""常德香米""兰溪大米""松柏香米""江永香米"等地理标志产品。

4. 经营主体

2011 年以来，湖南省的家庭农场、合作社和种粮大户队伍不断壮大。截至 2021 年，湖南省录入名录系统的种植业家庭农场有 12.42 万家、种粮合作社 2.83 万个。湖南 30 亩以上的种粮大户达 18.03 万户，流转经营面积达 1 950 万亩，占水田面积的 39.8％。湖南省以粮食为主体的各类农业社会化服务组织发展到 32 853 个，生产托管服务面积达 7 323 万亩，服务小农户近 500 万户，探索推广了代育秧、代插秧、代收割、代烘干等"十代"社会化服务模式，有力促进了小农户与现代农业的有机衔接。大力推广水稻全程机械化生产技术，在 55 个县（市、区）开展水稻机插（抛）秧作业补贴试点，带动湖南省水稻耕种收综合机械化水平提高 1 个百分点以上。

5. 储藏与加工

湖南省坚持"优粮优储",目前完好仓容 1 787.5 万吨,其中国有及国有控股企业仓容 1 087.5 万吨(含中储粮),低温及准低温仓容 205.8 万吨,仓容总体能够满足粮食收储需要。建设粮食产后服务中心 430 个,建设质检能力提升项目 63 个,309 个粮库实现智能化升级改造。2021 年年底,建成覆盖湖南省 63 个产粮大县和 11 个非产粮大县的粮食产后服务体系,完善由 1 个省级、14 个市级和 48 个县级粮食质检机构构成的粮食安全检验监测体系,守住粮食安全、食品安全、产品质量安全的底线。全面推进"优质粮油工程",培育了粮油类农业产业化国家重点龙头企业 21 家、省级龙头企业 290 家(其中水稻产业国家重点龙头企业 5 家、省级龙头企业 61 家),组建了全国稻谷加工领域唯一的国家级科研平台中南林业科技大学稻米及副产物深加工国家工程实验室。强化产销协作,建立顺畅高效的粮食流通机制,成立环洞庭湖地区稻米产业联盟,推进"洞庭香米"区域公共品牌建设,整合优质资源,打造从田间到餐桌的全产业链条。

6. 成本收益

根据《湖南农村统计年鉴》,2011—2015 年水稻收购价格上涨,土地、农资、人工等成本较低,水稻单产提高,种稻纯收益可达到 600～800 元/亩。2016 年以后,水稻收购价格呈下降趋势,同时土地、人工、农资等成本不断攀升,种稻效益逐步下滑。调查结果显示,2021 年湖南省农户种植早、中(含一季晚)、晚稻平均纯收益约在 200 元/亩,种植早稻收益甚至为负,这严重影响了农民的种粮积极性,相当多的种植大户对种粮前景感到迷茫,部分种植大户出现退租和弃耕现象。

7. 市场发展

根据国家稻谷最低收购价格统计数据,2011—2015 年早籼稻和中晚籼稻收购价格呈上升趋势,分别为 2.7 元/公斤和 2.76 元/公斤。2016 年以后,稻谷收购价格呈下降趋势,2021 年分别降至 2.44 元/公斤和 2.56 元/公斤。2015—2021 年,每 50 公斤早籼稻和中晚籼稻的价格分别下降 13 元和 10 元,造成种稻经营主体纯收益大幅减少。据调研,优质稻谷的收购价格比普通稻谷更有优势,以益阳南县的黄华占、农香 42 和野香优莉丝为例,2021 年每 50 公斤黄华占的干谷收购价格在 135～145 元,农香 42 和野香优莉丝在 160～170 元,种植优质稻可获得的收益相对更高。同时,稻田综合种养和绿色有机稻生产因采用物理和生物配合防控病虫草害,产出的稻谷附加值更高,加工成大米的价格高于普通大米的 3 倍以上。

(二)主要经验

1. 财政扶持

湖南省委、省政府高度重视粮食生产,多次召开专题会议听取、研究粮食生产情况,根据各市县区实际情况下达粮食生产目标任务,并深入生产一线调研指导。2021

年，建立健全了省、市、县党政主要负责人牵头抓总的粮食生产工作领导机制，将粮食生产工作纳入对政府重点工作绩效考核和督查激励事项。对标党中央、湖南省委和省政府要求，湖南省农业农村厅及早将粮食生产目标任务分解下达给市（州），层层落实到乡镇村组、农户，落细落实粮食生产任务和责任。同时，湖南省政府出台支持粮食生产稳定发展的 10 条政策措施，各级粮食生产投入资金超过 30 亿元。积极防范粮食生产风险，在 37 个产粮大县开展水稻完全成本保险试点，在其余 25 个产粮大县实施水稻大灾保险试点，全省水稻保险覆盖率达到 73%，高于财政部绩效目标值 8 个百分点。

2. 抓好关键生产环节

湖南省是水稻生产大省，稳定粮食面积关键在稳定水稻面积，稳定水稻面积关键在稳定早稻面积，稳定早稻面积关键在大力发展早稻集中育秧。2022 年，湖南省拥有集中育秧设施 3 053 个，面积 551 万米^2，同时新建集中育秧设施 745 个，面积 252 万米^2。2022 年以来湖南省集中育秧面积稳定在 1 350 万亩，占早稻面积的 3/4。发展集中育秧有效遏制了耕地抛荒、水稻直播，推动了水稻现代化生产水平的进一步提升。创建粮食生产省级万亩综合示范片 17 个、示范面积 26.3 万亩，湖南省各级各类双季稻示范面积达 463 万亩，示范带动周边地区落实粮食增产关键技术，带动均衡增产，粮食亩产平均提高 8 公斤。

3. 品牌创建

近年来，湖南省水稻产业规模化发展迅速，订单农业面积逐步增长，孕育出不少提供水稻产前、产中、产后全程服务的社会化组织，并依托龙头企业发挥粮食流通对生产的引导作用，加快推进水稻生产加工全程控制、生态优质主导的新发展格局，为全面创建优质"湘米"品牌打下了良好基础。目前，湖南省重点培育的名优大米品牌已取得初步成效，形成了"省域公用品牌＋市县（区）区域公用品牌＋企业品牌"模式，如"南县稻虾米""常德香米""兰溪大米"等区域公共品牌正成为优质"湘米"的样板。同时在打造"湘米"品牌的过程中也注重"产学研"结合，育种、种植、收购、加工、销售环节提质，实现"好种、好谷、好米、好饭"良性发展，不断为公共品牌增值赋能，推动"湘种"与"湘米"深度融合。

4. 技术服务

针对种粮农户专业素质不高、农业生产科技含量提升、农业规模经营不断发展等实际情况，湖南省积极组织涉农高校、科研院所等专家梯队，多批次开展各种形式的农业技术服务，并将技术培训搬到田间地头，更好对接实际生产。注重完善产前信息服务平台，构建创新技术培训信息服务平台，将零星、分散的信息系统化、条理化，实行线上咨询、解答等定向技术服务，为产前提供有效决策依据。加强水稻生产合作模式创新，探索形成"政府提供政策扶持＋企业提供资金与销售渠道＋经营主体主导生产＋农户参与"的新型生产模式以及粮食生产单环节、多环节、全程托管和联耕联种等多种社会化服务方式。

5. 防灾减灾

湖南省十分重视水稻生产中出现的各类灾害，针对不同时期的灾害情况，及时制定应对措施和下发防灾减灾技术指导意见，指导各市县做好防灾减灾工作。2021 年，针对 4—5 月的持续低温阴雨危害，湖南省农业农村厅组织农科院所专家和 1 万余名基层农技人员，深入生产一线开展现场救灾补损指导服务，落实肥水管理关键技术措施，将灾害损失降到最低。8 月初，为做好防汛抗旱工作，派出由农业农村厅领导带队的 14 个农业风险防控督导组，深入全省 14 个市（州）开展包片督导服务，指导和帮助基层解决农业防灾减灾过程中的实际困难。

（三） 存在问题

1. 种稻比较效益低，农户种植积极性不高

受水稻收购价格走低，化肥、农药等农资和人工成本上涨，气象灾害频发等多重因素影响，尽管水稻年年实现丰产增产，但增收部分远低于生产成本上涨部分，增产不增效现象日益凸显。据调研，水稻生产经营主体普遍反映，种水稻越来越不划算，一季稻每亩纯收益还不到 300 元，双季稻早稻效益更差，甚至是负效益。种稻效益低导致农户种粮热情普遍不高，对水稻生产信心明显不足，特别是青年群体对粮食种植及其技术的兴趣普遍偏低。而新一代社会群体种粮积极性的低迷将会严重影响粮食种植行业的发展及其技术的创新。

2. 机械化程度仍有待提高

湖南省丘岗山区面积较大，水稻种植的机播、机插较整地、收割等环节的机械化率低。据种粮大户反映：当前水稻种植若全部使用机械化作业，则机械购置成本较高；若人工抛栽，则面临劳动力短缺问题。农业机械价格高，折旧换代快，维修成本高，补贴比例过低且范围窄，使得机械投入成为农民生产的一项重要支出和负担。这些因素从一定程度上限制了湖南省水稻种植全程机械化的进一步推进。此外，丘陵山地由于地块偏小等原因而难以找到合适机械进行作业也是限制水稻移栽机械化率提高的因素。

3. 社会化服务体系有待完善

湖南省水稻生产各环节除了病虫害防治的作业外包率相对较高之外，其余各环节的社会化外包作业率普遍偏低。究其原因可能与当前社会化服务收费相对较高有关。水稻生产整地、移栽、病虫害防治、收割、烘晒和仓储几大环节全外包模式成本是农民自主作业成本（机械购买成本除外）的 1～2 倍。湖南省水稻生产病虫害统防统治比率相对较高，主要是因为其费用比自主作业费用要少。当前社会化服务收费较高的原因可能与市场总体规模偏小有关，从而可能使湖南省水稻生产社会化服务产业陷入市场规模不大导致产品价格难降又进一步影响市场拓展的不利循环。

4. 防灾减灾任重道远

湖南省水稻种植模式多样，包括早稻、中稻、一季晚稻、双季晚稻和再生稻等，常年气象条件复杂，3 月常出现低温天气，4 月易遭遇倒春寒，6 月、7 月常出现强降雨天气，7 月、8 月易发生高温干旱，9 月中旬常出现寒露风，给水稻生产带来不利影响。近年来，水稻生产病虫草危害加剧，特别是二化螟、"两迁"害虫、稻瘟病、纹枯病、稻水象甲等重大病虫害的防控压力较大，杂草耐药性增强，恶性杂草难防控，水稻生产成本和风险不断增加。

二、区域布局

根据地形、地貌、土壤、气候、耕作制度等区域特征和技术优势、产业化基础等因素，将湖南省水稻产区划分为 4 个优势产区，覆盖全省 103 个水稻生产重点县（市、区）。

（一）湘北环湖平丘双季稻区

1. 基本情况

该区包括常德、岳阳、益阳 3 市，共 26 个县（市、区）。该区域环湖平原地势平坦、耕地连片、土质肥沃，是湖南省的主粮区，也是湖南省双季稻生产重点区域。该区光照充足、热量丰富，但气温多变、客水丰沛、洪涝频繁。年平均气温 16.6～17.8℃（平均值 17.4℃），≥10℃活动积温 5 369.0～5 857.0℃（平均值5 685.2℃），年日照时数 1 299.7～1 706.8 小时（平均值 1 534.8 小时），年降水量1 280.8～1 747.7 毫米（平均值 1 457.4 毫米）。2021 年，水稻种植面积 1 919.6 万亩，单产 439.9 公斤/亩，总产 844.4 万吨。

2. 主要目标

到 2030 年，水稻种植面积稳定在 1 925 万亩，单产达到 450 公斤/亩，总产达到 866 万吨。到 2035 年，水稻种植面积稳定在 1 915 万亩，单产达到 462 公斤/亩，总产达到 885 万吨。

3. 主攻方向

提升农田产能、主攻单产、改善品质、提高效益。一是加强高标准农田建设，重点进行地力培肥和排灌基础设施提质改造，提升粮食产量和防洪减灾能力。二是加速品种更新与合理搭配，充分利用温光资源，重点开展适宜的高产、优质、高（多）抗品种选育，主推"早加晚优"模式，确保大面积平衡增产和适应多元化市场需求。三是研究集成与示范推广丰产、优质、高效、绿色的水稻栽培技术体系，提高综合增产水平。四是建成一批绿色、有机稻米生产基地，加强稻米品牌创建，提升产品档次，提高稻米产业化水平。五是培育一批大中型现代化水稻种植、稻米加工与流通社会化服务经营主体，全方位提升水稻产业社会化服务水平。

4. 种植结构

双季稻。

5. 品种结构

早稻品种：湘早籼 32、中早 39、湘早籼 45、松雅早 1 号、潭两优 83 等。晚稻品种：农香 42、桃优香占、泰优农 39、耘两优玖 48、盛泰优 018、玖两优黄华占、岳优 9113 等。

6. 技术模式

主要种植方式有盘育机插、软盘育秧抛栽等，主要技术模式有"早专晚优"绿色轻简规模化栽培技术模式、稻渔高效生态综合种养模式等。

（二）湘中东丘岗盆地双季稻区

1. 基本情况

该区域包括长沙、株洲、湘潭、娄底、邵阳 5 市，共 24 个县（市、区）。该区以丘岗盆地为主、稻田肥沃、复种指数高，是湖南省双季稻生产重点区域。光照较充裕、热量较丰富、雨水不均匀、常有干旱。年平均气温 16.7～18.5℃（平均值 17.6℃），≥10℃活动积温 5 403.8～6 153.0℃（平均值 5 747.4℃），年日照时数 1 294.9～1 631.7 小时（平均值 1 458.6 小时），年降水量 1 253.9～1 606.9 毫米（平均值 1 431.1 毫米）。2021 年，水稻种植面积 1 882.2 万亩，单产 467.0 公斤/亩，总产 879 万吨。

2. 主要目标

到 2030 年，水稻种植面积稳定在 1 890 万亩，单产达到 477 公斤/亩，总产达到 902 万吨。到 2035 年，水稻种植面积稳定在 1 870 万亩，单产达到 485 公斤/亩，总产达到 907 万吨。

3. 主攻方向

提升农田产能、主攻单产、改善品质、提高效益。一是加强高标准农田建设，重点进行沃土工程和蓄水保水基础设施建设，提升粮食产能和抗旱减灾能力。二是加强品种更新与合理搭配，充分利用温光资源，重点开展适宜的高产、优质、高（多）抗品种选育，确保大面积平衡增产和适应多元化市场需求。三是研究集成与示范推广丰产、优质、高效、绿色、安全的水稻栽培技术体系，提高综合增产水平。四是建成一批绿色、有机稻米生产基地，加强稻米品牌创建，提高产品档次，提升稻米产业化水平。五是培育一批大中型现代化水稻种植、稻米加工与流通的社会化服务经营主体，全方位提升水稻产业社会化服务水平。

4. 种植结构

以双季稻为主，兼顾"一季稻＋再生稻"模式。

5. 品种结构

早稻品种：中嘉早 17、湘早籼 45、湘早籼 32、中早 39、松雅早 1 号、潭两优 83、陵两优 268、株两优 168 等。晚稻品种：农香 42、桃优香占、泰优农 39、耘两优玖 48、泰优 553、泰优 390、隆晶优 1212 等。再生稻品种：晶两优 534、晶两优 1212、Y 两优 9918、晶两优 1468、陵两优 268 等。

6. 技术模式

主要种植方式有盘育机插、软盘育秧抛栽等，主要技术模式有"早专晚优"高产高效栽培技术模式、双季超级稻高产高效栽培技术模式、水稻质量安全保障技术模式等。

（三） 湘南丘岗山地单、双季稻混作区

1. 基本情况

该区域包括衡阳、永州、郴州 3 市，共 28 个县（市、区）。该区域周边群山丛集、中部丘岗盆地广布、垂直差异很大、低产田较多，是湖南省水稻生产单双季混作区。区域内光热资源丰沛、雨水资源充裕、季节干旱明显。年平均气温 16.1～18.9℃（平均值 18.4℃），≥10℃活动积温 5 180.4～6 429.0℃（平均值 6 104.9℃），年日照时数 1 265.9～1 518.5 小时（平均值 1 436.8 小时），年降水量 1 242.9～1 764.0 毫米（平均值 1 462.2 毫米）。2021 年，水稻种植面积 1 594.9 万亩，单产 441.4 公斤/亩、总产 704 万吨。

2. 主要目标

到 2030 年，水稻种植面积稳定在 1 620 万亩，单产达到 451 公斤/亩，总产达到 731 万吨。到 2035 年，水稻种植面积稳定在 1 610 万亩，单产达到 462 公斤/亩，总产达到 744 万吨。

3. 主攻方向

提升农田产能、主攻单产、改善品质、提高效益。一是加强高标准农田建设，重点进行中低产田改造和蓄水保水基础设施建设，提升粮食产能和抗旱减灾能力。二是加强品种更新与合理搭配，充分利用温光资源，重点开展适宜的高产、优质、高（多）抗品种选育，确保大面积平衡增产和适应多元化市场需求。三是研究集成与示范推广丰产、优质、高效、绿色的水稻栽培技术体系，提高综合增产水平。四是建成一批绿色、有机稻米生产基地，加强稻米品牌创建，提高产品档次，提升稻米产业化水平。五是培育一批大中型现代化水稻种植、稻米加工与流通的社会化服务经营主体，全方位提升水稻产业社会化服务水平。

4. 种植结构

双季稻，一季稻＋再生稻，一季稻＋油菜。

5. 品种结构

早稻品种：中早 39、中嘉早 17、湘早籼 45、松雅早 1 号、潭两优 83、陵两优

268、株两优 168 等。双季晚稻品种：农香 42、桃优香占、泰优农 39、泰优 553、耘两优玖 48、Y 两优 911、隆晶优 1212、野香优莉丝等。一季稻＋再生稻模式：晶两优 534、Y 两优 9918、晶两优 1212、陵两优 268 等。一季稻品种：玮两优 8612、隆晶优华占、晶两优 534、悦两优 2646、兆优 5431、农香 42 等。

6. 技术模式

种植方式以盘育机插、软盘育秧抛栽等为主，主要技术模式有双季超级稻（双季稻）抗逆稳产栽培技术模式、一季稻＋再生稻抗逆稳产栽培技术模式等。

（四）湘西山地一季稻区

1. 基本情况

该区包括张家界、湘西、怀化 3 市（州），共 25 个县（市、区），该区属于以山地为主的生态区域，该区山高坡陡、地形复杂、垂直差异大，是湖南省传统中稻生产区。该区内光热偏少、潮湿多雾、雨水丰沛、保蓄力差、干旱灾害多。年平均气温 16.4～17.5℃（平均值 17.0℃），≥10℃ 活动积温 5 273.4～5 801.5℃（平均值 5 518.7℃），年日照时数 1 031.7～1 473.9 小时（平均值 1 263.9 小时），年降水量 1 209.1～1 510.1 毫米（平均值 1 387.9 毫米）。2021 年，水稻种植面积 560 万亩，单产 456.3 公斤/亩，总产 255.5 万吨。

2. 主要目标

到 2030 年，水稻种植面积稳定在 565 万亩，单产达到 466 公斤/亩，总产达到 263 万吨。到 2035 年，水稻种植面积稳定在 555 万亩，单产达到 475 公斤/亩，总产达到 264 万吨。

3. 主攻方向

提升农田产能、主攻单产、改善品质、提高效益。一是加强高标准农田建设，重点进行中低产田改造和蓄水保水基础设施建设，提升粮食产能和抗旱减灾能力。二是加强品种更新与合理搭配，充分利用温光资源，重点开展适宜的高产、优质、高（多）抗品种选育，确保大面积平衡增产和适应多元化市场需求。三是研究集成与示范推广丰产、优质、高效、绿色的水稻栽培技术体系，提高综合增产水平。四是建成一批绿色、有机稻米生产基地，加强稻米品牌创建，提高产品档次，提升稻米产业化水平。五是培育一批大中型现代化水稻种植、稻米加工与流通的社会化服务经营主体，全方位提升水稻产业社会化服务水平。

4. 种植结构

一季稻，一季稻＋再生稻，一季稻＋油菜。

5. 品种结构

一季稻＋再生稻品种：晶两优 534、Y 两优 9918、晶两优 1212、两优 389 等；一季稻品种：玮两优 8612、隆晶优华占、悦两优 2646、兆优 5431、农香 42、泰优农

39 等。

6. 技术模式

种植方式有盘育机插机抛、软盘育秧抛栽等，主要技术模式有一季稻、一季稻＋再生稻超高产栽培技术模式等。

三、发展目标

1. 2030 年目标

到 2030 年，水稻面积稳定在 6 000 万亩，单产达到 460 公斤/亩，总产达到 2 760 万吨，优质化率达到 85%。

1. 2035 年目标

到 2035 年，水稻面积稳定在 5 950 万亩，单产达到 470 公斤/亩，总产达到 2 796 万吨，优质化率达到 88%。

四、典型绿色高质高效技术模式

在保证优质化率不断提升的同时，突破水稻亩产 470 公斤的目标，需地力提升、品种更新、关键技术创新、技术推广与生产服务体系完善等多方面进行系统攻关与技术集成，并开展集成技术大面积高效推广应用，不断挖掘单产潜力。主要技术体系如下：

（一）土壤改良与地力培肥技术模式

1. 模式概述

基于高标准农田建设"农田成方、集中连片，土地平整、土壤肥沃，灌排配套、设施先进，道路畅通、布置规范，林网适宜、生态良好，科学种植、优质高效，管理严格、机制完善"的总体目标，通过农机改装配套，实现秸秆粉碎均匀抛撒还田，通过对绿肥秸秆协同还田、化肥有机替代、蚯蚓生物培肥及轮耕等技术进行集成创新，构建资源节约型与环境友好型土壤改良与培肥技术模式，培育健康土壤，提升稻田产能。

2. 技术指标

土壤改良与培肥后有机质含量达到 27.5 克/公斤以上，土壤 pH 保持在 6.0～7.5，耕地质量提升 0.5 个等级以上。

3. 技术要点

（1）秸秆还田　采用配套秸秆粉碎均匀抛撒装置的联合收割机收割水稻，留茬高度 15 厘米以下，粉碎后水稻秸秆长度 5 厘米左右，水稻秸秆还田厚度 3 厘米以下，水稻秸秆抛撒均匀度 85％以上，通过水稻秸秆粉碎均匀抛撒避免秸秆焚烧，确保秸秆全量还田。

（2）种植绿肥　晚稻采用配套水稻秸秆粉碎均匀抛撒装置的联合收割机进行高茬收获，留茬高度 35～45 厘米，10 月上中旬套播早花适产的紫云英（如湘紫 1 号、湘紫 2 号）1～2 公斤/亩或肥用油菜（如油肥 1 号、油肥 2 号）0.5～1 公斤/亩。采用开沟机进行分厢开沟，厢面宽 3～4 米，沟宽 25～30 厘米，沟深 15～20 厘米，做到沟沟相通，确保田间不积水。紫云英或肥用油菜于翌年早稻移栽前 10～15 天与水稻秸秆同时翻压，翻压量 1 500～2 000 公斤/亩，实现绿肥水稻秸秆协同还田。

（3）化肥有机替代　耕作前，通过有机肥抛撒机施用菜枯、牛粪、猪粪等腐熟后的有机肥，替代 20％～30％的化肥。

（4）蚯蚓生物培肥　在冬种绿肥条件下，绿肥收获后对田埂适当培粗（宽 40～50 厘米，高 20～25 厘米），灌水 5 厘米左右淹水 2～3 天，将绿肥季田间生存的蚯蚓驱离至田埂，待蚯蚓全部迁出后，灌水耕作种植水稻，水稻收获前田间灌水 5 厘米左右淹水 1 天，将水稻季迁入田间的蚯蚓驱离至田埂，水稻收获后开沟分厢种植绿肥。

（5）轮耕　早稻田深旋耕：早稻插秧前 10～15 天，选用 60 千瓦以上的旋耕机将紫云英和晚稻秸秆翻沤，旋耕深度达 15 厘米以上。插秧前 3 天再旋耕 2 次，在最后 1 次旋耕前，每亩施用 40％～45％的水稻专用复合肥 35～40 公斤作基肥，高肥力稻田可减氮 10％～20％，耙平，做到田面高低落差不超过 3 厘米。晚稻田浅旋耕：早稻收获后立即灌水 5～8 厘米，以淹没水稻秸秆为准。每亩施用 40％～45％的水稻专用复合肥 40～45 公斤作基肥，高肥力稻田可减氮 10％～20％，然后用中型旋耕机旋耕 1 次，旋耕深度 10～12 厘米，将水稻秸秆和基肥压入泥中，即可移栽晚稻。隔年冬季干深耕：隔年冬季进行 1 次干深耕。晚稻收获后，待田表干燥到有细小裂缝时，用大型耕田机进行 1 次深翻耕，翻耕深度为 18～20 厘米，将晚稻秸秆翻入田中腐解。土壤有机质偏低、排水条件较好的稻田，应在晚稻留高桩收割后立即播种早熟紫云英，并抢晴天开沟排水，及时清沟沥水，确保田面无渍水。

（二）品种更新与合理搭配技术模式

1. 模式概述

基于湖南省光温资源不均衡、双季稻新品种市场推广率不高、品种间搭配不合理、播期和播种量不适宜，种植方式不规范、秧苗素质不高、抗逆能力差、技术配套性较差等问题，以优质、高产、多抗、广适等综合性状协调的水稻新品种为基础，根据湖南省不同生态区温光资源特征，从充分利用生长季节、适当延长光合时间且保证安全生产的角度出发，合理安排湖南省双季稻生产，并集成适期早播、精量播种，配套减氮增苗、增穗扩库高产群体调控等技术，科学实现湖南省水稻生产光温资源高效安全利用。

2. 技术指标

亩产稻谷 1 000 公斤左右（早稻 450 公斤，晚稻 550 公斤）；化肥减施 10% 以上，化学农药减施 20% 左右，双季稻谷增产 15% 左右，晚稻优质稻谷价格可提高 5%～10%。

3. 技术要点

（1）水稻新品种选择　选用高产稳产（早稻 450 公斤/亩以上、晚稻 550 公斤/亩以上产量潜力）、抗病抗逆性强（稻瘟病、白叶枯病、褐飞虱、耐热性等综合评价强）、米质优（国标 2 级及以上）、适合机械化轻简栽培（生育期适中、早生快发）的优质水稻新品种。

（2）品种合理搭配技术　湘北、湘中东双季稻区采用"中熟双季早稻＋中熟双季晚稻"模式、湘南双季稻区采用"中熟双季早稻＋迟熟双季晚稻"模式，其中中熟双季早稻选择生育期为 112～115 天、穗粒数大于 130 粒的优质水稻新品种，双季晚稻选择生育期 116～120 天、穗粒数大于 160 粒的优质水稻新品种。

（3）适期早播、精量播种技术　采用集中育秧模式。早稻播种期：湘北地区 3 月 25 日左右播种，湘中地区和湘南地区 3 月 20 日左右播种，每亩大田用种量 2.5～3.0 公斤。晚稻播种期：湘北地区 6 月 25 日左右播种，湘中地区与湘南地区 6 月 20 日左右播种，每亩大田用种量 2.0～2.5 公斤。

（4）增密减氮栽培技术　根据不同种植模式，施肥原则上按照总氮量较常规技术减少 15%～20%、基本苗增加 10%。肥料类型要求速缓结合、土壤肥力水平可补充有机肥施用量 100 公斤/亩。一般情况下早稻亩施纯氮 10.0 公斤，晚稻亩施纯氮 12.0 公斤。早稻密度 2.2 万～2.5 万穴/亩，晚稻密度 1.8 万～2.0 万穴/亩。

（5）全生育期湿润灌溉技术　水稻移栽后，采用浅水湿润灌溉法，水深 5～8 厘米，并适当露田（阴天或晚上露田 2～3 次）促扎根活棵长粗，而后浅水灌溉，够苗 70%～80% 时脱水搁田，以多次轻搁为主，增加土壤通透性，出穗后继续灌浅水层约 5 厘米，自然落干至表土湿润，收获前 1 周断水，以利于机械收割。

（三）丰产优质高效栽培技术模式

1. 模式概述

针对当前湖南双季稻生产劳动投入密集、强度大，肥料农药使用量大、利用率不高，种植成本高、生产效益偏低等问题，以丰产优质水稻品种为基础，配套测土配方精准施肥技术、双季稻增苗减氮技术、机械化有序抛栽技术和耕种管收全程机械作业技术等关键技术，组建双季稻丰产优质高效栽培技术模式，提高劳动力和肥料利用率，降低双季稻种植成本，提高单位面积产量和效益，提高农民种植积极性。

2. 技术指标

每亩水稻增产 10% 以上，化学肥料减施 15% 以上，人工投入较传统种植方式减少 60% 以上，节本增效 150 元以上。

3. 技术要点

（1）测土配方精准施肥技术　①土壤测试。按照农业农村部《测土配方施肥技术规范（试行）》要求，检测氮、磷、钾含量，针对性抽检中微量元素含量。②确定目标产量。以当地前 3 年水稻平均产量为基数，在此基础上，将增产 10％～15％作为目标产量。③确定施肥量。根据水稻需肥规律、土壤供肥能力和肥料效应，确定氮、磷、钾肥施用量以及中微量元素肥料施用量。在合理施用有机肥的基础上，一般早稻施氮量为 8～10 公斤/亩，中稻施氮量为 10～12 公斤/亩，晚稻施氮量为 9～11 公斤/亩。一般 N、P_2O_5、K_2O 施用比例为 1∶（0.4～0.5）∶（0.5～0.8）。氮、磷、钾施用量和施用比例可根据当地土壤养分状况适当调整。④施肥方案。遵循"前促、中控、后保"的原则，做到基肥足、分蘖肥早、中期搁田控蘖、抑制氮吸收。有机肥、磷肥全部作基肥。氮肥、基肥、追肥比例：早稻由常规的基肥∶分蘖肥为 7∶3 调整为基肥∶分蘖肥∶穗肥为 6∶3∶1（或 5∶3∶2）；中、晚稻由常规的基肥∶分蘖肥为 6∶4 调整为基肥∶分蘖肥∶穗肥∶粒肥为 6∶3∶1∶0（5∶3∶2∶0、5∶3∶1∶1）。钾肥 50％作基肥、50％作穗肥。

（2）双季稻增苗减氮技术　不同种植模式的施肥原则为总氮量较常规技术减少10％、基本苗增加 10％。肥料类型要求速缓结合、土壤肥力水平可补充有机肥施用量 100 公斤/亩。一般情况下早稻亩施纯氮 10.0 公斤，晚稻亩施纯氮 12.0 公斤。早稻密度 2.2 万～2.5 万穴/亩，晚稻密度 1.8 万～2.0 万穴/亩。

（3）机械化有序抛栽技术　①选好种。选择生育期适宜、抗倒性较强、抗逆性强、丰产性与稳产性好、品质优等综合性状优良的通过审定的水稻品种。②育好苗。秧苗要求宜机适抛，即株高适宜（6～20 厘米）、成穴不散、空穴率低，同时盘底不粘土、穴间不串根。③抛好秧。使用机械化平田，平整后的田块高低相差不超过 3 厘米。抛秧时大田保持无水湿润或不超过 2 厘米的浅水层。早稻 2.3 万穴/亩左右（60～65 盘），双季晚稻 1.9 万穴/亩左右（45～55 盘），中稻、一季晚稻和再生稻 1.7 万穴/亩左右（35～45 盘）；如漏穴率超过 10％，需适当增加抛栽密度。④管好苗。早稻抛秧后 2～3 天不灌水以利于立苗，中晚稻抛秧 1 天后应及时灌水。水分管理应注重少水促根，提高抗倒性，分蘖期田间以浅水和湿润为主，当苗数达到预计有效穗的 85％时断水搁田，并转入晒田，一周后复水，保持干湿交替；孕穗至抽穗期保持浅水；抽穗后保持干湿交替灌溉；成熟前一周断水。

（4）耕种管收全程机械作业技术　①机械耕整地技术。旋耕灭茬深度控制在 20 厘米以内，无漏耕，无暗埂，无暗沟。稻田通过耕整后高低差不超过 3 厘米，田面整洁，无残渣，无凸起，土壤细而不糊，上烂下实，插秧机作业时不下陷。②机械种植技术。采用机械有序抛栽技术。③病虫草害机械化防治技术。使用自走式高地隙喷杆喷雾机或植保无人机与合适的生物药剂或高效低毒药剂结合，根据"预防为主、综合防治"的方针，依据当地病虫情报，以生物农药为主进行防治。采用无人机低空低量喷施药剂，飞行高度（相对于作物冠层）以 1～2 米为宜，飞行速度为 4～6 米/秒，作业幅宽 3～4 米。机插后 5～7 天，除草药剂与分蘖肥混匀后一起使用。④机械化收获技术。水稻成熟度达到 90%～95% 时收割，留茬高度一般在 10～15 厘米。水稻联合收获机一次完成收割、脱粒、茎秆分离、谷粒清选、谷粒装袋（或随车卸粮）等工序。有露水或雨后水稻潮湿时，不宜立即收割。全喂入式水稻联合收获机的损失率应小于 3.5%，破碎率小于 2.0%，半喂入式水稻联合收获机的损失率应小于 2.5%，破碎率小于 0.5%。

（四）再生稻农机农艺融合高效生产技术模式

1. 模式概述

基于湖南省部分"双季不足，一季有余"区域光温资源的高效利用，发展"一季稻＋再生稻"或"一季稻＋再生稻＋油菜"的高效种植模式，充分挖掘水稻产能。针对丘岗山区地形地貌特点和再生稻收割的农艺要求，通过集成组装适宜农机装备设施改进技术、稻油品种茬口合理配置高产高效技术、粮油作物全程机械化轻简生产技术、高通过低碾压率农机农艺配套技术和低损脱粒清选技术等关键技术，构建再生稻农机农艺融合高效生产技术模式，提高单位面积土地稻谷产量和效益。

2. 技术指标

头季和再生季双季亩产达 550 公斤以上，较传统早晚双季稻每亩节本增收 150 元以上，农药使用量减少 10% 以上。

3. 技术要点

（1）适宜农机装备设施改进　针对丘岗山区地形地貌特点和再生稻头季收割的农艺要求，对现有水稻联合收割机械进行改进，研发低碾压率高通过性履带式行走系统、宽幅高效收割台、低损脱粒清选装置和轻简化秸秆打捆回收装置，实现再生稻生产农机与农艺有机融合。

（2）稻油品种茬口合理配置高产高效技术　选用早熟、综合性状优良的品种进行合理搭配，构建高产群体结构，确保足够的有效穗数和基本苗。科学管理水肥，防治病虫害。头季抽穗期温度过高时，采取一定栽培管理措施以增强其抗逆性。8 月中上旬完成头季收割，并适高留桩，确保腋芽正常发育，提高再生蘖萌发率。头季收割后 2～3 天内速增施发苗肥，促进再生芽的生长。再生稻抽穗期温度过低时，采取适当的栽培管理措施以增强其抗寒性。通过改进栽培管理措施形成再生稻高产栽培技术，实现周年粮食丰产增效。

（3）粮油作物全程机械化轻简生产技术　针对农村劳动力结构性差，再生稻头季机收碾压重，油菜机栽率低、机收损失大等问题，通过对机械的研发、改进，加强水稻、油菜全程机械化生产技术的示范推广，大力推广轻简、适用、高效的技术。

（4）高通过低碾压率农机农艺配套技术　针对丘陵山区再生稻收获技术要求，研究履带式行走系统，优化行走系统结构和关键技术参数，减小履带板宽度，降低头季稻收获的碾压率，并实现最佳的接地比压，提供充足的适应复杂作业条件的动力需求，保障整机通过性要求，实现土壤-行走系统的耦合。

（5）低损脱粒清选技术　再生稻的头季稻稻谷和秸秆含水率高，稻谷易碎易夹带，且混合物料黏附装置，降低作业性能，通过结构优化和表面喷涂技术处理提升脱粒和清选性能，实现高效减损、绿色增产。

（五）病虫草害专业化防控技术模式

1. 模式概述

坚持"预防为主、综合防治"病虫草害防控方针，以稻田生态系统为中心，将防控关口前移，突出预防性。采用品种选择、种子处理、带药移栽、生态调控、生物防治、理化诱控、绿色环保药剂选用等绿色高效综合防治技术措施，专业化综合防控二化螟、稻飞虱、稻纵卷叶螟、纹枯病、稻瘟病、稗、续随子、鸭舌草、异型莎草等主要病虫草害，保障水稻产量、质量和稻田生态安全，提高综合产值。

2. 技术指标

在产量水平不下降的前提下，化学农药使用量减少 50% 以上，每亩生产效益提高 150 元以上。

3. 技术要点

（1）主要虫害绿色防控技术

①深水灭蛹。在越冬代螟虫化蛹期（一般 3 月底至 4 月上中旬），及时对冬闲田、绿肥田等有效虫源田深耕晒垡，灌 10 厘米以上深水，浸没稻桩 7 天以上，压低二化螟虫源基数。

②性诱技术。在二化螟成虫羽化始期，每亩放置 1～2 个性诱装置，外围区稍密、每隔 15 米放置 1 个，中心区稍疏、每隔 28 米放置 1 个；诱芯高于水稻顶端 0.1 米（水稻穗期），或离地面 30～50 厘米（水稻分蘖期），尽量选用持效期较长的诱芯。

③食诱技术。在稻纵卷叶螟成虫高峰期 5 天左右，布置 1 套/亩，安装高度为诱捕器底部跟水稻叶尖齐平，在生殖成熟前进行雌雄通杀。

④灯诱技术。选用太阳能扇吸式杀虫灯，棋盘式布局，20～30 亩 1 盏，诱杀二化螟、大螟、稻螟蛉、稻纵卷叶螟、稻苞虫、稻飞虱等趋光害虫。杀虫灯安装时底端离地高度 1.5 米，灯距 180 米左右，定期清扫虫袋。

⑤赤眼蜂释放技术。第一次释放：水稻分蘖期，当鳞翅目害虫总蛾量达到每亩100～200 只或每亩可寄生的害虫卵总量达到 10 000～20 000 粒时，每亩释放稻螟赤眼蜂 10 000 粒。第二次释放：害虫发蛾始盛期，当亩蛾量达 150～200 只时，每亩放蜂 10 000 只，如放蜂后 4～7 天田间蛾量超过 300～400 只/亩，且田间自然蜂量不足时需补放一次。第三次释放：孕穗末至始穗期，一般每亩释放 10 000～15 000 只，应

根据害虫数量和田间赤眼蜂存量综合确定。

⑥稻田边界生境天敌保护技术。利用稻田道路、田埂、沟渠等地域种植大豆、芝麻等显花作物和保护杂草建立绿色通道，开辟2%～3%的水塘或菜地等斑块区域，为天敌提供优良的栖息环境和充足的食物，促进稻田天敌数量的大幅度增加。

⑦其他生物药剂防治。使用绿僵菌、白僵菌、苏云金杆菌等，施用生物药剂时要避免高温、强光。

（2）水稻主要病害绿色防控技术

①稻瘟病。首先，要选择抗病品种，从根本上降低稻瘟病暴发风险。同时，根据不同品种发生稻瘟病风险的等级，结合栽培状况与天气条件，有针对性地开展分类精准防控指导。其次，抓早防、抓预防，即早防叶瘟，预防穗瘟。应尽量选择防效好、具有增产和兼防纹枯病、稻曲病效果的药剂，做到"一喷多防"和"防病增产"，并优先选择生物药剂，如枯草芽孢杆菌、井冈·蜡芽菌、多抗霉素、春雷霉素、春雷·寡糖、申嗪霉素、四霉素等。

②水稻纹枯病。稻田耙地平整灌水后水稻移栽前，在田边下风处使用适宜工具捞除菌核，带至田外集中处理，减少纹枯病病源。在水稻分蘖末期至孕穗期，病丛率达到20%时，可结合防治稻瘟病进行兼防，可选用井冈·蜡芽菌、多抗霉素、申嗪霉素、井冈霉素等生物药剂。

③稻曲病。有效防控稻曲病的两个关键因素：一是必须准确把握水稻破口前7～10天（10%剑叶叶枕与倒二叶叶枕齐平时）这一关键时期，及时施药预防，如遇多雨天气，7天后配合防治稻瘟病和纹枯病进行第2次施药。二是选用适宜药剂，如井冈霉素、井冈·蜡芽菌、申嗪霉素等生物药剂。

（3）主要草害绿色防控技术　"抑芽控长杀苗"生物控草肥抑草技术，水稻移栽后5～6天返青后于晴天施用。施用量：早稻180～200公斤/亩，一季稻和晚稻每亩施用100～120公斤。施用方法：均匀撒施，并保持水层3～5厘米（以不淹没心叶为准），只进不出，维持水层10～15天。该技术对莎草和阔叶草的防效可达90%，对稗的防效可达85%，对续随子的防效可达95%，具有控草活性强、杀草谱广、作用时间长、绿色安全等优点。

（六）气象灾害预测与防灾减灾技术模式

1. 模式概述

针对湖南早、中、晚稻生产季节气象灾害多发，全球气候变暖情况下极端气象灾害频发的问题，通过选用耐性高产品种、加强灾害监测预报预警、临灾应急降灾保产技术等组装构建气象灾害预测与防灾减灾技术模式，确保湖南水稻丰产稳产。

2. 技术指标

一般灾害年份水稻平均单产不降低，严重灾害年份水稻平均单产减产幅度在

10% 以内。

3. 技术要点

(1) 选用抗逆高产良种　筛选抗逆性强的高产品种是有效防控水稻气象灾害的重要途径。通过关键致灾气象因子（高温、低温和水分）与品种间的双因子裂区试验，分析温度、水分胁迫条件下不同品种的产量和产量构成性状与对照的灾损率，综合评价筛选获得耐高温、耐低温和耐旱性强的高产良种。

(2) 加强灾害监测预报预警　加强气象与农业等多部门联动，提高农业气象预测预报和信息传播的信息化水平，提高中长期气象预警准确度。在气象灾害多发时段，密切监测中短期天气变化，监测水稻的生长发育进程，然后根据水稻所处的不同灾害敏感时期，采用不同的预报预测模型。最后根据水稻高温热害、低温冷害和干旱等预警指标进行灾害预警信息合成，实现灾害提前预报，做好灾害防控应对。

(3) 临灾应急降灾保产技术

①高温热害防御。根据高温预警信息，于高温临近时段（不超过 24 小时），通过向稻田灌水或喷水，可降温增湿，缓解高温危害。一是在轻、中度高温临近时，向稻田灌水，水层深 8～10 厘米，灌夜排或于 11：00 前灌水、14：00—15：00 排水。灌水稻田冠层稻穗温可降低 1～2℃，相对湿度提高 10% 以上。二是重度高温预警时，11：00—14：00 水稻闭颖后，每亩喷施清水 200～250 公斤，可使温度降低 2℃、湿度增加 10%～15%，维持约 2 小时。

②低温冷害防御。通常于低温临近前 24～48 小时，根据监测预报的低温信息，采取灌水、喷施抗灾剂或"灌水＋喷施抗灾剂"等保温降灾措施。一是灌水。低温来临前向田间灌水 8～10 厘米，灌水后翌日上午排干，傍晚重灌，保持保温效果。田面和穗部温度能提高 1～2℃。二是喷施保温剂，在水稻茎叶上形成小块膜状物覆盖气孔，抑制蒸腾，减少热能消耗。三是喷施叶面肥等，减轻低温危害。

③干旱灾害防御。一是抗旱救苗。充分利用有效灌溉动力与水利设施，全力抗旱救苗、保苗。具体掌握"四先四后"原则，即先水稻后旱谷，先高田后低田，先远田后近田。在旱情较重不能全部救苗的情况下，先常规水稻后杂交水稻。受水量限制，宜先进行湿润灌溉，遇降雨后再浅水灌溉。二是及时施肥。复水后抓紧追施氮肥和复合肥，施肥量因苗而定，一般每亩用纯氮 5 公斤左右。三是加强病虫害防治。受旱水稻生育进程都有不同程度的推迟，复水施肥后叶色加深，需加强对稻纵卷叶螟、稻飞虱、三代三化螟及稻瘟病等的防治。

（七）水稻质量安全保障技术模式

1. 模式概述

水稻质量安全保障技术模式通过低镉水稻品种选育与应用、VIP 综合降镉技术和低毒高效生物农药等技术和产品的应用，解决稻谷重金属镉污染和农药残留等卫生品质安全问题，使湖南水稻在单产提高、米质提升的基础上，进一步实现安全生产，保障农民种粮效益。

2. 技术指标

土壤镉含量 1.5 毫克/公斤及以下镉污染稻田产出稻谷镉含量均低于国家安全标准（0.2 毫克/公斤），农残含量均符合标准。

3. 技术要点

（1）低镉水稻品种选育与应用　在土壤镉含量 1.5 毫克/公斤及以下镉污染稻田选用中安 2 号、中安 7 号、莲两优 1 号（低镉臻两优 8612）、清莲丝占、珞优 2 号、西子 3 号、青莲丝苗、安两优 2 号等低镉早、中、晚稻品种，配套丰产高效栽培技术，确保稻谷镉含量达到国家安全标准。

（2）VIP 综合降镉技术　在中轻度镉污染稻田选用非低镉优质或超高产品种时，可配套应用以淹水控镉为主体的水稻镉污染综合治理技术生产镉含量达标稻谷。稻田翻耕时每亩撒施 100 公斤生石灰，以提高土壤酸碱度、降低土壤镉活性。秧苗移栽后田间始终保持湿润，立苗后浅水或湿润灌溉，够苗后及时排水晒田 5～7 天；晒田后适时复水，并持续保持田间 3～5 厘米深度水层，收割前 7～10 天断水。同时结合施用分蘖肥和穗肥，喷施芸薹素内酯、硅钾肥等调理剂，可有效降低稻谷中的镉含量。

（3）低毒高效生物农药选用　选择低毒、高效、安全、无残留的生物农药防控水稻常见病虫害，可确保稻谷农残含量符合标准。防治二化螟、稻纵卷叶螟选用苏云金杆菌、金龟子绿僵菌、球孢白僵菌、苦参碱等；防治稻飞虱选用金龟子绿僵菌、球孢白僵菌等；防治稻瘟病选用枯草芽孢杆菌、四霉素、春雷霉素等；防治纹枯病和稻曲病选用井冈·蜡芽菌（12.5% 以上）、井冈霉素等。当发生程度较重时，应选用氯虫苯甲酰胺、烯啶·吡蚜酮等环境友好型化学农药。

五、重点工程

（一）实施"湖南水稻大面积亩产470公斤攻关工程"

系统梳理湖南水稻大面积单产实现 470 公斤目标亟须解决的关键技术及技术转化推广问题，并以"揭榜挂帅"的形式集中省内外优势力量联合开展针对性技术攻关，以"工程化"形式组织省、市、县级农业和种业企业、专业合作社、科技示范户等各级技术力量组成多层级技术推广网络开展技术示范推广和精准入户指导，推动全省水稻生产技术水平提质升级，充分挖掘大面积单产潜力。

（二）提升新型经营主体生产能力

针对适度规模经营不断发展的实际，突出加强对种植大户、家庭农场、专业合作社等新型经营主体的服务指导，建立规模经营主体信息数据库，全面准确掌握种植规模、种植类型、品种、生产条件、技术需求和市场信息等，根据基础信息实行定向服务，提高规模化生产水平和规模经营效益。培养新型农业经营主体"带头人"。依托国家级、省级、市级和乡村产业振兴等项目，每年培育一批新型农业经营主体带头人带动产业发展；实施高素质农民培育计划，面向家庭农场主、农民合作社带头人开展全产业链培训。各地分层分类开展新型农业经营主体带头人培训，分级建立带头人人才库，加强对青年农场主的培养和创业支持。

（三）提升社会化服务体系服务能力

创新社会化服务体系服务内容和服务方式，围绕农业生产产前、产中、产后环节开展信息化服务，进一步细化拓展内容，提供单一方面的专项服务或全产业链的集成服务。按照社会化服务内容，将社会化服务体系分为生产资料服务、环节服务、技术服务和全程服务等。在服务模式方面，发展基于不同服务内容的"管家模式""点菜模式""帮扶模式"等综合性服务模式。在模式推广运行方面，需在实际生产中进一步建立健全农业社会化服务标准体系和操作规范体系，引导推行"约定有合同、内容有标准、过程有记录、人员有培训、质量有保证、产品有监管"的规范化服务，不断提高服务质量和服务水平。

（四）建设稻米品牌体系

由湖南省农业农村厅主导，建设"省域公用品牌＋市、县（区）区域公用品牌＋企业品牌"的湖南稻米品牌体系。由湖南省农业农村厅市场与信息化处通过政府采购方式，委托有资质有能力的组织或企业等负责管理，开展品牌互联网域名保护注册及知识产权建设，组建品牌管理团队，制定品牌团体标准，借助主流媒体、重点媒介开展广告宣传，组织开展推介活动，统筹打造"洞庭香米"省级区域公用品牌。支持区域内行业龙头企业发展壮大，打造企业品牌和产品品牌，塑造品牌核心价值，培育国家级龙头企业，推动龙头企业上市。

六、保障措施

（一）政策制度保障

粮食安全省长负责制，进一步强化责任落实和绩效考核，推广农田数字化改革，建立完善的"县、乡、村"三级田长责任制体系，初步形成横向到边、纵向到底、全覆盖无死角的耕地保护新机制和"非农化""非粮化"动态监管措施，确保责任扛上肩、绩效考到人。进一步加大农田基础设施监管和养护责任，科学有序推进山塘水库水源网路、高标准农田建设和中低产田改造，同时让农田的耕种者当业主参与工程质量监督并负有管护责任，确保工程交付质量和长效稳定发挥作用。

（二） 资金投入保障

统筹整合各方面补贴资金和奖励投入，以粮食生产环节为纽带，协同农业、财政、气象、农机和金融保险等部门建立配套制度，强化政策联动对种粮的促进作用。做好工作实施方案、技术指导意见和技术规范标准编制工作，科学谋划，优化布局，落实技术，宣传政策。指导各地逐级建立精准到户台账，运用遥感等数字技术手段核实种粮面积和产量，财政部门按照"谁种粮谁得补贴，谁育秧产粮多谁多得补贴"的原则，精准落实财政补贴。联动种业、气象和农业科研部门完善种粮大灾保险试点、完全成本保险和收入保险试点等扶持政策，树立典型奖励产粮大县、种粮大户，提高政府抓粮和农民种粮的积极性。

（三） 技术支撑保障

依托聚集湖南省内外优势科研力量，针对区域粮食生产气候、土壤、地形地貌等特点，特别是在种植领域技术较薄弱的环节，聚焦农机农艺高度融合、水肥高效利用、绿色高效生产等技术，持续健全稻米全链条技术体系建设，强化技术创新和储备。进一步强化技术示范辐射带动作用，加强高素质农民、本土农业部门技术推广人员的培训和宣传，充分发动种粮主体和推广人员的工作积极性，技术专家驻点指导和学员集中培训相结合，注重实用技术现场操作培训，打通技术落地"最后一公里"，挖掘各地早谋划、早部署、早准备的典型，推介到各级政府主管部门和各类新闻媒体，采用灵活多样的宣传形式，强化科技支撑效果。

广东

广东水稻亩产 435 公斤
技术体系与实现路径

一、水稻产业发展现状与存在问题

（一）发展现状

水稻是广东省最大宗的农作物和最主要的粮食作物，2023 年水稻播种面积和总产分别占粮食面积和总产的 82% 和 87% 左右（图 1）。随着人口不断增加，广东省稻谷消费量持续增长，稻谷供求偏紧的态势可能加速，有效增加稻谷供给的任务十分迫切。面对新的形势，广东省必须稳定发展水稻生产，不断挖掘水稻增产潜力，提高水稻综合生产能力，促进水稻单产和总产不断提高。

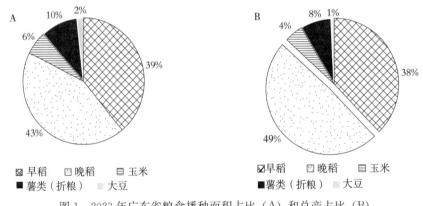

图 1　2023 年广东省粮食播种面积占比（A）和总产占比（B）

1. 生产

随着城乡建设加快、经济发展和农业结构调整的深入，广东省粮食主产区已逐步由珠江三角洲平原向丘陵山区转移，良田在减少，中低产田在增加，生态条件趋于复杂，病虫害发生频繁。

2006—2012 年，广东省水稻平均播种面积为 2 882.4 万亩，平均总产为 1 044.0万吨，平均单产为 362.3 公斤/亩。2013—2023 年，广东省水稻平均播种面积为 2 727.2 万亩，平均总产为 1 064.5 万吨，平均单产为 390.3 公斤/亩（图 2～图 4）。2012 年以来，随着农作物种植结构的优化调整，广东省水稻播种面积从 2 800 多万亩减至 2 700 多万亩，约减少 100 万亩；单产从 362.3 公斤/亩提高至 390.3 公斤/亩，

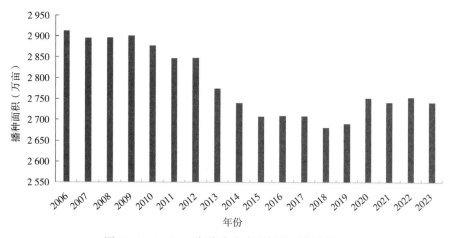

图 2　2006—2023 年广东省水稻播种面积变化

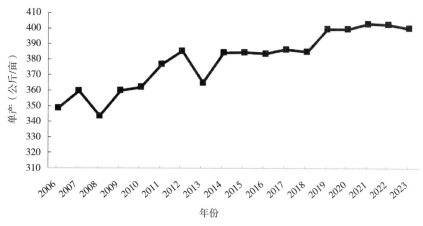

图 3　2006—2023 年广东省水稻单产变化

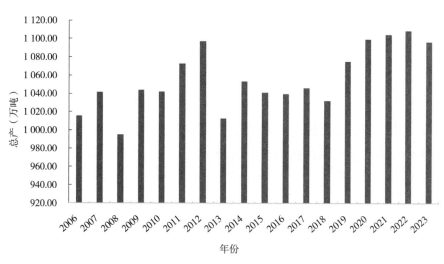

图 4　2006—2023 年广东省水稻总产变化

每亩提高 28 公斤，总产基本稳定。广东省水稻单产最高的年份是 1999 年，达到 425

公斤/亩；2021 年早稻单产达 407.0 公斤/亩，创 2000 年以来的最高水平。

2. 品种

2011—2023 年，广东省共审定水稻品种 905 个，其中常规稻 275 个（图 5）。推广面积前 10 名的杂交稻和常规稻品种占全省水稻推广面积的 30%（图 6），但年种植面积超过 100 万亩的品种极少，超过 50 万亩的品种不超过 10 个，经农业农村部认定的超级稻品种共 29 个，居全国前列。

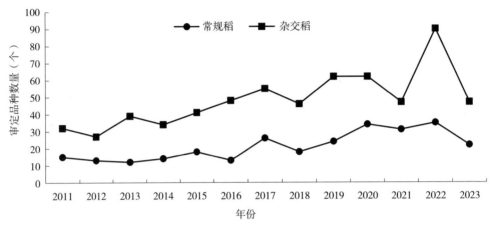

图 5　2011—2023 年广东省审定水稻品种数量

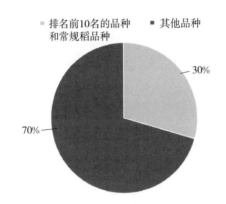

图 6　2023 年广东省水稻品种推广面积占比

生产上，由于规模化种植、轻简化栽培、机械化应用面积越来越大，优质常规稻种植面积不断扩大，杂交稻种植面积不断减少，常规稻种植面积占比上升到 60% 左右，优质稻种植面积逐年扩大，米质达到国标 3 级以上标准的优质稻品种占比为 74%，居全国第一位。

为大力发展传统优质稻广东丝苗米产业，2018 年广东省成立了广东丝苗米产业联盟，制定了丝苗米产业系列标准，加强丝苗米新品种培育和品牌打造。在 2018 年全国优质稻品种食味品鉴会评选出的全国首届十大优质籼稻金奖品种中，广东省的美香占 2 号、象牙香占和增科新选丝苗 1 号入选，其中美香占 2 号、象牙香占分别为冠军、亚军。目前，丝苗米品种培育取得了重大突破：品种数从 2018 年的 2 个增加到 16 个；常规稻丝苗米产量得到大幅提高，如 19 香比同类品种象牙香占亩增产 150 公斤以上，高产田块亩产超 650 公斤，并先后获得 2022 年黑龙江大米节金奖以及 2023 年第四届中国-东盟优质籼稻品种食味品质鉴评金奖；新培育的杂交稻丝苗米组合食味可媲美泰国茉莉香米，如青香优 19 香产量不低于高产杂交稻组合，双季稻百亩方测产验收亩产超 720 公斤，米质达部颁优质 1 级，食味好于对照品种美香占 2 号，曾获得 2023 年第四届中国-东盟优质籼稻品种食味品质鉴评金奖。

3. 耕作与栽培

2011 年以来，广东省依托绿色高质高效创建、超级稻示范推广等项目的实施，示范推广了"三控"技术、双季超级稻强源活库优米技术、超级稻强化栽培技术、香稻增香技术等多项绿色栽培技术。2023 年示范推广香稻增香栽培技术 580 万亩、水稻强源活库优米技术 550 万亩、"三控"施肥 500 万亩，水稻测土配方施肥基本实现全覆盖，水稻机插秧、直播（机直播、飞机直播和人工直播）面积逐步扩大，但主要种植方式还是抛秧（占 70% 以上）。病虫害防治、托管等社会化服务的规模和水平不断提升，稻谷烘干设备逐步普及，据不完全统计，先进技术普及率已达 85% 以上。2016 年在兴宁市开展了双季稻年亩产 1 500 公斤绿色增产模式的攻关试验、示范，采取"超级稻+强源活库优米技术+钵苗机插秧+机械化病虫害绿色防控"集成技术，实现了双季超级稻年亩产 1 537.78 公斤，创世界纪录。同时，为协调好国家要粮食安全与农民要经济效益之间的矛盾，积极发展"水稻+水稻+马铃薯""水稻+水稻+蔬菜""水稻+水稻+西瓜"等"水稻+"绿色高效产业发展新模式，实现了稳粮增效、绿色协调发展，在抓好粮食生产机械化、规模化、产业化发展的同时，适当引导发展"水稻+禾虫"种养结合、"种养+生态旅游"等，带动农业生产科技水平提高，确保粮食生产平衡增产，推动粮食绿色生产。

为更好推动水稻产业向绿色化、优质化、特色化、品牌化方向发展，广东省以实施乡村振兴战略为契机，大力发展优质丝苗米产业。2018 年广东省农业技术推广总站牵头成立了广东丝苗米产业联盟，实施丝苗米振兴工程，重点解决产业发展的标准制定、品种培育和品牌打造三大制约问题。

4. 成本收益

根据粮食基点县监测数据，2023 年广东省早稻生产成本略有回落，亩均成本为 1 436.0 元，同比下降 2.0%。主要得益于 2023 年春耕生产资料保供稳价工作到位，加之早稻生产风调雨顺，病虫害防治成本保持稳定，2022 年涨幅最大的农资成本 2023 年略有回落。但早稻亩均产值约 1 217.7 元，亩均亏损 218.3 元，加上补贴每亩仍亏损 77.9 元；2023 年晚稻生产成本小幅上涨。亩均成本为 1 363.5 元，同比上涨 2.7%。随着机械化程度的不断普及，水稻种植亩用工数下降，人工成本下降；局部地区晚稻受淹严重，导致肥效流失及病虫害发生严重，晚稻用肥和用药次数相对增加，农资成本上涨。晚稻亩均产值 1 317.2 元，亩均亏损 46.3 元，加上补贴盈利 43.7 元（表1）。

表1　2023 年水稻生产成本调查汇总

项目	2023 年早稻		2023 年晚稻	
	成本（元/亩）	同比变化（%）	成本（元/亩）	同比变化（%）
总成本	1 436.0	−2.0	1 363.5	2.7
人工成本	311.0	−4.4	305.0	−16.2
农资成本	444.0	−1.2	452.9	11.9
土地成本	402.0	4.8	324.8	8.3
机械成本	208.0	4.9	223.5	9.1
其他成本	70.0	−7.9	57.3	7.3

随着 RCEP（区域全面经济伙伴关系协定）的实施，东南亚国家稻米价格低、竞争优势强，国内传统的中低端稻米将受到冲击；高端丝苗米品质好、产量高，价格优势明显，将迎来新的发展时期。因此，聚焦丝苗米品种培育，瞄准国际市场，加快广东丝苗米产业发展，提高 RCEP 的竞争力，对稳定粮食生产、提升农民种粮效益具有重要作用。

（二）主要经验

1. 加大财政投入

近年来，广东省高度重视粮食生产配套设施建设。①加快高标准农田建设，提高生产能力。高标准农田项目区田、土、水、路、林得到综合治理，农田基础设施和农业生产条件得到改善，大幅提升了耕地抵御自然灾害的能力和农业综合生产能力。②加快稻米产业园建设，提高稻米生产、加工、储藏能力和品牌影响力。2018 年，广东省批准首批 7 个"广东丝苗米产业园"建设，每个产业园安排财政资金 5 000 万元，以推动广东稻米产业高质量发展，至今全省已建设 38 个丝苗米产业园，收获、加工和品牌水平不断提升。③加快稻谷烘干设施设备的建设，实现稻谷减损提质、颗粒归仓。广东省目前 3 吨以上循环式烘干机有 2 040 台，日烘干量 4.24 万吨，年烘干能力 220.65 万吨，约占稻谷产量的 20%。

2. 加快高端丝苗米品种培育推广

发挥省级区域试验的指挥棒作用，设置高端丝苗米品种选育、试验和审定路径，加快了高质高产抗病水稻新品种的培育和推广，解决过去水稻品种高产不优质、优质不高产的问题，实现高产、高质和高效的协调统一，提高农户种稻积极性，为高端稻米生产提供了稳定的优质粮源，支撑了品牌打造。

3. 创新推广"水稻十"生产模式

除发展传统的"水稻＋马铃薯（番薯、蔬菜）"种植模式、"水稻＋鱼（虾、鸭）"种养模式外，创新和重点推广"高端丝苗米＋禾虫"种养模式，实施"五四二"工程（集成五大技术：高端丝苗米品种＋禾虫工厂化育苗技术＋水稻绿色栽培技术＋禾虫健康养殖技术＋再生稻或免耕栽培技术。实现四大目标：国家粮食安全、绿色生态发展、农民增收、乡村振兴。提供二类优质产品：绿色高端丝苗米产品、高蛋白禾虫产品），大幅提高种养效益，实现亩增收 2 万元目标。

（三）存在问题

1. 种粮效益低

种粮人工成本、农机作业成本、地租成本均高于国内平均水平，且成本提高的幅度远高于粮价的提升幅度，对田块分散的农户来说生产成本更高。由于广东省人均耕地少，规模化经营大户相对较少，相较于国内其他省份，广东省种粮成本每亩高出200～400 元。种粮比较效益低下。广东省是制造业和服务业大省，种粮效益不仅远低于制造业和服务业等行业，与种植经济作物相比也处于偏低水平。据调查，广东省目前进口粮食较多并且价格较低。如越南普通稻米到广东的价格为 3.2 元/公斤、越南香米为 5.8～6.0 元/公斤，而广东省自产普通稻米为 3.6～4.0 元/公斤、丝苗米为6.6～7.0 元/公斤。

2. 政策支持力度不够

广东省财政投入支持粮食生产的普惠性政策支持力度不足，而且广东省农民没有享受国家稻谷生产者每亩约 30 多元的补贴资金。虽然中央财政安排广东省实际种粮农民一次性补贴资金 3.76 亿元用于应对农资价格上涨，但平均每亩补助仅有 11 元，对提高稻农积极性作用不大。支持水稻发展的政策强度和连贯性不够，农田基础设施亟待改善。2021 年早稻生产受旱情影响，全省超过 16 万亩稻田绝收；2022 年受台风影响，早稻倒伏、稻田积水，抢收不及时穗上发芽，同时由于烘干设施不足，部分稻谷无法被及时烘干，严重影响了水稻产量和品质。

3. 种业发展有待提升

水稻种植效益差，稻农对采用新品种和技术意愿不高，也是影响水稻种业发展的关键因素；政府对水稻的科研投入不足，特别是对中小型种子企业根本没有投入，严重影响了水稻育种创新能力和产业的提升；品种审定多、雷同多，突破性品种少；新品种保护有待加强，侵权行为普遍存在。各级推广部门在品种推广过程中的参与度逐年降低、方法减少。

4. 耕地抛荒撂荒、非粮化等

虽然政府投入大量人力物力避免耕地抛荒撂荒、非粮化发生，但受水稻成本高、比较效益差、卖粮难和土地流转难等因素影响，近年来稻田丢荒或非粮化现象较为严重。

二、区域布局

通过广东水稻生产种植功能区和现有丝苗米产业园布局，规划并打造 5 条特色鲜明的丝苗米产业带，覆盖全省 53 个水稻重点县。

（一）粤港澳大湾区核心丝苗米产业带

1. 基本情况

以广州、惠州、江门、肇庆、中山、东莞、珠海等地为主，水稻播种面积约 700 万亩。江门和肇庆水稻播种面积均超过 250 万亩，其中，江门是目前广东丝苗米最大产区。该区光温条件好、水资源丰富，受冷空气影响较少，水稻有效生育期长，但易受台风影响，倒伏和白叶枯病常有发生。江门区位优势明显，是粤港澳大湾区核心地带，经济、交通和通信发达。

2. 主要目标

到 2030 年，水稻面积稳定在 640 万亩左右，单产达到 415 公斤/亩，总产达到 266 万吨；到 2035 年，水稻面积稳定在 630 万亩左右，单产达到 425 公斤/亩，总产达到 268 万吨。以推广种植优质高产水稻品种为主，针对珠江三角洲高端消费群体，生产高端丝苗米、打造品牌。

3. 主攻方向

稳定水稻种植面积，主攻优质高端丝苗米品种，提高效益。①加强优质高产多抗品种的选育，确保大面积平衡增产和适应高端市场需求。②集成推广绿色高质高效技术模式，推广水稻增香技术、水稻"三控"技术和统防统治技术模式。③建成一批绿色、有机水稻种植基地，发展订单生产。④扶持水稻龙头企业，建立大型稻谷烘干中心和稻米加工中心，加强品牌建设，提升产业化水平。⑤加快土地流转，发展适度规模经营，全力推进实现全程机械化和社会化服务。

4. 种植结构

早、晚双季稻，实行以水稻—水稻—蔬菜为主的水旱轮作模式。

5. 品种结构

常规稻：19 香、南晶香占、台香 812 和莉香占等。杂交稻：青香优 033、青香优 19 香等。

6. 技术模式

水稻主要种植方式有机插秧、抛秧及直播等，栽培上主要推广水稻"三控"施肥、香稻增香栽培、强源活库优米等绿色高质高效技术模式。

（二） 富硒长寿丝苗米产业带

1. 基本情况

以梅州、河源等地为主，水稻播种面积近 500 万亩。富硒长寿丝苗米产业带光温条件好，土壤富硒，冷空气影响较大，是传统杂交稻种植区，精耕细作，栽培水平较高，属高产地区。蕉岭被评为世界长寿之乡。

2. 主要目标

到 2030 年，水稻面积稳定在 460 万亩左右，单产达到 425 公斤/亩，总产达到 196 万吨；到 2035 年，水稻面积稳定在 450 万亩左右，单产达到 440 公斤/亩，总产达到 198 万吨。针对高端消费群体生产富硒高端丝苗米，针对当地消费群体发展高产、直链淀粉含量稍低的优质稻米。

3. 主攻方向

稳定水稻种植面积，主攻富硒高端丝苗米、中低端优质稻米生产。①加强优质高产多抗品种的选育，确保大面积平衡增产和适应高端市场需求。②集成推广绿色高质高效技术模式，推广水稻增香技术、水稻"三控"技术和统防统治技术模式。③建成一批绿色、有机水稻种植基地，发展订单生产。④扶持稻米龙头企业，建立大型稻谷烘干中心和稻米加工中心，加强品牌建设，提升产业化水平。⑤加快土地流转发展适度规模经营，全力推进实现全程机械化和社会化服务。

4. 种植结构

早、晚双季稻。

5. 品种结构

早、晚双季稻，以杂交稻为主。青香优 19 香、青香优 033、胜优 19 香、19 香和象竹香丝苗等。

6. 技术模式

富硒长寿丝苗米产业带主要水稻种植方式有毯苗机插秧、钵苗机插秧、抛秧等，栽培上主要推广钵苗机插＋香稻增香栽培、强源活库优米等绿色高质高效技术模式。

（三） 高山丝苗米产业带

1. 基本情况

以清远、韶关等地为主。水稻播种面积近 400 万亩。高山丝苗米产业带光温条件好，昼夜温差大，受冷空气影响较大，是传统杂交稻种植区，栽培水平较高，属高产地区。

2. 主要目标

到 2030 年，水稻面积稳定在 360 万亩左右，单产达到 420 公斤/亩，总产达到 151 万吨；到 2035 年，水稻面积稳定在 350 万亩左右，单产达到 435 公斤/亩，总产达到 152 万吨。该区以中高端丝苗米生产为主。

3. 主攻方向

稳定水稻种植面积，优质与高产并重，高端与中低端相结合。①加强优质高产多抗品种的选育，确保大面积平衡增产和适应高端市场需求。②集成推广绿色高质高效技术模式，推广水稻增香技术、水稻"三控"技术和统防统治技术模式。③建成一批绿色、有机水稻种植基地，发展"稻渔"绿色种养模式，发展订单生产。④扶持稻米龙头企业，建立大型稻谷烘干中心和稻米加工中心，加强品牌建设，提升产业化水平。⑤加快土地流转，发展适度规模经营，全力推进实现全程机械化和社会化服务。

4. 种植结构

以早、晚双季稻为主，单季稻区可适当发展"一季稻＋再生稻（烟草、鱼）"种植（养）模式，提高单位面积产出，提高农民收益。

5. 品种结构

以高产高质丝苗米品种为主。常规稻 19 香、南晶香占、美香占；杂交稻青香优 033、青香优 19 香。

6. 技术模式

该区水稻以机插秧、抛秧为主，栽培上推广"一季稻＋再生稻（烟草、鱼）"种植（养）模式等绿色高质高效技术模式。

（四）东部海洋丝苗米产业带

1. 基本情况

以汕头、潮州、汕尾、揭阳等地为主，水稻播种面积近 400 万亩。东部海洋丝苗米产业带光温条件好，受冷空气影响小，是传统杂交稻高产地区，精耕细作，栽培水平较高。

2. 主要目标

到 2035 年，水稻种植面积稳定在 370 万亩左右，单产达到 425 公斤/亩，总产达到 157 万吨；到 2035 年，水稻面积稳定在 360 万亩左右，单产达到 440 公斤/亩，总产达到 158 万吨。东部海洋丝苗未产业带以高产为主，兼顾优质。

3. 主攻方向

稳定水稻种植面积，主攻高产。①加强优质高产多抗品种的选育，确保大面积平衡增产和适应高端市场需求。②集成推广绿色高质高效技术模式，推广水稻增香技术、水稻"三控"技术和统防统治技术模式。③建成一批绿色、有机水稻种植基地，发展订单生产。④扶持水稻龙头企业，建立大型稻谷烘干中心和稻米加工中心，加强品牌建设，提升产业化水平。⑤加快土地流转，发展适度规模经营，推进全程机械化和社会化服务。

4. 种植结构

早、晚双季稻。

5. 品种结构

高端丝苗米品种以青香优 19 香、青香优 033 和 19 香为主，高产品种以特优系列为主。

6. 技术模式

东部海洋丝苗米产业带水稻主要种植方式有机插秧、抛秧等，栽培上主要推广香稻增香栽培、强源活库优米等绿色高质高效技术模式。

（五）西南沿海丝苗米产业带

1. 基本情况

以湛江、茂名、阳江、云浮等地为主，水稻播种面积近 1 000 万亩。东部海洋丝苗米产业带是广东省水稻最大产区，光温条件好，部分地区易受台风、旱涝影响，而受冷空气影响小，沿海地区白叶枯病较严重，栽培较粗放。常规稻和杂交稻种植面积持平，直播、抛秧和机插秧种植面积较大。

2. 主要目标

到 2030 年，水稻种植面积稳定在 920 万亩左右，单产达到 420 公斤/亩，总产达到 386 万吨；到 2035 年，水稻种植面积稳定在 910 万亩左右，单产达到 435 公斤/亩，总产达到 396 万吨。东部海洋丝苗米产业带高产与优质并重，高端丝苗米、中低端优质稻、专用加工型品种相结合。

3. 主攻方向

稳定水稻种植面积，早稻主攻高产专用，晚稻主攻优质高产。①加强优质高产多抗品种的选育，确保大面积平衡增产和适应高端市场需求。②集成推广绿色高质高效技术模式，推广水稻增香技术、水稻"三控"技术和统防统治技术模式。③建成一批绿色、有机水稻种植基地，发展订单生产。④扶持水稻龙头企业，建立大型稻谷烘干中心和稻米加工中心，加强品牌建设，提升产业化水平。⑤加快土地流转，发展适度规模经营，全力推进实现全程机械化和社会化服务。

4. 种植结构

早、晚双季稻。

5. 品种结构

早稻重点种植高产品种和米粉专用型高产品种，如特优系列、珍桂矮；晚稻种植高产、优质品种，如 19 香、青香优 19 香、青香优 033、吉优 1002、泰丰优 208 等。

6. 技术模式

东部海洋丝苗米产业带水稻主要种植方式有直播、抛秧和机插秧，栽培上主要推广香稻增香栽培、强源活库优米等绿色高质高效技术模式。

三、发展目标、发展潜力与技术体系

(一) 发展目标

1. 2030 年目标

到 2030 年，水稻种植面积稳定在 2 750 万亩，单产达到 420 公斤/亩，总产达到 1 155 万吨。

2. 2035 年目标

到 2035 年，水稻种植面积稳定在 2 700 万亩，单产达到 435 公斤/亩，总产达到 1 175 万吨。

(二) 发展潜力

1. 面积潜力

2019 年，广东省水稻播种面积 2 691.8 万亩。2020 年，按照农业农村部的要求扩种水稻 50 万亩左右，达到 2 751 万亩。《广东省人民政府关于全面推进乡村振兴加快农业农村现代化的实施意见》指出，广东省"十四五"期间粮食生产功能区稳定在 1 350 万亩以上，粮食年综合生产能力稳定在 1 200 万吨以上。随着社会经济的快速发展和城乡建设的加快，特别是 2022 年 RCEP 开始实施，国内外种粮比较效益越来越差，耕地抛荒撂荒、非粮化问题等仍难以根治，水稻播种面积稳定在 2 750 万亩有一定难度。主要原因：①耕地资源稀缺，土地后备资源有限。②随着经济社会的发展和城市化进程的加快，耕地面积还会不断减少，耕地质量也在下降，人地矛盾越来越突出。③农田水利基础设施建设落后，水资源制约水稻播种面积扩大。④2022 年以后 RCEP 开始实施和新一轮的农作物结构调整优化，水稻播种面积将受到一定影响。

2. 单产潜力

通过统计分析区试结果可知广东省水稻新审定品种常规稻一般亩产超过 470 公斤，杂交稻超过 475 公斤，产量潜力均超过 500 公斤。兴宁市 2016 年实现了双季超级稻年亩产 1 537.78 公斤。据统计，1999 年水稻单产最高，亩产达 425 公斤，比 2020 年亩产 398.9 公斤还高 26.1 公斤。云南省澄海县于 1989 年成为全国首个双季水稻田"吨谷县"，1991 年汕头市水稻耕地年平均亩产超过 1 吨，成为全国第一个"吨谷市""吨粮市"。澄海区、榕城区、潮阳区、揭东区、云城区、高州市、潮安区、信宜市 8 个县（市、区）连续 3 年水稻播种面积在 10 万亩以上，亩产达 1 000 公斤以上，连续 3 年达到"吨谷县"标准，1999 年被广东省人民政府授予"广东省吨谷县"称号。因此，从品种潜力和生产水平来看，2035 年亩产达到 435 公斤是可行的。

主要制约因素：①种粮效益低，影响农民种粮积极性，若效益好，平均亩增产50公斤可以实现。②全省水稻生产水平不平衡，中低产田占比大，部分复垦田土壤肥力较差、农田水利建设不完善，亩产不到300公斤。③极端气候频繁，抗灾减灾压力大。广东省灾害种类多、频率高、范围广，近年来，水稻生产多次遭受暴雨洪涝、超强台风影响，农业生产受到重创。

（三）技术体系

从广东省的情况来看，虽然耕地较少，但气候条件优越，光温水资源丰富，是全国重要的双季稻区，水稻生产仍具有较大潜力。要实现上述目标，必须科学谋划水稻的生产布局，依靠科技进步，转变增长方式，主要从稳定面积、发挥良种良法的增产作用、提高农田生产能力和优化区域布局等来挖掘粮食的增产潜力。主要技术体系如下：

1. 良种良法技术体系

①在良种推广方面必须加强政府的主导作用，有效提高良种覆盖率。目前种子市场与水稻品种一样"多、乱、杂"，农民选择品种无所适从，严重影响了优良品种的推广。水稻品种增产潜力仍很大，但必须因地制宜选用好优良品种，真正提高优良品种的覆盖率，才能发挥良种的增产作用。如目前确认的 16 个广东丝苗米水稻品种主要从食味品质方面来评价，品种间单产潜力差异大，高的亩产可超 500 公斤，低的亩产只有 300 公斤左右。②良种与良法相结合潜力仍较大，必须重视配套技术的示范推广。广东省近十多年来审定品种的区试产量一般亩产达 450～500 公斤，部分超过500 公斤，由于技术、推广普及原因，特别是受种稻效益差的影响，农民对选用良种、良种良法配套技术等的重视程度不高，良种不到户，良技不到田，严重影响了大面积单产提升。

2. 耕地质量提升技术体系

增加投入，提高灌溉能力和地力，水稻增产潜力仍较大。广东省中低产田面积大，土壤肥力和灌溉设施较好的高产稳产农田不足 40%，中低产田占 60% 以上；大多数农田由于长期施用化肥，土壤酸化严重，有机质含量低。通过加强农田水利基础设施建设，提高耕地质量，将明显提高农田产出能力。

3. 耕作模式优化技术体系

通过改革耕作制度扩大水稻种植面积。近年来，广东省珠江三角洲地区的蔬菜田利用 7—9 月高温阶段蔬菜生产的休闲期，开展一季中晚稻的试验示范，已取得一定成效，水稻亩产达 300～450 公斤。既增加了一季水稻生产，又不影响蔬菜种植，提高了土地利用率。全省有常年蔬菜田 500～600 万亩，如果利用 30% 以上的蔬菜田种植一季中晚稻，可增加 150 万亩以上水稻种植面积。

四、典型绿色高质高效技术模式

（一）钵苗机插绿色高质高效技术模式

1. 模式概述

该技术模式是良种良法和农艺农机融合的代表之一，集成了旋耕机浅旋整地＋大棚钵苗盘壮秧剂育秧＋钵苗机插秧＋强源活库优米栽培＋病虫害机械绿色统防统治＋机械收获等技术。

2. 增产效益情况

该技术模式增产15％以上，化肥用量减少5％以上，灌溉水量减少5％以上，化肥利用率提高10％以上，每亩增加收入150元以上。

3. 技术要点

（1）选用产量、抗逆性、适应性等综合性状突出的优质杂交稻组合。

（2）大棚壮秧剂钵苗盘培育壮秧：亩用钵苗盘40块。亩杂交组合用种量1.5～2.0公斤。种子催芽露白、育秧基质土混匀壮秧剂，每个育秧盘用量为10克，装入播种机播种。播种至齐苗期保温、保湿。

（3）适时、适密机插秧：控制秧龄3.0～5.5叶。保证每亩插足1.6万～1.8万穴，3～4苗/穴。

（4）施用"超级稻专用肥：第一次浅旋耕田时作基肥全层施用超级稻专用肥，耙田整平后经过1天的沉浆后再进行机插秧；插秧后5～6天追施分蘖肥（超级稻专用肥），促进早发分蘖。

（5）喷施米质改良剂：在破口抽穗期结合病虫害防治，每亩用米质改良剂，兑水15～20公斤喷施1次。

（6）节水灌溉：泥皮水插秧，插秧后前期保持浅水分蘖，够苗后排水露晒田。多露轻晒，控制无效分蘖，增强植株抗病、抗倒伏能力，减少病虫害发生。孕穗期至破口期保持干湿交替，以湿为主，幼穗分化始期灌水3～4厘米，抽穗后保持浅水层以利于灌浆结实，黄熟期采取间歇灌溉，干湿交替，保持田间湿润。收获前5～6天断水，切忌后期过早断水。

（7）统防统治病虫草害：根据病虫害防治指标，选用生物农药、高效低毒农药控制病虫草害。

（二）丝苗米富香提质增效技术模式

1. 模式概述

丝苗米富香提质增效技术模式集成了少（免）耕、同步侧深施肥钵苗机插秧、香稻增香栽培、机械化病虫害绿色防控等技术。

2. 增产效益情况

该技术模式增产 12％以上、增香 15％以上，香米 2-乙酰-1-吡咯啉（2-AP）含量与泰国香米相当；化肥用量减少 10％以上，灌溉水量减少 10％以上，化肥利用率提高 10％以上，每亩增加收入 200 元以上。

3. 技术要点

（1）选用产量、抗逆性、适应性等综合性状突出的丝苗香米品种。

（2）使用有机无机壮秧肥培育毯状苗秧。播种量按每亩大田常规香稻品种 2.5～3.0 公斤、杂交香稻组合 1.5～2.0 公斤。种子催芽露白、育秧基质土混匀有机无机壮秧肥，每个育秧盘用量为 10 克，装入播种机播种。播种至齐苗期保温、保湿。

（3）多苗稀植、机插秧同步侧深施丝苗香米专用肥、分蘖期使用自走式撒肥机追施苗丝香米专用肥。

（4）破口抽穗期使用农用植保无人飞机喷施增香氨基酸叶面肥 200 克/亩。

（5）少水灌溉。插（抛）秧后浅水返青，分蘖期、长穗期和灌浆结实期采用轻度落干的灌溉方式。

（6）机械化病虫草害绿色防控。采用无人机统防统治，根据病虫草害防治指标，选用生物农药、高效低毒农药控制病虫草害。

（7）适时早收。比传统优质稻栽培提早 2～3 天收割。早季常规香稻 88％、杂交香稻 83％黄熟时收割，晚季常规香稻 93％、杂交香稻 88％黄熟时收割。

（三）"高端丝苗米＋禾虫"综合种养模式

1. 模式概述

该技术模式集成了高端丝苗米品种、禾虫工厂化育苗技术、水稻绿色栽培技术、禾虫健康养殖技术及再生稻免耕栽培技术。开辟了农民增收致富和乡村振兴的新途径，同时能够确保农产品质量安全，该技术模式可大幅提高农民种粮效益、激发农民的种粮积极性，为国家粮食安全、绿色生态发展、农民增收、乡村振兴提供保障。

2. 增产效益情况

该模式在不影响水稻产量的前提下，可亩产禾虫 100～250 公斤，亩产值增加 24 000～54 000 元。

3. 技术要点

（1）首选土壤肥沃、耕层深厚、有机质含量高、没有受到工业废水污染的稻田。

（2）拥有充足、独立的水源，保证禾虫、水稻生长期间的用水要求。

（3）每小块农田下足基肥后按照传统整理秧地要求，按 3～5 米宽整理成畦，田中央留排水沟，做排灌沟及工作沟。

（4）优选再生能力强的优质丝苗米品种，合理安排水稻播种及禾虫投放时间，确保禾虫避免夏日阳光灼伤，安全度过广东省酷热的夏季。

（5）水稻成秧后可以每亩用少于 5 公斤的复合肥及混合禾虫专用有机肥促进水稻分蘖及禾虫发育；8—9 月是禾虫成长的关键时刻，每周定期人工撒放禾虫专用生长肥料。

（6）灌溉无污染的水库水源，让农田保持 1～3 厘米的水位，盛夏如无禾叶遮挡太阳光，白天可排干田水，晚上回灌，避免水温高于 30℃；稻田禾虫宜干湿交替，模拟河口潮水涨退。

（7）严禁使用杀螺剂、杀草剂，可于禾虫投苗 60 天后养鸭子防治福寿螺、草蜢等田间害虫及杂草。

（8）病虫测报卷叶虫、稻飞虱严重时可以在灌满 10 厘米水的情况下使用适量低毒农药杀虫，杀虫后即排干田水。

（四）"水稻—再生稻＋马铃薯"绿色高质高效轮作模式

1. 技术概述

为充分利用光热水资源，广东省大部分地区会在晚稻收获后再种植一季经济作物，即"三熟轮作制"。该技术模式将传统的"水稻-水稻-马铃薯"三熟轮作制中的晚稻改成再生稻，有效缩短了生育期，省时省工，并能实现冬种马铃薯早播、早收，增加反季节优势，提升种植效益。

2. 增效情况

该技术模式可有效缩短水稻种植时间，马铃薯提前一个月上市，同时再生稻可减少一次水稻种子、肥料投入，综合计算，每亩可增加收入 2 000 元以上。

3. 技术要点

（1）适宜品种选择　选择优质、高产、株型紧凑、抗倒、分蘖力较强、抗逆性好、再生能力强的水稻品种；马铃薯宜选用早中熟优质脱毒品种。

（2）头季稻两次晒田　头季稻当田间苗数达到目标穗数的 80％时第一次排水晒田，要适度重晒，晒至田边见裂缝、田中不陷脚为度。抽穗后干湿交替灌溉。在收割前 10～15 天（黏性土宜早，沙性土宜迟）第二次排水晒田，以机收前土壤硬实但不出现大裂缝为度。若久晴无雨土壤太干，则可在收割前 7 天灌一次"跑马水"。

（3）适时机收　合理留桩机收，宜采用半喂入式收割机，留茬 5 厘米，秸秆切碎还田。低茬收割。

（4）再生季水分管理　在头季稻收割后当天或翌日傍晚，把成堆的水稻秸秆抛撒开，灌"跑马水"，以翌日上午田水落干、仅脚窝内有水为度。再生稻腋芽萌发出苗期要保持田间湿润，但又不能有积水。再生稻齐苗（头季稻收后 7 天左右）后，建立保持 5 厘米水层 7 天以上，此后全程进行干湿交替灌溉，直至成熟。

（5）合理施肥　在头季稻收割前 7 天施用促芽肥，亩施尿素 5 公斤。在头季稻收割后 3～5 天施用促苗肥，亩施尿素 10 公斤。在头季稻收割后 15～20 天施用穗肥，亩施尿素 5～10 公斤、氯化钾 5 公斤。不施磷肥，钾肥用量减半。抽穗前若叶色淡，可亩施尿素 3 公斤或追施叶面肥。

（6）病虫草害防治　在齐苗后施用除草剂，然后建立并保持 5 厘米水层 7 天以上，防治杂草和落田谷苗。及时防治病虫害。

（7）冬种马铃薯播种与覆膜　10 月底播种，每亩播种 5 000 株，亩用种量 150～175 公斤。薯块催芽后，一般芽朝下进行播种，播种深度 5 厘米，薯块芽不能直接与肥接触，播后 5 个小时内，人工把平垄面后，再覆盖黑色地膜，地膜不宜太厚，过厚马铃薯难以破膜出苗。膜上均匀覆土 5 厘米。人工清沟，保持垄沟高度尽量在一个水平线上，便于放水管理。

（8）冬种马铃薯肥水管理　马铃薯生长要求土壤湿度为田间持水量的 60％～80％。注意疏通"三沟"，注意排水，防止积水。

（9）冬种马铃薯病虫害防治　开展以晚疫病、蚜虫、小地老虎为主的病虫害防治技术的应用，推广高效低毒农药及生物防治技术。

五、重点工程

（一）现代农业基础建设工程

①农田水利建设。努力改善农业生产条件，增加对土地的资金投入，加强农田水利和农村基础设施建设，重点支持农田水利、生态建设、沃土工程、中低产田改造、节水农业建设等。坚持农田基础设施建设以省投资为主，以市、县投资为辅。②地力培肥。地力培肥以国家投资为导向，以农民投入为主体，鼓励企业投资进行耕地质量建设，落实投资渠道和建设资金，扩大实施规模。引导和鼓励农民对直接受益的小型基础建设投工投劳，推进农田水利基本建设再上新台阶，促进粮食增产、农业增效、农民增收，实现农村经济可持续发展。③制种基地建设。充分发挥广东省资源优势，加快雷州半岛国家二线"南繁"基地建设。雷州半岛的光温资源仅次于海南岛，早就被列为国家二线"南繁"基地，把它建成全国面积最大的"南繁"基地，对提升当地经济和保障广东省用种安全具有重要作用。重点投入农业设施（如育秧大棚）、高标准农田建设、种子加工储藏等，建设一批高标准的种子种苗繁育、生产基地；同时，配套完善种子生产保险、补贴等系列政策。

（二）现代农业主体培育工程

积极发展家庭农场、专业大户、农民合作社、农业企业和各类农业服务组织，壮大高素质农民队伍，发挥好农技推广机构、供销社等在农业社会化服务中的作用，多元化培育新型农业经营主体。加强对丝苗米产业园的建设主体、种粮大户、家庭农场、专业合作社等新型经营主体的培育和服务指导，充分发挥 38 个丝苗米产业园的示范带动作用，发展"龙头企业＋基地＋农户""合作社＋基地＋农户"等生产经营模式，鼓励和引导新型主体带动更多普通农户参与规模化经营，让农民获得更多收益，多模式完善农业发展的利益分享机制。鼓励农民以土地、资金、劳动、技术、产品为纽带，开展多种形式的合作与联合，扩大农业生产规模、服务规模和产业规模，多路径提升规模化经营水平。加强涉农服务体系建设，发展托管、植保、农机等社会化服务组织。

（三） 品牌建设工程

扶持一批龙头企业，孵化一批地方丝苗米知名品牌，打造"广东丝苗米"省级公用品牌，实现"全球水稻看中国，世界籼米看丝苗"的战略目标；充分发挥丝苗米产业联盟作用，通过品种创新、标准制定、试验示范、产品推介、活动组织等多层次的合作交流，促进广东丝苗米品种和产品的品质结构和生产布局进一步优化，持续打造广东丝苗米区域品牌，不断提高丝苗米产品和品牌的影响力和市场竞争力。

（四） 技术服务人才培育工程

2020 年，广东省农业农村厅提出用 3 年时间在全省构建"1＋51＋100＋10 000"（1 个省级农技推广服务驿站、51 个省级产业技术体系创新团队、100 个县级农技推广服务驿站、10 000 名"乡土专家"）"四位一体"的金字塔式全省农业科技推广服务创新体系，打造"输血＋造血"一体化的湾区新模式。"十四五"开局之年，广东省创新农技推广服务方式，由广东省农业技术推广服务中心牵头统筹各级农技公共服务和社会化服务力量，围绕各地产业发展和技术需求，组建农技"轻骑兵"队伍深入生产一线，开展农技服务乡村行，坚持需求导向，集中力量破解农业生产遇到的"痛点""堵点"和"难点"问题，线上线下精准施策，打通基层农技推广"最后一公里"。

六、保障措施

（一） 加大政策支持力度

建立粮食生产投入保护机制，统筹整合各方面资金投入，拓展新的筹资渠道，加大农田水利建设投入。结合实际提高产粮大县奖励标准，完善政策性保险等扶持政策，提高政府抓粮和农民种粮积极性。积极引导金融社会资金参与水稻产业发展。

建立完整的水稻产业政策保障体系。①提高补贴标准，加大补贴面。继续对种粮农民实行直接补贴，增加良种补贴、烘干补贴、农机具购置补贴，对水稻全产业链的关键环节进行补贴，有利于产业的高质量发展。②建立对产粮大县的财政补助和对种粮大户的奖励制度。产粮大县往往种粮越多财政越困难，建立粮食生产补偿制度对稳定生产具有重要作用；开展丰富多彩的粮食高产创建、高产竞赛活动，提高社会影响力，对优秀县或大户进行奖励。③制定抛荒撂荒耕地处罚回收政策，稳定种植面积，制定土地流转奖励政策，推动适度规模种植。④完善农业保险和应急保障制度。完善杂交水稻制种保险、水稻种植保险制度，提高理赔速度和额度；建立功能完善的种子救灾、种子储备和应急保障制度。

（二）逐级压实责任

实行粮食安全党政同责，每年将粮食生产面积、产量指标层层分解落实到县（市、区）、到乡镇（街道）、到村、到田，确保任务落实到位。完善水稻生产功能区和相关基础设施建设管护机制，将管护责任落实到经营主体，督促和指导经营主体加强设施管护，确保长期稳定发挥作用。

（三）加强指导服务

推动产学研联合协作，加强水稻生产关键季节巡回技术指导。由农村科技特派员、涉农院校科技人员、推广部门技术人员、产业体系专家组、"乡土专家"组成水稻生产技术服务队（农技"轻骑兵"），为农户和新型农业经营主体提供现场或在线指导、培训等服务，把先进实用的技术落实到田间地头，提高技术到位率。推进病虫害绿色防控和统防统治，提高防治效果。加强灾害预测预警，分类指导，精准施策，科学防灾减灾。

（四）突出全链条建设

①构建生产托管新体系。搭建公益性服务协办体系，实现下单支付、合同签订等流程全部线上操作，服务合同、服务价格、服务标准全部规范公开透明，推进水稻种植托管，让外出人员安心务工、家里的责任田有人种且耕得好。②打造粮食产业新业态。广东省建设一批粮食类产业园和专业镇村。加强"广东丝苗米"区域公用品牌建设，建立覆盖全产业链条的广东丝苗米团体标准 14 项，召开广东丝苗米产业高质量发展大会和广东丝苗米文化节等活动，推动优质优价，让种粮农民有收益、多收益，让消费者有口福。

广西

广西水稻亩产 425 公斤
技术体系与实现路径

一、水稻产业发展现状与存在问题

（一）发展现状

1. 生产

（1）生产变化情况　水稻是广西最主要的粮食作物，2011—2019 年广西水稻播种面积逐年下滑，从 2011 年的 3 018.3 万亩持续下降到 2019 年的 2 569.4 万亩，2020 年以后水稻播种面积止跌回升，2023 年水稻播种面积为 2 641.14 万亩。总产先升后降，先是从 2011 年的 1 049.6 万吨增至 2014 年的 1 107.3 万吨，之后逐步降至 2019 年的 992.0 万吨，首次跌至 1 000 万吨以下，2020 年以来水稻产量止跌回升，2023 年回升至 1 030.4 万吨。水稻单产稳步提高，2011—2016 年单产呈较快上升趋势，从 2011 年的 347.8 公斤/亩提高至 2016 年的 386.9 公斤/亩，增幅为 11.2%，2017 年降至 377.3 公斤/亩，2023 年水稻单产 390.12 公斤/亩，比 2011 年提高 42.32 公斤/亩，增幅为 12.17%（图 1）。

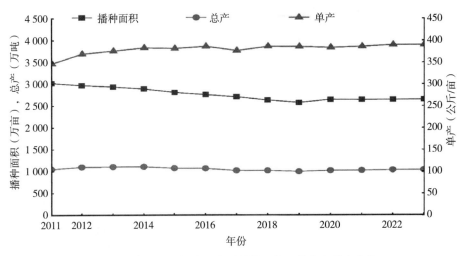

图 1　2011—2023 年广西水稻播种面积、单产和总产变化

（2）水稻占粮食面积、总产变化情况　早稻播种面积也逐年下降，到 2020 年止跌回升，2013—2023 年早稻播种面积占水稻播种面积的比例稳定在 45％ 左右，双季晚稻播种面积占比稳定在 47％ 左右，中稻播种面积在 200 万亩左右，再生稻在没有政策资金扶持的情况下播种面积在 15～20 万亩。2013—2023 年水稻"双改单"现象比较突出，也是水稻播种面积下滑的重要原因之一。水稻播种面积占粮食播种面积的比例由 2011 年的 66.9％ 逐年下滑到 2023 年的 62.1％，2021—2023 年稳定在 62.5％ 左右，水稻总产占粮食总产的比例由 2011—2016 年的 78％～80％ 下滑至 2017—2023 年的 74％ 左右。

（3）新型经营主体　2012 年以来，参与水稻种植的新型经营主体（种植大户、合作社、公司、家庭农场）数量不断增加、占比不断提高，特别是在大量农村劳动力外出务工的背景下，部分闲置水田以租赁、流转或代耕代种等方式由新型经营主体种植。2018—2020 年，广西农民合作社总数分别为 54 787 家、58 690 家、61 150 家，同比分别增长 15.0％、7.1％ 和 4.2％。合作社数量从快速增长转变为稳步增长。据农经系统统计：2021 年广西从事种植业的农民合作社 32 517 家，比 2020 年增加 5.8％；其中从事粮食种植的农民合作社 3 755 家，增加了 24.8％。截至 2022 年 12 月底，广西农民合作社总数达到 6.26 万家，注册登记成员 100.9 万人，其中从事种植业的农民合作社占总数的 51.4％，广西农民合作社数量质量双提升，已培育县级及以上示范社 6 601 家，其中国家级示范社 106 家、自治区级示范社 682 家，市县级示范社 5 813 家。广西流转规模在 50 亩以下的新型经营主体是流转土地经营权的主力，占新型经营主体总数的近 80％，50～100 亩的有 12 574 家，100～500 亩的有 6 823 家。整体来看，新型农业经营主体的经营规模与广西的土地特征与经营内容相适应。

2. 品种

2011 年以来，广西通过审定的水稻品种数量逐年递增，特别是 2018 年开设了联合体绿色通道之后，审定水稻品种数量快速增加，2018—2021 年水稻品种审定数量每年均在全国各省份排名第一。2018—2023 年，通过广西审定的水稻品种合计 1 149 个，其中米质达部标或国标 1～3 级的品种 773 个、占 67.3％。2023 年通过审定的水稻品种 143 个，米质达部标或国标 3 级以上的品种占比为 84.6％，优质率逐年提升（表 1）。

表1　2011—2023 年通过广西通过审定的水稻品种分类情况

单位：个

年份	审定水稻品种数	两系杂交稻品种数		三系杂交稻品种数			常规稻品种数			合计	
		普通稻品种数	米质达部标或国标3级以上品种数	普通稻品种数	米质达部标或国标3级以上品种数	普通糯稻品种数	米质达部标或国标3级以上品种数	普通糯稻品种数	米质达部标或国标3级以上糯稻品种数	普通稻品种数	米质达部标或国标3级以上品种数
2011	36	5	1	19	8	0	3	0	0	24	12
2012	28	4	1	15	4	0	4	0	0	19	9
2013	36	9	2	17	7	0	1	0	0	26	10
2014	42	10	5	15	11	0	1	0	0	25	17
2015	35	4	4	10	12	0	5	0	0	14	21
2016	18	3	1	2	10	0	2	0	0	5	13
2017	53	6	2	20	23	0	2	0	0	26	27
2018	139	18	15	43	43	4	5	5	6	70	69
2019	210	28	18	71	84	0	9	0	0	99	111
2020	235	30	35	52	99	2	16	1	0	85	150
2021	223	20	27	28	115	2	25	2	4	52	171
2022	199	12	28	23	104	6	26	0	0	41	158
2023	143	8	19	13	89	0	11	1	2	14	13
合计	1 397	157	158	328	609	14	110	9	12	500	781

注：2022 年有一个感温籼型三系杂交糯稻品种信优糯 721 被纳入三系统计。

2017—2023 年广西通过审定的水稻品种分级见表 2。

表2　2017—2023 年广西通过审定的水稻品种分级

单位：个

年份	部标或国标1级品种数	部标或国标2级品种数	部标或国标3级品种数	合计	通过审定品种总数
2017	2	8	17	27	53
2018	8	22	39	69	139
2019	38	30	43	111	210
2020	48	48	54	150	235
2021	66	74	31	171	223
2022	34	88	36	158	199
2023	41	49	31	121	143
合计	237	319	251	807	1 202

2011—2023 年广西水稻推广情况见表 3。

表 3　2011—2023 年广西水稻推广情况

年份	推广品种数（个）	推广面积（万亩）	杂交稻		常规稻	
			品种数（个）	面积（万亩）	品种数（个）	面积（万亩）
2011	233	1 671.3	207	1 410.2	26	261.1
2012	298	2 242.2	252	1 981.9	46	260.2
2013	322	2 127.3	274	1 823.7	48	303.6
2014	331	2 948.5	281	2 549.8	50	398.7
2015	395	2 528.7	346	2 104.7	49	424.0
2016	413	2 865.0	358	2 326.0	55	539.0
2017	328	2 879.4	277	2 394.9	51	484.5
2018	359	2 645.0	334	2 366.4	25	277.5
2019	350	2 477.2	309	1 998.3	41	478.9
2020	452	2 524.0	399	2 043.9	53	480.1
2021	481	2 605.8	395	2 067.0	81	538.9
2022	460	2 520.9	377	2 051.8	83	469.1
2023	490	2 446.4	402	2 007.9	88	438.4
合计	4 912	32 481.7	4 211	27 126.5	696	5 354

2023 年广西水稻推广面积前 20 名品种见表 4。

表 4　2023 年广西水稻推广面积前 20 名品种

品种名称	推广面积（万亩）	品种名称	推广面积（万亩）
邦两优香占	78.0	10 香优郁香	30.3
又香优龙丝苗	71.7	雅丝 881	29.6
邦两优郁香	58.1	美香两优晶丝	27.4
中浙优 8 号	49.0	昌两优馥香占	27.4
昌两优 8 号	47.0	雅香优龙丝苗	23.2
昱香两优馥香占	45.3	野香优 818	20.8
又香优郁香	43.4	野香优 9 号	20.8
桂野香占	37.5	丽香优纳丝	20.6
野香优莉丝	32.3	又香优又丝苗	19.7
上优香 8	31.5	晶两优华占	19.2

3. 耕作与栽培

（1）育秧方式　目前广西水稻种植仍然以小农户零星种植为主、新型经营主体适当规模种植为辅。水稻育秧主要有小拱棚育秧、旱育秧、集中育秧、无纺布育秧、防寒育秧、工厂化育秧等多种育秧方式。小拱棚育秧是广西传统的育秧方式，也是农户、散户零星种植的主要育秧方式，常年育秧面积在 100 多万亩。以农地膜育秧为主的防寒育秧技术是广西累计推广应用面积最大的育秧技术,防寒育秧面积在160万亩以上,常年早稻防寒育秧插秧大田面积在1 100多万亩。以大田集中育秧、大棚育秧、庭院式育秧、工厂化育秧为主的集中育秧近些年发展较快,育秧面积在100万亩左右,特别是随着新型经营主体的壮大和政策扶持力度的增大,大体量浸种消毒催芽、播种流水线、暗室催芽出苗、室内育(壮)秧一体化的工厂化育秧发展迅速,在满足新型经营主体自身种植需求的前提下,提供了大量委托育秧服务,进一步提升了育秧质量,推动了机插秧进程。

(2)移栽方式　广西的水稻移栽方式以人工抛秧、机插、手插、直播为主。人工抛秧技术已经推广应用得非常成熟,常年推广应用面积在2 000万亩左右。机插技术也得到较大提升,水稻机插秧面积超过600万亩,占比超过20%。水稻直播技术也发展较快,目前直播面积超过60万亩。

(3)病虫害防治　广西大力推广应用水稻病虫害综合防治技术,坚持以"预防为主、综合防治、分类指导、减药增效"为总策略,抓住重点区域和关键时期,主攻一类、二类病虫,兼顾其他病虫,强化病虫监测预警,打好关键防治战役。优先采用抗(耐)病虫品种、健身栽培、生态调控、生物防治等非化学防治技术,合理安全应用高效低风险农药。但是,近年来,广西水稻病虫害维持偏重发生态势,稻飞虱、稻纵卷叶螟、螟虫、纹枯病和稻瘟病等重大病虫害常年频发重发,年均发生面积约6 300万亩次。2023年广西水稻病虫害防治面积7 724万亩次,农作物绿色防控面积5 272.38万亩次。

(4)水肥管理　广西重点示范推广水稻测土配方施肥技术、水气平衡栽培技术、水稻"三控"栽培技术、"一攻三喷"技术等科学水肥管理技术,推动减肥节水、增产增效,促进水稻稳产高产。目前,水稻测土配方施肥技术每年推广面积保持在2 500万亩以上,水气平衡栽培技术每年推广面积在600万亩以上,水稻"三控"栽培技术推广面积在400万亩以上。

(5)收获方式　水稻收获环节已基本实现机械化,2023年水稻收获面积在2 500万亩左右,机收比例在90%以上。

(6)干燥与加工　水稻收获后的干燥环节仍以晾晒为主,随着国家相关农机补贴政策的推出以及大规模种植占比的增加,新型经营主体积极购置水稻烘干设备,产后干燥能力得到大大提升,既满足了自身需要,又为其他种植主体及周边群众提供了烘干服务。大米加工行业发展较快,大小加工企业较多,品牌众多,加工的优质大米流通至别的省份。

4. 成本收益

2011年以来,水稻单产、种稻总收益有提高趋势,但是地租、机械作业、人工、农资等成本增加更快,种稻净利润呈下降趋势。

在单产方面,2020年新型经营主体的水稻平均亩产453.4公斤,比2011年增加

27.6 公斤，增幅为 6.48%；普通农户的水稻平均亩产 436.4 公斤，比 2011 年增加 21.6 公斤，增幅为 5.21%。

2011 年以来，种稻总收益上升、净利润下降。2020 年，广西新型经营主体种植水稻的总收益为 1 470.9 元/亩，比 2011 年增加 257.1 元/亩，净利润为 125.2 元/亩，比 2011 年减少 78.6 元/亩。2020 年，普通农户种植水稻的总收益为 1 275.2 元/亩，比 2011 年增加 129.8 元/亩，净利润为 423.6 元/亩，比 2011 年减少 71.5 元/亩。普通农户的净利润比新型经营主体高出 298.4 元/亩。

2011 年以来，种稻成本增加趋势明显。2020 年，新型经营主体水稻生产成本为 1 345.7 元/亩，比 2011 年增加 335.7 元/亩，增幅为 33.2%；普通农户水稻生产成本为 851.6 元/亩（不含土地成本和人工成本），比 2011 年增加 201.3 元/亩，增幅为 31.0%。如果普通农户不计自己的劳动投入和土地成本，水稻生产成本比新型经营主体少 494.1 元/亩，如果普通农户把自己的劳动成本和土地投入折算成资金，则普通用户的生产成本比新型经营主体高 300 元/亩左右。土地流转成本也呈明显上升趋势，2020 年种植水稻的每季租金为 360.1 元/亩，比 2011 年增加 112.7 元/亩，增幅为 45.6%。种植水稻的用工数量呈下降趋势，但人工价格上涨明显，2020 年每亩地人工价格为 108.5 元/（人·天），比 2011 年增加 29.4 元/（人·天），增幅为 37.1%。机械作业费用及种子、化肥、农药等农资成本也呈逐年上升趋势（表 5、表 6）。

表 5　2011—2020 年广西新型经营主体水稻生产效益

年份	单产（公斤/亩）	总收入（元/亩）	总成本（元/亩）	农资成本（元/亩）			育秧成本（元/亩）	地租（元/亩）	人工成本		机械作业费（元/亩）			其他费用（元/亩）
				种子	肥料	农药			价格［元/（人·天）］	用工量（人/亩）	机耕	机插	机收	
2011	425.8	1 213.8	1 010.0	68.4	146.7	69.7	57.9	247.4	79.1	2.6	92.9	53.9	92.4	49.7
2012	438.0	1 276.8	1 037.3	72.5	151.2	73.3	54.8	253.7	80.2	2.6	92.9	50.9	92.4	50.3
2013	428.3	1 231.4	1 050.0	74.5	150.8	74.8	56.2	247.8	80.4	2.7	94.4	51.7	93.1	55.3
2014	431.1	1 274.3	1 073.4	75.1	150.7	77.7	57.8	256.2	86.4	2.7	95.9	53.4	92.7	57.6
2015	434.2	1 316.2	1 125.0	77.5	160.4	82.5	60.5	272.1	83.9	2.6	97.5	57.0	93.5	61.1
2016	438.5	1 380.3	1 177.3	83.0	163.0	85.6	62.4	285.2	90.6	2.5	107.0	64.7	96.1	56.4
2017	444.6	1 411.4	1 221.4	83.3	167.4	90.5	65.6	298.3	93.4	2.5	108.3	66.8	97.4	61.8
2018	442.3	1 383.8	1 263.8	88.2	179.0	100.5	67.4	312.6	100.3	2.5	112.2	69.0	99.7	64.2
2019	447.5	1 434.7	1 326.8	92.8	191.2	103.2	68.1	354.3	106.9	2.5	116.8	67.8	101.4	67.3
2020	453.4	1 470.9	1 345.7	96.0	195.5	106.9	68.6	360.1	108.5	2.4	118.7	67.8	101.5	66.4

注：数据为一季水稻的投入产出情况，来源于各市农业农村部门调查上报数据。其他费用为前面栏目以外的投入，包括统防统治施、稻谷运输、稻谷烘干等方面的费用。

表6　2011—2020年普通农户水稻生产效益

年份	单产（公斤/亩）	总收入（元/亩）	总成本（元/亩）	农资成本（元/亩）			育秧成本（元/亩）	用工量（人/亩）	机械作业费（元/亩）			其他费用（元/亩）
				种子	肥料	农药			机耕	机插	机收	
2011	414.9	1 145.4	650.3	62.1	140.0	58.6	46.0	4.7	90.7		100.0	42.9
2012	422.3	1 191.7	659.1	65.9	143.9	61.2	46.6	4.7	90.9		100.4	43.5
2013	422.1	1 187.6	680.5	69.1	146.8	62.5	47.5	4.8	93.9		102.6	45.0
2014	429.0	1 212.7	693.7	71.9	146.4	64.6	49.6	4.7	95.9		105.1	49.7
2015	423.5	1 208.0	736.3	75.4	155.3	73.1	52.1	4.6	96.9		104.2	57.8
2016	427.6	1 231.4	764.7	80.6	158.5	75.2	56.1	4.4	101.3		104.0	59.5
2017	428.3	1 238.1	777.7	82.6	160.0	80.5	57.3	4.3	104.6		103.0	56.7
2018	431.0	1 235.1	829.1	87.7	170.2	92.9	60.7	4.3	109.2		106.3	59.6
2019	433.2	1 253.3	848.1	92.9	176.4	93.8	59.7	4.3	114.1		108.1	63.1
2020	436.4	1 275.2	851.6	94.0	178.5	95.6	60.0	4.3	118.2		108.7	65.9

注：数据为一季水稻的投入产出情况，来源于各市农业农村部门调查上报数据。农户自己的劳动投入不计入成本。其他费用为前面栏目以外的投入，包括统防统治施、稻谷运输、稻谷烘干等方面的费用。

5. 市场发展

2011年以来，广西稻谷（普通稻谷和优质稻谷）收购价和大米（普通大米和优质大米）批发价整体呈稳步上升趋势。2020年，优质稻谷平均收购价比普通稻谷高出0.42元/公斤，优质大米平均批发价比普通大米高出1.02元/公斤（表7）。

表7　2011—2020年稻谷收购及大米批发价格变化情况

年份	稻谷收购价格（元/公斤）		大米批发价格（元/公斤）	
	普通稻谷	优质稻谷	普通大米	优质大米
2011	2.36	2.86	3.72	4.70
2012	2.52	2.96	3.90	4.80
2013	2.66	3.00	4.10	4.96
2014	2.70	3.04	4.12	5.04
2015	2.72	3.08	4.20	5.16
2016	2.68	3.06	4.14	5.12
2017	2.66	3.10	4.10	5.20
2018	2.60	3.08	4.05	5.16
2019	2.58	3.04	4.00	5.10
2020	2.78	3.20	4.30	5.32

（二）主要经验

1. 补贴政策

加大扶持力度，提高双季稻种植积极性。①落实水稻目标价格补贴。2020年落实水稻目标价格补贴 43 395 万元，2021—2023 年落实水稻目标价格补贴均为 41 195 万元。②统筹产粮大县资金用于支持双季稻生产。2020 年、2021 年分别统筹 2.46 亿元、2.89 亿元产粮大县资金支持早稻和双季稻生产，2022 年、2023 年分别统筹 3.02 亿元、2.99 亿元商品粮大省奖励资金支持水稻生产，与水稻目标价格补贴整合统一实施。③开展双季稻轮作试点工作。对创建"水稻—水稻—绿肥""水稻—水稻—油菜""水稻—水稻—蔬菜""水稻—水稻—马铃薯"轮作模式的示范区每亩补贴 150 元，2020 年双季稻轮作补贴资金 6 000 万元，2021—2023 年增至 1.5 亿元。2020 年推广轮作试点面积 40 万亩，2021 年增至 100 万亩。④实施绿色高质高效创建项目。2020—2023 年，分别落实资金 4 020 万元、4 800 万元、8 800 万元和 8 910 万元在重点县（市、区）整县制推进绿色高质高效创建。⑤开展水稻完全成本保险试点。2021 年在 3 县（市、区）开展水稻完全成本保险试点，保额 1 200 元/亩，保费 36 元/亩，财政资金对投保户的保费补助不低于 60%。

2. 技术进步与推广

2011 年以来，广西通过农业科技创新大力推广水稻新品种、新技术、新模式，促进水稻生产健康稳定发展。

（1）高度重视优质良种推广　加大对优质稻良种及其高产栽培技术的推广，2019—2023 年每年优质稻推广面积保持在 2 300 万亩以上，占水稻播种面积的 85% 以上。高度重视超级稻的示范推广，结合农业农村部超级稻示范推广项目以及整合其他涉农项目，大力开展"双增一百"科技活动，连续 4 年推广面积保持在 1 500 万亩以上，累计示范推广面积 1.3 亿亩以上，平均每亩增产 50～70 公斤，增幅为 10%～15%。大力开展超级稻高产攻关，高产点单产实现 8 年连续突破，2017 年早稻单产突破每亩 1 000 公斤，加快超级稻配套技术集成和推广。

（2）注重主推技术推广　以水稻提质增效为突破口，大力推广水稻抛秧技术、水气平衡栽培技术、稻田综合种养技术、测土配方施肥技术、水稻"三控"栽培技术、直播技术、病虫害绿色防控技术等水稻主推技术，水稻测土配方施肥技术每年推广面积 2 500 万亩以上，水稻抛秧技术每年推广面积保持在 2 000 万亩以上，水气平衡栽培技术每年推广面积在 600 万亩以上，稻田综合种养技术 100 万亩以上，水稻"三控"栽培技术 400 万亩以上，直播技术 60 万亩以上。

（3）注重绿色高质高效技术模式创新　重点推广以"水稻＋"为主的绿色高质高效技术模式，2018—2022 年，在广西 40 个县（市、区）开展水稻绿色高质高效创建活动，带动广西水稻向绿色高效发展转变，集成推广"水稻＋马铃薯""水稻＋蔬菜""水稻＋油菜"等绿色高效技术，广西"水稻＋"模式每年推广面积在 1 500 万亩以上。

（三）存在问题

1. 政策支持力度不足

粮食生产补贴资金少，种粮扶持激励措施不足，难以调动农户种粮的积极性。2020 年国家共下达广西粮食补贴 69 828 万元，分解落实到每亩粮食的补贴较少。例如，钦州市 2020 年水稻种植平均每亩补贴不足 20 元，有的农户甚至放弃领取。2020 年的水稻种植补贴资金和产粮大县奖励资金都是在 5 月才下达，广西 5 月基本已完成早稻播种，因此补贴的宣传激励扩种早稻效果难以达到，同时各级农业农村部门的补贴方案的制定也需要一定的时间，资金下达迟，导致各地错过早稻面积核验时间，无法完成补贴资金发放任务。

2. 优质高产高抗新品种短缺

优质品种综合性状表现不够优良，部分优质水稻品种被江西、湖南、安徽等省引种，植株高、抗倒性不强的品种易倒伏；部分水稻品种米质很好，但加工特性不好，整精米率不高，需要解决优质与加工特性统一问题；部分水稻品种的米质很好，但产量不高，需要解决优质兼顾产量问题；部分水稻品种的米质很好，但抗性不好，需要解决优质兼顾抗病性问题。

3. 稻作技术创新力度不大

2013—2023 年，在水稻栽培环节，广西着重开展水稻水气平衡栽培技术、农机农艺融合技术、机械化精量直播技术、无人机直播技术的试验研究；同时，通过引进、吸收、消化的方式，积极开展水稻"三控"栽培技术、"三定"栽培技术研究与示范推广。但由于稻作技术创新支持力度不大，部分创新技术还处于试验阶段或小面积示范阶段。虽引进了水稻侧深施肥技术进行试验示范，但从目前的情况来看，效果不是很好，推广比较困难，其他科学施肥技术储备不多。

4. 种粮规模化不足

广西种粮主体还是散户，农民合作社、企业、大户等新型经营主体参与粮食种植的不多。据农经系统统计，2021 年广西农民合作社总数有 62 224 家，从事种植的农民合作社 32 517 家，但其中从事粮食种植的农民合作社仅有 3 755 家，仅占广西农民合作社的 6%。种粮效益低是企业、农民合作社等新型经营主体不愿参与水稻种植的主要原因，影响广西水稻规模化、标准化、产业化和单产水平的提高。

5. 耕地抛荒撂荒和非粮化现象突出

近年来，广西水稻种植面积逐年递减，主要是由于出现撂荒或改种其他作物。①种植效益太低。多年来，与其他经济作物相比，水稻种植比较效益低，农户种植水稻的意愿和积极性有所下降。种子、化肥、农药等农资价格不断上涨，人工成本大幅提价及种植成本节节攀升。尽管国家也相继出台粮食直补、良种补贴、农机具购置补贴等一系列支农惠农政策，但水稻种植很大部分利润被农业生产资料价格的持续、大幅上涨抵消，种粮比较效益低下的局面并没有得到根本改变。②劳动力紧缺。随着青壮年大量进城务工，劳动力紧张，部分散户没有办法耕种，出现水田撂荒。③水果等经济作物的种植抢占水田，非粮化程度严重。广西是全国水果种植最主要的区域，水果种植面积、总产均在全国前列，近年来大量水田被改种柑橘，造成水稻面积下降。虽然加大了治理力度，但各地对耕地非粮化行为，因执法依据不足，且涉及农户和种植主体的利益，还不能"一刀切"，要有序引导退出。④农民种粮观念的转变。受种粮效益低、购粮方便且费用不高、近十几年粮食供应充足等因素影响，不少农户有了"够自家口粮就行，不图有赚"的心态，不愿意种田，更不愿意多种田，部分农户甚至举家外出务工，造成耕地撂荒。

二、区域布局

1. 桂南稻作区

（1）基本情况　桂南稻作区地处北回归线以南，包括玉林、贵港、钦州、南宁、崇左、北海、防城港 7 个市的各县（市、区），梧州市南部的岑溪、藤县、苍梧，右江河谷平原的右江、田东、田阳、平果。桂南稻作区相对平坦，光温资源较好，是广西水稻主产区，面积、产量均占全区的 61% 左右，是发展早稻、双季晚稻的重点优势区域，也是优质稻米的主要生产区域。

（2）主要目标　力争到 2030 年，桂南稻作区的水稻种植面积、产量占比稳定在60% 左右，单产提高到 415 公斤/亩；到 2035 年，水稻种植面积、产量占比稳定在60% 左右，单产提高到 430 公斤/亩。

（3）主攻方向　桂南稻作区水稻生产基础较好，水田相对规模连片，应适度加大规模化生产，强化工厂化育秧与机插有机结合，扩大机插占比，推动水稻机插进程，扩大水稻机械直播推广，加大机防及绿色综合防控力度，进一步增强收获后运输、机械烘干及加工服务水平。

（4）种植结构　2020 年水稻面积 1 619.48 万亩，其中早稻面积 756.54 万亩、一季稻面积 9.24 万亩、双季晚稻 853.7 万亩，占比分别为 46.7%、0.6% 和 52.7%，水稻种植面积占广西水稻种植面积的 61.3%。

（5）品种结构　桂南稻作区以种植杂交稻为主，约占总面积的 76.2%，常年种植面积超过 1 230 万亩。主要品种为广 8 优香丝苗、广 8 优郁香、特优 2887、野香优2 号、野香优莉丝、野香优明月丝苗、野香优 2 号、特优 3301 等。常规稻常年种植面积约 385 万亩，主要品种为粮发香丝、广粮香 2 号、阆香 463、雅丝 881、五山丝苗、百香 139、玉晚占、新丝苗、亚航金占、丝香 1 号、惠泽 8 号等。桂南稻作区种植品种全部为籼稻，优质稻种植面积约占总种植面积的 60%，主要品种为野香优明月丝苗、野香优莉丝、又香优龙丝苗、广 8 优郁香、广 8 优香丝苗、壮香优 1205、广

8优165等高产优质品种。普通稻种植面积较大的主要是特优3301、特优668、特优918、特优2887、特优2278、中浙优1号等。

（6）技术模式　桂南稻作区主要为早稻、双季晚稻种植，推广应用水气平衡栽培技术，发展"早稻＋晚稻＋马铃薯""早稻＋晚稻＋绿肥""早稻＋晚稻＋蔬菜"等一年三季粮模式及稻菜、稻肥技术模式。

2. 桂中稻作区

（1）基本情况　桂中稻作区地处北回归线以北，包括来宾的兴宾、武宣、象州、忻城、合山，柳州的鹿寨、柳江、柳城，桂林的阳朔、荔浦、平乐、恭城，梧州的蒙山，贺州的昭平、八步、钟山，河池的宜州、金城江、都安、环江、东兰、巴马、凤山和百色的田林、凌云。桂中稻作区光温资源适宜，是发展早稻、双季晚稻的适宜区域，是发展中稻及再生稻的重要区域。

（2）主要目标　力争到2030年，桂中稻作区的水稻种植面积、产量占比稳定在20%左右，单产提高到405公斤/亩；到2035年，桂中稻作区的水稻种植面积、产量占比稳定在20%左右，单产提高到420公斤/亩。

（3）主攻方向　桂中稻作区地势不一，水田连片规模化程度不高，因地制宜发展适度规模化生产和机械化插秧，可加大、中、小型耕种机械的研究推广，因地制宜开展直播稻生产推广，进一步加大蓄留再生稻技术推广，扩大粮食种植面积。

（4）种植结构　桂中稻作区2020年水稻种植面积486.67万亩，其中早稻240.5万亩，一季稻43.47万亩，双季晚稻202.7万亩，占比分别为49.4%、8.9%、41.7%，水稻种植面积占广西水稻种植面积的18.4%。

（5）品种结构　桂中稻作区以种植杂交稻为主，约占总种植面积的83%，常年种植面积超过485万亩。主要品种为Y两优911、广8优郁香、百优429、五优华占、泰丰优208、泰优2068、野香优2号、野香优巴丝、野香优莉丝、野香优丝苗、壮香优1205、壮香优白金5、中浙优1号、恒丰优777等。常规稻常年水稻种植面积约95万亩，主要品种为粮发香丝、广粮香2号、阆香463、雅丝881、粤农丝苗、兆香1号、五山丝苗等。桂中稻作区种植品种全部为籼稻，优质稻种植面积约占总种植面积的60%，主要品种为野香优莉丝、又香优龙丝苗、广8优郁香、广8优香丝苗、野香优9号、壮香优1205、壮香优白金5、广8优165等高产优质品种。普通稻种植面积较大的主要是特优2887、特优6811、中浙优1号、泰丰优208等。

（6）技术模式　桂中稻作区以发展早稻、双季晚稻为主，同时也存在单季晚稻、单季中稻和早、中稻＋再生稻等多种种植方式，着重推广"早稻＋晚稻＋绿肥""早稻＋晚稻＋蔬菜"以及"水稻＋渔"稻田综合种养模式。

3. 桂北稻作区

（1）基本情况　桂北稻作区包括永福、灵川、龙胜、资源、临桂、兴安、全州、灌阳、富川、三江、融安、融水、罗城、天峨、南丹、隆林、西林、靖西、德保、那坡。属于亚热带区域，光温资源适宜，是发展早稻、双季晚稻的次适宜区域，是发展中稻、再生稻的最重要区域。

（2）主要目标　力争到 2030 年，桂北稻作区的水稻种植面积、产量占比稳定在 20％左右，单产提高到 405 公斤/亩；到 2035 年，桂北稻作区的水稻种植面积、产量占比稳定在 20％左右，单产提高到 420 公斤/亩。

（3）主攻方向　适当发展早稻、双季晚稻，重点扩大中稻、再生稻面积，加强技术攻关，提升中稻、再生稻单产，加大稻田综合种养技术模式集成和推广，加大小型耕种机械的研究推广，因地制宜开展直播稻生产推广。

（4）种植结构　桂北稻作区 2020 年水稻种植面积 535 万亩，其中早稻、一季稻、双季晚稻占比分别为 47.5％、15.3％和 37.2％，水稻种植面积占广西水稻种植面积的 21％。

（5）品种结构　桂北稻作区以种植杂交稻为主，约占水稻总种植面积的 89％，常年种植面积超过 430 万亩。主要品种为野香优莉丝、野香优 9 号、又香优龙丝苗、广 8 优香丝苗、广 8 优郁香、壮香优 1205、壮香优白金 5、广 8 优 165、中浙优 8 号、淦鑫 688、百优 429、陵两优 179、泰优 390、五优华占等。常规稻常年种植面积约 50 万亩，主要品种为粤农丝苗、桂育 9 号、广粮香 2 号、五山丝苗、百香 139、丝香 1 号、美香新占等。桂北稻作区种植品种全部为籼稻，优质稻种植面积约占总面积的 60％，主要品种为野香优莉丝、又香优龙丝苗、广 8 优郁香、广 8 优香丝苗、壮香优 1205、壮香优白金 5、广 8 优 165 等高产优质品种。普通稻种植面积较大的主要是特优系列品种和中浙优 1 号、百优 429、泰丰优 208 等。

（6）技术模式　桂北稻作区有早稻与双季晚稻、单季晚稻、单季中稻和早、中稻＋再生稻等多种种植方式，主要有"水稻＋蔬菜""水稻＋油菜""水稻＋绿肥""水稻＋渔"稻田综合种养等多种"水稻＋"技术模式。

三、发展目标、发展潜力与技术体系

（一）发展目标

1. 2030 年目标

到 2030 年，广西水稻种植面积稳定在 2 600 万亩，单产达到 410 公斤/亩，总产达到 1 066 万吨。

2. 2035 年目标

到 2035 年，广西水稻种植面积稳定在 2 600 万亩，单产达到 425 公斤/亩，总产达到 1 105 万吨。

（二） 发展潜力

1. 面积潜力

2019 年广西水稻种植面积 2 589.4 万亩，比 2011 年减少了 428.9 万亩，年均减少 53.6 万亩，2020 年止跌回升，比 2019 年增加 70.8 万亩。2020 年新冠疫情期间，党中央及广西壮族自治区政府出台了多项促进经济平稳运行的粮食生产补贴政策，涉及耕地地力保护补贴、稻谷补贴、双季稻轮作补贴、早稻生产补贴等，在各种补贴政策的刺激以及各级党委政府、农业农村部门的宣传动员下，农户及新型经营主体充分挖掘水田资源（包括撂荒田和旱改水项目的田块）扩大水稻种植，2020 年水稻种植面积有一定的回升。2021 年以来，从党中央到各省份仍然紧抓粮食生产不放松，党中央首次提出了粮食安全党政同责制，广西也陆续出台了各项促进粮食生产的政策，2022 年早稻种植面积比 2021 年增加 4.78 万亩，全年粮食产量持续增长。长期来看，在粮食安全党政同责压力下及各种保粮增粮措施激励下，2030—2035 年，广西水稻面积有增长潜力，但增幅不会太大，预计稳定在 2 600 万亩左右。主要取决于以下几个方面：①水稻种植效益是决定因素。种稻比较效益较低，长期来看在效益没有明显提高的情况下，农户及新型经营主体的种植积极性很难进一步提高。②因种水果而减少的水田，短期内很难恢复。③2020 年以来已经利用相当一部分撂荒田来扩种水稻，未来通过撂荒田增加水稻面积的潜力有限。④通过旱改水项目增加水田种植面积的空间较大，但需要解决水源条件及土地肥力问题。

2. 单产潜力

广西是双季稻区，2000 年以来水稻单产有较大提高。2001—2011 年水稻单产大部分稳定在每亩 320～350 公斤，2012 年提升到 370 公斤/亩，2014 年突破 380 公斤/亩，2016 年达到 386.9 公斤/亩，2023 年提高到 390.12 公斤/亩。近年来，广西大力开展高标准农田建设，并通过大力推广秸秆还田、绿肥种植和水旱轮作等措施推动了耕地质量稳步提升，有助于水稻单产的提升。同时，广西大力加强农业技术推广体系和农业社会化服务体系建设，开展大规模科技下乡、科技入户、科技培训，促进多渠道多形式的产学研、农科教相结合，提高农业科技成果的转化应用率，直播、机直播及机插秧、飞防、生物防治等绿色轻简高效技术的大范围推广应用对广西水稻单产的提高具有重要作用。

（三） 技术体系

1. 政策措施

①落实粮食安全党政同责，将长期以来以面积考核为主逐渐转移为面积、单产双重考核，将单产提升列为重要绩效考核指标。②开展水稻绿色高质高效竞赛，大力建设水稻高质高效示范基地，以单产提升为主要竞赛基础，以奖励补贴为重要激励，调

动新型经营主体参与竞赛的积极性，带动广西水稻种植水平的提升。

2. 基础设施投资和改善

持续加大对稻作区基础设施的投资建设，做好稻作区基础建设（机耕路、水渠、高标准农田）调查摸底，对水稻种植面积较大、大规模连片的县、乡、村优先安排建设项目；对稻作区基础设施落后又规模相对成片的县、乡、村优先安排改造提升项目，其他稻作区统筹安排，力争 2028 年完成所有稻作区基础设施建设。

3. 农机农艺融合

继续加大农机农艺融合技术的研究与示范推广，推进广西水稻机械化生产进程。①创新研究适宜机插的工厂化育秧方式，通过提升育秧质量及生产效率推动机插秧作业质量和效益的提升。②根据广西水稻生产实际，改造升级插秧机械，减少漏秧、死秧、插秧不均衡等情况，提升插秧质量。③针对性研究机插配套栽培技术。进一步研究适宜机插的肥水管理、病虫害防控高产高效技术。

4. 主要技术推广策略

①针对农业重大技术，可以采取"科、教、研、推＋新型经营主体＋基地"的推广模式，将创新性新技术、新模式、新装备通过科、教、研、推部门的技术指导和引领落实到生产基地，加快技术熟化与集成，通过主体带动加快推广。②借助新媒体 App 平台邀请专家讲授水稻生产主推技术，受众主要为新型经营主体，通过线上培训、现场解答等方式，加快技术到位率、覆盖率。

5. 防灾减灾关键措施

①将防灾减灾关口前移，由过去以灾后指导和恢复生产为主转移到灾前防御措施上，让防御措施真正落实到灾前，做好第一步防灾措施。②制定切实可行的防灾减灾措施。要组织推广、科研、气象等部门专家，制定切实可行的灾前灾后防御措施，主要包括应对低温阴雨天气、寒露风、暴雨洪涝灾害、干旱等各种重大灾害性天气的灾前灾后措施。③建立健全应急体系，加强部门协调与协作。农业、气象、应急等各部门要加强协作沟通，建立联动机制，在重大灾害发生前启动应急预案，及时派出专家组到各地开展灾前指导，灾后及时组织恢复生产。

四、典型绿色高质高效技术模式

（一）水稻水气平衡栽培技术模式

该技术模式在广西水稻产区被广泛推广应用，并在周边省份进行了技术示范，均取得了较好效果。多年来一直被作为广西的主推技术模式。

1. 主攻目标

单产提升效果显著，与传统种植相比，单产增幅在 7％以上。

2. 主推品种

广西主推品种均可。

3. 技术要点

水稻移栽后，全生育期田面不留水层。分蘖期：抛秧后至够苗前保持田间湿润，即保持沟中有水、水不上面、厢面湿润。够苗晒田时：排干沟中水，晒至田面露白根。幼穗分化期：利用自然降水或人工沟灌补水保持厢面湿润即可，人工沟灌补水后让水在沟内自然落干。抽穗灌浆期：保持沟中有水、水不上面、厢面湿润。黄熟期：自然落干沟中水，但要避免田面过早干裂。

适宜区域：该技术模式适宜在广西及华南稻作区推广。

注意事项：①分厢栽培，厢宽 4～6 米。疏通田外排灌沟、田边四周排水沟、厢沟，有利于水分管理。②幼穗分化期注意及时补水。

（二）稻田综合种养技术模式

广西稻田种养以稻田养鱼、养鸭为主，近年来，稻田养螺、养鳖、养小龙虾发展较快。该技术模式内容比较丰富，近两年推广面积在 100 多万亩，且经济效益较好，已在广西各稻作区大量推广。

1. 主攻目标

以稻田养鱼、养鸭为突破口，继续优化种养技术，扩大种养面积，立足广西螺蛳粉产业发展需求，大力发展稻田养螺，提高产量和品质。

2. 主推品种

以广西推广的抗倒伏优质稻品种为主，如壮香优 1205，抗倒伏能力强，再生能力强，非常适宜开展"中稻＋再生稻＋鱼"模式，在广西柳州开展的示范产量及经济效益表现较好。

3. 技术要点

①鱼、鸭等放养时间节点、数量及批次的控制。②投料时间、次数、数量的控制。③水稻施用肥料的属性、施用次数、数量及病虫害绿色综合防控技术。

（三）"水稻—水稻—马铃薯"一年三造粮技术模式

1. 主攻目标

以水稻生产为基础，在桂南、桂中地区大力推广"早稻＋晚稻＋马铃薯"或"早稻＋再生稻＋马铃薯"一年三造粮技术模式，以"一年三造万斤粮"为主要目标，在钦州、玉林、贵港等地水稻、马铃薯主产区，大力调整种植结构，开展高产攻关，全力推进"万斤粮技术模式"快速推广。

2. 主推品种

早稻选用早熟优质稻品种，晚稻选用早中熟优质稻品种，或早稻选用再生能力强的优质稻品种，马铃薯选用费乌瑞它、合作 88、桂农薯 1 号等品种。

3. 技术要点

①选择生育期短、高产优质的水稻品种及早中熟马铃薯。②时间衔接要紧密。此模式要获得高产，早稻、晚稻及马铃薯种植时间都得衔接好，为马铃薯高产创造条件。③马铃薯高垄地膜覆盖技术。④马铃薯全程机械化技术、水肥一体化技术。

（四）"水稻—水稻—绿肥"用地养地相结合技术模式

"水稻—水稻—绿肥"技术模式是广西重点示范推广的用地养地相结合技术模式，该模式在晚稻收获后，利用冬闲时间种植绿肥翻压还田，达到培肥土壤、减少化肥的施用、提高水稻产量的目的，实现了用地养地相结合。

1. 主攻目标

通过种植绿肥翻压还田，改善土壤理化性状、培肥土壤，减少化肥的施用，实现用地养地相结合，促进水稻稳产高产和可持续发展。

2. 主推品种

水稻宜选择适宜当地生态条件的优质高产品种，绿肥品种宜选择紫云英、苕子等豆科绿肥，提高肥田效果。

3. 技术要点

水稻栽培技术按常规高产高效栽培技术进行。绿肥种植技术要点如下：①采用稻底播种方式，选择在晚稻穗勾头时（一般掌握绿肥种子播种后在稻底生长期 20～25 天）播种，播种时可采用人工撒播、便携机播及无人机飞播的方式，每亩紫云英用种量为1.5～2.0 公斤、苕子用种量为 2.0～3.0 公斤。②接种根瘤菌，豆科绿肥在种子经过浸种催芽或浸种晾干后，要用根瘤菌接种，提高绿肥的固氮能力。③开挖田间排灌沟。为控制田间土壤水分，应在晚稻插秧时就留好开沟位置，到播绿肥种子前，将全部厢沟或一部分厢沟和边沟开好，以利于排灌水。④做好田间管护。有条件的田块要合理灌溉，满足绿肥生长的水分需求，降雨过多时要及时排水，防止田间渍水；做好病虫害防控，防止牲畜家禽进入田间食用或踩踏绿肥，影响绿肥生长。⑤适时翻压还田。在盛花期翻压绿肥，这时鲜苗产量最高，含氮量也最高。翻压还田量一般为每亩翻压 1 500～2 000 公斤，具体用量还应根据田块土壤肥力和下茬作物的耐肥力确定。鲜苗产量高的，应把超过部分割去压在不种绿肥的田块，或作别的用途。翻压还田时配施适量速效氮肥，有利于加速绿肥的腐烂分解。

五、重点工程

（一）稻作区扩面增粮工程

成立专项，用于"单改双"、抛荒撂荒耕地恢复发展双季稻，出台扶持政策，鼓励农户和新型经营主体开展"单改双"行动，动员补贴新型经营主体参与抛荒撂荒耕地治理，大力引导发展种植双季稻。投入财政资金，扶持再生稻恢复发展，在桂西、桂北等重要区域，利用中稻发展再生稻，扩大粮食种植面积。

（二） 科技创新增粮工程

成立专项，投入财政资金，对切实提高水稻产量、品质的科技成果或绿色高质高效技术的推广给予扶持，制定政策，对推广运用水稻粉垄技术、机直播技术、机防技术、侧深施肥技术等创新性技术且产量达到一定水平的主体给予补贴。

（三） 区域性水稻产业中心建设工程

2023 年，广西共投资 4 000 万元在全区 22 个县实施了区域性水稻产业中心项目，共建成 25 个集育插秧、烘干、仓储、加工等功能于一体的区域性水稻产业中心。2024 年，将继续投入自治区财政扶持资金 3 000 万元，支持 22 个县建设 25 个区域性水稻产业中心。项目的实施有效降低了育插秧环节的人工成本，减少了烘干损失，提高了稻谷产量和大米加工质量，实现了节本增效。

（四） 防灾减灾夺粮体系工程

探索建立一套符合新形势需求的各级党委、政府和各级农业、应急、气象、科研等多部门联动的防灾减灾体系，要将防灾减灾工作关口前移，要从各种灾口夺粮，灾前应急防灾措施到位，灾后恢复生产及时，减少因灾损失。

（五） 耕地保护与质量提升工程

整合高标准农田建设、耕地质量提升等有关项目资源，加强机耕道路、排灌系统建设，完善农田配套设施。采取工程措施、生物措施改造中低产田，提高中低产田保水、保土和保肥能力。大力推广应用绿肥种植、秸秆还田、增施有机肥、测土配方施肥技术和合理轮作等保护性耕作制度，改善土壤结构、增加土壤肥力，提高耕地质量。

（六） 农田基础设施建设工程

加大资金投入，重点对稻作区机耕道路、水渠等基础设施进行建设和提质改造，常年干旱的稻作区配套建设大型水利设施，比如连接河流、涵水丰富山林的引水工程以及深水蓄水池、水井等工程设施，确保灌溉用水，力争 2025 年农田基础设施建设覆盖广西 70％的县（市、区），2035 年实现 100％覆盖。

六、保障措施

（一）严格落实粮食安全党政同责要求

1. 党政主要领导重视

将落实粮食安全责任制列入广西党委常委会年度工作要点，写入广西政府工作报告。广西党委、政府领导多次做出"切实落实粮食党政同责，确保本地区粮食安全""稳住双季稻生产"等与粮食生产有关的指示批示，并亲自带队到生产一线调研指导早稻生产工作，强调要高度重视粮食生产，层层分解落实任务，强化考核督查，保障粮食安全。

2. 组建粮食生产工作专班

成立以自治区分管负责同志为组长、各有关单位负责同志为成员的粮食生产工作专班，建立专班定期会商等多项制度，统筹做好全区粮食生产管理工作。不定期召开工作专班会议，专班各成员单位围绕工作职能合力推进粮食生产，形成齐抓共管新格局。加强调度、通报，压实各地责任，上下联动，抓好粮食生产工作。

（二）加强财政金融政策支持

加大耕地地力保护补贴、目标价格补贴（水稻）、双季稻轮作补贴、国家绿色高质高效创建项目等金融政策支持力度。如目标价格补贴（水稻）：2018—2021 年，每年中央财政目标价格补贴（稻谷）资金 70 795 万元。2018 年安排用于稻谷生产补贴 47 154 万元。2019 年安排用于稻谷生产补贴 44 145 万元。2020 年用于稻谷生产补贴 24 326 万元，用于抗击新冠疫情粮食补贴 19 069 万元。2021 年落实稻谷目标价格补贴 41 195 万元。2022 年落实稻谷目标价格补贴 41 195 万元。2023 年继续落实稻谷目标价格补贴 41 195 万元。据统计，2024 年，广西已下达稳粮扶粮补贴和各类涉农项目资金 40 余亿元。

（三）加强高标准农田和功能区建设

根据国家确定的政策，当前全国农田建设以高标准农田建设为主。广西农业农村厅对广西 2011—2018 年建成的高标准农田进行了清查评估，经国家核定重叠及非耕地等面积后，认可并上图入库面积为 1 704 万亩。2019—2023 年，国家共下达广西高标准农田建设任务 1 180 万亩，其中 2019 年 260 万亩、2020 年 220 万亩、2021 年 250 万亩、2022 年 240 万亩、2023 年 210 万亩（含改造提升 100 万亩），统筹实施高效节水灌溉面积 155 万亩。

（四） 加强市场调控

1. 落实地方储备粮规模

广西地方储备粮规模按照不低于国家下达总量计划的要求落实，以自治区级储备为主，以市级和县级储备为辅，品种以口粮为主，规模数量达到国家对于产销平衡区不低于 4 个半月市场供应量的要求。

2. 切实做好粮食市场监测

严格执行粮油市场价格监测及粮油企业库存周报制度，对大米、面粉、食用植物油 3 个重点品种进行监测，密切关注粮食购、销、存和价格变化，对可能引起市场价格异常波动的倾向性、苗头性问题进行分析和预警，及时发布相关信息，合理引导市场预期。

（五） 加大科技支撑力度

1. 加强农业创新技术的研发和推广

加强农业科技立项，加大资金扶持，加快广西农业科技创新项目的转化应用，通过引进、吸收、转化的形式集成推广新技术、新模式、新机械，加大粉垄、机直播、智能化泥浆播育秧等新技术的推广力度。

2. 加快形成"创新团队＋科教研推"科技联盟

充分发挥广西水稻创新团队的引领作用，加强与科教研推等单位的联合，开展前瞻性、实用性新技术、新装备的研发、引进，集中力量联合攻关，加大试验示范力度，加快农业科技的转化速度，缩短时间周期，为水稻生产提供源源不断的科技支撑。

重

庆

重庆水稻亩产 515 公斤
技术体系与实现路径

一、水稻产业发展现状与存在问题

（一）发展现状

1. 生产情况

2011—2023 年，重庆水稻种植面积呈小幅震荡趋势，但总体在 985 万亩上下波动，主要可以分为两个阶段。①2011—2015 年的持续小幅下滑阶段。2015 年重庆水稻种植面积 970.6 万亩，比 2011 年减少 14.6 万亩，减幅为 1.5%。②2016—2022 年的先减后增阶段。2016 年重庆水稻种植面积达到 991.4 万亩，但此后有所下降，2019 年减至 982.7 万亩；2021—2022 年，重庆水稻种植面积连续两年小幅恢复，2022 年水稻种植面积 988.8 万亩，仅比 2016 年减少 2.6 万亩；受 2022 年夏秋干旱及 2023 年春旱影响，2023 年水稻种植面积再度小幅下降，较 2022 年减少 3.3 万亩。

2011—2023 年，重庆水稻单产呈增长态势，亩产从 2011 年的 482.5 公斤提高至 2021 年的 498.9 公斤，增加了 16.4 公斤，增幅为 3.4%；2021 年重庆水稻总产 493.0 万吨，比 2011 年增加 17.6 万吨，增幅为 3.7%。2022 年受夏秋干旱影响水稻单产和种植面积小幅下降，但 2023 年单产又快速回升至 499.2 公斤/亩，较 2011 年增加 16.7 公斤，增产 3.46%（表 1）。重庆水稻主要是一季中稻，常年再生稻面积稳定在 100 万亩左右，亩产 100 公斤左右，一般不纳入统计。

表 1　2011—2023 年重庆水稻生产情况

年份	面积（万亩）	单产（公斤/亩）	总产（万吨）
2011	985.2	482.5	475.4
2012	982.2	484.0	475.4
2013	978.6	487.6	477.2
2014	976.2	487.1	475.5
2015	970.6	491.0	476.6
2016	991.4	491.8	487.6

（续）

年份	面积（万亩）	单产（公斤/亩）	总产（万吨）
2017	988.4	492.7	487.0
2018	984.7	494.5	486.9
2019	982.7	495.6	487.0
2020	985.9	496.2	489.2
2021	988.4	498.9	493.0
2022	988.8	490.7	485.2
2023	985.5	499.2	492.0

2. 品种

（1）审定品种　2011—2023 年，通过重庆市审定的水稻品种 218 个。其中：杂交稻品种 185 个、占审定品种的 84.9%，籼型杂交水稻品种 184 个、占杂交稻品种的 99.5%；杂交稻品种中，三系杂交稻品种 164 个、占杂交稻品种的 88.6%，两系杂交稻品种 21 个、占杂交稻品种的 11.4%；杂交稻品种中热粳优 35 为杂交粳稻品种，还有袁糯优 126 等 4 个籼型杂交糯稻品种。常规稻品种 33 个、占审定品种的 15.1%。渝香糯 1 号等 6 个品种为糯稻品种。糯稻、红米、紫米、高直链淀粉和彩叶水稻等专用水稻品种 47 个、占审定品种的 21.6%。审定通过的渝糯 653 等 9 个糯稻品种中，有袁糯优 126 等 4 个杂交糯稻、渝紫糯 1 号等紫色糯稻；审定通过的渝红优 9341 等 7 个红米品种中，4 个为杂交稻，还有渝优 965 等 2 个高直链淀粉杂交专用稻品种和渝紫叶 1 号等 19 个彩叶水稻观赏品种，有效拓展了水稻的功能。

从审定品种的品质来看：审定的 218 个品种中，稻米品质部标 3 级以上优质稻 90 个、占审定品种的 41.3%；部标 2 级以上优质稻 55 个、占审定品种的 25.2%；部标 1 级以上优质稻 14 个、占审定品种的 6.4%。2020 年，审定水稻品种的品质取得突破，有 3 个部标 1 级的优质稻品种通过审定、占当年审定品种的 8.8%，2 级以上优质稻品种 14 个、占当年审定品种的 41.2%，3 级以上优质稻品种 24 个、占当年审定品种的 70.6%。2023 年审定的品种品质再次提升，其中部标 3 级以上优质稻品种占当年审定品种的 50.0%、部标 2 级以上优质稻品种占当年审定品种的 25.2%、部标 1 级优质稻品种占审定品种的 11.5%。

从审定品种的稻瘟病抗性来看：2012 年普通稻（品质未达优质稻）冈优 916 的稻瘟病综合抗性达 1 级，2017 年品质达优质稻 2 级的高山稻品种神 9 优 25 综合抗性为 1 级，2019 年部标 2 级中迟熟杂交水稻品种神 9 优 25 综合抗性为 1 级。2020 年审定品种稻瘟病抗性得到大幅提升，其中稻瘟病综合抗性 1 级的品种 10 个、占当年审定品种的 29.4%；稻瘟病综合抗性 3 级的中抗稻瘟病品种 16 个、占当年审定品种的 47.1%。

（2）大面积推广品种结构　重庆大面积种植的水稻品种呈逐年增加趋势，2022年通过审定、引种认定和备案的合法品种达到997个以上；有统计面积的品种从2011年的208个增加至2022年的500个、2023年的499个。

重庆大面积种植的水稻以杂交稻品种为主，由2011年的205个增加到2022年的500个，面积占水稻种植面积的98.00％～99.86％，其中2013年的占比最低，为98.00％，2023年高达99.86％；杂交稻主要是籼稻品种、常年占水稻种植面积的99.00％以上，2021年占比最高，达99.80％。杂交水稻中两系杂交稻品种推广数量和面积呈逐年递增态势，数量由2011年的5个增加到2022年的111个（2023年109个），面积占比由3.4％提高至31.9％。重庆专用水稻主要为糯稻，大面积种植上有少量红米、黑米高直链淀粉和彩叶稻品种。

由于通过审定、认定和备案的品种数量不断增加，单一品种的面积占比整体呈下降趋势，年种植面积超过10万亩的品种从2011年的26个降至2021年的17个、占当年种植品种数量的比例从12.5％降至3.6％，面积由423.6万亩降至340.3万亩、占当年总种植面积的比例从43.0％降至34.4％；2022年后超过10万亩的品种增加，其中：2022年为21个，总面积455.2万亩，占当年水稻总面积的46.0％，2023年虽较2022年有所下降、但总体好于2021年（19个品种、总面积373.5万亩、占比为37.9％）。

优质稻与主导品种面积占比总体呈上升趋势。在推广面积超过10万亩的品种中，部标3级、2级优质稻面积占比均呈上升态势，2013年以来优质稻品种面积占10万亩以上品种面积的50％以上，2019年部标2级以上优质稻品种种植面积占10万亩以上品种面积的比例也超过50％。同时，经过10多年的发展，重庆优质稻得到较大提升，大面积推广的优质稻品种数量已从2011年的55个增加到2021年的266个，优质稻种植面积占比从2011年的28.3％提升至2021年的74.4％，其中，2019年最高，占比达到77.9％，2023达760多万亩，占总种植面积的77％。10万亩以上推广面积较大的品种中优质稻品种已从2011年的7个增加至2022年的20个，推广面积则从2011年的107.0万亩提高到2022年的442.8万亩，优质稻品种面积占10万亩以上品种面积的比例则从25.3％上升至95.2％，2023年19个10万亩以上品种均是优质稻；部标2级以上优质稻品种从2011年的3个、占总种植面积的8.8％增加到2023年的17个、占91.3％。2011年10万亩以上主导品种的种植面积占推广面积较大品种面积的比例，除2012年以外均超过50％，2019年最高，达77.9％（表2）。

耕作与栽培。重庆水稻生产以一季中稻为主，耕作种植方式包括冬水田（冬闲田）＋一季中稻、冬水田（冬闲田）＋一季中稻＋再生稻、水稻＋油菜（蔬菜）、绿肥＋一季中稻和绿肥＋一季中稻＋再生稻；以冬水田（冬闲田）＋一季中稻的模式为主、常年种植面积600万亩左右，冬水田（冬闲田）＋一季中稻＋再生稻常年种植面

表 2   2011—2023 年种植面积 10 万亩以上品种情况

年份	总面积（万亩）	10 万亩以上品种			10 万亩以上优质稻			部标 2 级以上优质稻			10 万亩以上主导品种	
		个数（个）	面积（万亩）	占比（%）	个数（个）	面积（万亩）	占比（%）	个数（个）	面积（万亩）	占比（%）	面积（万亩）	占比（%）
2011	985.2	26	423.6	43.0	7	107.0	25.3	3	37.4	8.8	212.0	50.10
2012	982.2	21	350.1	35.7	8	122.5	35.0	3	40.2	11.5	143.3	40.9
2013	978.6	19	325.4	33.3	10	169.4	52.1	4	64.4	19.8	187.8	57.7
2014	976.2	18	341.7	35.0	8	174.1	50.9	3	62.6	18.3	215.5	63.1
2015	970.6	19	342.1	35.2	11	203.4	59.5	4	81.6	23.8	203.9	59.6
2016	991.4	22	380.1	38.3	12	238.5	62.7	7	143.7	37.8	232.1	61.1
2017	988.4	23	416.4	42.1	15	294.1	70.6	8	159.5	38.3	230.8	55.4
2018	984.7	23	360.9	36.7	17	287.2	79.6	11	156.8	43.5	248.3	68.8
2019	982.7	15	272.8	27.8	13	241.7	88.6	8	138.0	50.6	212.5	77.9
2020	985.9	20	386.7	39.2	16	333.6	86.3	11	231.1	59.7	284.5	73.6
2021	988.4	17	340.3	34.4	14	299.3	88.0	9	198.4	58.3	245.9	72.3
2022	988.8	21	455.2	46.0	20	442.8	95.2	16	388.5	85.4	273.8	60.1
2023	985.5	19	373.5	37.9	19	373.5	100	17	340.9	91.3	285.0	76.3

积 150 万亩左右。

育秧方式仍以人工水田地膜育手插秧苗为主、占 60% 左右。种植大户机插秧育秧方式仍为水田相对集中稀泥育机插秧较多、占种植面积的 5%～8%。工厂化育秧因成本高、运输距离远、中低海拔地区季节优势不明显等而应用较少，至 2023 年重庆机械化种植率仅 36.2%。水稻抛秧种植在渝东南和渝东北山区等地累计不足 100 万亩，且呈减少趋势。近年来，直播水稻深受种植大户、新型经营主体欢迎，2023 年重庆直播稻种植面积达 15.0 万亩左右，直播水稻因基本苗足、产量较高而呈现较好的发展趋势。

重庆是雨养农业区，加之丘陵地区水利设施建设相对滞后、田间水分管理移栽后至收获前一般持续保持灌深水状态、晒田比例较小。肥料施用方面，水稻机械化收获伴随的秸秆还田量较大，有机肥替代面积已从 2017 年的 10.5 万亩增加至 28.2 万亩；大面积水稻一般亩施纯氮 8 公斤左右，以一次性施用复合肥为主，少数在移栽后 7～10 天内追施 5 公斤左右的尿素分蘖肥。测土配方施肥技术推广覆盖率已从 76.0% 扩大到 95.1%。

病虫害防治上重点推广杀虫灯、食诱剂、性诱剂、"生物导弹"等生物物理防控技术，或选用氯虫苯甲酰胺、40% 氯虫·噻虫嗪、苯甲·丙环唑、金龟子绿僵菌等高效低毒农药通过社会化服务等进行统防统治。重庆专业化服务组织包括合作社全程承包、个体户代防代治和乡镇农服中心统防统治 3 种形式。水稻植保专业化服务组织的防治面积在 30 万公顷左右，专业化服务组织一般常年开展水稻统防统治服务 2～3 次，较农户自行防治模式减少 1～2 次，亩节约防治成本 30 元左右，农药利用率从 2015 年的 36％提升至 2020 年的 40.6％；目前农作物病虫害专业化统防统治覆盖率已从 2015 年的 24.1％提升至 44.9％，绿色防控覆盖率从 2015 年的 23.6％上升至 54.2％；从社会化服务的发展趋势来看，专业化统防统治具有较大发展前景。

3. 成本收益

根据《全国农产品成本收益资料汇编》，2011 年以来重庆水稻种植成本总体呈震荡上涨趋势，2014 年亩总成本最高达到 1 290.0 元、较 2011 年增加 365.5 元，2016 年每亩总成本较 2011 年增加 355.9 元，2020 年亩种植成本为 1 245.9 元、较 2011 年增加 321.5 元。总成本增加的主要原因首先是人工成本增加，其次是种子、化肥、农药等物资的成本增加，最后是土地成本也呈持续增加态势，这 3 类成本 2011—2020 年分别亩增加 178.9 元、110.6 元和 32.0 元。与普通农户相比，种粮大户等新型经营主体种稻成本中还有重要的一部分是土地流转成本。而在种稻收益中，部分经营主体由于选用优质稻进行规模化种植、每公斤稻谷售价比一般农户高 0.4～0.6 元，增加了种粮大户的收益和经济效益（表 3）。

表 3　2011—2020 年重庆中籼稻成本收益

单位：元/亩

项目	2011 年	2012 年	2013 年	2014 年	2015 年	2016 年	2017 年	2018 年	2019 年	2020 年
主产品产值	1 205.2	1 328.6	1 226.7	1 196.0	1 315.8	1 320.9	1 346.8	1 319.2	1 284.5	1 495.5
副产品产值	30.1	33.1	35.6	44.9	45.3	42.2	39.6	39.9	40.7	40.6
总产值	1 235.3	1 361.7	1 262.2	1 240.9	1 361.1	1 363.1	1 386.4	1 359.1	1 325.2	1 536.1
物资成本	303.8	365.6	387.6	393.9	390.0	378.4	384.5	410.7	415.5	414.4
土地成本	130.7	134.2	138.6	145.2	147.0	156.4	159.0	159.3	160.5	162.7
人工成本	490.0	649.5	725.4	750.2	728.2	745.4	721.6	687.1	655.4	668.9
总成本	924.4	1 149.3	1 251.6	1 290.0	1 265.2	1 280.3	1 265.2	1 257.0	1 231.4	1 245.9
净利润	310.8	212.4	10.7	−49.1	95.9	82.8	121.3	102.1	93.8	290.2

4. 市场发展

2011 年，重庆水稻生产效益最高，2013 年基本持平（亩收益 10.7 元），2014 年则效益为负。此后，随着稻谷收购价格的提高以及人工成本等的下降，种稻收益有所回升，但 2015—2019 年种稻收益仍在每亩 100 元左右波动，2020 年亩均净利润达到 290.2 元。

在粮食收购方面，国家粮库收购仍是主流，但国家粮库一直未实行优质优价收购政策，这也在较大程度上影响了优质稻的推广、种稻效益与农户种植的积极性。只有私营加工企业才会进行一定幅度的优质加价政策，一般优质稻较普通稻订单收购价高

10%～20%，2020 年重庆巫山县天地农业开发有限公司以 6.0 元/公斤的价格收购了几万公斤的渝香 203 优质稻谷。

（二）主要经验

1. 全面落实"粮食安全党政同责"要求

重庆市委、市政府以上率下，主要领导亲自研究推动，分管领导精心组织、靠前指挥，有力牵动了全市各级各有关部门齐抓共管。粮食生产保供工作专班及时召开调度会，重庆市农业农村委员会常态化加强统筹协调。2022 年重庆市发展和改革委员会牵头制定《2022 年重庆市粮食安全党政同责工作要点》，起草《区县党委和政府落实粮食安全责任制考核办法》。各涉农区县党委（党工委）、政府（管委会）将稳定粮食生产作为重要政治责任，主要领导亲自抓，组建专班有力推进。乡镇党政主要领导把主要精力放在稳定粮食生产上。

2. 不折不扣落实粮食生产目标

①层层分解任务。制定稳定粮食生产确保有效供给的 10 条措施，把播种任务清单化、数量化分解落实到区县、乡镇和地块。②加强工作调度。建立"领班＋专班"机制，对粮食生产"周调度、月会商、季研判"。开展春季农业生产"五到"行动，推动措施落地、任务落实。③强化农资保障。加强农资储备调运，种子、化肥等重要农资入户率达 100%。④有序盘活撂荒地。利用遥感图斑全面清理排查撂荒地，清单化、责任制推进 5 亩以上的撂荒地复耕复种。

3. 稳步提升粮食综合生产能力

①调动农民种粮积极性。及时兑现耕地地力保护和种粮大户补贴、实际种粮农民一次性补贴，保障种粮农民合理收益。②加快推进水源工程和中型灌区节水改造工程建设。③大力推进高标准农田建设。截至 2020 年年底，重庆建成高标准农田 1 315 万亩，制定了《重庆市高标准农田建设规划（2021—2030 年）》，2023 年新建和改造提升高标准农田 200 万亩，到 2025 年建成 1 810 万亩高标准农田、改造提升 202 万亩高标准农田，到 2030 年建成 1 960 万亩高标准农田、改造提升 545 万亩高标准农田。

4. 持续强化农业科技支撑

①实施粮油单产提升攻关计划。以 16 个区县为重点开展粮油绿色高质高效创建，带动大面积均衡增产和效益提升。②加强技术指导服务。出台本土作物田间管理指导意见，依托市级 19 个技术指导组深入区县分类开展指导服务。③积极推广优质品种。每年择优推荐 20 个优质稻主导品种，带动大面积优质率稳步提升。

5. 巩固提升防灾减灾能力

①提早做好应对准备。严格落实责任，建立健全农业农村、水利、应急、气象等部门"1＋7＋N"会商研判机制，印发《关于进一步做好农业气象灾害风险预警工作的通知》《扎实做好农业防灾减灾努力夺取全年粮食丰收预案》等。②及时发布灾害

预警。在关键农时和灾害多发期及时发布灾害预警、调度核灾信息，出台技术指导意见，加密监测预警和灾情调度。③有效组织农技人员进村入户开展抗灾减灾服务。

6. 加大病虫害监测防控力度

①实施常态化监测预警。借助已建成的全国农作物病虫疫情监测分中心（重庆市）田间监测点、布设高空测报灯等，建立市级调度指挥平台，对田间监测数据统一存储、统一调度、统一发布。②有效提升统防统治能力。通过培育专业化统防统治服务组织、增置植保机械不断提升病虫害监测防控能力。

（三） 存在问题

1. 种粮政策支持不够全面

①新品种新技术示范展示支持政策不足，导致优良新品种、轻简技术推广速度慢，影响水稻产能提升。②对水稻生产耕作、收获、烘干和加工用柴油、天然气和电等优惠政策细化不够、实施较困难。③2023年种植大户补贴的降低，一定程度上影响了种粮积极性。

2. 新型经营主体种植技术偏低

新型经营主体以种植大户为主，虽然新型农业经营主体的经营者总体上是农村中综合素质相对较高的群体，但绝大多数种植大户文化水平不高，缺乏集约化、专业化、组织化、社会化经营所需的知识和技能储备，专业化程度偏低、种植技术不系统、生产管理相对粗放、规模化与高产矛盾突出，影响水稻产能的提升和种植大户的收益。

3. 轻简高效技术储备不够

①缺乏适宜丘陵地区水稻生产的小型轻简高效的农机具和全程机械化种植再生稻的强再生力品种。②水稻直播种植绿色轻简高效种植技术研究不系统。③优良品种、种植制度与小型农机等农机农艺融合，绿色轻简高效技术研究不足。

二、区域布局

（一） 中稻—再生稻种植区

该区包括永川、大足、荣昌、潼南、铜梁、合川、北碚、渝北、江津、巴南、长寿、垫江、梁平、开州、万州、石柱、涪陵、丰都、忠县等地的沿江河谷海拔400米以下的地区，水稻面积500万亩左右，地貌以浅丘、丘陵和少量平坝为主，年平均气温在18℃以上。该区再生稻最高蓄留面积300万亩左右，近年来常年蓄留再生稻面积120万亩左右。耕作种植制度为冬水（闲）—中稻或冬水（闲）—中稻＋再生稻。该区一季中稻以高产为主，通过蓄留再生稻来提升稻米品质。水稻品种选用一季中稻生育期150～155天的三系或两系籼型杂交水稻，为提高直播稻蓄留再生稻、全程机械化种植再生稻的成功率，中稻生育期以 150 天左右为宜。该区还可选用渝香糯 1 号等再生能力强、生育期与汕优 63 相当、丰产稳产性好的糯稻及特种稻种植。

技术模式：

一季中稻＋再生稻：3 月上中旬播种地膜育秧、4 月中下旬秧苗 4 叶左右，移栽密度为 1.0 万穴/亩左右，每穴栽 2 苗，基本苗 3 万～4 万、最高苗数 22 万左右，有效穗数 13.0 万左右，穗着粒 170 左右，结实率 85％左右，千粒重 27 克左右，亩施纯氮 8～10 公斤，配方施肥 N：P_2O_5：K_2O 为 1：0.5：（0.5～0.6）。

再生稻：头季稻齐穗后 5 天左右亩施用尿素 10～15 公斤作粒芽肥，头季稻收割时留桩高度 30 厘米左右，头季稻收获后 5 天左右亩施用尿素 5～10 公斤作发苗肥，亩有效穗数 15 万左右、穗着粒 50 左右、千粒重 25 克左右。

（二） 水稻—油菜（蔬菜）两熟水旱轮作区

该区包括永川、大足、荣昌、铜梁、潼南、合川、北碚、渝北、江津、巴南、长寿、垫江、梁平、开州、石柱、丰都、忠县、綦江、万盛、南川、万州、涪陵、云阳、奉节、巫山、酉阳、武隆等地海拔 400～800 米的稻田和秀山、彭水、巫溪、黔江的大部分稻田，水稻面积 330 万亩左右，地貌以丘陵、倒置平坝和山区为主；年平均气温在 16.5℃左右，耕作种植制度以冬季种植油菜（蔬菜）、夏季种植一季中稻为主，水稻品种选用生育期 150 天左右的三系或两系籼型优质杂交水稻，该区还可选用渝红稻 5815、黄华占等生育期较早的常规优质稻品种，以提升稻米品质。

一季中稻：3 月中下旬至 4 月上中旬播种地膜育秧、4 月下旬至 5 月上中旬秧苗 4 叶左右，移栽栽插密度为 1.0 万～1.2 万穴/亩，每穴栽 2 苗，基本苗 4 万左右、最高苗数 23 万左右，有效穗数 13.5 万左右，穗着粒 170 左右，结实率 85％左右，千粒重 26.5 克左右，亩施纯氮 8～10 公斤，配方施肥，N：P_2O_5：K_2O 为 1：0.5：0.6。

（三） 一季中稻种植区

该区包括江津、巴南、开州、石柱、丰都、忠县、綦江、万盛、南川、万州、涪陵、云阳、奉节、巫山、酉阳、武隆、秀山、黔江、彭水、巫溪、城口的中高海拔稻田，水稻种植面积 150 万亩左右，地貌以丘陵为主；年平均气温 16℃左右，耕作种植制度以冬季种植蔬菜、绿肥，夏季种植一季中稻为主，水稻品种选用生育期 150 天左右的三系或两系籼型优质杂交水稻，该区还可选用神 9 优 55 和渝优 703 等早熟水稻品种，降低秋风对水稻生产的影响。

一季中稻：3 月下旬至 4 月上旬播种地膜育秧、5 月中下旬秧苗 4 叶左右时移栽，栽插密度为 1.2 万穴/亩左右，每穴栽 2～3 苗，基本苗 4 万左右、最高苗数 22 万左右，有效穗数 13 万左右，穗着粒 175 左右，结实率 85％左右，千粒重 27 克左右，亩施纯氮 8～10 公斤，配方施肥，N：P_2O_5：K_2O 为 1：0.5：0.6。

三、发展目标、发展潜力与技术体系

（一）发展目标

1. 2030 年目标

到 2030 年，水稻面积稳定在 980 万亩，单产达到 510 公斤/亩，总产达到 499.8 万吨。

2. 2035 年目标

到 2035 年，水稻面积稳定在 950 万亩，单产达到 515 公斤/亩，总产达到 489.3 万吨。

（二）发展潜力

1. 面积

重庆农业生产基础设施薄弱，"巴掌田""鸡窝地"占比较高，加上高温干旱、洪涝、连阴雨、大风冰雹等自然灾害和各类病虫害频发，防灾减灾压力较大。水稻生产仍以散户为主，社会化、机械化、专业化生产程度低，稻谷商品率和加工率低，种稻效益不高。加之水资源"三条红线"约束和城镇化以及交通基础设施建设加速推进，水稻播种面积增加的空间越来越小，力争到 2035 年面积稳定在 950 万亩。

2. 单产潜力

2023 年重庆大面积水稻单产在 499.2 公斤/亩，与近年来区试对照品种平均单产 550 公斤/亩仍有较大差距，有提升空间：①通过强化规模化种植，大力推进机械化栽插，积极推广水稻直播种植等有效提高水稻群体基数，增加苗穗数进而提高单产。②强化高产创建示范展示作用，通过配方施肥、增施穗粒肥等健身栽培，增加穗粒数与粒重，提高单产。③将再生稻生产作为一季水稻进行规划扶持种植，提高水稻秋季温光利用率，增加水稻产量。④加大新型生产主体种植技术与管理培训，提高水稻单产水平。

（三）技术体系

强化科技创新，有效增加稻田种植面积，实现"藏粮于地、藏粮于技"，才能增加水稻产量、确保口粮安全。

1. 加强政策引领，减缓稻田面积下降速度

①搞好农田提质改造，强化水利设施配套建设，有效提升旱涝保收能力。②将再生稻作为一季水稻加大政策支持力度，有效激发再生稻生产积极性，增加再生稻种植面积、成功率和单产水平。③启动种粮碳综合补贴，提升各区县种粮积极性与效能。

2. 强化科技支撑，提高水稻单产

重庆目前大面积单产 490 公斤/亩左右，近年来百千万高产示范片产量达 650

公斤/亩左右，表明水稻单产仍有很大提升潜力。要大面积有效提高水稻单产，必须强化科技研发，培育更多的新品种，集成更多的新技术为大面积生产提供科技支撑。

（1）持续开展优良品种选育的良种创新支持，为产量提升提供核心种源　在优质的前提下：①强化日产量高产品种的选育，有效提升品种产量潜力。②强化抗稻瘟病、抗稻曲病和抗稻飞虱等品种的选育，减少病虫害对单产的影响。

（2）积极开展增穴增苗绿色高效技术集成研究，为产量提升提供技术模式　积极开展丘陵地区稻田小型农机具相结合的扩行缩株人工栽插、机插秧、直播稻和抛秧等绿色轻简高效技术研究，有效增加穴数（1.0 万～1.2 万穴）苗（基本苗 4 万～5 万穴）数与穗（主穗与低位分蘖穗）粒数，提高单产水平。

（3）强化新品种新技术示范展示，提高关键技术到位率与单产水平　组织科研院所和农技农机部门协同开展新品种、新技术展示与高产示范，有效提高优良高产品种、增穴增苗与施用穗粒肥等绿色高效良种良法良制相结合的关键技术的到位率，强化对大面积生产的示范引领作用，增加水稻产量。

（4）持续开展高产高质高效水稻竞赛，提高粮食产量　组织由农技部门牵头、科研院所作为技术支撑的区（县）镇（乡）百千万绿色高产高质高效中稻、再生稻竞赛活动，增加栽插（播种）、测土配方施肥、施用缓释肥、施用穗粒肥等关键技术的到位率，有效发掘品种高产潜力，全面提升大面积水稻单产。

（5）优化农田水利设施，提升旱涝保收能力　加强规划，积极开展多级提灌水利设施建设，加大完善高标准农田与宜机化农田的管道、沟渠等配套水利设施建设，积极稳步推进将塘堰纳入村集体管理运营、充分发挥灌溉功能；有效破解江河水资源丰富的重庆春旱和夏秋季高温干旱对水稻生产的不利影响，确保稻田有效灌溉面积，提升水稻单产。

四、典型绿色高质高效技术模式

（一）再生稻全程机械化轻简高效种植技术

再生稻生产具有充分利用秋季温光土地资源，减少播种、育秧和插秧环节，省工节本等明显优势，曾是重庆农业增产增效三绝之一，也是提高稻田复种指数、增加水稻单产、改善品质、提升种稻效益的有效措施之一。与人工收获中稻蓄留再生稻相比，需从以下几个方面强化重庆地区全程机械化再生稻种植技术到位率：①品种头季稻产量 500 公斤/亩左右，生育期 150 天左右，比强再生力优质稻品种渝香 203 生育期略短、与渝香糯 1 号相当。②品种的再生芽以中下部节芽为主，留桩高度 25 厘米左右。③改促芽肥为穗粒肥，于头季稻齐穗后 5～10 天施用。④移栽和收获的走向与田的长边一致，有效降低压桩率。产量目标：中稻亩产 500 公斤，再生稻亩产 200～300 公斤，推广潜力 150 万亩左右。

（二） 重庆丘陵地区水稻＋鱼绿色高效种养技术

与一般中稻种植相比：①田块水源要有保障，且需加固田埂、田埂高于田面50厘米。②品种除需优质外，抗（耐）纹枯病能力还要强。③病虫害防治方面以物理防治为主，必要时可选枯草芽孢杆菌、春雷霉素等防治稻瘟病，选用苏云金杆菌、金龟子绿僵菌等防治螟虫等；用高效低残留的生物农药。④水稻收获后田间灌深水，亩投放草鱼苗10条、1斤/条，鲤鱼苗50条、0.5斤/条，鲫鱼苗50条、0.2斤/条，春节卖鱼。效益目标：亩产稻谷550公斤、鱼50公斤，产值1 500元左右。

（三） 重庆丘陵地区水稻＋小龙虾绿色高效种养技术

较一般中稻种植而言：①田块水源要有保障，且需加固田埂、田埂高于田面50厘米。②品种除需优质外，抗（耐）纹枯病能力还要强。③田间栽插以宽窄行为宜。④病虫害防治以物理防治为主，必要时可选枯草芽孢杆菌、春雷霉素等防治稻瘟病，选用苏云金杆菌、金龟子绿僵菌等防治螟虫等，用高效低残留的生物农药。⑤第一年水稻移栽分蘖中期亩投入虾种50公斤左右，效益目标是亩产稻谷500公斤、年产小龙虾150公斤/亩左右，产值3 000元左右。

五、重点工程

（一） 强化水稻良种创新换代行动

突出优质丰产与生育期适宜的水稻新品种选育、审定与主导品种推荐，加强种质创新研发基地建设；提升制种基地生产能力，加大优质品种推广，促进优良品种的更新换代，提高覆盖率。重点推广国标或部标2级及以上优质稻品种。

（二） 实施水稻生产新技术集成创新推广行动

实施水稻增穴增苗生产新技术集成创新示范工程，加大水稻全程机械化生产技术推广、水稻新型直播等轻简化栽培技术研发集成与推广力度，推进绿色高质高效生产，推广水稻生产全程绿色高效技术和生产模式，加大病虫害绿色防控力度和统防统治范围。

（三） 实施水稻生产经营主体培育提升行动

围绕水稻生产耕、种、防、收、烘干、加工等全产业链，开展种植与管理技术培训，积极培育种植技术水平高、社会化服务能力强的新型生产经营组织，鼓励通过代耕代种、托管等多种机制提升水稻生产社会化服务水平与产能。

（四） 推进绿色发展生态环境保护行动

坚持以习近平新时代中国特色社会主义思想为指导，以实施乡村振兴战略为抓手，贯彻落实"藏粮于地、藏粮于技"战略，建设成渝双城经济圈绿色优质高效粮油产业带，推动水稻产业高质量发展；深入推进以增穴增苗提质增效为基础的水稻绿色生态技术示范，集成推广粮油绿色高质高效技术模式，有效保护稻田生态环境。

六、保障措施

（一） 强化组织保障

贯彻落实粮食安全党政同责，全面落实粮食安全省长责任制，发挥粮食安全考核"指挥棒"作用。实施粮食生产任务清单管理，及时把任务分解下达至各区县。各地要切实担负起稳定发展粮食生产的属地责任，按照稳面积、增产能的目标，压实工作责任，出台有力举措，确保各项工作落到实处。强化粮食安全行政首长责任制考核结果应用，将口粮"两稳"纳入乡村振兴考核范畴，激发稳定发展水稻生产的内生动力。

（二） 强化政策支持

贯彻落实各项强农惠农政策，鼓励产粮大县奖励资金重点用于生产相关领域；落实好耕地地力保护补贴、种粮大户补贴、农机购置补贴等政策。持续对种粮大户实施补贴。建立健全农业信贷担保体系，围绕种粮大户提供信贷担保服务。鼓励扶持农业经营主体参加水稻等主要农作物自然灾害保险和价格收益保险，提升农业保险管理和服务水平。

（三） 强化指导服务

推动产学研联合协作，加强生产关键时节巡回技术指导。构建"专家-技术指导员-科技示范户-辐射农户"的服务体系，提升关键技术的到位率，提高新型经营主体、农户的科学种植水平，提高水稻产能。

（四） 加强信息预警

加强粮价、供需等的信息收集、分析和预警，引导有序生产。

四

川

四川水稻亩产 560 公斤技术体系与实现路径

一、水稻产业发展现状与存在问题

（一）发展现状

1. 生产现状

2011—2021 年，四川省水稻种植面积呈明显下降趋势，水稻种植面积由 2011 年的 2 914.8 万亩减少到 2021 年的 2 812.5 万亩，年均减少 9.3 万亩（图 1）。2022 年全省水稻种植面积 2 811 万亩，2023 年全省水稻种植面积 2 767.8 万亩，其中机插秧面积 1 514.5 万亩。2022 年以来，各地积极响应"保障口粮绝对安全和重要农产品有效供给"的号召和贯彻落实习近平总书记关于"在新时代打造更高水平的'天府粮仓'"重要指示精神，通过撂荒地复耕、恢复休稻养鱼田块、腾退低效林木、高标准农田建设等措施，确保水稻种植面积稳定在 2 800 万亩左右，水稻种植面积连年下滑的势头得到有效控制。

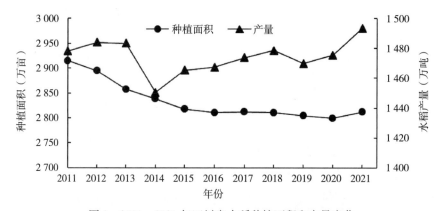

图 1　2011—2021 年四川省水稻种植面积和产量变化

2011 年以来，由于水稻新品种选育及稻作技术的持续进步，水稻单产不断提高，亩产由 2011 年的 507 公斤增加至 2023 年的 535.0 公斤，年均增长 2.2 公斤。在水稻单产逐年提升的情况下，总产并没有因为水稻种植面积的持续下降而降低，2011—2023 年总产基本稳定在 1 470 万吨左右，2023 年达到 1 480.8 万吨，比 2022 年增加 18.5 万吨。

四川省水稻以一季杂交中籼稻为主，种植制度以小麦（油菜）茬水稻两熟为主，其中川南以冬水田—中稻＋再生稻为主,再生稻常年有收面积 400 万亩。随着头季稻机收面积的扩大,再生稻面积呈逐年减小趋势,但在技术进步和激励政策的推动下,2023 年四川省再生稻有收面积达到 489.6 万亩,亩产 131.2 公斤,总产达 64.2 万吨(图 2、图 3)。

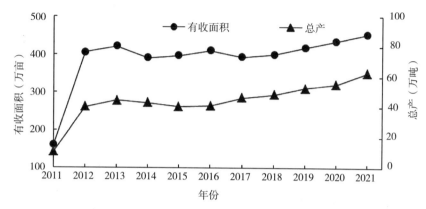

图 2 2011—2021 年四川省再生稻有收面积和总产变化

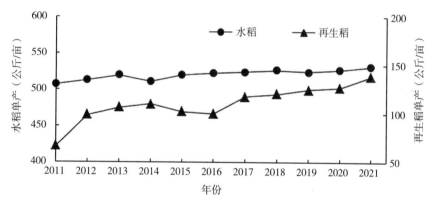

图 3 2011—2021 年四川省水稻单产和再生稻单产变化

水稻种植面积和总产在粮食中的占比呈逐渐下降的趋势。2021 年水稻种植面积占比由 31.4%（2011 年）下降到 29.5%,总产占比由 45.5%（2011 年）下降到 41.7%（图 4）。

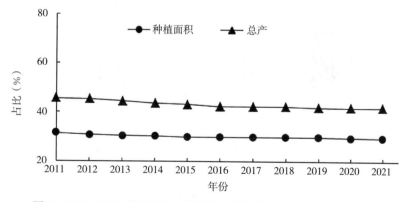

图 4 2011—2021 年四川省水稻种植面积和总产在粮食中的占比变化

从水稻经营方式来看，四川新型经营主体种植水稻的面积逐年提高，但占比仍然偏低。水稻规模种植面积由 2011 年的 32.3 万亩增加到 2020 年的 165.8 万亩，占比由 1.1% 提高到 5.9%。此外，随着土地规模化经营的兴起和农机社会化服务的发展，四川水稻种植机械化水平不断提高。水稻机耕率和机收率由 2011 年的 60.6% 和 37.4% 提高至 2021 年的 98.1% 和 90.0%。但机种率起点较低，且受四川地形和种植制度的限制发展水平相对滞后，2021 年仅为 50.3%，2023 年达到 54%，水稻耕种收综合机械化水平保持在 80% 左右（图 5）。

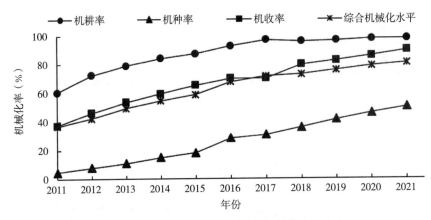

图 5 2011—2021 年四川水稻种植机械化水平变化

2. 品种现状

从推广品种熟期来看，四川迟熟品种种植面积最大，其次是中熟品种，再次是作为搭配品种的早熟品种；从品种类型来看，以三系杂交稻为主，两系杂交稻推广面积呈止跌回升趋势，加工专用稻面积增长较快（图 6）。

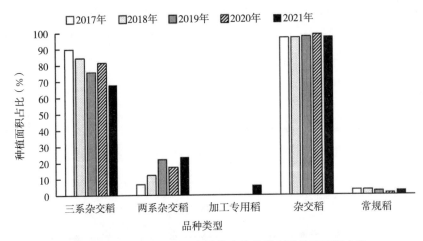

图 6 2017—2021 年四川水稻推广品种类型及种植面积占比

（1）优质品种供应能力显著提升 截至 2015 年，适宜四川种植的国审和省审优质品种累计仅 73 个。2016—2021 年，审定优质品种数达到 574 个，约是 2015 年的

7.9 倍，特别是优质 2 级及以上品种审定数达到 353 个，是 2015 年的 14.7 倍。优质品种占比由 2015 年的 20.7% 提高到 2021 年的 52.2%，提高了 31.5 个百分点，其中 2 级及以上优质品种占比达 72.8%，优质品种供给能力显著提升（表1）。

表 1　四川审定水稻品种数量和优质品种数量

年份	年度省审和国审优质品种数量（个）			累计审定品种			
	优 1	优 2	优 3	优质品种数（个）	其他品种（个）	有效总数（个）	优质品种占比（%）
截至 2015 累计	1	23	49	73	280	353	20.7
2016	0	3	6	82	286	368	22.3
2017	6	13	14	115	343	458	25.1
2018	1	12	28	156	407	563	27.7
2019	1	44	41	242	484	726	33.3
2020	22	88	71	423	559	982	43.1
2021	19	144	61	647	592	1 239	52.2
2016—2021	49	304	221	574			

从全部推广品种来看，四川优质稻品种推广面积占比持续提高，优质 2 级及以上品种已成为优质品种推广的主要类型。但从推广面积 10 万亩以上的大面积品种来看，2021 年优质品种和优质 2 级及以上品种推广面积占比较 2020 年均大幅降低，表明新品种推广难度加大，优质稻品种间的推广竞争加剧（表2）。

表 2　2018—2021 年四川水稻推广品种面积和数量变化

项目	年份	优质品种			优质 2 级及以上		
		面积（万亩）	占比（%）	品种数（个）	面积（万亩）	占优质品种面积比例（%）	品种数（个）
全部推广品种	2021	2 257	80.2	307	1 226	43.6	178
	2020	2 135	76.3	235	1 019	36.4	125
	2019	1 997	71.2	164	907	32.3	72
	2018	2 041	72.6	108	746	26.5	50
10 万亩以上推广品种	2021	440	29.8	14	336.99	76.6	10
	2020	746	40.7	26	619.51	83.0	19
	2019	926	41.6	29	738.7	79.8	21
	2018	1 187	42.3	34	839.6	70.8	19

（2）品种产量潜力明显提高　2011 年，四川品种审定的中籼迟熟组区试平均亩产仅 539.4 公斤，2021 年已达到 597.7 公斤，提高了 10.8%，年均提高 5.81 公斤/亩。2021 年推广面积 10 万亩以上品种参加区试时的平均亩产为 603.1 公斤，较 2021 年区试时的平均亩产提高 1.0%，表明水稻产量潜力在品种推广中具有重要意义（图7）。

图 7　2011—2021 年四川中籼迟熟组区试审定品种和推广面积 10 万亩以上品种产量变化

3. 耕作与栽培

（1）育秧技术发展现状　2011 年旱育秧面积 1 780 万亩，2020 年旱育秧面积 1 351.94 万亩；2011 年以来四川开始发展规模化集中育秧，2020 年育秧面积已超过 507.00 万亩。

（2）种植方式发展现状和水平　2011 年直播面积不足 1 万亩，2020 年直播面积已达 104.45 万亩，其中机直播 30.68 万亩、人工直播 73.77 万亩；2011 年机插秧面积 126 万亩，2023 年机插秧面积达到 1 514.5 万亩；2011 年抛秧面积 752.00 万亩，2020 年抛秧面积降至 178.65 万亩。

（3）田间管理现状和水平　"十三五"以来，四川农药科学使用水平不断提高。截至 2020 年，全省低（微）毒农药占比为 72.5%、农药利用率为 40.6%，分别比 2015 年提高 7.7 个百分点和 4.0 个百分点；植保无人机等现代植保机械保有量 18.9 万台（套）。

四川以科学施肥项目为抓手，多措并举推进化肥减量增效，化肥施用量零增长行动成效明显。"十三五"末，四川省测土配方施肥技术覆盖率达 90% 以上，水稻化肥利用率超过 40%。2019 年全省化肥施用量较 2015 年减少 10% 以上，化肥施用量连续 4 年实现负增长。

（4）收获水平　2011 年和 2020 年，水稻机械化收获面积分别为 1 109.6 万亩和 2 410.4 万亩。截至 2020 年，四川谷物烘干装备累计功率 34 705.78 千瓦，机械烘干保质稻谷数量仅 142.33 万吨，不足水稻总产的 10%。

4. 成本收益

随着流转地租、种子、农药、劳动力、油价、电力、燃气等价格的不断上涨，水稻生产成本逐年上升。种粮大户水稻总成本逐年增加，2021 年总成本较 2019 年增加 44 元/亩，净利润（不含现金收益）减少 20 元/亩；普通农户水稻总成本较 2019 年增加 57 元/亩，净利润（不含现金收益）减少 38 元/亩。

从 2019—2021 年的成本构成来看，种粮大户水稻种植的物质与服务费用、人工成本及土地成本均呈上升趋势，但构成比例变化较小。随着农机社会化服务的应用，普通农户物质与服务费用占总成本的比例提高了 4.85%，人工成本占比则下降了 4.35%，土地成本略有提高（表 3）。

表 3　2019—2021 年四川水稻种植成本与收益变化

类别	年份	产值（元/亩）	成本（元/亩）				净利润（元/亩）
			物质与服务费用	人工成本	土地成本	总成本	
种粮大户	2019	1 357	803	50	381	1 234	123
	2020	1 373	817	55	386	1 258	115
	2021	1 381	829	59	390	1 278	103
普通农户	2019	1 453	343	511	308	1 162	291
	2020	1 462	382	502	312	1 196	266
	2021	1 472	419	483	317	1 219	253

5. 市场发展

2016 年、2017 年、2018 年水稻最低收购价分别为 2.90 元/公斤、2.72 元/公斤和 2.52 元/公斤，实际市场收购价更低。2019—2021 年的水稻最低收购价 2.54 元/公斤，市场售价普遍高于最低收购价，适合商品化的优质水稻收购价涨幅较大，在 2.8～3.0 元/公斤，个别达到 4.0 元/公斤。根据市场反馈，优质水稻市场收购价比普通水稻高出 0.4～0.6 元/公斤，订单生产的优质水稻比普通水稻市场收购价高出 1.0 元/公斤左右。

（二）主要经验

1. 大力推进农田宜机化改造

安排财政专项 1.1 亿元启动农业宜机化改造项目，并制定了《四川省丘陵山区农田宜机化改造技术规范（试行）》，明确以良田、良机、良种、良法、良制"五良"融合为牵引，支持新型经营主体综合采用工程、生物等措施，修建农机化生产道路，对农田地块开展小并大、短并长、陡变缓、弯变直改造，筑固田埂，贯通沟渠，提升地力，改善农业机械通行和作业条件，实现"三通一平"（交通干道与田间作业道路相通、田间作业道路与地块互连互通、灌排沟渠与河道贯通和地块平整），以显著提高农业机械适应性，实现旱涝保收、宜机作业。

2. 持续实施种粮大户补贴政策

在贯彻落实中央惠农政策的基础上，2011 年起四川出台种粮大户补贴政策，对种粮规模 30 亩以上的大户每亩补贴 20 元。在此基础上，2013 年实行分档补贴，进一步提高补贴标准，按照种植规模每亩补贴 40～100 元。到 2020 年，补贴标准平均在 35 元/亩。该项补贴政策的出台极大地调动了农户发展水稻规模化种植的积极性。

3. 多渠道整合项目资源

通过水稻绿色高质高效创建、农业社会化服务、高标准农田建设、粮食丰产科技工程、重大技术推广协同试点等项目的实施，不断改善基础设施条件，示范推广绿色高效种植模式，支持规模化生产，进一步调动了项目区种粮大户、示范户的种粮积极性，扩大适度规模经营面积。开展农业购买社会化服务工作，对水稻集中育秧、机插秧、病虫防治、稻谷烘干等关键环节进行补助，重点扶持了一批农技、农机、植保等专业化服务组织，大大提升了四川水稻专业化服务水平。

4. 突出抓好优质稻生产

围绕市场需求，深入推进农业供给侧结构性改革。开展"稻香杯"优质米评选活动，向种粮大户、加工企业推介优质稻新品种，大面积示范推广优质稻品种，2023年四川省优质稻种植面积达到 2 326 万亩，占全省水稻种植面积的 84％以上，其中"稻香杯"品种超过 700 万亩。建设优质稻绿色生产示范基地，发展优质稻订单生产，实现优质优价，调动了农户种植优质稻的积极性。推进优质稻示范，促进产地加工、品牌创建和效益提升。依托新型经营主体发展水稻产地加工增值，实施烘干、加工、销售"全产业链"融合模式，通过品牌打造提升水稻种植效益。

5. 努力夯实技术支撑

依托绿色高质高效创建、丰粮科技工程、水稻重大技术协同推广等重大项目的实施，开展水稻多元种植周年优质丰产增效、水稻丰产节水节肥、水稻机械化直播农机农艺融合等技术研究与集成，形成共性集成技术和区域集成技术、单项技术或专业技术 20 余项，其中水稻超高产强化栽培技术、水稻全程机械化生产技术、水稻机械化直播技术等先后成为主推技术，为四川水稻产业发展提供了科技支撑。

6. 完善科技示范推广机制

以四川省、市农业科学院、四川农业大学等科研为研究主体，以省、市、县各级农业技术服务部门为推广主体，以种粮大户、家庭农场、农民合作社为服务主体，围绕生产关键环节、关键技术需求，构建科学技术研究、示范推广、成果转化新机制。每年研究集成绿色高质高效新技术模式 2 套以上，示范推广 50 万亩以上。

（三）存在问题

1. 政策支持方面

当前实施的耕地地力保护补贴、水稻补贴等政策性补贴，平均到每个普通农户补贴标准低，行政成本高，效果不显著。再生稻是四川的特色和优势，增加了一季粮食面积，但是没有相应的补贴政策，不利于调动农户蓄留再生稻的积极性。

2. 种业发展方面

①突破性品种少、缺乏核心竞争力。近年来，虽然四川各育种单位选育、审定的水稻品种有 600 余个，但育种技术路线单一、科研资源分散、种质资源有限导致遗传基础狭窄、育种创新投入不足等，突破性品种较少，在农业推广应用中仍然是一般品种居多、主导品种和强势品种极少。②本地种子企业规模小，竞争力弱。四川种子市

场潜力巨大，种子企业形成小、散、乱、多的复杂局面，大量的小、散种子企业无品种优势、管理水平低下。同时，水稻品种与水稻种业品牌间各自为政，造成水稻种子品质参差不齐，给种子界带来恶性竞争。③品牌意识淡薄。我国《种子法》实施后四川种业经历了水稻品种保护、专营、专卖的市场抉择，越来越重视水稻品种的审定和保护，注重品种权问题及专营产品经营。水稻种子界以品种权论英雄，忽略了树立"川种"品牌。品种渠道多、同质性强、杂乱、商品化率低，难以培育出大型种业集团以应对激烈的国内外行业竞争。

3. 耕地抛荒撂荒等方面

粮食产量与价格"天花板"封顶，而农资等生产成本，特别是农村劳动力成本大幅升高，种稻效益日趋低下。随着大量青壮年农村劳动力转向城市二、三产业，耕地撂荒现象在劳力外出多、耕作条件差、区位偏远的丘陵山区仍然存在。

4. 种粮主体方面

2018 年四川纳入统计的水稻种植规模 30 亩以上的经营主体有 5 500 余户，经营面积 118.3 万亩，仅占全省水稻总面积的 4%。其中，规模在 30～100 亩的经营主体占 54.4%。种粮大户培育和适度规模经营仍然处于初级阶段。调查显示，随着种粮大户补贴标准的降低，现有种粮大户难以维持原有种植规模，有资金、有技术的种粮大户侧重于代育代栽、稻谷烘干、统防统治等能盈利的项目。大面积生产上普通农户老龄化严重，以小学、初中学历为主，接受新技术速度慢，技术推广到位难，先进技术普及难，部分种粮大户也存在技术不对路、落实不到位、管理粗放等问题。

5. 技术储备方面

品种：急需绿色超级稻品种、重金属低积累品种、特优质水稻品种、酿酒等专用品种等满足水稻高质高效生产的"四类品种"。物化产品：需要水稻专用配方肥、缓控释肥、生物肥料、高效叶面肥料、生物农药以及生长调节剂等有利于实现"一控两减三基本"目标的农资产品，同时重点进行丘陵区机械化生产适宜农机具的引进选型，形成丘陵区水稻机械化生产的农机装备体系。农机农艺融合：以农机装备的引进选型和研发为基础，通过丰产优质抗逆、宜机化品种的匹配和农机农艺技术的融合，结合智慧化、信息化技术，构建包括两大地域（平原和丘陵）的水稻机械化高效生产技术体系。绿色高质高效生产：水肥耦合、侧深施肥、药肥精准施用及病虫害物理生物防控等绿色提质增效技术，稻饲双收、一季中稻＋再生稻及稻田综合种养模式等绿色高效生产模式。

二、区域布局

1. 成都平原一季中稻区

（1）基本情况　成都平原水稻种植面积 800 余万亩，年平均气温 16.4℃，水稻生长季的 4—8 月平均气温 22.6℃，极端最高气温 36℃左右，日均温≥30℃的日数极少出现，≥10℃积温 4 500～5 000℃。年降水量 1 000～1 400 毫米，北部偏少，西南部偏多，降水主要集中在夏季，冬、春季降水量分别占年降水量的 5% 和 15% 左右。地貌为平原，少许台状浅丘。稻田土壤以冲积平原的灰潮土为主，土层深厚，结构良好，肥力较高。水利灌溉条件便利，农业基础设施优越，是四川水利条件最好的区域，干旱威胁小，水稻抽穗开花灌浆期无高温威胁。但在龙门山脉的接壤区域有不同程度的重金属污染。

（2）主要目标　2030 年水稻面积稳定在 800 万亩左右、单产达到 555 公斤/亩，总产达到 444 万吨；2035 年水稻面积稳定在 770 万亩左右、单产达到 565 公斤/亩，总产达到 435 万吨。

（3）主攻方向　以水稻全程机械化生产为抓手，大力开展有机培肥、水肥耦合、肥料机械侧深施用及病虫害绿色防控等提质增效技术的推广应用。开展信息化智能化技术的应用探索，实现机械化高质量发展，兼顾高产高效和绿色优质，带动区域优质稻米产业发展。

（4）种植结构　以"小麦（油菜）—中稻"为主，部分"蔬菜等经济作物—水稻"，少量稻田综合种养。

（5）品种结构　优选米质 2 级以上的杂交籼稻，选用株叶形态好、抗倒伏能力强的穗粒兼顾型高产品种，根据产业需求适度发展米粉、酿酒等专用稻以及功能性稻米品种。采用机插秧栽培技术，选用"稻香杯"高产优质品种，如川康优 6308、品香优稉珍等。采用机直播栽培技术，选育熟期适宜、产量高、耐迟播力强的杂交籼稻品种，如川作优 8727、泸两优晶灵等。部分区域需要重金属低积累品种，如德粳 4 号等。

（6）技术模式　"小麦（油菜）—中稻"重点发展机插秧栽培技术，"蔬菜等经济作物—水稻"重点发展机直播栽培技术。

2. 川中及川东北丘陵一季中稻区

（1）基本情况　该区水稻种植面积 800 余万亩，稻田主要分布在丘陵和岭谷，部分分布于山地。丘陵区地貌起伏，阶地广布，开阔地多，丘陵间相对高差 20～100 米，稻田主要是棕紫泥、红棕紫泥发育而成的水稻土，年降水量 850～1 050 毫米，日照时数 1 050 小时左右，年平均气温 16.0～17.5℃，≥10℃积温 4 800～5 600℃。越接近西部，伏旱危害越小、夏旱频率越高，属夏旱伏旱交错地带。该区有部分山地，稻区立体分布，多集中于中山地带，约 75% 的稻田分布在海拔 800 米以下，稻田主要是黄壤发育而成的水稻土，土质瘠薄黏重，土性酸性，年降水量 1 200～1 400 毫米，季节分配不均，夏季降水量大，秋季多连阴雨和低温，区域热量欠佳，年均日照时数 950 小时左右，年平均气温 16.2～16.9℃，≥10℃积温 4 200～4 600℃。

（2）主要目标　2030 年水稻面积稳定在 800 万亩左右，单产达到 550 公斤/亩，总产达到 436 万吨；2035 年水稻面积稳定在 770 万亩左右、单产达到 555 公斤/亩，总产达到 427 万吨左右。

（3）主攻方向 以机械化播栽为突破口，重点开展机插秧、机直播、钵苗摆栽、穴苗机抛等机械化种植技术的推广，在耕种管收等主要环节实现机械化；同时，针对前期低温、季节性干旱、洪涝及高温伏旱等制约因素，通过品种、农艺措施的优化和种植模式的革新实现抗逆丰产。

（4）种植结构 稻田种植制度以"小麦（油菜）—水稻"为主，也有部分"冬水（闲）田—水稻"。

（5）品种结构 该区以"稻香杯"优质稻品种为抓手，重点发展优质稻米产业；海拔 800 米以下稻田，重点选用丰产潜力大、抗逆能力强、综合性状良好的偏重穗型或穗粒兼顾型中迟熟杂交组合，主要品种有宜香优 2115、德优 4727、品香优桐珍、川康优 6308 等；海拔 800 米以上的山地稻田宜选用中早熟高产优质杂交水稻组合，如泸香优 8136、天优华占、泸两优晶灵等。在光热资源丰富的区域适度发展两系杂交中稻，如玮两优 8612、望两优华占、隆两优 7810、晶两优华占等。

（6）技术模式 在已完成宜机化建设的区域，有茬口限制的稻田重点推广机插秧、钵苗摆栽及穴盘机抛技术，无茬口限制的稻田重点推广机直播生产技术；在未开展宜机化改造区域进行规模化生产优选无人机"种肥药"一体化生产技术，分散田块主要推广轻简化栽培技术。

3. 川东南冬闲（水）田中稻—再生稻区

（1）基本情况 该区水稻种植面积 1 200 余万亩，占四川水稻种植面积的 40% 左右。冬闲（水）田约占 60%，稻田土壤为灰棕紫色水稻土和暗紫色水稻土，有机质丰富，土壤肥力较高。川东南浅丘、平坝、丘陵、河谷地区海拔 400 米以下地区，≥10℃积温 5 500℃，年平均气温 18.0～18.5℃，无霜期 330～350 天，年日照时数 1 200 小时，年降水量 1 100～1 200 毫米，热量条件随纬度北移和海拔增高而降低。主要气候特点是春旱、夏旱、伏旱并存，以伏旱为主；水稻生长期高湿低光强。伏旱以泸州为中心，向东向南逐渐减弱；其次是夏旱，发生频率较高的有内江、自贡、乐山和广安地区。

（2）主要目标 2030 年水稻面积稳定在 1 200 万亩左右，单产达到 550 公斤/亩，总产达到 660 万吨；2035 年水稻面积稳定在 1 160 万亩左右，单产达到 560 公斤/亩，总产达到 650 万吨。

（3）主攻方向 突破头季稻机收蓄留再生稻技术，扩大再生稻蓄留面积、提升单产水平，重点开展机插秧、钵苗摆栽、机械直播等机械化种植技术的推广，在耕、种、管、收等主要环节实现机械化；同时，通过品种和农艺措施的优化实现头季稻和再生稻生产能力的协同提升。

（4）种植结构 稻田种植制度以"冬水（闲）田—中稻＋再生稻"为主，部分为

"冬水（闲）田/绿肥（油菜）—中稻"。

（5）品种结构　优选米质 3 级以上的杂交籼稻，以三系为主，适度发展两系品种。再生稻区域，优选熟期适宜、耐热性强、再生能力好的宜机化品种，如宜香优2115、德优 4727、甬优 4949 等；冬水（闲）田一季稻机直播优选抗倒性强、熟期适宜的宜直播品种，如品香优桐珍、德香 4103、天优华占等。根据产业需求在适宜区域发展酿酒等专用稻品种。

（6）技术模式　加强开花期避高温生产技术的推广。"冬水（闲）田—中稻＋再生稻"优先选择机插秧、钵苗摆栽、机械直播等机械化种植技术，"冬水（闲）田/绿肥（油菜）—中稻"优先推广耐淹机直播生产技术，田间管理开展无人机追肥和植保技术的应用。

三、发展目标、发展潜力与技术体系

2022 年 6 月 8 日，习近平总书记视察四川时指示，四川应在新时代建设更高水平的"天府粮仓"，全省上下牢记总书记嘱托，积极行动，真抓实干，"天府粮油"等项目已初见成效。

（一）发展目标

1. 2030 年目标

到 2030 年，水稻面积稳定在 2 800 万亩，单产达到 550 公斤/亩，总产达到 1 540 万吨；优质化率（优质 2 级及以上品种）达到 50%。

2. 2035 年目标

到 2035 年，水稻面积稳定在 2 700 万亩，单产达到 560 公斤/亩，总产达到 1 512 万吨；优质化率（优质 2 级及以上品种）达到 60%。

（二）发展潜力

随着城镇化建设的加快，耕地面积逐年降低。近年来，耕地撂荒、"非农化""非粮化"的现象比较明显，稳定面积压力较大。各地通过落实粮食面积、产量目标考核、整治撂荒地复耕、发展粮经复合种植模式、腾退低效林木恢复水稻种植等多种途径，千方百计稳定水稻种植面积。

近年来，各地组装配套已有成熟技术，大规模开展高产高效活动，挖掘创造出一系列区域高产典型，如广汉采用强化栽培技术创造了亩产 853.5 公斤的四川盆地最高单产纪录，隆昌杂交水稻最高亩产 829 公斤，创川东南地区最高纪录。而 2020 年四川省水稻平均亩产 527 公斤，水稻单产还有很大提升空间。

影响单产潜力的主要因素：①耕地质量总体不高。高产稳产的高标准农田面积仅占四川耕地总面积的 30％ 左右，中低产田占耕地总面积的 60％ 以上；耕地肥力水平总体较低，水田有机质含量普遍低于 1.5％。②基础设施条件薄弱。四川省有效灌溉面积约占耕地总面积的 42％，旱涝保收面积不足 2 000 万亩，渠系配套建设严重滞后，全省灌溉水的渠系利用率仅 52％。③自然灾害高发频发。四川生态气候多样，局部地方冬暖春干、夏伏连旱十年九现，夏涝秋旱频频发生。受气候变化影响，近年来干旱、洪涝等自然灾害呈频发多发态势，发生范围广、造成的损失大。全省常年因自然灾害损失粮食 14 亿～16 亿斤。④生物灾害风险高。气候变化导致农业重大病虫害发生的时间、种类、地域出现了新的变化，重发频率显著上升，有害生物年均发生面积达 2 亿多亩次，加大了综合防控的难度。

（三）技术体系

1. 技术支撑体系

（1）稻田地力提升技术　在加快高标准农田建设的基础上，通过研究农田耕整技术、有机物料增碳提质、酸化土壤综合调理及区域养分均衡管理等地力提升关键技术，构建高标准农田地力提升的新模式，发掘中低产田产量潜力。

（2）培育绿色超级稻品种　创新水稻分子模块育种技术，创制绿色高效高产的育种新材料，培育抗病虫、高效利用肥料的绿色优质超级稻品种，适宜机械化种植的高效优质超级稻品种，耐淹、耐高温、耐旱等抗逆丰产超级稻品种，并优化品种布局，适应在四川稻区复杂生态条件和稻田种植制度下发掘水稻单产潜力的需求。

（3）建立两大区域水稻农机农艺融合技术模式　在生产条件优越的平原地区，以资源高效利用和绿色高质为目标，以实现高产高效为核心，以推动农机社会化服务为导向，开展关键环节装备的引进和技术创新集成，实现水稻全程机械化高质量发展；在生产条件复杂、基础设施薄弱的丘陵区，以播栽环节机械化为突破点，针对不同生产条件开展农机新装备的引进研发和技术创新集成，全面提升丘陵区机械化水平。

（4）构建水稻绿色高质高效生产技术体系　以机械化生产为手段，研究氮肥后移、缓控释肥施用、机械侧深施肥及智能化精量施肥等节肥高效技术，病虫害防治前移、物理生物防控及增效助剂应用等减药高效技术，优化育秧方式、水肥管理及群体促控等农艺措施，探索稻田综合种养及种养循环模式下的绿色增产模式，构建水稻绿色高质高效生产技术体系，协同提升区域稻田系统生产力、资源利用率和保障生态环境健康。

（5）发展水稻粮饲协同生产新模式　针对四川稻田温光资源"两季有余三季不足"的现状，利用再生稻生产技术，改"一季中稻"为"一季饲用稻＋一季再生稻"或"一季中稻＋一季再生饲用稻"，研究探索稻田口粮、饲用粮、酿酒专用粮协同发展的配套新品种、新机具、新技术，实现种养循环、绿色高效，在确保口粮高质有效供给的同时为牛羊产业发展提供饲用粮新来源。

(6) 优化抗逆避灾丰产技术体系　以抗旱性强的水稻品种为基础，进一步优化以旱育秧、覆盖栽培、干湿交替灌溉等技术为核心的抗旱性栽培技术，研究丘陵区避旱迟播丰产栽培技术，探寻旱稻品种在季节性干旱稻区应用的技术途径；完善品种耐热性鉴定技术，并通过水肥管控、微量元素配施及生长调节剂化控等措施的配套，优化水稻耐高温栽培技术；筛选水稻耐低温厌氧品种，探索冬水田水稻耐淹直播生产技术。此外，建设监测预报技术体系，提前落实防灾减灾和病虫害防治措施，有效利用现有的技术措施和工程措施，减轻自然灾害和病虫害对水稻生产造成的损失。

2. 政策配套

采取多种措施稳定水稻种植面积、提升水稻产量潜力。①落实惠农政策稳面积。扎实抓好耕地地力保护补贴、水稻补贴、种粮大户补贴等惠农政策的落实，提高种粮积极性。②改善中低产田挖掘单产潜力。加快高标准农田建设和丘陵区宜机化改造，提升耕地地力，改善中低产田生产能力、提升丘陵区农机化水平。③提高种植效益稳面积，通过培育壮大新型经营主体、改善生产条件、发展粮经复合种植等措施提高种植效益，防止耕地"非粮化"。④抓好撂荒地治理稳面积。鼓励通过土地股份合作、流转经营、代耕代种等方式对撂荒地开展复耕复种，千方百计深挖粮食扩种潜力。⑤强化配套服务稳面积，通过开展集中育秧、生产托管、农机换人、助耕帮扶等措施，解决水稻生产劳动力短缺问题。⑥加强"稻香杯"高产优质新品种新技术的应用，开展省级"高产竞赛"，将之纳入各地全年粮食生产目标考核，加大水稻重大项目支持力度，加快新品种新技术的应用推广。

四、典型绿色高质高效技术模式

（一）小麦（油菜）茬全程机械化集中育秧技术

针对小麦（油菜）两熟种植制度下传统机插秧育秧技术存在的育秧难度大、风险高、秧苗素质差等问题，为破解水稻全程机械化、规模化生产发展瓶颈，创新集成的四川水稻全程机械化育秧技术，比传统育秧技术更加先进实用、节本省工和安全高效，具有机械化作业效率高、规范性强、秧苗素质好等优势，可满足当前水稻规模化生产和农机社会化服务高质量发展需求。

1. 品种选择

选择适宜机插秧种植的抗倒伏优质品种，小麦（油菜）茬口选择全生育期不超过155 天的品种，如品香优桐珍、品香优美珍、川康优 6308 等。

2. 关键技术

（1）硬盘育秧、全程机械化转运　采用可叠盘的 30 厘米水稻育秧硬盘，便于暗化催芽、机械化转运作业。同时，根据实际育秧条件选择机插秧精量播种流水线（具备自动装盘、育秧基质提升、秧盘叠放等功能，用于播种和叠盘）、装卸机械（铲车、提升机等，用于育秧营养土、育秧基质等物料的转运和装卸）、转运机械（叉车、传送带、农用运输车等，用于完成秧盘→暗化场→秧田→秧厢→大田（秧毯）转运作业）、植保无人机（秧田病）、虫害防治，实现育秧全程机械化转运。

（2）适时精量播种　依据前作收获时期确定播期，如成都平原水稻—小麦（油菜）两熟种植制度下的适宜播种期是 4 月 15—25 日，秧龄一般为 25～35 天。播种量为"依重定量"：杂交稻种子千粒重小于 25 克，每盘播量为 70～80 克；种子千粒重为 25～30 克，每盘播量为 80～90 克；种子千粒重大于 30 克，每盘播量为 90～100 克。

（3）旱地宽厢育秧　选择排灌方便、光照充足、运输方便的地块，按秧田面积∶大田面积为（1∶100）～（1∶120）准备秧田。秧田旋耕后进行平整压实，便于机械化转运作业；机械化开沟作厢，厢面宽 3.6～3.8 米，厢沟宽 0.3～0.5 米，沟深 0.3～0.4 米，厢面应平整且高差不超过 3 厘米，秧田四周开边沟，确保排灌顺畅。

（4）暗化出苗　将秧盘按照 25～30 盘在托盘上进行堆叠，最上面放置一张无种子装土秧盘，每个托盘放 150～180 张秧盘。利用机械将托盘转运至暗室进行暗化催芽，暗室温度控制在 32℃左右，湿度控制在 90％以上，培养 3 天左右；或利用机械将托盘转运至暗化场用黑色农膜等遮光保温保湿进行暗化催芽，托盘间适当留空隙并放置温度计，白天温度过高（温度不超过 32℃）应通风降温，晚上应做好保温措施，待种芽立针（80％的种子芽长 0.5～1.0 厘米）时采用机械转移到秧田进行摆盘。

3. 管理措施

（1）育秧基质准备　自制营养土，选择疏松肥沃的菜田土，晾至含水量为 15％～25％，机械粉碎过筛备用（粒径小于 5 毫米），每吨土壤中加入 3～4 公斤育苗伴侣后充分混匀，制成营养土。选用商品育秧基质时应选适宜杂交中稻育秧的商品育秧基质。

（2）播种作业　播种前对播种流线进行检测和调试，调节铺土装置和压轮，确保秧盘底土（自制营养土或育秧基质）厚度为 2.0～2.5 厘米、表面平整；调节洒水装置，确保底土充分吸水；调节播种装置，精确控制播种量；调节覆土装置，覆土厚度 0.5 厘米左右，确保种子全部被覆盖。

（3）秧田管理　摆盘后用无纺布覆盖保温保湿，防止鸟、虫危害，根据苗势及气温变化，适时揭膜炼苗。摆盘至 3 叶期秧盘保持湿润，厢沟水保持与厢面齐平，灌水时以水不淹没秧盘为宜；3 叶期后，控制灌水，以床土不发白、中午不卷叶为准；提前 2～3 天断水起秧，提高起秧和栽插质量。育秧中后期可以依据秧苗长势进行化控，严格控制秧苗高度。

（二）水稻机械化种植同步侧深施肥技术

针对四川水稻机插秧生产提质增效的迫切需求，以节肥增产、省工高效、绿色优质为目标，创新集成的水稻机械化种植同步侧深施肥技术，可在水稻机插时同步完成精确定量深施肥〔在播（栽）侧面 3～5 厘米、深度约 5.5 厘米的区域开沟施肥，再利用泥土覆盖〕。该技术具有促进秧苗早生快发、提高肥料利用率、省工节本、增产增效等优势，能够满足四川水稻规模化种植产量、效率、效益协调提高的要求。

1. 品种选择

选择适宜机械化生产的优质、高产、抗逆性强、分蘖力强的水稻品种，如品香优美珍等。

2. 关键技术

（1）土地耕整　前茬作物收获后及时泡田整田，待泥土沉实 2～3 天后田面水层深度不超过 1 厘米时进行机械作业。小麦（油菜）茬可先粉碎秸秆后浅水整田。

（2）机械选择　选择可以同时进行精量施肥和插秧作业的侧深施肥插秧机，一次栽插行数≥6 行，行距为 25～30 厘米，株距 12～24 厘米，缺穴率≤5%，一次可载秧盘数≥12 盘，作业速率≤1.5 米/秒；载肥量≥100 公斤，能将肥料均匀施在水稻根系侧面（5.5±0.5）厘米、距泥面（5.5±0.5）厘米的区域。

（3）肥料配置　选择颗粒状的复合肥、缓控释复合肥，肥料要求挤压硬度高、粒径适宜（3～5 毫米）、成型好、吸湿性弱。中等肥力田块施氮量 8～10 公斤/亩，氮磷钾比例以 2∶1∶1 为宜。

3. 田间管理

（1）培育壮秧　正确执行水稻机插育秧秧田准备、营养土配置、播种、秧田管理等环节的操作规范，确保苗齐、苗匀、苗壮。

（2）机械作业　秧苗机插时根据品种类型合理安排取秧量，每亩栽插不少于 12 000 穴，以保证足穗；同时插秧深度不超过 5 厘米，作业速度以"中速"为宜，不超过 1.2 米/秒。进行机械作业前，检查施肥器流畅性，根据肥料的养分含量调节施肥量；作业过程中，及时补充肥料，检查施肥管道是否堵塞；作业结束后，清理残余肥料，避免受潮腐蚀和堵塞管道。

（3）水分管理　按照"浅水活苗，干湿分蘖，够苗晒田，干湿灌浆，收获前 7～10 天排水"的原则进行。

（三）川东南杂交中稻—再生稻绿色丰产增效技术

杂交中稻—再生稻是川东南冬水田区增加粮食产量的重要途径之一。针对再生稻产量低、年度和地区间不平衡等技术问题，以充分利用冬水田秋季温光资源为核心形成了川东南杂交中稻—再生稻绿色丰产增效技术，具有一种两收、省时、省工、省种、省肥、节水、提升稻米品质、增产增效、促进资源节约及高效利用等优点，是区域稻田特色种植模式和增加复种指数的重要增产技术途径。

1. 主推品种

选择头季稻产量高且抽穗开花期耐高温的强再生力杂交组合，如宜香优 2115、德优 4727、甬优 4949 等。

2. 关键技术

（1）精量早播、培育适龄壮秧　可选择工厂化育秧或小拱棚地膜覆盖保温育秧方式，集中培育钵苗机插秧、毯苗机插秧或普通旱育秧。

（2）适龄早栽、合理密植　因地制宜选择水稻宽窄行人工栽插、毯苗机插、钵苗机插等方式，日平均气温达到 14～15℃、叶龄 4 叶左右时即可栽插，以确保秧苗低位节早发、多发分蘖，培育头季大穗、增加再生季母茎数。

（3）早施重施促芽肥育壮芽　在杂交中稻抽穗后 10～15 天提早施用粒芽肥，根据头季稻抽穗期的长势看苗施肥，一般施粒芽肥（尿素）15～20 公斤/亩。

（4）头季稻见芽收获、高留稻桩　以休眠芽开始破鞘现青时确定头季稻收割时间，促进休眠芽早发、快发、多发；收割时留桩 33～40 厘米，保证再生稻安全抽穗开花。

3. 田间管理措施

（1）水分管理　头季稻分蘖前期以湿润或浅水干湿交替灌溉，促进分蘖早生快发，分蘖后期全田总苗数（主茎数＋分蘖数）达到每亩 15 万～18 万时排水晒田，穗分化至抽穗扬花期浅水灌溉促大穗，灌浆结实期干湿交替灌溉，养根保叶促灌浆，头季稻收获后高留稻桩稻田须建立一定水层，若遇高温伏旱，还应用田水浇稻桩，防止稻桩上部失水干枯死芽导致再生稻穗数不足影响产量。

（2）施肥管理　头季稻每亩施含氮量 13%～15% 的尿素型复混肥（BB 肥）50 公斤作基肥，栽秧后 7～10 天亩施尿素 10～15 公斤，或亩用基肥一道清专用复合肥 35～40 公斤。

（3）病虫害防治　根据当地植保部门的预测预报，及时做好稻蓟马、稻螟虫、稻飞虱、稻瘟病、稻纹枯病等病虫害的防治。

（四）优质稻绿色高效生产技术

针对四川长期以来稻米产业"稻强米弱""杂交稻米不好吃""优质不优价"等问题，以高食味优质稻品种产业化为目标形成的优质稻绿色高效生产技术，可为发掘优质杂交稻品种的优质潜力、打造一批优质稻米品牌，推动优质稻米产业化发展提供技术支持。

1. 品种选择

选择外观和口感食味受到市场认可的优质杂交稻品种。在同一区域，选择单一品种或粒型、直链淀粉和食味差异较小的少数品种，如品香优桐珍、宜香优 2115、川优 6203、品香优美珍、川康优丝苗、德优 4727 等优质品种，实现优质杂交稻规模化生产，单类型品种收购、储藏和加工，保证稻米产品的质量持续稳定。

2. 关键技术

（1）播栽期优化调节技术　籼型优质杂交稻品质形成的最佳籽粒灌浆结实期日均气温为 23～27℃，结合品种生育期，合理选择前茬并适当调整播栽期，避开灌浆结实期高温。在平原地区，品质产量俱佳的抽穗期在 7 月中下旬至 8 月中旬，以此为标准调节播栽期；丘陵区将优质杂交稻的抽穗期调节到 8 月上中旬，将成熟收获期调节至 9 月中下旬；川南适宜再生稻区域，因高温持续时间长，宜早播早栽，头季稻收获中等品质稻米，再生稻季灌浆期间气温回落至 25℃ 左右，收获高等级优质稻米。

（2）大穴稀植技术　扩大栽插行距或穴距，确保田间移栽穴数 0.9 万～1.1 万穴，人工移栽基本苗 2.5 万～3.0 万/亩、机插秧基本苗 3.5 万～4.0 万/亩，为植株健壮生长创造良好的通风透光、减少病虫害发生和提高品质的群体生境条件，为栽培管理提供作业通道，为稻鸭（鱼）共作中鸭（鱼）的活动提供空间。

（3）养分高效管理技术　前作秸秆全量机械翻埋还田，改良稻田土壤结构，平衡土壤矿质营养元素，同时增加氮肥前期施用比例并干湿交替灌溉促进秸秆分解。减施氮肥 20% 左右，增施有机肥替代部分化学肥料，化学肥料施用宜选用环境友好型肥料，如多肽尿素、包膜缓控释肥、有机无机复混肥，并配施硅肥和微量元素肥料以增强植株抗性。

3. 田间管理技术

（1）肥料施用　氮肥施用量为 8～10 公斤/亩，基蘗肥∶穗肥以 7∶3 为宜，$N∶P_2O_5∶K_2O$ 为 2∶1∶2，钾肥施用采用中移技术，即在主茎拔节期施用钾肥 5～8 公斤/亩，既能塑造粗壮抗倒的茎秆和挺拔坚韧的叶姿，又有利于籽粒灌浆和稻米品质改善。

（2）水分管理　利用河流、水库和蓄水池的无污染水源灌溉，灌溉时在出水口安装去污装置，去除灌溉水带入的垃圾。因地制宜发展稻鸭共作、稻鱼共作等稻田生态种养模式，丰富生态系统生物多样性，增强系统抗逆能力。秧苗移栽后浅水勤灌，群体茎蘗数达到预定穗数的 80%～90% 时开始晒田。晒田复水后，以浅水层和湿润交替灌溉为主，既不能长期干旱，也不要长期保持水层，避免土壤再次恢复到陷脚状态。抽穗后 25 天到成熟，以湿润为主，养根保叶，确保品质产量协同提高。

（3）病虫草害防控　着眼优质稻米质量安全，保护生物多样性，减少环境污染，病虫草害防控措施由主要依赖单一化学农药防治向绿色防控和综合防治转变。通过理化诱控、驱避技术、生物防治等，结合当地病虫测报和田间观测调查，选用生物源农药或高效低毒低残留农药，利用无人机等现代植保机械精准施药防治螟虫、稻瘟病、纹枯病、稻曲病和杂草等，坚持"预防为主、综合防治"。

（五）多元种植水稻机直播生产技术

四川地形复杂、前茬多样，随着社会经济的发展农村劳动力匮乏的问题愈发突出，迫切需要省工节本的机械化生产技术。水稻直播技术省去了育苗移栽工序，有利于机械化种植，是规模化生产的可选择技术之一。针对当前水稻规模化生产进一步节本省工和稳产高产的需求，研究形成的水稻机直播生产技术，解决了低播量直播技术实现难度大、生产风险高、产量低而不稳问题，相较于传统人工直播技术，具有机械化程度更高、规范性更强、稳产性更好、产量潜力更大的优势，满足了当前规模化经营的要求，较好地解决了"谁来种田"的问题。

1. 品种选择

根据不同茬口选择适合当地生态条件的高产、抗病、抗倒伏能力较强的水稻品种。早茬杂交稻优选耐密抗倒优质稻品种，品种生育期与当地育秧移栽品种生育期相同；迟茬杂交稻优选"日产量高"的耐迟播品种，品种生育期比当地育秧移栽品种生育期短 10～15 天。

2. 技术关键

（1）"一播全苗"技术　浸种包衣，采用 S-诱抗素、烯效唑及复配型浸种剂等药剂进行浸种，浸种 48 小时后催芽至破胸露白；精量播种，依据不同茬口直播杂交稻丰产群体质量指标，采取"依种定量"和"依茬定量"的方法，确定早茬 65～75 粒/米^2 及迟茬 75～85 粒/米^2 的精准播种密度；控水促芽，出苗阶段采用以干为主的（－15～0 千帕）干湿交替灌溉模式促进种子出苗整齐；小麦（油菜）茬耕整，前茬收获后灭茬干旋一次，水田直播灌水 3～5 厘米后旋耕起浆，3～5 小时后机械直播，旱地直播二次浅旋整平后机械直播。

（2）"播封同步"除草技术　直播稻杂草出苗高峰期位于播后 10～30 天，宜采用芽前封闭处理。采用 60％丁草胺或 30％丙草胺＋10％吡嘧磺隆等对水稻发芽安全的除草剂，配套播封同步机具在播种的同时进行封闭除草作业，可实现规范化高效除草，解决直播稻田除草难的问题。

（3）机械侧深施肥　将缓控肥（30％）和普通肥料（70％）混合，在机械播种时同步侧深施，苗期配套轻干湿交替灌溉技术（－15～0 千帕），可有效提高氮肥利用率，实现减氮稳产。

3. 田间管理

（1）播前土地耕整　前茬作物收获后，泡田整田，待泥土沉实后，田面无明显积水时播种。麦茬可先粉碎秸秆，之后干旋上水，待田面无明显积水时旋耕一次，随后播种。

（2）田间水肥管理　亩施纯氮 10～12 公斤，N、P_2O_5、K_2O 配比为 2∶1∶2，氮肥基肥、分蘖肥、穗肥比例为 6∶2∶2。水分管理按照"湿润出苗，浅水分蘖，够苗晒田，干湿灌浆，收获前 7～10 天排水"进行。

（3）病虫草害防治　播种后 3～5 天，排水后田面湿润无积水时采用芽前除草剂进行封闭除草，秧苗 4～5 叶时进行第二次化学除草，6～7 叶左右时视田间杂草情况进行选择性防除。秧苗现青后勤观察、常检查，适时防治青枯病、立枯病、稻瘟病、稻蓟马、稻飞虱和潜叶蝇等苗期主要病虫害；抽穗期主要针对螟虫、稻纵卷叶螟、稻飞虱、纹枯病、稻曲病和稻瘟病等病虫害进行防治。

五、重点工程

（一）经营主体培育工程

加大种粮大户、家庭农场、农民专业合作社、龙头企业等新型经营主体和社会化服务主体培育力度，重点培育一批服务功能齐全、经济实力较强、运行管理规范、具有自主服务品牌的生产专业化服务企业或组织，不断提高社会化服务水平。支持和鼓励生产新型经营主体或社会化服务组织主动对接小农户，通过社会化服务或托管代种等形式带动小农户发展，实现小农户与现代粮食产业有效对接。加快引进扶持一批产业化龙头企业，以产业化龙头企业为纽带，鼓励企业与上下游各类新型经营主体成立产业联盟，构建支撑产业规模发展、全产业链发展的现代粮食经营体系和服务体系。

（二）耕地质量提升工程

以高标准农田建设为支撑，大规模开展田网、渠网、路网"三网"配套和耕地地力建设，积极推进机械化、规模化、标准化"三化"联动，深入开展耕地质量保护和提升行动，加大测土配方施肥、秸秆还田、增施有机肥、绿肥种植、绿色防控等技术的推广力度，促进化肥农药减量增效，保护和提升耕地质量，努力实现农田排灌能力、农机作业能力、耕地生产能力"三力"提升，确保耕地持续、高效产出，"五良融合"发展，稳定提升产能。

（三）科技创新驱动工程

实施种业提升行动，牢牢抓住种业"芯片"核心竞争力，充分发挥作物育种攻关、现代农业产业技术体系四川创新团队科技的支撑作用，用好用活国家、省级重点实验室、工程技术研究中心等资源，加快选育一批高产、优质、抗逆性强、适合机械化作业的突破性水稻新品种，推动现代种业强省建设。加强农业绿色高效技术创新应用，组建水稻重大技术协同推广团队，创新"两基地一站点一主体"协同技术推广模式，实现农业科技成果就近快速产业化。

（四）农机装备提升工程

加强农机科技研发能力建设，积极搭建平台，组织科研院所、高等学校、装备企业协同开展基础前沿、关键共性技术研究，加快适配机械的研发、筛选，特别是适合丘陵、山区播种、收获等重点环节的小型机械的研发。提高农机装备总量，推广新型节能农机，优化配置结构，改善农机作业基础条件，健全农机社会化服务体系，创新服务模式，推动小农生产、丘陵山区作业的小型农机和平原大中型农机协同发展，全面提升农机装备服务能力。

（五） 防灾减灾示范工程

健全农业气象信息服务网络，切实强化产前、产中、产后的农业气象灾害的监测预警和保障服务能力。加快农业重大有害生物灾害区域监控站建设，完善乡镇一级病虫群测点，提高病虫预报准确率；加快航空植保技术、病情遥感预测预报技术、物联网农业大数据植保系统等高新技术的开发与应用，提升预警能力；狠抓绿色防控技术推广和专业化统防统治示范区建设，力争将灾害损失率控制在 5% 左右。

六、保障措施

（一） 建立组织保障体系

落实粮食安全党政同责具体办法，把粮食生产相关工作纳入粮食安全省长责任制和乡村振兴考核范畴，将考核结果作为党委、政府主要负责同志和领导班子绩效考评的组成部分，建立粮食主产县党委、政府逐级述职制度。同时，每年对发展粮食生产贡献突出的产粮大市、产粮大县、先进集体、先进个人进行表彰奖励，提高地方政府重农抓粮、农民群众务农种粮的积极性、主动性。

（二） 完善政策扶持体系

落实好产粮大县奖励、完善稻谷最低收购价、稻谷补贴等扶持政策，新增扩大农机购置补贴政策用于水稻生产、初加工机具补贴范围。建立以绿色生态为导向的农业补贴政策，采取财政扶持、信贷支持，鼓励新型农业经营主体开展合作式、订单式、托管式等生产经营服务模式，发展社会化服务。落实配套设施建设用地政策，支持新型经营主体建设晾晒、烘干、仓储、加工等配套设施。

（三） 创新金融支持体系

鼓励金融机构完善信贷管理机制，创新金融支农产品和服务，拓宽抵质押物范围，探索开展粮食生产规模经营主体营销贷款试点，加大信贷支持力度。完善政府、银行、保险公司、担保机构联动机制，深化小额贷款保证保险试点，优先在"两区"试点推广"保粮惠农贷"综合金融服务。推动农业保险全覆盖，健全大灾风险分散机制，加快推进三大粮食作物完全成本保险的实施。

（四）健全科技支撑体系

积极组织产业科技力量，重点针对突破性新品种、全程机械化等发展瓶颈创新研究，联合攻关，推动新技术、新品种、先进模式在水稻生产上的应用。建立完善品种选育机构＋种业企业＋加工龙头企业＋新型农业经营主体的产、学、研、推一体化的农业科技创新应用新机制，加快科技成果产业化发展落地。加强农业技术推广服务体系建设，加大乡镇农业综合服务站建设力度，完善设备设施，着力培养一批懂农业、爱农村、爱农民的现代农技推广队伍。组建水稻产业联盟，大力培育产业带头人，用好用活现有科技资源，整合企业资源，促进科技成果的快速转化应用。

贵州

贵州水稻亩产 460 公斤
技术体系与实现路径

一、水稻产业发展现状与存在问题

（一）发展现状

1. 生产

2011 年以来，贵州省水稻种植面积稳定在 800 万亩以上（占全省粮食种植面积的 20.0%以上），2016 年水稻种植面积最大，达到 1 071.4 万亩，2016 年水稻总产最高，达到 456.0 万吨；2023 年水稻单产达到 425.1 公斤/亩，较 2011 年的 306.0 公斤/亩提高了 119.1 公斤/亩，增幅为 38.9%（表 1）。水稻种植模式主要为一季中稻。

表 1　2011—2023 年贵州省粮食、水稻生产情况

年份	水稻			粮食		占比	
	面积 （万亩）	总产 （万吨）	单产 （公斤/亩）	面积 （万亩）	总产 （万吨）	水稻面积 占比（%）	水稻总产占比 （%）
2011	1 052.1	322.3	306.0	4 683.3	1 242.5	22.5	25.9
2012	1 060.5	426.7	402.7	4 666.0	1 264.3	22.7	33.8
2013	1 068.9	383.1	358.7	4 681.4	1 210.6	22.8	31.6
2014	1 071.2	427.6	399.3	4 636.3	1 175.9	23.1	36.4
2015	1 066.6	442.7	415.3	4 552.6	1 075.8	23.4	41.2
2016	1 071.4	456.0	425.3	4 545.2	1 161.7	23.6	39.3
2017	1 050.8	448.8	427.3	4 526.6	922.9	23.2	48.6
2018	1 007.7	420.7	417.3	4 435.7	1 079.4	22.7	39.0
2019	997.1	423.8	425.3	4 064.1	1 051.2	24.5	40.3
2020	997.7	414.4	416.0	4 131.0	1 058.0	24.2	39.2
2021	997.5	417.4	431.2	4 181.6	1 094.9	23.9	39.7
2022	920.7	395.0	429.0	4 183.1	1 114.6	22.0	35.4
2023	860.6	365.8	425.1	4 160.7	1 119.7	20.7	32.7

2. 品种

2011 年以来，贵州省育成并通过审定的水稻品种有 266 个，达部标 2 级及以上的品种共 45 个，约占审定品种的 17.0%，审定品种类型以杂交稻为主，杂交稻以籼

型三系杂交稻为主（表 2）。

表 2　2011—2023 年贵州省审定水稻品种

年份	总数（个）	籼型三系杂交稻（个）	籼型两系杂交稻（个）	粳型三系杂交稻（个）	粳型两系杂交稻（个）	籼型常规稻（个）	粳型常规稻（个）	籼粳三系杂家稻（个）	部标 2 级及以上品种（个）	优质达标率（%）
2011	13	9				2		2	2	15.4
2012	10	10							0	0
2013	13	9						4	0	0
2014	15	12	2				1		1	6.7
2015	10	7	1	1			1		0	0
2016	12	9	2	1					1	8.3
2017	16	13		1		1		1	2	12.5
2018	24	19	3	2					2	8.3
2019	31	22	5	3		1			8	25.8
2020	18	11	5	1			2		3	16.7
2021	35	29	2	1		1	2		9	25.7
2022	42	32	5	2		2	1		6	14.3
2023	26	16	7			2	1		11	42.3
总计	266	198	32	12	2	8	13	1	45	17.0

水稻种植品种以杂交稻为主，10 万亩以上的推广品种优质化率逐步提高。2023 年种植的杂交稻品种主要有宜香优 2115、泰优 808、中浙优 8 号、野香优莉丝、泰优 390、渝香 203、品香优桐珍、泰优 98、中浙优 10 号等。

优质稻品种不断增加。贵州省在大力推广优质杂交稻的同时，充分利用自然资源优势，大力发展特色常规优质稻，"茅贡""贵卓""大凉山""凤欣""阿哈""梵净山""锡利""黔丹"等优质稻米品牌在国内已小有名气。2023 年贵州省优质稻种植面积达到 603.29 万亩，占全省水稻种植面积的 65.78%，全省国标 1 级以上优质稻面积 135.93 万亩，以大粒香、玉针香、野香优莉丝、泰优 808 等品种为主；国标 2 级以上优质稻种植面积 423.03 万亩。其中红米面积 7.84 万亩、黑糯米 1.47 万亩、香禾 8.5 万亩、米粉专用稻 2.52 万亩；红米主要有小红稻、红早 1 号等品种，黑米主要有黑糯 70、惠水黑糯等常规黑米品种，香禾主要有苟当 1 号、苟当 2 号、苟当 3 号、白糯禾等优质香禾品种，米粉专用稻主要是以黔优 35 为代表的高出粉率品种。

3. 耕作与栽培

2011 年以来，贵州省水稻生产主要涉及水稻"两增一调"高产高效技术、水稻病虫害全程绿色防控技术、杂交水稻绿色高效精确栽培技术、水稻无纺布旱育秧技术、湿润育秧技术、水稻温室两段育秧技术、稻田综合种养技术、水稻钵苗机插技术等，因地制宜推广精确定量栽培以及水稻抛秧、全程机械化、直播等轻简化栽培技术。

水稻育秧技术水平进一步提升。2011 年以来，贵州省主要育秧手段有水稻无纺布旱育秧、湿润育秧、营养盘育秧、水稻温室两段育秧等。由于地处山区、地势不平等原因，水稻集中育秧发展较晚，但近年来集中育秧面积呈增加趋势，2023 年达到148.74 万亩。2014 年从江苏引进了钵苗育秧技术，2015 年开始探索本地化技术试验示范，通过与无纺布保温育秧技术结合，创新形成了无纺布钵苗育秧技术，2023 年该技术大田种植面积 95.55 万亩。

"绿色＋"扎实推进。以 2011 年联合国粮食及农业组织授予从江县"稻鱼鸭复合系统"为契机，贵州省加大了稻田综合应用开发力度，经过实践摸索，2016 年率先在全国提出"绿色＋"理念，通过近年来的技术攻关与集成，丰富和完善了"绿色＋"技术体系。"绿色"是指必须符合生态文明建设和可持续发展要求。"＋"是广义的集成与融合：一是实行稻作外部融合的"＋"，即稻与其他作物、鱼禽的共生协同与轮作，与第二、三产业的融合发展，包括稻渔共生、稻禽（蛙）协同、稻渔鸭复合系统、稻经轮作、稻＋精品米产业化、稻＋农旅一体化等方面的融合发展；二是实行稻作内部绿色栽培技术集成的"＋"，即绿色优良品种、绿色耕栽、绿色施肥、绿色防控等绿色高效栽培技术的集成应用。2023 年稻渔共生 173.7 万亩，稻鸭 46.6 万亩，并有小范围的稻鳅、稻蟹、稻蛙、稻鳖等示范。"绿色＋"的推进有效降低了水稻生产的化学品投入，提高了稻米品质。

水稻耕种收综合机械化进一步发展。贵州省水稻耕种收综合机械化水平远远高于主要农作物耕种收综合机械化平均水平，水稻机械化耕作发展最快，其次是水稻机械化收获，但水稻机械化种植和烘干环节较为薄弱。田间播种和插秧管理环节仍以人工为主，机插秧和机直播占比较小；收获和产后干燥环节，普通农户采用人工形式，部分种植大户和专业合作社采用机械化形式。水稻病虫草害防治中专业化服务组织防治面积逐渐增加，以代防代治（个体服务）、全程承包（合作社）为主，企业防治较少。

4. 成本

2011—2021 年，人工成本、种子成本、化肥成本均呈持续增长趋势，育秧成本、机械成本和农药成本在小范围内波动，变幅较小，各生产成本表现为人工成本＞化肥成本＞机械成本＞种子成本＞育秧成本＞农药成本。其中，与 2011 年相比，2021 年人工成本增加了 24.7％、化肥成本增加了 51.2％、机械成本增加了 18.2％、种子成本增加了 24.0％、育秧成本增加了 10.5％、农药成本增加了 43.8％。2011—2021年，化肥成本增幅最大，育秧成本增幅最小。根据市场调查结果，2022 年化肥价格上涨 50％以上（图 1），影响了水稻种植效益。

2011—2021 年贵州省水稻生产成本呈增加趋势。2021 年产值较 2011 年增加了84.6％，成本增加了 27.0％（图 2）。

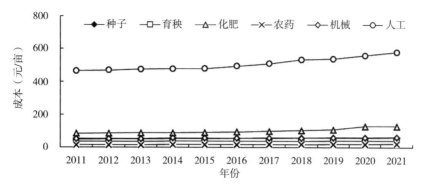

图 1　2011—2021 年贵州省水稻生产成本

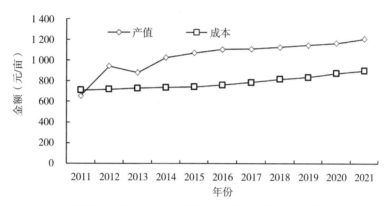

图 2　2011—2021 年贵州省水稻生产成本和产值

5. 市场发展

近年来，大米市场批发价格有不同程度的增长。2021 年，普通大米批发价约为 5.00 元/公斤，中端大米约 6.20 元/公斤，高端大米约 28.00 元/公斤。目前普通大米和中端大米价格略有提高，每公斤增加 0.4 元。普通大米平均收购价 3.0～3.6 元/公斤，优质大米平均收购价 4～6 元/公斤。

（二）主要经验

1. 实施高标准农田建设、坝区农田基础设施建设项目

通过实施高标准农田建设、坝区农田基础设施建设项目，补贴农田基建，提高农民种粮积极性。截至 2023 年，贵州省累计建成高标准农田 2 404.3 万亩，2023 年新建高标准农田 193.3 万亩。同时，印发《贵州省高标准农田建设质量提升行动试点方案》，在全省选择 20 个县先行试点，统筹整合各级、各部门、各渠道财政投入资金，加强与市场主体的合作，扩大项目建设资金来源和投入力度，集中力量建设高标准农田，提升基础设施配套水平。

2. 组织实施绿色增产增效技术示范推广项目、深入推进化肥农药减量增效

认真贯彻落实农业农村部绿色高质高效行动，组织实施绿色增产增效技术示范推广项目，积极推广"绿色稻＋"技术，鼓励和扶持农民专业合作社、企业参与，发展了一批稻鱼、稻虾、稻蛙企业或大户，并在有条件的地方培育了一批农业龙头企业。同时，开展农民专业合作社专项清理规范提升行动，推动贵州省农民专业合作社从数量增长向高质量发展转变。目前，贵州省登记注册的从事生态渔业的农民专业合作社1 486个，其中稻渔综合种养合作社600余家。近年来，贵州省为深入推进化肥农药减量增效、减少农业面源污染，下发专项行动方案，制定印发了一系列文件，通过不断完善病虫害预警监测体系，推动绿色防控与统防统治融合发展，大面积推广测土配方施肥，强化有机肥资源化利用，推进科学施肥用药，化肥农药减量增效成效明显。

3. 建立利益联结机制、实行订单收购

各地经营主体主要通过土地租赁、优先用工、保底分红等方式建立利益联结机制，或通过"统一发放苗种、统一技术规范、统一管理"等形式，实行订单收购（高于市场价回收）保证农民的种养积极性，同时提高农民收入。在宣传推介方面多角度开展品牌宣传，通过自身融媒体平台等宣传"稻花鱼"品牌，开设专栏或专题、出版封面专号杂志、拍摄系列纪录片、微视频、编印《生态渔业信息专报》等多种形式宣传产品；组织企业参加省直机关秋冬季农产品订货和农产品产销对接会、中国国际农产品交易会、特色农业招商推介会等农产品展销活动，推介稻渔产品，促进稻渔产品实现"优质优价、丰产丰收"。

4. 积极支持稻渔、稻米品牌创建

近年来，贵州省积极支持企业、合作社、行业协会等主体开展稻渔、稻米品牌创建，开展"两品一标"认证。目前，全省共培育大米品牌161个，获得认证有机产品31个、绿色食品23个，从江贵州月亮山九芗农业公司稻鱼鸭稻米系列品牌，其香禾糯稻谷收购价8元/公斤，比普通稻谷价格高一倍，加工成精米后，香禾糯米最高可达68元/公斤；平坝区昊禹米业公司开发的鸭稻米品牌产品，在贵阳大型超市均有销售，售价10元/公斤。培育稻渔品牌9个，"从江田鱼""剑河稻花鲤"均获得国家农产品地理标志认证，铜仁市德江县荆角乡角口专业合作社"稻田鱼"获得有机认证。

5. 延长产业链，推动一二三产业融合发展

近年来，贵州省政府认真贯彻落实中央文件精神，出台了《关于推进农村一二三产业融合发展的实施意见》等文件，鼓励经营主体发展农产品加工、销售，拓展合作领域和服务内容；开展农产品直销和发展电子商务。一产方面，整合各部门项目资金，加强稻田综合种养产业的标准化与规模化建设。二产方面，鼓励经营主体发展稻渔产品加工、冷链物流等。目前，培育了优质稻米加工企业151个，年加工能力2 064万吨，其中国家级龙头企业1个、省级龙头企业42个；以黔东南为代表的"腌鱼"产品畅销国内，价格在160～240元/公斤。三产方面，融入少数民族文化、红色文化、休闲旅游等元素，建成了黔北地区高标准稻渔综合种养示范区，打造了兴义万

峰林、贵定金海雪山、播州仙乡谷、丹寨高腰梯田、思南塘头稻田景观、从江加榜梯田、占里禾晾等多个农旅结合胜地。

（三）存在问题

1. 科技投入不足

贵州省委、省政府历来高度重视粮食生产，贯彻落实中央的指示及会议精神。但仍存在种粮收益补偿制度不够精准、财政对基础设施短板建设投入不足等问题。自从提出发展十二大产业以后，水稻产业科研投入严重减少，2016—2022 年水稻重大项目投入极少，科技支撑作用减弱。

2. 自育品种不足

在水稻种质资源创新方面，由于大量地方品种被单一高产品种替代，品种单一化严重，大量优异基因丢失，遗传多样性大大下降，栽培稻遗传基础日益狭窄，限制了种质资源的挖掘。在对水稻种质资源的保存与利用上，缺乏较为完善的种质资源收集、保存和利用的设施体系和专业技术管理人员。在品种选育和品种审定方面，贵州省水稻品种选育和审定总数近年来呈增长趋势，但自育水稻品种市场占有率较低，仅为 30%。而目前主要依赖育种家经验及表型选择的传统育种手段盲目性大、周期长，难以满足实际需求，分子育种等新型育种手段未得到较好利用。另外，企业商业化育种体系不够健全，单从选育单位来看，在通过审定的品种中企业＋科研单位联合选育品种的占比呈逐渐增加趋势，但企业对育种方法、种质资源等方面的创新有待加强，加上更为重视新品种选育速度等原因，选育新品种同质化较为严重。贵州地处山区，气候复杂多变，单一品种难以大面积推广，故对新品种选育要求较高。在品种推广方面，企业与科研单位的合作有加强趋势，但仍不够紧密，部分选育的新品种未能得到较好推广。

3. 机械化程度低

贵州地理生态条件复杂，生产水平整体不高，稻田以山地居多，田块小而分散，加之稻田基础设施薄弱，水、电、路等多因素限制，水稻生产机械化发展严重受制约。贵州现有农机装备不足、陈旧老化，水稻生产机械仍不能满足生产需要，部分机具存在整体强度不够、故障率高、自动化程度较低等问题，一些新型种植机械如水稻钵苗插秧机和水稻精量穴直播机虽然增产增效作用显著，但机具本身价格高，加之对整地要求较高，大面积推广难度较大。无人机等新型植保机械在归属上存疑，迟迟不能被纳入农机购置补贴目录。水稻生产农机农艺融合不够，既需要熟悉水稻机具性能和操作方法，又需要了解水稻生长发育特性，只有二者结合才能实现高产高效。目前机插育秧质量普遍不高，不能按期形成成毯性较好的机插适龄壮秧，机插秧龄被迫延长、秧苗素质显著降低，漏插率增加，机直播水稻也存在出苗率不高、杂草防除不到位、后期群体过大易倒伏等生产问题。

4. 精深加工水平较低，储藏难度较大

一是核心骨干龙头企业数量较少。贵州稻米加工企业较多，但大型龙头企业不足，国家级龙头企业仅有 2 家。许多优质米加工企业都是从原来的国营粮油加工企业改制或者私人小作坊发展起来的，设计加工能力多为年产 1 万～5 万吨，超 10 万吨加工能力的较少。二是精深加工不足，产业链较短。三是优质稻储存条件和技术较差。

5. 品牌广知度不足，影响力不强

贵州生产上应用的优质稻品种众多，但占据主导地位的优质高产抗病品种少，缺乏突破性品种和大面积推广的优质高产水稻品种，在企业层面缺乏打造中高端品牌的核心优质稻品种。一是宣传力度和策略不足。虽然贵州优质稻米品质优异，但品牌宣传力度远远不够。大多数稻米企业通过参加稻博会、农产品交易会或者利用当地报纸、电视自发宣传。二是企业品牌营销模式单一。贵州部分企业缺乏有效的营销模式和多样的销售渠道，多数企业采用传统的单一分销渠道模式。三是缺乏具有全国影响力的大品牌。

6. 种粮主体不足

近年来，随着经济社会的发展和科技水平的提升，家庭农场、种植大户、农业合作社、稻米企业等逐渐成为水稻生产的主力军，一定程度上解决了"谁来种地"的问题。但是由于外出务工人员多、城镇化节奏加快等原因，年轻一代大部分选择在城市生活，继续在农村种植水稻的年轻人极少，因此贵州水稻种植仍以普通家庭为主，种植人员年龄结构偏大、文化水平较低。

二、区域布局

（一）黔中温和单季稻作区

1. 基本情况

该区包括金沙（赤水河谷除外）、黔西、六枝、安顺、修文、开阳、惠水、独山、贵定、黄平、台江、麻江、雷山、遵义等 30 多个县（市）的全部和紫云、平塘、德江、仁怀、习水、桐梓的大部分地区，以及织金海拔 1 400 米以下区域，是贵州水稻主要产区，稻田面积约占贵州稻田面积的 50.6%，占该区耕地面积的 48% 左右，水稻总产约占该区粮食总产的 57%。

该区位于贵州高原中部 600～1 400 米的高原面上，属高原丘陵盆地，地势平坦，以丘陵为主，平坝较多。土壤为地带性黄壤，平坝地区多为黄泥田和潮泥田，石灰岩地区多为大眼泥和鸭屎泥田，一般土层较深，肥力较高，含磷量较低，水利资源丰富，灌溉条件较好，耕作水平也较高。气候特点：春暖迟，秋寒较早，夏季温和，年平均气温 14～16℃，≥10℃积温 4 000～5 000℃，水稻生长期 180～210 天，水稻安全播种期为 3 月底至 4 月上中旬，安全齐穗期为 8 月中旬至 9 月上旬，7 月平均气温：

海拔 600～900 米地区为 24.5～27.0℃、900～1 400 米地区为 21～24℃，年平均降水量 1 000～1 400 毫米，水稻生长期间降水量占全年降水量的 70%～75%，乌江以北伏旱较重。年日照时数 1 070～1 400 小时，水稻生长季 3—10 月的太阳辐射量为 293～314 千焦/厘米^2。

2. 主要目标

提高水稻单产，发展高端优质稻和特色稻。

3. 主攻方向

种植优质、高产杂交稻和高端常规优质稻品种，如特色红米和黑糯米等，发展"绿色＋"。

4. 种植结构

以一季中熟籼稻为主，在海拔 600～700 米条件较好的地区发展玉米（烤烟）—水稻。海拔 1 000 米以下可以种植中迟熟杂交稻，1 400 米以上地区以中粳稻为主。

5. 品种结构

杂交稻代表品种有宜香优 2115、宜优 727、泰优 808、荃 9 优 801、梦两优 5208、川优 6203、科优 21、内 5 优 39、香两优 619 和筑香 19 等；常规稻有大粒香、凯香 1 号、滇屯 502、玉针香、农香 32 等；特色稻包括匀黑 1 号黑糯米和红米等。

6. 技术模式

水稻"两增一调"高产高效技术、水稻病虫害全程绿色防控技术、杂交水稻绿色高效精确栽培技术、水稻钵苗机插高产高效栽培技术、水稻优质丰产高效机插栽培技术、水稻无纺布旱育秧技术、湿润育秧技术、营养盘育秧技术、稻田综合种养技术等。

（二）黔东温暖单季稻作区

1. 基本情况

该区包括松桃、铜仁、思南、石阡、施秉、剑河、锦屏、天柱等 14 县及万山特区全部以及黎平的大部分地区，是贵州水稻比较集中的产区之一。稻田面积约占全省稻田面积的 19.4%，占该区耕地面积的 69%，水稻总产约占该区粮食总产的 72%。

该区位于贵州高原向湘西丘陵延伸地带，属低山丘陵盆地；除梵净山、雷公山延伸部垂直高差较大外，一般高差均在 200 米以下，土壤为红壤、黄壤及红黄壤，耕地连片，万亩平坝较多；稻田主要为潮泥田、黄泥田和大眼泥田，主要分布在海拔 200～1 000 米地带，自然肥力较高，有机质和氮含量较高，磷缺乏。气候特点是春暖较迟、秋寒较早、夏季炎热，年平均气温 16.2～18.0℃，≥10℃积温 4 500～5 500℃，7 月平均气温 26.4～28.0℃，其中 7 月下旬至 8 月初常出现 35℃以上高温危害，水稻生长期 210～253 天，年平均降水量 1 100～1 300 毫米，70%～75%集中在水稻生长季，春雨多，在 3 月下旬至 4 月上旬到来；夏雨较少，北部伏旱较重，年日照时数 1 100~1 350 小时；水稻生长期的太阳辐射为 272.13 千焦/厘米^2，岑巩的太阳辐射高达 314 千焦/厘米^2。

2. 主要目标

以提高水稻单产为主，发展高端优质稻和特色稻。

3. 主攻方向

优质、高产杂交稻和常规糯稻。

4. 种植结构

以水稻—油菜（小麦、绿肥）为主；宜采用中熟、中迟熟籼稻。东南部需照顾少数民族习惯，发展部分迟熟糯稻。

5. 品种结构

杂交稻代表品种有中浙优 8 号、宜香优 2115、渝香 203、泰优 98 等；糯稻品种主要有浙糯优 1 号、竹丫糯、柏杨糯、黎平香禾糯等；特色稻有松桃十八洞红米、思南紫糯米等。

6. 技术模式

水稻"两增一调"高产高效技术、水稻病虫害全程绿色防控技术、水稻钵苗机插高产高效栽培技术、水稻无纺布旱育秧技术、湿润育秧技术、水稻优质丰产高效机插栽培技术、稻田综合种养技术等。

（三）黔西南温和单季稻区

1. 基本情况

该区包括盘州市、普安、晴隆、关岭、贞丰、安龙、兴仁、兴义的全部或绝大部分地区（南、北盘江河谷除外）。稻田面积占贵州省稻田面积的 6.8%，占该区耕地面积的 34.4%，水稻总产占该区粮食总产的 37.4% 左右。

该区地处贵州高原向云南高原及广西丘陵过渡地带，属高原中山及深切割峡谷，地势北高南低、西高东低，北部地形较破碎复杂，南部较平坦。土壤有红壤、红黄壤、黄壤、黄棕壤和石灰土。稻田有青泥、红泥、胶泥田，肥力一般。稻田主要分布在海拔 800~1 500 米的河谷、山间小平坝及丘陵地区。年平均气温 14~17℃，≥10℃积温 3 600~5 000℃，水稻安全生长期 180~220 天，春温回升南早北迟，≥10℃初日为 3 月下旬至 4 月上旬；夏季温凉，7 月平均气温 22~23.7℃；秋季降温较早，≥20℃终日在 8 月上旬至下旬（北早南迟）。年降水量 1 200~1 500 毫米，分布不均，春雨来临较迟，一般在 5 月上旬，有的年份要到 5 月下旬或 6 月上旬才降大雨，春旱严重影响春播和栽插。年日照时数 1 360~1 600 小时，水稻生长期间太阳辐射量 326.6~343.3 千焦/厘米^2（西片多于东片）。

2. 主要目标

提高水稻单产，发展特色糯稻。

3. 主攻方向

高产、超高产创建，优质高产品种，特色红米、糯稻品种。

4. 种植结构

以水稻—小麦（油菜、绿肥、芋、豌豆、胡豆、蔬菜）为主，海拔 1 000 米以下可发展玉米—水稻，以避过春旱。一般以中迟熟耐迟栽籼稻品种为主，杂交稻宜种植于海拔 1 200 米以下地区，海拔 1 400 米以上地区宜种植粳稻。

5. 品种结构

杂交稻代表品种有宜香优 2115、甬优 1540、甬优 4949 和甬优 1538 等甬优系列；特色稻有盘州红米等。

6. 技术模式

水稻"两增一调"高产高效技术、水稻病虫害全程绿色防控技术、水稻钵苗机插高产高效栽培技术、水稻优质丰产高效机插栽培技术、杂交水稻绿色高效精确栽培技术、水稻无纺布旱育秧技术、湿润育秧技术、营养盘育秧技术等。

（四）黔南温热单季稻作区

1. 基本情况

该区包括榕江、从江、三都、荔波、罗甸、册亨、望漠等地和黎平南部，平塘南缘，紫云的火花，镇宁的六马，贞丰的白层和鲁贡，晴隆的鸡场，关岭的断桥，兴仁的九盘，安龙的坡脚，兴义的仓更、巴结、泥函等南、北盘江河谷地带。分为东、西两大片，稻田面积约占贵州省稻田面积的 8.6%，占该区耕地面积的 57%，水稻总产占该区粮食总产的 72% 左右。

该区位于贵州高原向广西丘陵延伸的斜坡地带，众山夹峙、山高谷深。土壤为砖红壤、红壤和黄壤。稻田集中分布在都柳江、曹渡河、格凸河、红水河、南盘江、北盘江等河谷、盆地及山间小坝地，有潮泥田、红泥田、大眼泥田，一般肥力偏低。东部海拔 500 米以下，西部海拔 700 米以下，是贵州热量条件最好的地区。春暖早，秋寒迟，夏季炎热，年平均气温 18～19℃（个别地方 20℃以上），≥10℃ 积温 5 500～6 500℃，水稻生长期 240～270 天；7 月平均气温 26～27℃；年降水量 1 100～1 500 毫米，东片多、西片少，均属春旱夏湿天气。年日照时数 1 150～1 500 小时，水稻生长期内的太阳辐射量，东片为 284.7～305.6 千焦/厘米²、西片为 381.1～343.3 千焦/厘米²。

2. 主要目标

发展贵州香禾，提高水稻单产。

3. 主攻方向

优质、高产杂交稻和高端常规优质稻品种，如特色香禾糯等；发展稻田综合种养。

4. 种植结构

宜发展杂交中稻。为照顾少数民族习惯，还发展糯稻。

5. 品种结构

杂交稻代表品种有中浙优 1 号、中浙优 18、宜香优 2115；常规稻有凯香 1 号等；地方禾有苟当 1 号、苟当 2 号、苟当 3 号和红禾等。

6. 技术模式

水稻"两增一调"高产高效技术、水稻病虫害全程绿色防控技术、杂交水稻绿色高效精确栽培技术、水稻无纺布旱育秧技术、水稻优质丰产高效机插栽培技术、水稻钵苗机插高产高效栽培技术、湿润育秧技术、水稻温室两段育秧技术、稻田综合种养技术等。

（五） 黔北温暖单季稻作区

1. 基本情况

该区包括沿河、务川、道真、正安、赤水等地和桐梓的部分地区及德江的潮砥，习水的醒民、兴隆、土城、仁怀，金沙的赤水河谷地区。稻田面积约占贵州省稻田面积的 10.3%，占该区耕地面积的 46.4%，水稻总产占该区粮食总产的 51% 左右。

该区位于贵州高原向四川盆地延伸的斜坡地带，为中山峡谷或丘陵盆地；地势南高北低，山大坡陡，河谷幽深，平坝较少，相对高差大。稻田主要分布在海拔 200～800 米地带，自然土壤为黄壤，稻田土壤：河谷盆地由低到高为潮泥田—黄泥田；灰岩地区为潮泥田和大眼泥田，肥力较高，但黄壤含磷少。春暖较早，秋寒较迟，夏季炎热，海拔 500 米以下的河谷及半山地区，年平均气温 17～18℃，≥10℃ 积温 5 000～5 800℃，水稻生长期 220～240 天，水稻安全播期为 3 月上、中旬；水稻生长期 220～240 天。7 月平均气温 27～28℃，7 月下旬至 8 月初会出现 35℃ 以上高温。年降水量 1 100～1 300 毫米，春夏雨量分布较均，但 7 月、8 月也有干旱发生。年日照时数 1 014～1 273 小时。水稻生长期间太阳辐射量为 272.1～297.25 千焦/厘米²。

2. 主要目标

提高水稻单产，发展优质稻。

3. 主攻方向

优质、高产杂交稻。

4. 种植结构

以一季中籼稻种植为主。

5. 品种结构

杂交稻代表品种有宜香优 2115、宜香优 1108、香早优 2017、渝香 203、川优 6203、T 香优 557、香两优 619、筑香 19、泰优 808、荃优鄂丰丝苗等。

6. 技术模式

水稻"两增一调"高产高效技术、水稻病虫害全程绿色防控技术、杂交水稻绿色高效精确栽培技术、水稻钵苗机插高产高效栽培技术、水稻优质丰产高效机插栽培技术、水稻无纺布旱育秧技术、湿润育秧技术、水稻温室两段育秧技术等。

（六） 黔西北温凉单季粳稻区

1. 基本情况

该区包括毕节、大方、纳雍、水城、赫章、威宁等地及织金海拔 1 400 米以上的地区。该区土多田少，稻田面积仅占贵州省稻田面积的 4.3％，占该区耕地面积的 10.8％，水稻总产占该区粮食总产的 14％左右。

该区处于云贵高原的主体部分，是贵州最高地区和乌江发源地，也是北盘江上游地区。除威宁、赫章西南面保留有比较完整的高原面外，其余地区因河流深切而地面破碎；相对高差 300～700 米，地带性土壤为黄壤、黄棕壤。稻田多为黄泥，部分大眼泥田自然肥力高，但速效养分低，水稻主要分布在海拔 1 300～1 950 米地带，据调查，威宁 2 000 米处为水稻分布上限。气候特点是春暖迟，秋寒早，夏季温凉；年平均气温 11～14℃，≥10℃积温 2 500～4 000℃，≥10℃初日在 4 月上、中旬，≥20℃终日为 7 月下旬至 8 月上旬，水稻生长期 100～150 天，为保证水稻安全齐穗，播种应提早到 3 月中、下旬，采用保温育秧。年降水量 816～1 300 毫米，春旱较重，夏季较湿润，部分地区有夏旱，由于水土流失严重，加上雹灾、冷害，水稻产量不稳定，但日照长，年日照时数 1 360～1 790 小时，水稻生长期内的太阳辐射量 314.0～334.9 千焦/厘米^2，高产潜力大。

2. 主要目标

提高水稻单产，发展高端优质粳稻。

3. 主攻方向

优质、高产粳稻。

4. 种植结构

以一季中粳为主，海拔 1 300 米以下为中熟或早熟籼稻。

5. 品种结构

粳稻代表品种有毕粳 37、毕粳 38、毕粳 39、毕粳 45、滇杂 35、滇杂 31、云光 101 等。

6. 技术模式

水稻病虫害全程绿色防控技术、水稻无纺布旱育秧技术、湿润育秧技术等。

三、发展目标、发展潜力与技术体系

（一） 发展目标

1. 2030 年目标

到 2030 年，水稻面积稳定在 900 万亩，单产达到 450 公斤/亩，总产 405 万吨左右；国标、部标 2 级以上品种面积占贵州水稻面积的 68%。

2. 2035 年目标

到 2035 年，水稻面积稳定在 900 万亩，单产达到 460 公斤/亩，总产 414 万吨左右；国标、部标 2 级以上品种面积占贵州水稻面积的 70%。

（二）发展潜力

1. 面积潜力

根据贵州种植业"十四五"规划，结合耕地资源和特色优势产业发展需要，贵州水稻种植面积将持续稳定在 900 万亩左右，虽然可以在铜仁、黔东南等热量条件较好的地方适当发展再生稻，但很难有大幅变动。

2. 单产潜力

贵州水稻生产在提高单产方面具有一定潜力，全省水稻平均增产潜力为 15%，主要通过高标准农田建设＋选好品种＋培育壮秧＋合理密植＋合理施肥＋病虫害绿色防控＋配置合理的水泵＋防灾减灾管理来实现。

核心因素：高产品种选择及高产栽培技术配套。

（三）主要技术体系

1. 持续进行高标准农田建设

完善水利设施、机耕道等基础设施，提升中低产田耕地质量和水稻种植的规模化、标准化生产程度，提高防灾抗灾能力，提升水稻单产。加大对中低产田的改造，促进田块平衡增产。

2. 高产优质自育品种选育

高产优质品种是高产的基础，优质是增加种粮效益的保障，贵州水稻生产上缺乏自育的广适性高产品种，部分品种产量潜力尚未充分发挥。

3. 高产精细化栽培配套技术

高产栽培技术是提高单产的关键，目前高产栽培技术应用面积有限，缺乏适应性广的配套栽培技术。通过设立水稻高产创建项目，开展水稻高产竞赛活动，充分利用超高产栽培技术，在提升水稻单产的同时提高种粮大户的积极性。

四、典型绿色高质高效技术模式

贵州推广的绿色高质高效技术模式主攻目标是 2025 年亩产达到 430 公斤，主推品种有宜香优 2115、C 两优华占、川优 6203、中浙优 8 号、渝香 203 等优质稻品种。

（一）水稻"两增一调"高产高效技术模式

1. 模式概述

针对贵州水稻大面积生产中栽培密度不够、施钾量不足、氮肥"一头轰"的问题，研究形成了贵州水稻"两增一调"高产高效技术体系。通过该技术的应用，实现了水稻增密、增钾、调氮等。水稻增密将原有稀大窝栽培改为合理密植，增加了基本苗，增加了稻田有效穗数；增钾促进水稻分蘖、大穗形成、壮秆、抗倒，提高了结实率和充实度；调氮针对原来"一头轰"的氮肥施用方式，调整氮肥施用量、施用时间，减少氮肥流失，提高氮肥利用率，增加水稻分蘖，促进水稻大穗，防止早衰，进一步提高了单产。

2. 增产增效情况

与常规技术相比，应用该技术可增产水稻 10% 以上，使水分、肥料利用率提高 10% 以上，降低化肥、农药用量 5% 以上，亩增收节支 100 元以上。

3. 技术要点

（1）品种选择　一般选用生育期适中、抗性较好、株叶形态紧凑的水稻品种。必须选用经过国家或贵州省农作物品种审定委员会审定（认定）的优良水稻品种。种子品质必须符合《粮食作物种子》（GB4404）的规定。

（2）采用无纺布旱育秧、钵苗育秧等保温育秧方式进行育秧　无纺布旱育秧播种期一般为 4 上旬至下旬，一般在菜园地进行，苗床土壤要求细、散、掏厢，厢面宽 1.0~1.2 米、高 10 厘米，厢与厢留 35~40 厘米操作行。播种前 1 天进行浸种，播种当天沥干水，用杀虫剂＋种衣剂拌种进行种子处理。种子均匀撒播，播种密度为 30 克/米²，盖细土 1.5~2.0 厘米，然后搭小拱棚，用 30 克/米² 的无纺布覆盖。秧苗出土后，视苗情进行一次立枯病防治。2 叶 1 心时用尿素兑水进行提苗。5 叶龄时，需施用尿素作送嫁肥，用稻瘟灵和吡蚜酮作送嫁药。水稻移栽前，用水浇透苗床有利于取苗。无纺布钵苗育秧一般为 4 月上旬至下旬，播种前 1 天进行浸种，播种当天沥干水，用杀虫剂＋种衣剂拌种进行种子处理，播种应用 Y 型水稻育秧盘和播种机，采用菜园土或新黄泥土作为钵苗机械化育秧底土，播种前 15~20 天需将土壤晾干。播种前 7 天对干土粒进行破碎、过筛，土粒要求过 0.5 厘米筛网。播种当天，将准备好的细土加 20% 的育秧基质混合均匀，并与处理好的种子一起放入播种机，调试播种量，穴播种量以 2~3 粒为宜，然后进行播种，将播种好的秧盘移到整理好的苗床上，然后搭小拱棚，用 30 克/米² 的无纺布覆盖。秧苗出土后，视苗情进行一次立枯病防治。2 叶 1 心时用尿素兑水进行提苗。水稻移栽前 2 天，需施用尿素作送嫁肥，用稻瘟灵和吡蚜酮作送嫁药。

（3）移栽　根据气候、稻田肥力、品种特性等因素，一般迟熟杂交稻栽 1.1 万~1.5 万穴/亩，穴栽两粒谷。超过 1.35 万穴时采取宽窄行栽培方式，规格一般为

［（30.0～36.6）厘米＋16.7厘米］/2×16.7厘米，低于1.35万穴时采用宽行窄株栽插方式，规格一般为（30.0～36.6）厘米×（15～20）厘米，一般采取东西行向，但冲沟田、河谷田宜顺风定行向。栽插深度小苗不超过2厘米、中苗不超过3厘米、大苗不超过4厘米。全面实行拉绳定距栽插，做到薄水浅栽插，当天秧当天栽。栽插时做到匀、直、浅、稳、不伤苗。

（4）施肥 $N：P_2O_5：K_2O$ 一般为1：（0.5～0.8）：1.1。磷肥一般全作基肥使用，酸性重田块用钙镁磷肥，其余用过磷酸钙。钾肥40%左右作基肥、60%左右在分蘖盛期（8～9叶期）施用。氮肥基蘖肥和穗粒肥比例为7：3，穗肥一般在倒4叶至倒1叶期看苗分两次施用，粒肥于始穗期至灌浆期看苗施用。超高产栽培田块，一般采用50～70公斤有机硅肥（$N-P_2O_5-K_2O$ 为18-18-18）＋1 000公斤农家肥＋15公斤油枯作基肥，整地时施入；移栽后5～7天，撒施5公斤尿素作分蘖肥，结合除草；倒4叶期（7月上旬）施用15公斤有机硅肥（$N-P_2O_5-K_2O$ 为24-8-13）作穗肥、倒1叶期（7月下旬）施用10公斤有机硅肥（$N-P_2O_5-K_2O$ 为24-8-13）作穗肥；抽穗前后，亩分别用100克有机硅磷酸二氢钾兑水30公斤喷叶面肥，齐穗后5～7天，亩施3～5公斤尿素作粒肥。

（5）水浆管理 灌溉条件较好的田块插秧1周内，灌现泥水，若遇寒潮适当灌深水保温，水深以秧苗顶叶露出为准。以后保持3～4厘米的浅水。秧苗茎蘖数达目标穗数的85%～90%时，应及时晒田控蘖。穗分化—扬花期保持3～4厘米的浅水。灌浆—成熟期实行间歇灌溉，不过早断水。

（6）病虫草害防治 实行以防为主、综合防治的方针，及时根据病虫预测预报搞好防治，重点抓好稻瘟病、纹枯病、稻飞虱、稻纵卷叶螟、二化螟的防治。稻飞虱100丛稻有虫1 000头以上的田块，小若虫高峰期用药防治，如每亩用50%吡蚜酮可湿性粉剂15～20克兑水50公斤喷雾；稻纵卷叶螟100丛稻有虫60头以上的田块，2～3龄幼虫盛期用药防治（如用10%甲维盐·茚虫威悬浮剂20～30毫升/亩兑水喷施）；穗瘟病苗期—拔节期叶瘟发病率5%以上的田块应立即施药控制，孕穗—抽穗期应抢晴普遍施药预防（如三环唑、稻瘟灵等），一般始穗期喷1次，齐穗后再喷1次；分蘖末期—拔节期纹枯病病丛率10%～15%或孕穗期纹枯病病丛率15%～20%时，应立即施药控制，药剂主要为井冈霉素；其他病虫根据发生情况挑治或兼治。杂草于栽秧后5天左右用稻田除草剂，如用除草净与第1次追肥尿素混匀施用，施药时保持约3厘米的浅水达7天。

（二）水稻病虫害全程绿色防控技术模式

1. 模式概述

贵州是水稻"两迁"害虫、稻瘟病等国家一类病虫害的常发区、多发区和重发区，水稻从种到收都会遭受病虫危害。"有收无收在于种，收多收少在于虫"，病虫害是农业两大自然灾害之一，是制约水稻高产稳产和稳粮增收的重要因素，发生面积、频率和造成的损失超过水旱灾害。据试验，在不防治的情况下，病虫害一般可造成水稻减产 10％～30％、重的 50％以上，甚至绝收。实施水稻病虫害全程绿色防控是保障水稻丰收和质量安全的关键措施之一。该技术模式主要突出绿色控害、减药增效。以稻田生态系统和健康水稻为中心，以抗（耐）病虫品种、生态调控为基础，优先采用农艺措施、昆虫信息素等非化学防治措施，增强稻田生态系统自然控害能力，降低病虫害发生基数。应用高效、生态友好型农药应急防治，防控危害。推进绿色防控专业化服务，促进水稻重大病虫害可持续治理，保障水稻生产绿色高质量发展。

绿色防控是病虫害防治技术内容、技术体系的创新。一是可以减少施药次数和农药用量。通过生态调控、免疫诱抗、释放天敌、理化诱控、生物农药、高工效药械等降低化学农药使用量，从源头上解决问题。二是可以减少农药残留，对生态环境友好。三是可以提高绿色防控的组织化程度，扩大覆盖面。通过绿色防控技术措施与统防统治组织方式有机融合，集中示范带动大面积推广应用。

2. 增产增效情况

和常规技术相比，增产水稻 10％以上，减少化学农药使用量 5％以上。

3. 技术要点

（1）选用抗（耐）病虫害品种　针对主要病害（如稻瘟病），建立品种抗性监测网，掌握主栽水稻品种抗性的变化，为品种更换、轮换、淘汰提供科学决策依据。

在使用抗病品种时：一是及时淘汰、更换已感病品种。二是合理布局，在不同稻区，有针对性地采用具有不同抗病基因的品种，选用抗病性好的品种；在同一个稻区，有计划地轮换使用和搭配推广多个不同的抗病品种，不要出现连续多年大面积种植同一品种的情况。

（2）生态调控　及时清理带病（虫）稻草（茬）降低病源虫源基数。田埂和田边保留功能杂草，种植芝麻、大豆、波斯菊、万寿菊、凤仙花等显花植物，涵养寄生蜂、蜘蛛和黑肩绿盲蝽等天敌；路边沟边、机耕道旁种植香根草等诱集植物，丛距 3～5 米，降低螟虫种群基数。实施健身栽培。加强水肥管理，适时晒田，避免重施、偏施氮肥，适当增施磷钾肥，提高水稻抗逆性。

（3）种子处理　针对稻瘟病（苗瘟、叶瘟）、恶苗病，兼防烂秧和立枯病。按每公斤干稻种选用 24.1％肟菌·异噻胺种子处理悬浮剂（对稻瘟病的预防持效期约 70 天）15～25 毫升或 12％甲·嘧·甲霜灵悬浮种衣剂 10 毫升或 11％氟环·咯·精甲种子处理悬浮剂 3～4 毫升或 25％噻·咯·霜灵悬浮种衣剂 4～6 毫升（兼治蓟马），加上 0.136％赤·吲乙·芸薹可湿性粉剂 1 克或 5％氨基寡糖素水剂 10 毫升，兑水 5 毫升，混合均匀，配制成拌种液。针对稻飞虱（预防南方水稻黑条矮缩病）、稻水象甲、稻蓟马等。按每公斤干稻种选用 600g/L 吡虫啉悬浮种衣剂 4 毫升或 18％噻虫胺种子处理悬浮剂 5～9 毫升，加上 0.136％赤·吲乙·芸薹可湿性粉剂 1 克或 5％氨基寡糖素水剂 10 毫升，兑水 5 毫升，混合均匀，配制成拌种液。干种子拌种：在水稻浸种前 2 天进行。将配制好的拌种液与种子充分搅拌混合，使药液均匀分布在种子上，彻底阴干后，再按常规方法进行浸种催芽。催芽露白种子拌种：在水稻种子催芽露白后，将配制好的拌种液与种子充分搅拌混合，使药液均匀分布在种子上，彻底阴干后，再按常规方法进行播种。

（4）物理阻隔育秧及性信息素诱杀　物理阻隔育秧。采用 20～40 目防虫网或 15～20 克/米² 无纺布全程覆盖秧田育秧，阻隔稻飞虱等介体昆虫，预防病毒病，同时防止和减轻稻水象甲危害。性信息素诱杀。越冬代二化螟、大螟和主害代稻纵卷叶螟始蛾期，集中连片使用性信息素，通过群集诱杀减轻危害。群集诱杀可选用持效期 3 个月以上的诱芯和配套诱捕器，平均每亩放置 1 套，高度以诱捕器底端距地面 50～80 厘米为宜。

（5）释放天敌及"稻＋"控害　释放稻螟赤眼蜂。二化螟、稻纵卷叶螟蛾始盛期释放稻螟赤眼蜂，每代放蜂 2～3 次，间隔 3～5 天，每亩均匀放置 5～8 个点，每次放蜂 8 000～10 000 头/亩。高温季节宜在傍晚放蜂，蜂卡放置高度以分蘖期高于植株顶端 5～20 厘米、穗期高于植株顶端 5～10 厘米为宜。"稻＋"控害。稻蛙共生：在插秧结束秧苗返青成活后进行，每亩投放黑斑蛙苗 2 000～5 000 只，建立稻蛙共生生态系统，稻田为蛙提供生存场所，蛙通过捕食水稻害虫减少虫口基数，通过活动实现抑草控草，改善稻田小气候，促进水稻健康生长，形成天然食物链的良性循环。稻鸭共育：水稻分蘖初期，将 15～20 日龄的雏鸭放入稻田，每亩放鸭 10～30 只，水稻齐穗时收鸭。通过鸭取食和活动，减轻纹枯病、稻飞虱、福寿螺和杂草等发生危害。稻鱼共生：按照当地习惯进行，养鱼稻田应早放水、早整地、早插秧、早放苗种，在插秧后秧苗开始返青时放鱼苗。

（6）本田期科学安全用药　根据预测预报和田间发生实际，推行达标用药控害，在病虫害发生程度较轻时，优先选用生物制剂，不仅可以当代控害，还可以保护自然天敌、发挥持续控害作用。化学农药交替、轮换用药，避免同一种药剂在不同稻区间或同一稻区内循环、连续使用，有效延缓抗药性。稻飞虱。坚持"狠治主害前代压基数、防治主害代控危害"的防治策略，重点防治白背飞虱和褐飞虱，应急控害重点在水稻生长中后期，对孕穗期百丛虫量 1 000 头、穗期百丛虫量 1 500 头以上的稻田施药。防治药剂可选用金龟子绿僵菌 CQMa421、醚菊酯、三氟苯嘧啶、吡蚜酮、呋虫胺、氟啶虫胺腈、噻虫胺、烯啶虫胺、噻虫嗪、吡蚜·呋虫胺、阿维·氟啶、阿维·三氟苯等。稻纵卷叶螟，抓住卵孵化初期至低龄幼虫高峰期采取"达标用药"策略。对分蘖期百丛水稻束叶尖 150 个、孕穗后百丛水稻束叶尖 60 个以上的稻田施药控害。生物农药宜在卵孵化始盛期至低龄幼虫高峰期施用。防治药剂可选用短稳杆菌、金龟子绿僵菌 CQMa421、苏云金杆菌、球孢白僵菌、甘蓝夜蛾核型多角体病毒、甲维盐、阿维菌素、茚虫威、多杀霉素、乙基多杀菌素、氯虫苯甲酰胺、氰氟虫腙、四氯虫酰胺、多杀·茚虫威、甲维·苏云菌、甲维·茚虫威、阿维·茚虫威、多杀·甲维盐、氟虫·噻虫嗪、甲维·氟铃脲、甲维·虫螨腈等。二化螟，分蘖期于枯鞘丛率达到8%～10%或枯鞘株率3%时施药，穗期于卵孵化高峰期施药，重点防治上代残虫量大、当代螟卵盛孵期与水稻破口抽穗期吻合的稻田。防治药剂同稻纵卷叶螟。稻水象甲，狠治越冬代成虫，普治第一代幼虫，兼治第一代成虫，紧紧抓住秧田期集中防控、稻水象甲幼虫期集中防控及秧田返栽田重点防治3个重点环节。拌种处理：选用600克/升吡虫啉悬浮种衣剂 20～25 毫升拌 1 公斤水稻种。毒土撒施：每亩选用0.5%噻虫胺颗粒剂 2～3 公斤，与一定量干细沙土拌匀，均匀撒施进水田。药剂喷雾：选用 10%醚菊酯悬浮剂、200 克/升氯虫苯甲酰胺悬浮剂或 40%哒螨灵悬浮剂进行喷雾防治。浸秧处理：用 70%吡虫啉水分散粒剂 7.5 克，兑水 50 公斤制成浸苗药液，将秧苗在药液中浸泡 30 分钟后移栽。稻瘟病，防治叶瘟在田间初见病斑时施药，预防穗瘟在破口抽穗初期施药，气候适宜病害流行时间隔 7 天第 2 次施药。防治药剂可选用枯草芽孢杆菌、春雷霉素、多抗霉素、申嗪霉素、乙蒜素、氨基寡糖素、三环唑、丙硫唑、咪鲜胺、稻瘟灵、嘧菌酯、咪铜·氟环唑、肟菌·戊唑醇、己唑·稻瘟灵、甲硫·三环唑、烯肟·戊唑醇、苯甲·嘧菌酯、苯甲·醚菌酯、肟菌·丙环唑等。

（三）水稻优质丰产高效机插栽培技术

1. 模式概述

瞄准水稻机械化生产最薄弱环节机械化插秧，针对贵州机械化插秧长期面临的育秧质量差、机插漏秧率高、高产与优质难以协同等关键难题研究形成的技术体系，筛选了适宜机插的水稻品种并制定了品种评价标准，解决了品种与机插方式不配套的问题；建立了以"合理播期＋精确播量＋水分调控"为核心的育秧技术，解决了杂交籼稻机插育秧出苗全苗难、适龄成毯难的问题；建立了以"高质量整田＋合理移栽秧龄＋精确机插规格"为核心的机插技术，解决了机插漏秧率高、基本苗严重不足的难题；研发了机插同步一次性施用缓混肥技术，减少了肥料用量和施肥次数，提高了肥料利用率和稻米食味品质。该技术显著降低了水稻生产成本，大幅度提高了生产效率，实现了农机农艺融合、良种良法配套、生产生态协调、高产优质高效三协同。

2. 增产增效情况

2018 年和 2020 年采用该技术在兴义示范区亩产分别达到 925 公斤和 1 031 公斤，分别创造当年贵州省机插水稻产量纪录。与常规技术相比，一般亩增产 15%以上，节约用肥 20%，亩节约移栽和施肥人工成本 200～250 元，亩增收 300 元以上。

3. 技术要点

（1）选用宜机插优质食味水稻品种　选用生育期适中、出苗性好、分蘖较强、茎秆粗壮、抗倒伏能力强、抽穗整齐、穗型中等偏上、对主要病虫害具有较强抗性的优质食味水稻品种；高产田块亩产达 700 公斤产量潜力，稻米品质达国标 2 级以上。

（2）机插壮秧培育　4 月上旬左右采取流水线机械化播种。播前对种子进行精选、消毒、浸泡和晾干，毯状秧盘每盘播种约 2 900 粒（大粒型 70 克/盘、小粒型 60 克/盘）；钵体硬盘每孔播 2～3 粒谷种。出苗阶段保持盘土湿润，出苗后以盘土发白、秧苗卷叶为准，及时喷水至盘土水分饱和；2 叶 1 心时看苗施肥，后期干湿交替，以干为主，利于根系盘结成毯。

（3）精确机插　移栽前 2～3 天精细整田，要求平整、土壤软硬适中、水分露泥。移栽时适宜毯状秧苗秧龄 20～25 天，钵体秧苗秧龄 30～35 天。选择出苗整齐的秧块栽插，适宜机插密度 1.0 万～1.3 万穴/亩，行距一般 30 厘米，株距 16～20 厘米，也可采取宽窄行机插，每穴栽插 2～3 苗，机插漏插率控制在 5% 以内，基本苗 2.5 万～3.0 万/亩。

（4）肥水高效运筹　采用机插同步深施一次性缓混肥，纯氮总量约 8 公斤/亩，氮-磷-钾营养成分超 45%；也可人工撒施肥，纯氮总量约 10 公斤/亩，基肥施用高效复合肥，机插后 1 周施分蘖肥，拔节期视苗情施穗肥。移栽后 1 周内田间以露泥水为主，分蘖期保持 1～2 厘米的浅水层，无效分蘖期排水晒田，拔节长穗期保持 3～5 厘米的浅水层，灌浆结实期进行轻干湿交替灌溉，成熟前一周断水。

（5）主要病虫草害防控　插秧后 7 天左右用稻田除草剂与第 1 次追肥尿素混匀施用，施药时保持约 3 厘米的浅水层 7 天。苗期—拔节期注意防治叶瘟，破口期和齐穗期分别用三环唑喷雾预防穗颈瘟；抽穗后用井冈霉素等防治纹枯病。同时，注意防治稻飞虱、二化螟和稻纵卷叶螟等。稻飞虱用吡虫水喷雾；稻纵卷叶螟应在 2～3 龄幼虫盛期用阿维菌素等喷雾防治。

（四）水稻超高产精确栽培技术

1. 模式概述

针对贵州水稻生产中普遍出现的移栽基本苗严重不足、肥料施用不合理、习惯性淹水灌溉等技术难题，为充分发挥水稻产量潜力、大面积提升水稻产量，研究形成了以五五精确定量栽培技术为核心的"贵州水稻超高产精确栽培技术体系"。通过精确定量水稻移栽叶龄和移栽规格，保证合理的移栽基本苗，有利于形成高产群体适宜穗数；通过精确定量施氮，保证水稻各生育时期营养需求，显著提高了氮肥利用率；通过水分精确灌溉，有效调控肥料效应和群体结构。集成技术实现了贵州不同生态区不同类型品种的高产群体构建，显著提升了水稻产量水平，促进了贵州水稻大面积增产增收。

2. 增产增效情况

2014 年在兴义万峰林水稻基地创建的超高产示范片，经谢华安院士现场测产验收，亩产达到 1 079.2 公斤，创当年全国水稻高产纪录。2010—2014 年，该技术在贵州省应用面积 1 533.9 万亩，新增稻谷 9.52 亿公斤，总经济效益达 18.24 亿元。2016—2018 年仅在遵义地区助力优质米企业实现稻谷平均增产 37.6%，新增经济效益 5.6 亿元，2019 年以来继续作为贵州省水稻核心高产技术被广泛应用。和常规技术相比，该技术可实现水稻增产 25% 以上，水分、肥料利用率提高 15% 以上，降低化肥、农药用量 5% 以上，亩增收节支 100 元以上。

3. 技术要点

（1）品种选择　选择生育期适中、株型紧凑、茎秆粗壮、病虫害抗性较强的优质水稻品种。品种应通过国家或贵州省农作物品种审定委员会审定（认定），稻米品质达到国标 3 级以上。

（2）壮秧培育　在日均气温稳定通过 12℃ 时方可播种，一般在清明前后播种。种子经过消毒、浸泡、催芽露白即可播种。推荐采取旱育秧方式，播种盖土后，用 40% 的噁草·丁草胺兑水喷雾厢面除草，覆盖地膜与拱膜，出苗立针后，去除地膜，保留拱膜，根据气温揭膜炼苗。移栽前 3～5 天施用尿素作送嫁肥，每平方米施用尿素 10～15 克。也可采用塑料钵盘进行育秧。

（3）合理移栽　5 叶时进行移栽，秧龄一般为 30～35 天。按照品种的分蘖类型与不同稻区目标产量有效穗数确定基本苗与移栽密度。推荐采取宽窄行移栽方式，其规格为宽行 36.7～43.3 厘米、窄行 20 厘米左右、株距 16.7 厘米，杂交稻每穴栽 2 苗，常规稻每穴 3～4 苗。等行距移栽方式的行距为 30 厘米，

（4）精确施肥　总的原则是施足基肥，早施分蘖肥，氮前肥后移作穗肥，氮、磷、钾平衡施用。在不施用有机肥的条件下氮、磷、钾的优化配方为 N：P：K 为 1：0.5：1，在施用有机肥的条件下氮、磷、钾的优化配方为 N：P：K 为 1：0.5：0.7。根据目标产量确定用肥总量，目标产量为 700～800 公斤/亩时，纯氮总量为 10.0～12.5 公斤/亩，基蘖肥与穗肥的比例一般为 1：1，其中氮肥的基肥和分蘖肥占 60% 和 40%，穗肥一般施两次，各占 60% 和 40%，钾肥分基肥和拔节肥两次等量施用，磷肥全作基肥施用。于栽插后 5～7 天施用分蘖肥，倒 4 叶（葫芦叶出现）时顶 4 叶叶色与顶 3 叶叶色相当或略淡，即可施用穗肥，如顶 4 叶叶色偏深则推迟穗肥施用时间或减少穗肥用量。

（5）水分管理　浅水插秧，移栽后保持浅水 7 天，自然落干，分蘖期保持土壤湿润，分蘖数达目标穗数的 80% 时开始晒田控苗，搁田标准以土壤板实、有裂缝，行走不陷脚为度，稻株形态以叶色落黄为主要指标。搁田结束后及时复水。拔节—孕穗期保持薄水层，灌浆结实期进行干湿交替灌溉，一直保持到成熟。

（6）病虫害防治　坚持"预防为主、综合防治"的方针。水稻分蘖期重点防治稻飞虱、稻纵卷叶螟，水稻破口抽穗前注意防治稻曲病，在水稻破口期和齐穗期选用三环唑等喷雾防治稻瘟病，抽穗后用井冈霉素等防治纹枯病；同时防治稻飞虱、二化螟

和稻纵卷叶螟等。

（五） 水稻钵苗机插高产高效栽培技术

1. 模式概述

针对贵州水稻生产劳动成本高、机械化栽插长期面临的秧苗素质差、机插质量不高、机插稻产量低等关键难题研究形成的水稻钵苗机插高产高效栽培技术体系。采用钵苗育秧和插秧机具，建立了以"合理播期＋精确播量＋水控化控相结合"的带蘖壮秧培育技术，显著提高了秧苗素质；建立了以"高质量整田＋合理确定移栽密度"为核心的无植伤精确机插技术，保证了高产群体要求的合理基本苗，促进了秧苗早生快发；建立了机插同步深施肥技术，减少了肥料用量和施肥次数，提高了肥料利用率和稻米食味品质。该技术显著降低了水稻生产成本，大幅度提高了生产效率和产量，实现了农机农艺融合、良种良法配套、生产生态协调、高产优质高效三协同。

2. 增产增效情况

与常规技术相比，该技术在节本增效、增产提质方面作用显著，一般亩增产15％以上，节约用肥20％，亩节约移栽和施肥人工成本200～250元，亩增收300元以上。

3. 技术要点

（1）选用优质高效水稻品种　选用生育期适中、茎秆粗壮、病虫害抗性较强的优质高效水稻品种，稻米品质达国标3级以上，品种应通过国家或贵州省农作物品种审定委员会审定（认定）。

（2）钵体带蘖壮秧培育

播种时间：一般在4月中上旬温度稳定通过12℃即可播种。

播种前准备：每亩准备钵盘25～30张，取大田表层土晒干，打碎过筛，与营养土充分拌匀。摆盘前畦面铺细孔纱布，防止根系窜长。

播种：采用钵盘播种机流水线定量播种，播种前对种子进行消毒、浸泡和晾干，每孔播种3～4粒，保证每孔成2苗。播种程序为播底土—播种—覆土—洒水。

摆盘：如播种机有喷水装置，将播种好的秧盘在室外堆叠，盖上黑色塑料布，暗化3～5天后并排放于厢面。如播种机无喷水装置，则直接摆盘于田间，防止种子缺水干死。

苗期管理：摆盘后立即灌1次平沟水，半小时内排水。中高海拔区盖薄膜保温保湿，气温较好的低海拔区可盖无纺布，盖严压实，膜内温度控制在35℃以内。1叶期每100张秧盘可用15％多效唑粉剂6克兑水均匀喷施，控制苗高。2叶期前秧田坚持湿润灌溉。揭膜后每盘施用4克复合肥。3～4叶期水分旱管。移栽前2～3天施用送嫁肥。移栽前1天适度浇好起秧水，起盘时还应注意防止损伤秧苗，秧苗随起随栽。

（3）精确机插　移栽前2～3天精细整田，要求平整、土壤软硬适中、水分露泥。

移栽时秧苗叶龄 4.5～5.0 叶、秧龄 30～35 天。选择成苗孔率＞90％的秧盘进行机插，等行距钵苗插秧机的固定行距为 33 厘米，适宜株距为 14～16 厘米；宽窄行钵苗插秧机的固定宽行 33 厘米、窄行 23 厘米，适宜株距 16～18 厘米，保证移栽基本苗 3.0 万/亩左右。

（4）肥水高效运筹　肥料管理：采用机插同步深施缓混肥，纯氮总量约 8 公斤/亩，氮磷钾养分总量不低于 45％，拔节—孕穗期视苗情补施尿素和钾肥；采用人工撒施肥，纯氮总量 10～12 公斤/亩，基肥、分蘖肥、穗肥的适宜比例为 3：3：4，基肥施用高效复合肥，机插后 1 周施尿素作分蘖肥，拔节—孕穗期视苗情施用穗肥。

水分管理：栽插时田间可见露泥水花，移栽后保持 1～3 厘米的浅水 7 天，自然落干至湿润状态，之后保持间歇灌溉（灌浅水后自然落干至湿润状态，再灌浅水后自然落干至湿润状态），有效分蘖临界期前（够苗 80％时）开始晒田，以土壤板实、有裂缝、行走不陷脚、叶色落黄为主要指标。搁田结束后及时复水。复水后施穗肥。拔节—孕穗期保持浅水层，后期保持轻度干湿交替灌溉，直到成熟前一周断水，切忌断水过早。

（5）主要病虫害防控　坚持"预防为主、综合防治"的方针，分蘖期重点防治灰飞虱和稻纵卷叶螟，破口期重点防治稻瘟病和纹枯病、稻曲病。稻飞虱防治药剂可用醚菊酯、三氟苯嘧啶、吡蚜酮、呋虫胺等。稻纵卷叶螟防治药剂可选用甲维盐、阿维菌素、茚虫威、多杀霉素、乙基多杀菌素、氯虫苯甲酰胺等。稻瘟病防治药剂可选用三环唑、丙硫唑、咪鲜胺、稻瘟灵等。纹枯病、稻曲病于破口前 7～10 天和破口期两次防治，可选用戊唑醇、氟环唑、噻呋酰胺等。

五、重点任务

（一）强化基础设施

加快高标准农田建设工程，持续提升耕地质量和产出水平，加快完善农业产业重点区域和重点基地路网，实现机耕道与乡村公路衔接连通；加强现代农业水利建设，因地制宜建设农田管网灌溉设施，充分发挥骨干水源工程灌溉功能。

（二）加强技术推广

整合贵州省农业科学院、贵州大学、贵州省农业技术推广系统等科技力量，以绿色高产高效技术示范推广项目、高质高效行动和单产提升行动等为依托，大力推广杂交稻超高产精确栽培技术、水稻无纺布钵苗育秧、水稻钵苗机插高产高效栽培技术、水稻病虫害全程绿色防控技术等优质高产栽培、提质增产核心技术，提升水稻种植技术水平，实现"藏粮于技"。

（三） 加强科技创新

实施化肥农药减量增效工程，推广农作物病虫害绿色防控技术和测土配方施肥，大力推行有机肥替代化肥；充分挖掘粮食增产潜力，着力提高粮食单产，深入实施"优质粮食工程"；因地制宜实施"水稻＋"示范工程，推广优良种养模式，大力实施现代种业科技支撑行动，开展优良品种和核心技术联合攻关，选育一批高产、高效、优质的品种；加快土地宜机化改造，实现水稻综合机械化水平达到50％；健全农业技术推广体系，深入实施"万名农业专家服务'三农'行动"，加强农业科研人才队伍建设。

（四） 培育新型主体

深入实施新型农业经营主体培育工程，培育引进一批大型农业产业化龙头企业；持续壮大农村经纪人队伍，培育稳定的农村经纪人；实施农民合作社提质增效工程，强化农户与企业紧密利益联结机制，发展壮大省级示范合作社，支持特色优势产业合作社创建联合社；大力培育发展家庭农场，培育发展农业社会化组织。

（五） 强化防灾减灾

建设农作物病虫害防治工程，建设国家级农药创新工程中心、省级农药风险监测中心、害虫天敌产品生产繁育基地、重大病虫疫情区域应急防控设施及物资储备库；在30个县（市、区）建设全国农作物病虫疫情监测分中心（省级）田间监测点。

六、保障措施

（一） 强化组织保障

严格落实粮食安全党政同责，开展耕地保护和粮食安全责任制考核。抓好水稻等主要粮食作物生产，促进粮食产业提质增效，确保粮食等重要农产品供给安全。加强粮食生产功能区和重要农产品生产保护区建设，抓好国家粮食安全产业带建设。深入实施优质粮食工程。开展节约粮食行动，减少生产、流通、加工、存储、消费环节粮食损耗。

（二） 完善粮食主产区利益补偿机制

健全农业支持保护制度，稳定和强化种粮农民补贴，让种粮有合理收益。落实产粮大县支持政策。继续对产粮大县的水稻等大粮食作物实施保险支持。

（三） 加快高标准农田建设工程

持续提升耕地质量和产出水平，坚持良田粮用，围绕耕地地力提升、排灌设施建设、宜机化改造等重点，新建、改扩建一批高标准农田。

（四） 依靠科研院所等机构充分挖掘粮食增产潜力，着力提高粮食单产

深入实施"优质粮食工程"，因地制宜实施"水稻＋"示范工程，推广优良种养模式，大力实施现代种业科技支撑行动，开展优良品种和核心技术联合攻关，选育一批高产、高效、优质的品种。加快土地宜机化改造，实现水稻综合机械化水平达到50％。健全农业技术推广体系，深入实施"万名农业专家服务'三农'行动"，加强农业科研人才队伍建设。贵州省农业农村厅会同贵州省委组织部、贵州省人力资源和社会保障厅印发《贵州省激励农业技术人员创新创业行动》，围绕粮油作物开展基础服务全覆盖和高产竞赛揭榜挂帅，并组建优质粮油产业专家技术指导组，开展粮油作物高产示范创建，大力推广水稻高产高效栽培技术及优质高产水稻新品种，提高水稻生产技术水平，促进水稻产业高效发展。

云南

云南水稻亩产 470 公斤
技术体系与实现路径

一、水稻产业发展现状与存在问题

（一）发展现状

1. 生产

2011—2021 年，云南省水稻面积从 1 585 万亩持续下降到 1 130.7 万亩，减少了 454.3 万亩，减幅达 28.7%。2011—2021 年水稻种植面积每年减少 45.4 万亩，总产也从 2011 年的 667.9 万吨减至 491.9 万吨，减幅达 26.4%，除 2013 年、2014 年水稻总产基本接近 2011 年外，其余年份水稻总产均低于 2011 年；单产从 2011 年的 421.3 公斤/亩逐步提高至 2021 年的 435.3 公斤/亩，提高了 14.0 公斤/亩，增幅达 3.3%。除 2012 年、2013 年、2014 年水稻单产略高于 2011 年外，其余年份水稻单产基本持平（图 1）。2021 年云南省稻米自给率在 68.9%，低于 70%，省内供需平衡压力进一步加大。总体来看，2011—2021 年云南省水稻种植面积和总产呈持续下降趋势，虽然单产有所提高，但很难弥补水稻种植面积下降带来的亏空，水稻整体生产形势较为严峻。

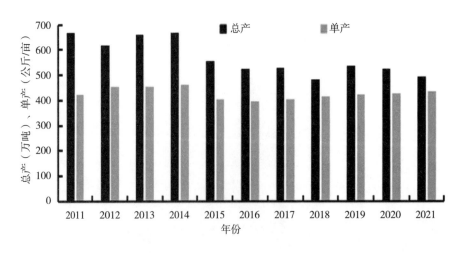

图 1　2011—2021 年云南省水稻单产和总产变化

2022 年，云南省水稻种植面积 1 064.2 万亩，总产 464.7 万吨，亩产 436.7 公斤。产量最高的隆阳亩产 694 公斤，产量最低的西山亩产 207 公斤。全县域水稻单产超过 500 公斤/亩的县（市、区）仅有 40 个，占 31.5%，面积仅占 28%；低于 500 公斤/亩的县（市、区）有 87 个，占 68.5%，面积占 72%。

2. 品种

2011 年以来，云南省每年审定水稻品种 30 个左右，其中杂交稻（以籼稻为主）15 个、常规籼稻品种 4～5 个、常规粳稻品种 10～11 个。云南省每年种植的水稻品种超过 400 个，单品种年度种植面积较小。籼稻、粳稻、杂交稻的种植比例没有明显变化。其中：籼稻占 50%（85%～90% 为籼型杂交稻，10%～15% 为常规籼稻品种，如滇屯 502、云恢 290、文稻系列、红优系列、德优系列等，还有一些紫米、红米等特色品种），分布在海拔 1 500 米以下；粳稻占 50%（其中常规粳稻占 95% 左右，杂交粳稻占 5%），分布在海拔 1 500～2 700 米处。优质粳稻种植比例增加明显，如云粳 37、云粳 46、云粳 48、楚粳 48、楚粳 39、楚粳 53、楚粳 54 和滇禾优 615 等稻米品质达国标 3 级以上，种植面积超过 100 万亩。

3. 耕作与栽培

水稻种植生态环境复杂，生产技术参差不齐，有先进的现代高产技术，如水稻精确定量栽培技术，也有很多传统栽培技术，如元阳梯田的自流灌溉生产技术。

（1）水稻精确定量栽培技术　该技术通过目标产量、群体质量和技术的精确定量实现水稻高产节本增效，在不同生态稻作区创造了高产典型，2021 年在个旧、蒙自超优千号精确定量栽培技术高产样板分别达到 1 084.3 公斤/亩、1 107.5 公斤/亩。

（2）水稻前控后促栽培技术　该技术通过充分了解水稻生长发育规律、肥料利用规律，把较少的肥料用在水稻需肥最关键的时期，不施基肥和分蘖肥，只施穗肥，减少肥料用量 40%～50%，减少农药用量 50%，水稻增产 15%。

（3）水稻全程机械化生产技术　该技术近年来在德宏、西双版纳、楚雄、曲靖、丽江、保山等地积极推进，降低了水稻生产的劳动强度，节省了劳动力。在德宏芒市利用已建成的水稻育秧中心，推进"1＋N"水稻机插育供秧模式；在禄丰推进水稻生产代育、代插、代收等社会化服务模式。2021 年云南省机插秧面积达 73.2 万亩，占水稻种植面积的 6.5%，水稻机收面积 441 万亩，占水稻种植面积的 39.0%。

（4）水稻旱作技术　该技术开辟了稻谷生产新途径，2021 年云南省推广面积 21.3 万亩，2022 年推广面积 53 万亩，大面积实收测产平均亩产 413.8 公斤，接近云南水稻单产水平。

（5）稻田综合种养模式　云南省大力推广稻鱼、稻蟹、稻鳅、稻鸭、稻渔鸭共生等"水稻＋"绿色种养模式，实现了水稻"一田多用、一水多效、一季多收、一业多益"，促进了水稻生产方式绿色化、生态化转型，提质增效明显。2020 年稻田综合种养示范面积 130 多万亩，示范区水稻产量稳定在 500 公斤/亩以上，亩均增收 1 200 元以上，渔（禽）稻互促、稻田综合增效 50% 以上；农药使用量平均减少 51.7%，化肥施用量减少 35%。

4. 品牌创建

加大遮放贡米、八宝米、勐海香米、卧龙谷香软米、元阳梯田红米、墨江紫米六大名米的宣传和技术支撑。近年来，随着优质粳稻香软米云粳 37 的市场受欢迎程度的增加，众多米业企业竞相从事该品种的开发，依托该品种打造了傣王稻、洱海留香、云香庄园、香牙香米、鹤丰软香、润色天香等品牌。

5. 成本收益

2020 年水稻每亩生产成本 1 779.2 元，比 2019 年增加 70.2 元，比 2018 年增加 110.7 元，比 2017 年增加 196.0 元；2021 年，不管是新型经营主体，还是普通农户的水稻生产成本都在上升，主要原因：一是劳动力成本上升［2011 年 50～70 元/（天·人），2021 年 100～150 元/（天·人）］；二是化肥农药价格上涨（上涨了 60%～80%），而水稻价格几乎没有变化，水稻种植收益很低。2020 年水稻生产每亩净利润 20.9 元，比 2019 年减少 115.2 元，比 2018 年减少 72.4 元，比 2017 年减少 138.3 元。农户种植水稻以自家食用为主，不计劳动力成本的情况下，农户还是乐于种植水稻的。而合作社和企业种植水稻靠机械化降低劳动力成本，每亩净收益在 500～800 元，个别情况下如种植紫糯稻、香软稻等，每亩净收益达到 1 200 元以上，种植规模越大平均成本越低，单位面积收益越高。

6. 市场发展

2011 年以来，云南省普通水稻收购价格在 3 元/公斤左右，优质稻价格每公斤比普通稻高 1～3 元，不同地区不同年份略有变化，但是差异不显著。大米市场批发价格变化不明显，5～8 元/公斤的大米价格较为稳定。云南六大名米及以粳稻香软米品种云粳 37 为主打造的品牌大米的销售价格在 10～30 元/公斤，20 元/公斤大米的销售量较大，名优特大米只有提高价格才能反过来保证产品质量、提高品牌效应。

（二）主要经验

2011 年以来，除去国家普惠制政策外，云南省在水稻生产发展过程中技术进步和科技推广力度较大，使新品种不断出现、新型种植技术（轻型机械的应用、育苗盘的应用）逐渐出现。但是水稻的财政经费投入比例较小，只在水稻高产创建时有一定的补助，其他方面投入不足。2020 年以来，各级政府出台了相关政策，要求适当增加水稻种植面积，一些地方不再搞种植业结构调整（过去的做法是减少粮食作物种植、改种经济作物），使水稻种植面积得到一定恢复。

1. 政策扶持

政府引导，统筹整合各方面资金投入，在省、市、县三个层面连续 10 年开展高产竞赛活动，高产竞赛活动的规模可以设置为一亩以上和百亩样板两种，对每一样板均给予一定的经费支持，重点是对当地最高产量和增产幅度大的样板进行经费奖励。

2. 技术服务

各样板可以根据自身的条件聘请专家进行技术指导和服务，指导高产竞赛活动，创新联农带农机制和模式，探索形成了"龙头企业＋基地＋农户""龙头企业＋新型经营主体＋农户""基地＋合作社＋农户""科研单位＋龙头企业＋基地＋农户""村级党支部＋示范基地＋农户"等多种生产模式，以及粮食生产单环节、多环节、全程托管和联耕联种等多种社会化服务方式。

（三）存在问题

1. 普惠型政策较多，缺乏促进高产的政策支持

目前云南省支持水稻发展的政策主要是普惠型的，对种植面积的补贴或者对粮食生产的补贴较少，刺激科技人员和农户提高水稻产量的效果不明显。

2. 种业发展方面品种审定产量指标不够高

近年来云南省水稻品种审定数量多，但是突破性品种不多，新品种高产、稳产的标准不高。

3. 具有高产栽培技术，但对栽培技术的重视程度不够

云南省利用水稻精确定量栽培技术创造了亩产 1 287 公斤的世界高产纪录，并连续 9 年创造了每公顷 16 吨的高产纪录，但是全省水稻平均产量仍低于全国平均水平，说明技术普及率较低，没有形成大规模增产效应。农业管理部门和科技人员只注重技术培训，不注重技术应用，缺乏从听到和学到技术向掌握和应用技术的转化环节。

二、区域布局

云南省地处中国西南边陲的低纬度高原，位于北纬 $20°8'32''$—$29°15'8''$，地理气候非常复杂，从海拔 76 米的河口县到海拔 2 700 米的宁茨县永宁镇均有水稻分布，是我国较为特殊的一个稻作区。主要地貌特征是山地、高原、盆地相间分布，在辽阔的山地和高原上，镶嵌着大小不一、形态各异的山间盆地，云南称"坝子"。"坝子"地势平坦，土地连片，是水稻的主产地。由于地处低纬度地区，冬少严寒，夏无酷暑，且辐射强烈，因此形成年度温差小、昼夜温差大的特点，有利条件是常年雨水比较稳定，温度适中，无霜期长，为稻作提供了稳产高产的条件。总体来看，由于纬度和海拔差异很大、气候复杂，云南省南部属热带亚热带，中部气候温暖，中北部温凉，西北部寒冷，基本上类似于从海南岛到东北长春的寒、温、热三带气候，这是进行云南省稻作区划分的主要依据，将其划分为 5 个稻作区：水、陆稻兼作区，单、双季籼稻区，温暖粳稻区，温凉粳稻区和高寒粳稻区，分别制定了不同的水稻栽培技术模式。

（一）水、陆稻兼作区

该区主要分布在北纬 24°以南与越南、老挝、缅甸接壤的云南南部和云南西南边界一带，包括 14 个主要县（市）和 4 个次要县，以澜沧、勐连、江城、西盟为代表。该区是云南省内野生稻、陆稻、糯稻、光壳稻的主要分布区域，稻种资源丰富。水稻以一季晚籼、籼糯为主，籼型杂交稻也有较大种植面积。水、陆稻约 18 万公顷，占云南省水稻种植面积的 17% 左右；其中陆稻约 5.5 万公顷，80% 以上的陆稻都分布在该区。种植陆稻较多的县陆稻播种面积占稻作面积的 30% 以上，该区海拔 76～1 899 米，多数在 1 200 米左右；年平均气温 15.3～22.6℃，≥10℃积温 5 139～8 246℃；年降水量 1 198～2 739 毫米。主要属南亚热带湿润气候。该区大量发展陆稻的原因：一是山坡地面积大，一般占耕地面积的 70% 以上，水田不多；二是气候条件适宜陆稻种植，群众又有种植陆稻的经验。该区 4—10 月的气温在 18℃以上，陆稻播种季节 5 月的降水量一般在 200 毫米左右，而且雨季到来较早，能满足陆稻播种对水分的要求。该区高温高湿，常种植优质稻，目标产量可以定在 500～700 公斤/亩。水稻总叶片数 16～17 片，伸长节间数 5～6 节，不施肥空白区的产量为 440～610 公斤/亩（表1）。

表 1 水、陆稻兼作区水稻品种特性和空白区产量

品种类型	代表性品种	总叶片数（片）	伸长节间数（节）	空白区产量（公斤/亩）
水稻	宜优 673、丰优香占、Y 两优 2 号、宜优 725、宜优 527、两优 2186、两优 2161、临籼 24、滇屯 502	16～17	5～6	440～610
陆稻	文陆稻 4 号、文陆稻 6 号、文陆稻 10 号、文陆稻 26、云陆 140、云陆 142、陆引 46	—	—	220～310

为实现目标产量，每亩有效穗数须达到 16 万～18 万，穗粒数 150～180，结实率 80% 以上，千粒重 28～30 克（表2）。杂交稻基本苗 1.5 万～1.8 万/亩，常规稻基本苗 3.0 万～4.0 万/亩，株行距 13.3 厘米×30 厘米或 10 厘米×33 厘米，每穴 1～2 株苗，总施纯氮 12～15 公斤/亩（表3）。陆稻目标产量水平可以定在 400～500 公斤/亩。水稻总叶片数 16～17 片，伸长节间数 5～6 节，空白区的产量 200～300 公斤/亩。为实现目标产量每亩有效穗数需达到 13 万～17 万，穗粒数 140～170，结实率 75% 以上，千粒重 28～30 克。陆稻一般直播，按基本苗 4.0 万~5.0 万/亩计算，一般每亩用种量为 3 公斤、总施纯氮 10～12 公斤。

表 2　水、陆稻兼作区目标产量及构成因素

品种类型	目标产量 （公斤/亩）	有效穗数 （万/亩）	穗粒数 （粒）	结实率 （%）	千粒重 （克）
水稻	700	17.3～18.0	170～180	>85	28～30
	600	16.7～18.0	160～170	>80	28～30
	500	16.0～17.0	150～160	>80	28～30
陆稻	500	16.0～17.0	160～170	>80	28～30
	400	13.0～15.0	140～150	>75	28～30

表 3　水、陆稻兼作区栽插规格及纯氮用量

品种类型	基本苗 （万/亩）	株行距 （厘米）	每穴苗数	纯氮用量 （公斤/亩）	运筹比例
水稻	1.5～2.0	13.3×30 或 10×33	1～2	12～15	3∶3∶2∶2
陆稻	直播	—	—	10～12	—

注：运筹比例为基肥、分蘖肥、促花肥、保花肥的施用比例。下同。

（二）单、双季籼稻区

该区主要在北纬 24°30′以南至北回归线沿线的大部分地区，从东到西横跨云南全省，此外还有金沙江、怒江沿线的河谷地带，包括 24 个县（市）及 6 个县（市）的部分地区，以文山、建水、思茅、景洪、临沧、芒市为代表。籼稻面积约 32 万公顷，占云南省水稻面积的 34.4%。该区海拔 396～1 463 米，多数在 1 100 米左右；年平均气温 15.8～23.7℃；年降水量 800～1 648 毫米。属中亚热带和南亚热带气候。以种植单季籼稻为主，2013—2023 年主要种植杂交稻；双季稻只在海拔 1 100 米以下地区种植，仅占该区水稻种植面积的 8% 左右。耕作制度多为大小春两熟，双季稻区有少量一年三熟。该区发展水稻的有利条件是温度适宜，雨量也较充沛，但耕作水平较低，为全省的中产地区。然而在金沙江河谷地带，在灌溉有保障的前提下，因高温干燥、日照充足、病害轻，部分县在较大面积上又能创造每公顷 15 吨以上的高产纪录。由于气候条件适宜，水稻产量较高，目标产量可以达到 700～1 100 公斤/亩。该区冬季种植蔬菜使用大量肥料，在水稻种植时不施肥的空白区产量仍可以达到 500～700 公斤/亩（表 4）。水稻总叶片数 17～20 片，伸长节间 6 节，有效穗数 16 万～22 万/亩，特高产稻区可达 22 万/亩，穗粒数 180～210，结实率 80% 以上，千粒重 29 克左右（表 5）。杂交稻基本苗 1.6 万～2.0 万/亩（表 6）、常规稻基本苗 3.0 万～4.0 万/亩，移栽株行距 13.3 厘米×30 厘米或 10 厘米×30 厘米，常规稻每穴栽 2 株苗，杂交稻每穴栽 1 株苗。总施纯氮 12～18 公斤/亩，超高产田块可施纯氮 26 公斤/亩。

表4 单、双季籼稻区水稻品种特性和空白区产量

代表性品种	总叶片数（片）	伸长节间数（节）	空白区产量（公斤/亩）
宜优673、丰优香占、Y两优2号、宜优725、宜优527、两优2186、两优2161、协优107、川谷优7329、Ⅱ优107	17～20	6	500～700

表5 单、双季籼稻区目标产量及其构成因素

目标产量（公斤/亩）	有效穗数（万/亩）	穗粒数	结实率（%）	千粒重（克）
1 100	20～22	≥210	>80	29～30
900	18～20	≥210	>80	28～29
700	16～18	≥180	>80	28～29

表6 单、双季籼稻区栽插规格及纯氮用量

基本苗（万/亩）	株行距（厘米）	每穴苗数	纯氮用量（公斤/亩）	运筹比例
1.6～2.0	13.3×30 或 10×30	1～2	12～18	2.5∶2.5∶2.5∶2.5

（三）温暖粳稻区

温暖粳稻区地处云南省中部中海拔地区，又称滇中温暖稻作区。包括25个县（市）的绝大部分地区及15个县的局部地区，包括怒江、保山、大理、楚雄、昆明、玉溪、红河、文山和曲靖的大部分稻区。粳稻面积30万公顷左右，约占云南省粳稻面积的58%。主要分布在北纬24°—27°、海拔1 450～1 850米的区域。该区相当于以前的籼粳交错区，水稻生产发生了较大变化，特别是原有的籼粳交错区已基本上被粳稻区代替。该区面积较大的"坝子"较多，水利条件好，土质较肥，耕作栽培精细，产量较高，是云南省居首位的水稻主产区，被誉为"滇中粮仓"。耕作制以水稻—蚕豆（或小麦）一年两熟为主，其次是水稻—油菜。病害和倒伏是该区高产稳产的主要问题，病害以稻瘟病和白叶枯病为主，近年来稻曲病和条纹叶枯病有所发展，害虫有螟虫和飞虱。

该区粳稻一般基础地力条件下产量可达400～600公斤/亩（表7），高产创建条件下水稻产量可达700～900公斤/亩，总叶片数13～15片，伸长节间数4～5节。移栽基本苗1.8万～2.5万/亩，移栽株行距为10厘米×30厘米或13.3厘米×26.5厘米，每穴栽插2～3株苗，总施纯氮量17～20公斤/亩（表8、表9）。

表7 温暖粳稻区代表性品种特性及空白区产量

品种类型	代表性品种	总叶片数（片）	伸长节间数（节）	空白区产量（公斤/亩）
粳稻	楚粳27、楚粳28、云粳26、云粳37、云粳39、云粳43、滇杂31、滇杂32、云玉粳8号、滇杂86、滇禾优615等	13～15	4～5	400～600

表 8　温暖粳稻区目标产量及其构成因素

品种类型	目标产量 （公斤/亩）	有效穗数 （万/亩）	穗粒数	结实率 （%）	千粒重 （克）
粳稻	900	25	170	85	25
	800	23	160	85	25
	700	22	150	85	25

表 9　温暖粳稻区栽插规格及纯氮用量

品种类型	基本苗 （万/亩）	株行距 （厘米）	每穴苗数	纯氮用量 （公斤/亩）	运筹比例
粳稻	1.8~2.5	13.3×26.5 或 10×30	2~3	17~20	2.5：2.5：2.5：2.5

（四）温凉粳稻区

该区包括云南省滇中北部 22 个县（市）的绝大部分地区和温暖粳稻区少数县（市）的局部地区，以大理、楚雄、昆明、曲靖和昭通等的大部分稻区为代表。粳稻面积约 18 万公顷，占云南省粳稻面积的 35%。主要分布在北纬 25°—28°、海拔 1 850~2 200 米的区域。该区水稻总叶片数 12~14.5 片，伸长节间数 4 节，空白区产量450~500 公斤/亩（表 10）。目标产量 600~800 公斤/亩，有效穗数在 25 万~28 万/亩，穗粒数 130~140，结实率85%，千粒重 22~24 克（表 11）。移栽基本苗 2.0 万~2.5 万/亩，移栽株行距为 10 厘米×26.5 厘米或 13.3 厘米×26.5 厘米，每穴栽插 2~3 株苗，施纯氮 17.7~20.0 公斤/亩（表 12）。

表 10　温凉粳稻区代表性品种特性及空白区产量

代表性品种	总叶片数 （片）	伸长节间数 （节）	空白区产量 （公斤/亩）
云粳 37、云粳 38、云粳 46、凤稻 29、凤稻 30、凤稻 31、会粳 25、会粳 26 等	12~14	4	450~500

表 11　温凉粳稻区目标产量及其构成因素

目标产量 （公斤/亩）	有效穗数 （万/亩）	穗粒数	结实率 （%）	千粒重 （克）
800	28	140	85	24
700	26	135	85	24
600	25	130	85	22

表 12　温凉粳稻亚区栽插规格及纯氮用量

基本苗 （万/亩）	株行距 （厘米）	每穴苗数 （株）	纯氮用量 （公斤/亩）	运筹比例
2.0~2.5	10.0×26.5 或 13.3×26.5	2~3	17.7~20.0	3：3：2：2

（五） 高寒粳稻区

该区范围较小，主要在云南省西北部，因此有人又把高寒稻作区叫作"滇西北高寒稻作区"，包括丽江、宁蒗、维西、兰坪、剑川等地的绝大部分地区和德钦、中甸、鹤庆、永胜、华坪等地的局部地区，以海拔 2 393 米的丽江为代表。粳稻面积约 4 万公顷，占云南省粳稻面积的 7%，主要分布在北纬 25°—28°、海拔 2 200～2 700 米的区域。该区水稻总叶片数 13～15 片，伸长节间数 4 节，该区空白区产量 400～500 公斤/亩（表 13），高产创建条件下产量可达 550～700 公斤/亩，有效穗数在 27 万～29 万/亩，穗粒数 105～120，结实率 85%，千粒重 23～24 克（表 14）。移栽基本苗 2.0 万～2.5 万/亩，移栽株行距为 10 厘米×26.5 厘米或 13.3 厘米×26.5 厘米，每穴栽插 2～3 株苗，总施纯氮 12～15 公斤/亩（表 15）。

表 13　高寒粳稻区代表性品种特性及空白区产量

代表性品种	总叶片数（片）	伸长节间数（节）	空白区产量（公斤/亩）
丽粳 9 号、丽粳 11、丽粳 14、丽粳 15 等	13～14	4	400～500

表 14　高寒粳稻区代目标产量及其构成因素

目标产量（公斤/亩）	有效穗数（万/亩）	穗粒数	结实率（%）	千粒重（克）
700	29	120	85	24
620	28	110	85	23
550	27	105	85	23

表 15　高寒粳稻区栽插规格及纯氮用量

基本苗（万/亩）	株行距（厘米）	每穴苗数（株）	纯氮用量（公斤/亩）	运筹比例
2.0～2.5	10.0×26.5 或 13.3×26.5	2～3	12～15	2.5∶2.5∶2.5∶2.5

以上各稻区的基肥于移栽前施用，分蘖肥于移栽后 5～7 天施用，促花肥于倒 4 叶露尖时施用，保花肥于倒 2 叶露尖时施用。过磷酸钙 50 公斤/亩或五氧化二磷 8 公斤/亩，整田时作基肥一次性施入。硫酸钾 10 公斤/亩作基肥和促花肥时各施 50%。

三、发展目标、发展潜力与技术体系

（一） 发展目标

1. 2030 年目标

到 2030 年，水稻面积稳定在 1 050 万亩，单产达到 455 公斤/亩，总产 478 万吨；

优良食味和特色水稻品种占比达 50％以上。

2. 2035 年目标

到 2035 年，水稻面积稳定在 1 000 万亩，单产达到 470 公斤/亩，总产 470 万吨；优良食味和特色水稻品种占比达 60％以上。

（二）发展潜力

从品种类型来看，云南省平均单产由高到低分别为杂交籼稻、杂交粳稻、常规粳稻、常规籼稻。进一步调查发现，在云南省不管是籼稻区还是粳稻区，单产潜力都较高，在某些环境中种植的特定品种，不论是籼稻还是粳稻，不管是杂交稻还是常规稻，都曾出现 1 000 公斤/亩的情况，说明高光照条件下，若气温适合则水稻产量增加潜力较大。但是，基础设施薄弱、种粮农民老龄化、极端自然灾害频发重发等因素严重制约水稻单产的进一步提升。

云南省 5 个稻区均有高产典型出现，并且高产典型平均亩产均超过 500 公斤，云南干热籼稻区的最高亩产达到 1 000 公斤以上，籼粳稻交错区和温暖粳稻区也常出现亩产 700～1 000 公斤的情况，这 3 个稻区百亩连片平均亩产实现 470 公斤目标的可能性较大。难度较大的是水、陆稻兼作区和高寒粳稻区，水、陆稻兼作区的自然条件非常好，可以种植双季稻或再生稻，但是由于水稻产值较低，农户主要关注春冬季蔬菜的种植，水稻种植时间不断压缩，产量不高。高寒粳稻区主要受低温限制，水稻生育期 200 天以上，由于整个生育期均会受到低温冷害影响，水稻产量不高。这两个稻区通过新品种新技术的应用，百亩连片平均亩产超过 470 公斤具有一定的可能性，因此，云南省各生态稻区的产量均有达到亩产 470 公斤目标的潜力。虽然各生态稻区均有高产典型出现，但是中低产田占比仍较大。因此，云南省提高水稻单产的思路是既要不断提高高产区的高产纪录，又要努力提高中低产区水稻产量、降低低产区占比。

（三）技术体系

云南省水稻分布在不同区域，海拔高差、气温雨水、光照热量差异很大，为此提出五大类技术体系模式：

1. 水稻绿色高质高效栽培技术模式

模式概述。以优质、丰产、多抗、广适等综合性状协调的水稻品种为基础，根据水稻生长发育和产量形成规律，在最适宜的时期用适量的物化投入，使栽培管理"生育依模式，诊断看指标，调控按规范，措施能定量"，实现技术轻简、节本、增效，实现"丰产、优质、高效、生态、安全"的科学栽培技术模式，获得最大的生态效益和经济效益。

增产增效情况。亩产优质稻谷 600 公斤左右；化肥减施 10％以上，化学农药减施 20％左右，省工 30％以上，亩节约成本 200 元以上，稻谷增产 5％～10％。

技术要点。做好稻田生态环境治理，为优质稻绿色栽培打下基础。尤其是加强稻田系统附近乡镇企业废气污水排放监管与惩罚力度，提高各企业污水治理技术，提高养殖户粪便等再利用技术，禁止直接排放；加大生活垃圾资源化再利用、无害化处理力度，防止稻田系统间接污染；加强环境管理，公共沟渠、河道请专人集中打捞，实现稻田灌溉入口无垃圾堆、水面无漂浮物；及时联合农民、种粮大户等清理自家田边、沟渠边的农膜、农药包装物、育秧盘、秸秆、杂草等农业垃圾，消除有害生物滋生的环境，为优质稻绿色生产奠定基础。

（1）品种应用　选用适宜在该区种植的食味优良、抗性强、肥水利用率高、生育期适中的水稻品种，绿色高质高效创建示范片内实现优质水稻品种全覆盖。

（2）壮秧培育　采用水稻规模化集中育秧培育适龄机插壮秧。籼稻播种量为60～80克/盘，粳稻播种量为80～100克/盘，机械播种均匀度≥95%，人工播种均匀度≥90%。将播种后的秧盘叠放，20～25盘为一叠，上面放置一张装土而不播种的秧盘，用黑色薄膜覆盖，保温、保湿、催芽，当秧盘种子出苗到0.5厘米时，将秧盘移到露地秧田或温室大棚摆盘育秧。所育秧苗叶龄4～5叶，苗高15～20厘米，茎基粗扁，宽度0.15厘米以上，单株白根6条以上，根系盘结牢固，盘根带土厚薄一致，籼稻每平方厘米成苗1.0～2.0株，粳稻每平方厘米成苗2.0～3.0株。

（3）精确机插　翻耕15～20厘米，翻耕1次，旋耕2次。插秧前应进行泥浆沉实，沙壤土沉实1天，黏重的土沉实2～3天。泥浆沉实后泥水分清，沉实不板结，水深保持在1～3厘米。籼稻栽插行距30厘米，株距14～16米，每穴2.0～3.0株。粳稻栽插行距30厘米，株距10～12厘米，每穴3.0～4.0株。栽秧深度1～2厘米。

（4）精确施肥　根据稻田土壤肥力和水稻不同生长发育时期对养分的需求规律，有机肥和无机肥相结合，氮肥、磷肥、钾肥配合施用，实现主要养分平衡。

总施肥量。有机肥用量：每亩施用商品有机肥100～200公斤。化肥用量：籼稻区纯氮施用量8～12公斤/亩，粳稻区纯氮施用量10～14公斤/亩；过磷酸钙施用量为40公斤/亩；硫酸钾施用量10公斤/亩。前作种植蔬菜的田块应少施或不施肥料。

基肥。耙田前，籼稻区每亩施纯氮2～3公斤，粳稻区每亩施纯氮2.5～3.5公斤，商品有机肥、过磷酸钙按照总量的100%施入，硫酸钾按照总量的50%施入。

分蘖肥。移栽后10～15天施用，籼稻区每亩施纯氮2～3公斤，粳稻区每亩施纯氮2.5～3.5公斤。

促花肥。在水稻倒4叶期施用，籼稻区每亩施纯氮2～3公斤，粳稻区每亩施纯氮2.5～3.5公斤，硫酸钾按照总量的50%施入。

保花肥。在水稻倒2叶期施用，籼稻区每亩施纯氮2～3公斤，粳稻区每亩施纯氮2.5～3.5公斤。

（5）精确灌溉　返青期，保持2～3厘米的水层。分蘖期干湿交替灌溉，每次灌水3厘米以下，待自然落干后，露田湿润2～3天，再灌水3厘米以下，如此反复进行。当茎蘖数达预期有效穗数的 80％ 左右时，开始撤水晒田，籼稻区一般晒田 10～15 天，群体高峰苗控制在穗数的 1.3 倍左右；粳稻区晒田 5～7 天，群体高峰苗控制在穗数的 1.1 倍左右。孕穗—抽穗期，保持 3～5 厘米的水层。灌浆—蜡熟期干湿交替灌溉。黄熟初期开始排水，洼地适当提早 7～10 天排水，漏水田可晚排水。

（6）配套技术　小麦秸秆全量还田机械配套技术。收割机收割，小麦、油菜、蚕豆等作物秸秆切碎后均匀抛撒→撒施基肥→放水泡田→水田秸秆还田机耕整地→沉实→水稻机插。病虫草害绿色防控技术。坚持"预防为主、综合防治"的原则，充分利用农业防治、生物防治和化学防治等措施，选用安全高效除草剂于机插后 3～4 天和无效分蘖期通过两次高效化除技术基本消除杂草危害（提倡利用 3 天土壤沉实栽前化除和机插后 3～4 天化除）。对于突发与常发病虫害，采用高效安全药剂，准量准时保质施药，高度重视水稻纹枯病、稻瘟病和稻曲病等的综合防治。

2. 高端优质稻米全产业链技术模式

模式概述。围绕构建优质稻米全产业链，在滇东北、滇中、滇南三大产区分别建立优质水稻生产基地与企业品牌相匹配的开发模式，筛选推广优良食味水稻品种，因地制宜引进吸收、集成应用国内外先进适用技术，形成中高端优质稻米产业技术体系加以规模化推广，有力助推云南省稻米产业高质量发展。全产业链各主要环节采用的关键技术先进适用，所用水稻品种均通过审定或即将审定，生产与加工技术已获国家、省部级科技进步奖或为国家专项攻关最新技术成果，也有部分为已被云南省示范证明适用的成熟技术。

增产增效情况。该技术体系分为两大套，中端优质稻米产业技术应用后亩产 500～600 公斤，高端优质稻米产业技术应用后亩产 450～500 公斤，同时均获得显著的生态效益、社会效益。

技术要点如下：

（1）选择优良食味品种　云南水稻生产海拔变幅大，水稻亚种、变种和品种多种多样，从最低海拔 67 米到最高 2 700 米都有籼稻、粳稻品种的分布，一方面应选择传统特优品种种植，满足高端需求，另一方面应尽量选择现代育成品种中的优质杂交稻满足海拔 1 250 米以下籼稻地区的品种需要，而在海拔 1 250 米以上地区，越来越多的食味好的粳稻品种包括香软米品种被应用。

（2）推广全程机械化技术、部分机械化技术　在水稻生产较为集中的坝区尽可能推行全程机械化技术，而在分散水稻种植地区（包括坝区和半山区），可以推行集中育秧、机械化收割技术。

（3）推广化肥减量增效栽培技术　通过稻肥（绿肥植物）、稻菜轮作，选用养分高效水稻品种、带肥移栽、增加移栽密度，有机肥和化肥配施，减少化肥施用量，提高肥料利用率。

（4）推广农药减量防控技术　开展病虫草害监测预警，大力推广高效低毒低残留农药、大型植保药械、专业化和社会化统防统治及绿色防控相融合技术，全面推进"农药减量控害"。

（5）其他配套技术　优质水稻产业基地建设与监管技术（含地力提升等技术）、优质丰产协同的温光调控技术、优质丰产协同的节肥节工高效施肥技术、稻渔（虾）共作、稻鸭共作、稻菜（瓜）轮作等绿色、有机生产模式、稻谷烘干、低温储藏、适度加工技术、稻米品牌营销策略。

3. 低海拔籼稻区（1 300 米以下）**技术体系**

（1）品种选择　选择抗病能力强、抗倒伏、分蘖能力强、成穗率高、穗大、结实率高的高产稳产品种，大范围推广的品种有宜优 673、德优 4727、汕优 06 等。

（2）培育壮秧

选地整地：水稻秧苗培育过程中对种植地的要求相对较高，一般情况下，旱地育秧苗床应该选择地势平坦、背风向阳、土壤层深厚、有机质含量丰富的熟旱地或菜园地。应该在育苗前 30 天做好整地工作，深翻土壤，深翻深度控制在 25～30 厘米，以打破犁底层为主。结合整地还要做好施肥工作，将农家肥和化肥充分混合均匀之后堆积发酵，然后撒播到土壤表面，随着翻耕将肥料施入地下，平整墒面之后等待播种。

种子处理：水稻播种之前晾晒 1～2 天，提高种子吸水能力和发芽势，利用太阳光照将种子表面的致病菌杀死。晒种结束之后可以选择使用饱和食盐水选种，将种子中的瘪粒、病虫害粒、空粒、机械损伤粒去除，之后用清水清洗干净之后使用咪鲜胺 2 000 倍液浸种 72 小时，捞出后即可播种。

适时播种：当地表温度能够维持在 10℃ 以上时就可以播种了，播种日期要结合当年的气候条件科学选择。一般情况下，每平方米水稻播种量控制在 90～100 克，播种应该做到均匀一致、播种深度适当，以利于培育壮秧。播种结束之后应该做好镇压工作，确保种子能够和土壤很好地结合，并在种子上覆盖 1 厘米厚的湿润细土，喷洒足够的水，确保土壤湿润、墒情良好。用带孔薄膜覆盖。

苗床管理：水稻出苗到生长到 1.8～2.0 片叶之后，要及时将地膜揭除炼苗处理。同时每亩可以选择使用磷酸二氢钾 200 克＋70% 敌磺钠粉剂 200 克，兑水 60 公斤进行喷施，确保苗床水分充足，同时补充营养物质。在水稻 2.5 叶之前及时施入断奶肥。一般选择使用 1∶3 的人畜尿，每亩追施 1 000～1 250 公斤，并向其中加尿素 2.0～2.5 公斤，混合均匀之后泼洒苗床，然后灌一次透水。

（3）科学移栽

移栽前管理：在移栽之前，通常需要施肥 2～3 次，每次施肥结束之后都需要灌一次透水。在移栽前 3 天苗床内可以使用 75% 肟菌·戊唑醇 3 000 倍液或 20% 的三环唑 750 倍液喷洒，预防稻瘟病。

本田精细化整地：要结合种植地的具体土壤理化性状选择合理的耕作方式，耕深一般不超过 20 厘米。整地之后泥土上细下粗、上烂下实，田面平整，田块高低落差不得大于 2 厘米，田面倾斜度不得大于 1％。

结合整地还需要做好田间清理工作，及时将稻田内的残留物如秸秆、杂草等清理出去。机械插秧时，要确保田间水深在 2～3 厘米。长期处于冬水田状态下的种植地，杂草较少，土壤稀软，在免耕栽插前 3 天可以使用水田轮浅耙栽秧。对于烂泥田，在移栽前一周需要将田间的水放干之后晒田处理，再向其中灌 3 厘米深的浅水，栽插秧苗。

机械插秧：机械插秧要结合田地大小以及交通条件，选择两行插秧机或四行插秧机，当秧苗生长到 30～32 日龄之后，秧苗最大不能超过 5 叶。如果沿用传统人工栽插模式，应该选择 35 日龄的秧苗。移栽过程中应该做到随起随运随插。平坝地区一般每亩控制在 1.0 万～1.2 万穴，深丘地区一般控制在 1.2 万～1.5 万穴，山区一般控制在 1.5 万～1.8 万穴，每穴保证有 2 株苗。机械插秧过程中，空穴率不得超过总定植穴数的 5％、翻倒率小于 3％、插秧深度控制在 1.5 厘米，确保不左右飘动，栽插越浅越好。

（4）水肥管理

科学施肥：首先，施足基肥。中等地力的种植地在栽插之前可以使用 45％的氮磷钾复合肥，每亩施入 30 公斤。对于锌元素较为缺乏的种植地，每亩追施硫酸锌 1.5 公斤。其次，施分蘖肥。水稻进入分蘖旺盛期后，要使用 50％的氮磷钾复合肥，每亩施用 10 公斤，及时追施。再次，施拔节肥。水稻进入拔节期后，每亩追施 50％的氮磷钾复合肥 10 公斤；最后，施穗粒肥。进入孕穗末期，可以使用 50％的氮磷钾复合肥，每亩追施 10 公斤。确保水稻灌浆良好。

水浆管理：一般在移栽前 2～3 天保证田间有 2～3 厘米深的水层，浅水移栽，薄水促分蘖。移栽后 25～30 天，当分蘖量达到相应标准之后将 70％的水分排出，晒田处理，控制无效分蘖量。进入拔节期之后，要向田间灌深水，增施拔节肥，促进水稻大穗。进入抽穗前期，要预防水稻倒伏，促进水稻扬花，提高结实率。进入水稻中后期之后要将田间的水排干，晒田处理，干湿交替。收获前半个月，将田间水排干，有利于机械收获。

（5）病虫害防治　强化种植地翻耕，通过翻耕杀灭土壤中的致病源和害虫。在播种之前还需要做好药物拌种工作，育苗阶段要强化秧田管理，发现患病植株及时拔除。在水稻病虫害高发期，通过在田间悬挂杀虫灯或者利用害虫的趋色特性悬挂黄板，杀灭成虫，降低田间害虫基数。同时，将田间的杂草拔除，能够减少玉米螟虫、水稻恶苗病等的发生。在水稻种植过程中，还应该营造良好的生态群落，保护害虫天敌。通过增加害虫天敌的栖息场所减少人为因素对天敌的伤害，充分发挥天敌防控病虫害的作用。病虫害防治过程中，积极推广生物农药，如苏云金杆菌、白僵菌、青铜菌、井冈霉素、阿维菌素等。当田间病虫害达到防治标准后，应该选择低毒低残留的药剂进行针对性防治，提高防控效果。

4. 中高海拔粳稻区（1 300～2 395 米）**技术体系**

（1）品种选择　结合当地气候特征，科学选择水稻品种，要求适应能力、抗病害能力相对较强，有利于实现优异、高产、稳产，云南粳稻基本上处于该稻区，粳稻中95%为常规稻，约5%为杂交粳稻。杂交粳稻可以用滇禾优系列，常规稻的选择范围很大，如云粳系列云粳37，楚粳系列楚粳28、楚粳40和楚粳45，文稻系列以及新型粳稻品种云资粳41（近年来用野生稻改良栽培稻得到的优质抗逆高产品种）等，在海拔2 200 米以上地区常常选择丽粳系列品种。

（2）育苗技术

播种前准备：种子处理，浸种前选晴天晒种 1～2 天；筛除染病、机械损伤、干瘪的种子和杂质，提高种子净度；药剂浸种预防恶苗病；催芽至稻谷破胸露白即可播种。

苗床选择和播种：综合考量种植地的灌溉条件、土壤肥沃程度。如果土层较深厚、有机质含量较高、周边有充足水源，并正处于降雨季节，有利于水稻分蘖，同时还能降低播种量。选择地势高、背风向阳、排灌方便、田面平整、土壤肥沃的田块作苗床。苗床施腐熟的细农家肥 1 000 公斤/亩、壮秧剂 125 克/米² 作基肥；按 30% 腐熟细粪、70% 细土的比例混合堆制成盖种土，15 公斤/米²。播种期为 3 月 20—30 日，种量为芽谷 80～100 克/米²，播种后均匀覆盖 0.5～1.0 米盖种土。

苗期管理：播种到 1 叶期以覆膜为主，膜内温度达到 35℃ 以上时及时通风，2 叶期后早通风、多炼苗，适时揭膜。揭膜时浇透水 1 次，移栽前 1 天浇透水 1 次。

苗期需要做好中耕除草工作。秧苗长到 3～4 片叶后进行浅中耕，以使土壤疏松。除草可分为人工除草和化学除草，幼苗阶段一般选择化学除草方式。播种后到出苗前，选择专用除草剂边喷药边倒退，保证地面能够形成药膜，起到封闭除草的作用。出苗后 30 天内尽量不要使用化学除草剂，避免影响秧苗生长，一般进行人工除草。

（3）科学移栽　移栽前应对种植地进行全面翻耕，耙地 2 次，中间间隔 7～10 天，然后在移栽前 1 天施入基肥。移栽前开沟，挖出环田沟和中沟，宽度 30 厘米、深度 15 厘米，保证左右沟平直、统一。结合当地的气候环境，水稻移栽日期一般在 5 月 10—30 日，每亩种植量控制在 3.0 万～3.33 万穴。移栽时选择优质壮苗，避免因苗弱而直接影响移栽成活率。强壮的幼苗分蘖时间相对较早，长势较好，产量相对较高，是高产、稳产的基础。

一般要保证水稻秧苗叶挺拔、不下垂，叶鞘相对较短，茎节较粗，根系较发达，根部较粗、白色，叶龄整齐，个体差异相对较小。通常，人工插秧水稻苗高控制在22～25 厘米，叶龄控制在 5.5～6.0 叶，单株次生根达到 18～20 条，单株带蘖量控制在 2～3 个，秧龄控制在 35～40 天。水稻机插秧秧苗高度控制在 15～20 厘米，叶龄通常在 3.0～3.5 叶，单株次生根 8～10 条，每平方厘米不少于 2 株、不大于 6 株，秧龄 15～18 天。

（4）水分管理　水稻进入分蘖末期后，群体数量达到预计成穗量的 80%～90% 时排水晾田，可控制无效分蘖、增加有效分蘖，提高分蘖成穗率，同时还能够改善土壤环境、增强水稻根系活力。该灌溉方式能够调节养分、调节水稻代谢、增强水稻抗倒伏能力。水稻穗分化到抽穗成熟阶段，采取浅水灌溉模式保护幼穗、养护根叶，促进植株光合作用。其余生育时期均保持湿润，收获前 10 天左右断水晾田。

（5）科学施肥　稻田施肥要根据水稻生长发育规律调节，提高土壤肥力，满足水稻生长发育阶段的养分需求，根据土壤肥力、水稻需肥规律和肥料种类科学施肥。每亩用腐熟农家肥 800～1 200 公斤、商品有机肥 160～240 公斤、硫酸锌 1 公斤作基肥；穗肥可施用硫酸钾 5～10 公斤。每亩需施用含腐植酸水溶肥 30～60 公斤，其中 60% 作为分蘖肥、40% 作为穗肥，按 30～50 倍液浇施或冲施。

（6）病虫害绿色防控　水稻生长发育阶段会面临多种病虫害威胁，绿色栽培中应严格控制化学农药的使用量，保证用药科学合理。病虫害防治时，始终坚持"预防为主、综合防治"，优先采用农业防治、物理防治、生物防治方法，配合科学合理使用低风险农药进行化学防治。

农业防治：选用抗病品种，合理轮作，增施腐熟有机肥，培育壮秧，合理密植，科学管理，撤水晒田，及时清洁田园。

物理防治：2～3 公顷设置 1 盏杀虫灯，可诱杀鳞翅目、鞘翅目害虫。

生物防治：使用生物农药防治病虫害，每亩用枯草芽孢杆菌或春雷霉素防治稻瘟病；也可安放水稻螟虫性诱捕剂防治螟虫。

化学防治：黏虫可用甲维盐进行防治。稻瘟病发病初期可用三环唑进行防治。稻曲病在水稻孕穗期可用井冈霉素防治。白叶枯病发病初期可用农用链霉素防治。

5. 山区、半山区稻区（包括陆稻区）技术模式

不管是籼稻区还是粳稻区，云南有 15%～25% 的水稻处于山区和半山区，包括东南地区有 30 万～50 万亩陆稻（年度间面积变化大），山区、半山区水稻产量很低，但是当地农户对种稻有特殊情怀。好在山区、半山区使水稻亩产提高到 500 公斤，除了前面介绍的有关方法的合理应用外，往往还要有一些特殊的种植管理技术，尤其是抗旱直播技术。

（1）品种选择　力争选择优质、抗旱、抗寒、高产、生育期长的品种，如楚粳系列、文稻系列、曲稻系列的品种，把抗旱作为第一考虑因素。

（2）整地技术　人工或者用轻便旋耕机整理土地，尽量把土地弄平整或者平滑（可以不在一个水平面，但是要成线性土面），整地时就施基肥。

（3）播种　云南海拔不同气温高低不同，因地制宜确定播种时期，播种前的种子，可以经过特殊的包衣剂处理（带肥料带杀虫杀菌剂），即使用包衣种子，也可以进行种子浸泡处理。人工条播或者机播，播种后施用除草剂，此外，如果没有用包衣种子，则需要杀灭地下害虫，同时喷施驱鸟鼠药。确保发芽后能赶上雨季，否则可以于前期覆盖薄膜提高抗旱能力。

（4）水肥管理

水分管理：如果有灌溉条件，尽量分次漫灌，也可以利用雨季自然降水多的条件节水种植。节水抗旱品种要生育期偏长，不轻易因缺水而早穗早花早熟，即保证水稻有较长时间的营养生长和生殖生长，才能保证水稻有较高产量。因此抗旱品种和水分保证是山区、半山区水稻单产提高的重要技术手段。

科学施肥：总体和前述一样，氮肥分基肥、分蘖肥、穗肥、粒肥 4 次施用，基肥分蘖肥与穗肥粒肥的比例为 5∶5。磷肥（P_2O_5）用量为 120 公斤/公顷，作基肥在整地时一次性施入；钾肥（K_2O）用量为 120 公斤/公顷，基肥、穗肥各占 50％。另外适当增施穗肥和粒肥。

（5）病虫害防治　节水栽培情况下，有轻度叶瘟病和轻度白叶枯病发生，而螟虫和稻纵卷叶螟发生相对较重，用三环唑、纹病清防治稻瘟病、稻曲病、螟虫、稻纵卷叶螟等，后期用 20％的氟虫双酰胺水分散粒剂喷雾防治稻纵卷叶螟。试验期根据鼠害发生情况进行防控。

四、重点工程

（一）搞好种业发展为水稻高产持续提供种源

云南省具有丰富的稻种资源，首先是要搞好大量野生稻资源、地方稻资源、特色稻资源（紫米、香米、软米、糯米等）的保存保护，其次是要加大种质创新力度，发掘高产、优质、强抗逆遗传特性和基因，培育更多育种新亲本，拓宽遗传基础，解决许多现代育成品种遗传基础狭窄问题，从而为高产提供新品种。

（二）搞好高标准农田建设和灌溉设施建设

到 2030 年，云南省预计建成高标准农田 3 750 万亩，改造提升 360 万亩。到 2035 年，预计建成高标准农田 4 400 万亩，改造提升 966 万亩。云南省 85％以上的稻田都将属于高标准农田，可为水稻单产提高提供基础条件。

国家支持的重大工程"滇中引水工程"正在紧张施工中，建设成功后将有力缓解云南省中部和南部大部分水稻区的缺水问题。不过，云南省水资源也很丰富，在全国排在第三位，采取多种措施搞好灌溉工程是有潜力的。

（三）加大水稻高产高效栽培技术的培训与应用

云南省近年来充分认识到提高种稻农户、合作社和企业的技术水平的重要性，把新技术培训和应用当作一项重要工程来抓，提出加强省、市（州）、县级水稻高产、增产技术培训工作，由云南省农业农村厅农业技术推广总站、市（州）、县级农业农村局组织水稻高产高效栽培技术的培训，邀请技术指导专家，共同制订相应的技术方案，技术指导专家在水稻生长期间进行技术指导，并完成项目的验收工作。

五、保障措施

（一）采取激励措施

制订水稻高产竞赛活动 10 年行动方案和实施细则，提出高产型竞赛目标和增产型目标，高产型技术方案是争创世界级、国家级、市（州）级或者县级高产纪录。增产型主要是针对中低产稻区，通过基础条件的改善、高产品种和技术的应用提高中低产田的产量，这一部分主要考虑的是增产幅度。各市（州）、县农业部门因地制宜制订高产型技术方案和增产型技术方案，通过前引后推的方法不断推进提升水稻产量。主要技术体系如下：

1. 设立高产竞赛的补助制度和奖励制度

省、市（州）、县级农业部门因地制宜制订单亩、百亩、万亩的高产型技术方案和增产型技术方案，并明确相应的高产指标和增产指标，并设立补助制度和奖励制度。两种类型样板的补助制度根据样板的面积进行补助，单亩样板补助 1 000 元，百亩样板补助 5 万元，万亩样板补助 20 万元。对创高产纪录的进行奖励，打破世界级纪录的奖励 100 万元，打破国家级纪录的奖励 50 万元，打破省级纪录的奖励 10 万元，打破市（州）级纪录的奖励 1 万元，打破县级纪录的奖励 1 000 元。对于增产型的奖励，增产 50% 的奖励 10 万元，增产 10%～50% 的奖励 5 万元。

2. 因地制宜制订相应的高产竞赛技术方案

（1）科学制定高产竞赛的目标与技术思路　根据单亩、百亩和万亩片规模制订相应的目标，目标单产超过 500 公斤/亩的样板主要创造高产纪录，目标产量低于 500 公斤的样板，主要提高增产幅度。根据高产竞赛的目的制订相应的技术方案。

（2）选择优良品种　选择水稻品种应符合产量潜力高、稻米品质优、综合抗性好、适应能力强 4 个基本要求。水稻品种布局应坚持 3 个基本原则：以充分利用气象资源条件、挖掘品种增产潜力为原则，根据区域光、温、水、土等资源条件，选择主推品种和搭配品种；以充分适应不同种植方式、实现良种良法配套为原则，根据不同稻作技术方式，选择适宜品种；以充分适应标准化生产、促进同类同质品种规模化连片种植为原则，引导龙头企业、合作社、种植农户选择同质同类型品种，实行统一供种、规模化种植、标准化管理，提高稻米品质、产量与效益。

（3）栽培技术与方案　根据竞赛目标选定相应的栽培技术，制订详细的技术方案。

（二） 督促粮食安全责任落实

强化粮食安全书记省长责任制监督考核，结合已划定的水稻生产功能区，将保障目标逐级分解细化到市（州）、县。加强调度考核，层层落实责任，确保本地区稻谷有效供给。完善稻谷生产功能区和相关基础设施建设管护机制，将管护责任落实到经营主体，督促和指导经营主体加强设施管护，确保长期稳定发挥作用。把稳定水稻播种面积甚至适当恢复水稻播种面积当成重要任务来抓。

（三） 完善支持政策落地

统筹整合各方面资金投入，拓展资金渠道，加大农田建设投入。扩大农机购置补贴政策用于水稻生产、初加工机具补贴，尤其是鼓励小型轻便农机的推广应用，在降低种植成本方面多形成政策支持。结合各地实际落实好产粮大县奖励，完善稻谷最低收购价格、大灾保险试点完全成本保险和收入保险试点等扶持政策，提高政府抓粮和农民种粮积极性。积极引导社会资金参与水稻产业发展。

（四） 强化技术集成推广

依托聚集云南省科研力量，持续健全水稻全链条技术体系，特别是种植、加工领域技术较薄弱的环节。在绿色高效生产技术上，进一步集成完善以硬盘集中育秧、毯（钵）苗机插、精确肥水调控、病虫害绿色防控为核心的精确定量栽培技术体系；在绿色种植模式上，进一步集成完善稻油（菜）轮作、稻渔（鸭）共作等模式；在稻米精深加工技术应用上，积极开展稻米深加工全利用、系列特色米制食品加工、稻米功能活性物质提取分离与纯化、稻草蘑菇种植技术、谷壳深加工技术及装备研发、中试和推广。

（五） 加强技术指导服务

推动产学研联合协作，加强水稻生产关键时节巡回技术指导。构建"专家—技术指导员—科技示范户—辐射农户"的水稻技术推广网络，发挥各级现代农业产业推广体系专家团队的作用，加快农业科技入户，提高农民科学种粮技术水平。加强水稻价格、供需等信息的收集、分析、预警和发布，引导有序生产。

（六） 推进经营机制创新

培育壮大种粮大户、合作社、家庭农场等新型经营主体，发展多种形式的适度规模经营，尤其是根据云南省不同地方如坝区、山区水稻田分布情况，扶持大、中、小合作社。大力发展统防统治、机耕机收等生产性服务，培育壮大社会化服务组织，不断提高生产的组织化、规模化水平。结合云南省一些占补地开发、占补地建设高标准农田、杂交稻旱种模式推广，保证水稻面积适当回升。鼓励龙头企业、专业合作社等各类新型主体与农户建立紧密利益联结机制，加强产销衔接，推行订单生产，实现水稻生产优质优价、农民增产增收。